普通高等教育机电类系列教材

工 程 制 图

（近机及非机类）

主　编　左晓明
副主编　惠学芹　鲁屏宇　邵国友
参　编　吴　进　蔡召冲　潘亚娣　邵振国
主　审　徐文宽

机 械 工 业 出 版 社

本书是为适应面向新世纪高等学校培养高级工程技术应用型人才的需要，针对工科近机及非机类专业工程制图教学特点而编写的。全书共分十三章及附录，其中大幅度删减了画法几何的内容，增加了和工程实践紧密结合的图例讲解，选编了相应的简明例题。在计算机绘图部分，着重讲解运用计算机绘图实用软件绘制工程图样的方法和步骤，指导性强。

本书的内容编排，力求通俗易懂，简明实用，在突出其科学性之同时，注重其对各非机类专业的适应性，选编了展开图、焊接图、电气图、化工制图和建筑图等内容，可供不同专业学生选用。

本书配有《工程制图习题集》，由机械工业出版社同时出版发行，随书还配套有《工程制图 CAI 课件》，供学生学习和教师教学时使用。

本书为高等学校工科近机及非机类学生教材，也可作为高职高专、电大、函授和夜大等相近专业学生的教学用书，同时还可供有关工程技术人员参考。

图书在版编目（CIP）数据

工程制图/左晓明主编．—北京：机械工业出版社，2004.8（2025.6 重印）
普通高等教育机电类系列教材．近机及非机类
ISBN 978-7-111-14805-0

Ⅰ．工…　Ⅱ．左…　Ⅲ．工程制图-高等学校-教材　Ⅳ．TB23

中国版本图书馆 CIP 数据核字（2004）第 062398 号

机械工业出版社（北京市百万庄大街 22 号　邮政编码 100037）
策划编辑：高文龙　责任编辑：高文龙　王勇哲　版式设计：冉晓华
责任校对：陈延翔　封面设计：姚　毅　责任印制：单爱军
中煤（北京）印务有限公司印刷
2025 年 6 月第 1 版第 18 次印刷
184mm×260mm · 17 印张 · 423 千字
标准书号：ISBN 978-7-111-14805-0
定价：49.00 元

电话服务　　网络服务
客服电话：010-88361066　　机　工　官　网：www.cmpbook.com
010-88379833　　机　工　官　博：weibo.com/cmp1952
010-68326294　　金　书　网：www.golden-book.com

机工教育服务网：www.cmpedu.com

序

人类满怀激情刚刚跨入充满机遇与挑战的21世纪。这个世纪是经济全球化、科技创新国际化的世纪，是新经济占主导地位的世纪，是科学技术突飞猛进、不断取得新突破的世纪。这个世纪对高等教育办学理念、体制、模式、机制和人才培养等各个方面都提出了全新的要求，培养的人才必须具备新思想新观念、不断创新、善于经营和开拓市场、有团队精神等素质。

机械高等工程教育是我国高等教育的重要组成部分，21世纪对它的挑战同样是严峻的。随着现代科学技术的迅猛发展，特别是微电子技术、信息技术的发展，它们与机械技术紧密结合，从而形成传统制造技术、信息技术、自动化技术、现代管理技术等相互交融、渗透的先进制造技术，使制造业和制造技术的内涵发生了深刻的变化。面向21世纪的机械制造业正从以机器为特征的传统技术时代迈向以信息为特征的系统技术时代。制造技术继续沿着20世纪90年代展开的道路前进。制造技术和自动化水平的高低已成为一个国家或地区经济发展水平的重要标志。而目前我国的制造技术与国际先进水平还有较大差距，亟需形成我国独立自主的现代制造技术体系。面对这一深刻的变化和严峻的形势，我们必须认真转变教育思想，坚持以邓小平同志提出的“三个面向”和江泽民同志提出的“四个统一”为指导，以持续发展为主题，以结构优化升级为主线，以改革开放为动力，以全面推进素质教育和改革人才培养模式为重点，以构建新的教学内容和课程体系、深化方法和手段改革为核心，努力培养素质高、应用能力与实践能力强、富有创新精神和特色的应用性的复合型人才。

基于上述时代背景和要求，由国家机械工业局教编室、机械工业出版社、江苏省教育厅（原江苏省教委）、江苏省以及部分省外高等工科院校成立了教材编审委员会，并组织编写了机械工程及自动化专业四个系列成套教材首批31本，作为向新世纪的献礼。

这套教材力求具有以下特点：

（1）科学定位。本套教材主要用于应用性本科人才的培养。

（2）强调实际、实践、实用，体现“浅、宽、精、新、用”。所谓“浅”，就是要深浅适度；所谓“宽”，就是知识面要宽些；所谓“精”，就是要少而精，不繁琐；所谓“新”，就是要跟踪应用学科前沿，跟踪技术前沿，推陈出新，反映时代要求，反映新理论、新思想、新材料、新技术、新工艺；所谓“用”，就是要理论联系实际，学以致用。

（3）强调特色。就是要体现一般工科院校的特点、特色，符合一般工科院校的实际教学要求，不盲目追求教材的系统性和完整性。

（4）以学生为本。本套教材尽量体现以学生为本、以学生为中心的教育思想，不为教而教，要有利于培养学生自学能力和扩展、发展知识能力，为学生今后持续创造性学习打好基础。

当然，本套教材尽管主观上想以新思想、新体系、新面孔出现在读者面前，但由于是一种新的探索以及其他可能尚未认识到的因素，难免有这样那样的缺点甚至错误，敬请广大教师和学生以及其他读者不吝赐教，以便再版时修正和完善。

本套教材的编审和出版得到了国家机械工业局教编室、机械工业出版社、江苏省教育厅以及各主审、主编和参编学校的大力支持和配合，在此，一并表示衷心感谢。

普通高等教育机械工程及自动化专业机电类系列教材编审委员会

主任　邱坤荣

前　　言

本书是在汲取了近几年来多所高校工科近机及非机类“工程制图”教学中教研教改的经验，根据教育部高等学校工科画法几何与工程制图课程教学指导委员会制定的“画法几何及工程制图、计算机绘图课程教学基本要求”编写的。教材力求结合工科近机及非机类专业工程制图课程学时少、内容多的特点，立足培养面向21世纪的高级工程应用型人才，精选内容编写而成。

本书有以下主要特点：

1）教材内容和体系结构适合工科非机类专业的特点。注意基础理论，以够用为度，重视素质教育，突出应用。教材编写过程中，大幅度精简了画法几何的内容，加强了基本理论的应用与绘图方法、技能的有关内容，注意和工程实际的结合。

2）教材注意将仪器图、徒手图和计算机绘图有机组合，内容实用，重点突出。

3）教材图例简明易懂、典型实用，所选图例难易适度，尽量结合生产实际。

4）教材标准资料全部采用最新国家标准。

本书为高等学校工科近机及非机类学生教材，也可作为高职高专、电大、函授和夜大等相近专业学生的教学用书，同时还可供有关工程技术人员参考。

本书与左晓明主编，并由机械工业出版社同时出版的《工程制图习题集》（近机及非机类）配套使用。

本书建议学时为48~64，目录中带“*”部分为可选择内容，各校可根据实际情况安排教学，具体操作时也可作适当增加或删减。

本书由左晓明任主编，惠学芹、鲁屏宇和邵国友任副主编。其中第一章由邵国友编写，第二、三章由吴进编写，第五、六及十二章由惠学芹编写，第十章由蔡召冲和潘亚娣编写，第十一章由鲁屏宇编写，第十三章由邵振国编写。左晓明编写第四、七、八、九章及附录并最终统稿、定稿。

本书由徐文宽担任主审，他对本教材全部书稿进行了仔细审阅并提出了许多宝贵意见。本书在编写过程中得到了多所高校有关领导和同志的关心和支持，在此一并表示衷心感谢。

由于时间仓促和水平所限，书中难免有错漏和不当之处，恳请有关专家和使用本书的师生们批评指正。

编　者

目　录

第一章　制图的基本知识和技能

第一节　国家标准《技术制图》及《机械制图》的有关规定

图样是工程界用以表达设计意图和交流技术思想的重要工具。因此，图样的格式、内容、画法等必须有统一的规定，即国家颁布的《技术制图》及《机械制图》标准。我国目前使用的是1998年颁布的国家标准《技术制图》，该标准等效采用了国际标准。

国家标准（简称“国标”）代号为“GB”，它是由“国标”两个字的汉语拼音字母的第一个字母“G”和“B”组成的，例如“GB/T 14690—1998”，国标后面的字母“T”表示推荐标准，两组数字分别表示标准的序号和标准颁布的年份。

本节仅介绍国标中有关“图纸幅面及格式”、“比例”、“字体”、“图线”和“尺寸注法”等几项规定的内容。

一、图纸幅面和格式（GB/T 14689—1998）

1. 图纸幅面尺寸

标准图幅共有五种，其尺寸见表1-1所示。各种图幅尺寸之间的关系为：沿上一号幅面的长边对裁即得下一号幅面的图纸，如图1-1所示。

表1-1　图纸幅面尺寸　（单位：mm）

幅面代号	A0	A1	A2	A3	A4
$B \times L$	841×1189	594×841	420×594	297×420	210×297
a	25				
c	10			5	
e	20		10		

绘制图样时应优先采用表1-1中规定的幅面尺寸（其中B为图纸短边，L为图纸长边），必要时还可以选用加长幅面，对于A0、A2、A4的幅面的加长量应按A0幅面长边的1/8的倍数增加；对于A1、A3幅面的加长量应按A0幅面短边的1/4的倍数增加。

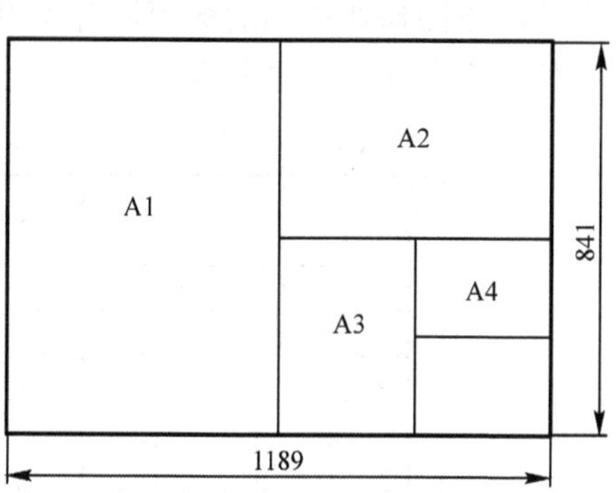

图1-1　各幅面尺寸之间的关系

2. 图框的格式

每张图纸在绘图前都必须用粗实线画出图框线。图框线有两种格式，一种是用于需要装订的图纸，一般采用A4幅面竖放或A3幅面横放，如图1-2所示；另一种则用于不需要的装订的图纸，也有竖放和横放两种，如图1-3所示。

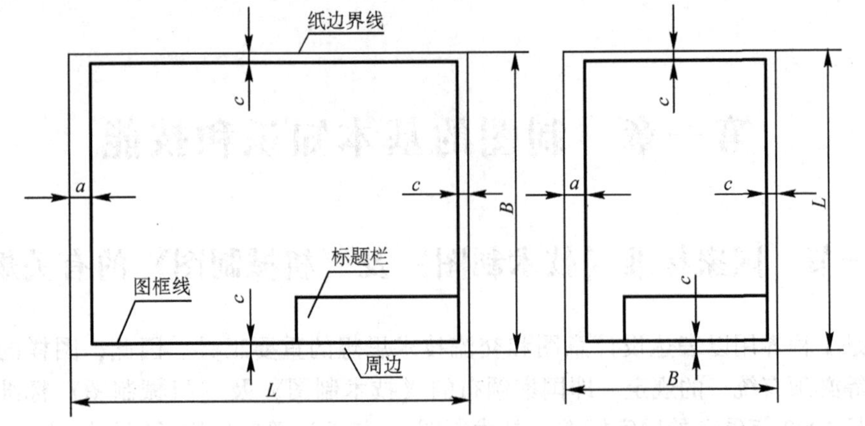

图 1－2　需要装订的图纸图框格式

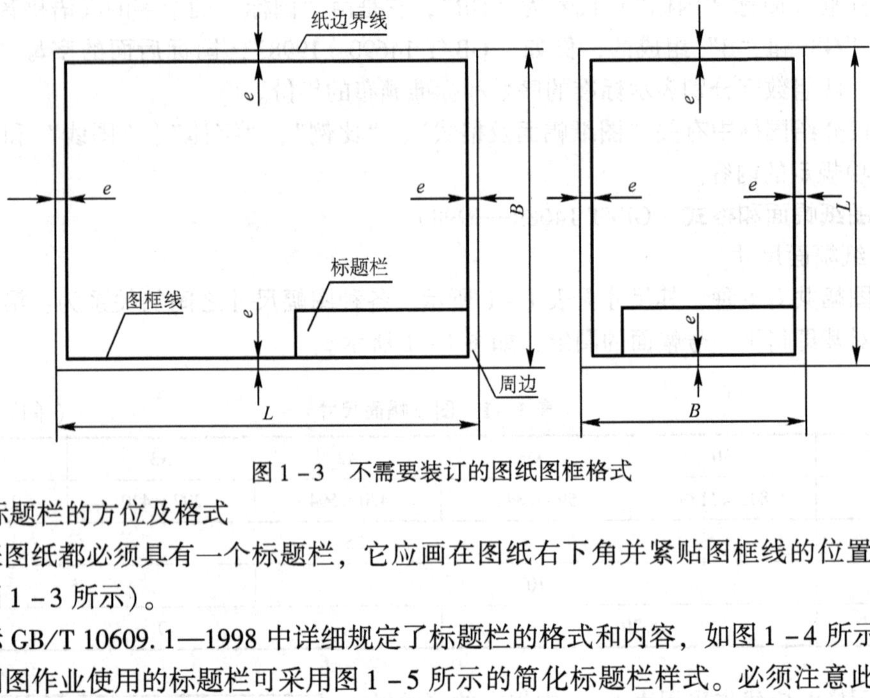

图 1－3　不需要装订的图纸图框格式

3. 标题栏的方位及格式

每张图纸都必须具有一个标题栏，它应画在图纸右下角并紧贴图框线的位置上（如图 1－2、图 1－3 所示）。

国标 GB/T 10609.1—1998 中详细规定了标题栏的格式和内容，如图 1－4 所示。而一般学校的制图作业使用的标题栏可采用图 1－5 所示的简化标题栏样式。必须注意此时标题栏中的文字方向应为看图方向。

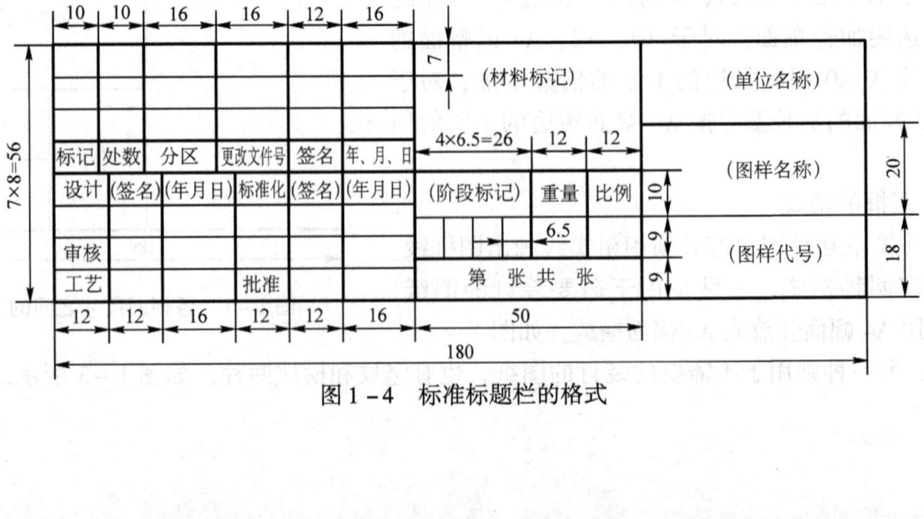

图 1－4　标准标题栏的格式

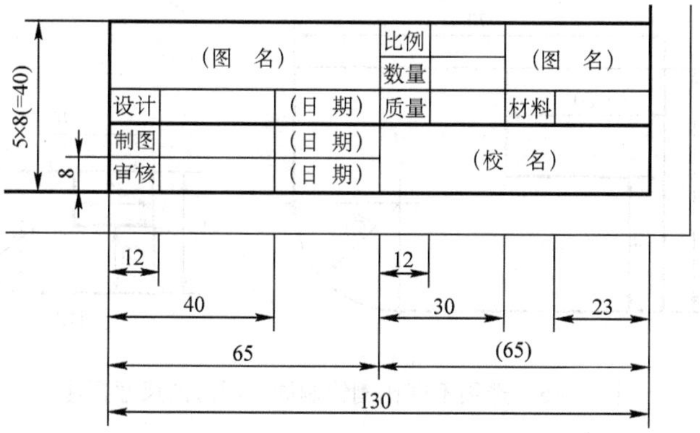

图 1－5　简化标题栏

二、比例（GB/T 14690—1998）

图中图形与其实物相应要素的线性尺寸之比，称为比例。

绘制图样时应选用国标中规定的比例，表 1－2 中为优先选择的规定比例，必要时，也可选用表 1－3 中规定的比例。

表 1－2　比　　例

种类	比例		
原值比例	1∶1		
放大比例	5∶1 5×10^n∶1	2∶1 2×10^n∶1	 1×10^n∶1
缩小比例	1∶2 1∶2×10^n	1∶5 1∶5×10^n	1∶10 1∶1×10^n

注：n 为正整数

表 1－3　比　　例

种类	比例				
放大比例	4∶1 4×10^n∶1	2.5∶1 2.5×10^n∶1			
缩小比例	1∶1.5 1∶1.5×10^n	1∶2.5 1∶2.5×10^n	1∶3 1∶3×10^n	1∶4 1∶4×10^n	1∶6 1∶6×10^n

注：n 为正整数

绘制同一个机件的各个视图应选用相同的比例，并在标题栏的比例一栏中填写，如 1∶1。当某个视图需选用不同的比例时，则必须在该视图旁另行标注，如 1∶2 等。

绘制图样时可根据需要选用放大或缩小的比例，但不论选用何种比例，图样上所注的尺寸数值均为机件的实际尺寸，与绘图比例无关，如图 1－6 所示。

三、字体（GB/T 14691—1998）

1. 一般规定

①图样和技术文件中书写的字体必须做到：字体工整、笔划清楚、间隔均匀、排列整齐。②字体的号数，即字体的高度（用 h 表示），单位为毫米，分为 20、14、10、7、5、3.5、2.5、1.8 八种，汉字字体的高度不应小于 3.5mm，其字宽一般为 $h/\sqrt{2}$。

2. 汉字

图样中的汉字应写成长仿宋体，并采用国家正式公布推行的简化字，如图 1－7 所示。

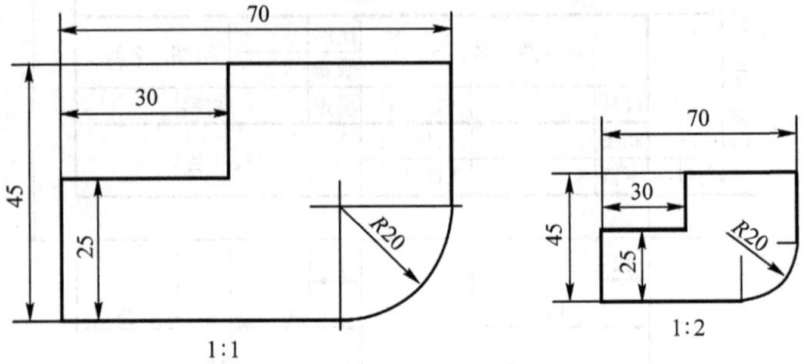

图 1－6　选用不同比例绘制同一图形的尺寸标注

字体工整 笔划清楚 间隔均匀 排列整齐

横平竖直 注意起落 结构均匀 填满方格

机械制图比例数量图号设计审核描图单位名称

组合体截交相贯表达方法零件装配轴键齿轮弹簧螺蚊

图 1－7　长仿宋体汉字示例

3. 数字和字母

数字和字母分为 A 型和 B 型，其笔划宽度用 d 表示。A 型字体的笔划宽度 $d=h/14$，B 型字体的笔划宽度 $d=h/10$。在同一图样上，只允许选用一种型式的字体。

数字和字母有直体和斜体两种。图样中常用的是斜体字，其字头向右倾斜，与水平线基准线约成 75°，数字和字母应按 ISOCP 字体书写，如图 1－8 所示。

四、图线（GB/T 4457.4—2002、GB/T 17450—1998）

1. 图线及其应用

国家标准规定了机械制图中常用图线的名称、型式、代号及一般应用，见表 1－4。

从表 1－4 中可以看出，图线分为粗、细两种，粗线的宽度 b 根据图形的大小及复杂程度而定，通常在 0.5～2mm 之间选择，机械图样中一般取 0.7mm，细线的宽度约为 $b/3$。

1998 年标准《技术制图　图线》中规定图线有 15 种基本线型，见表 1－5。另外，图线宽度系列中还增加了 0.13mm 的一种。建筑图样上采用三种线宽，其比例关系为 4∶2∶1，机械图样上采用两种线宽，其比例为 2∶1。手工绘图时各线型用法如图 1－9 所示，其余用于计算机绘图。

2. 绘制图线应注意如下几点

1）同一图样中的同类图线的宽度应基本一致，虚线、细点画线及双点画线的线段长度和间隔应各自大致相等；

2）两条平行线（包括剖面线）之间的最小距离应不小于 0.7mm；

3）绘制圆的对称中心线时，圆心应是两细点画线的线段的交点；

直体

1234567890 ØR

斜体

1234567890 ØR

a)

直体

Ⅰ Ⅱ Ⅲ Ⅳ Ⅴ Ⅵ Ⅶ Ⅷ Ⅸ Ⅹ

斜体

Ⅰ Ⅱ Ⅲ Ⅳ Ⅴ Ⅵ Ⅶ Ⅷ Ⅸ Ⅹ

b)

大写直体

ABCDEFGHIJKLMNOPXYZ

小写直体

abcdefghijklmnopxyz

大写斜体

ABCDEFGHIJKLMNOPXYZ

小写斜体

abcdefghijklmnopxyz

c)

图 1-8　数字和字母的书写示例

a）阿拉伯数字　b）罗马数字　c）字母

表 1-4　图线名称、型式、代号及一般应用

图线名称	图线型式及代号	线宽	一般应用
粗实线	b　A	b	01.2　可见轮廓线 可见过渡线
细实线	B	约 $b/3$	01.1　尺寸线及尺寸界线 剖面线 重合剖面轮廓线
波浪线	C	约 $b/3$	01.1　断裂处的边界线 视图与剖视的分界线
双折线	D	约 $b/3$	01.1　断裂处的分界线
细虚线	4～6　≈1　F	约 $b/3$	02.1　不可见棱边线 不可见轮廓线

（续）

图线名称	图线型式及代号	线宽	一般应用
细点画线	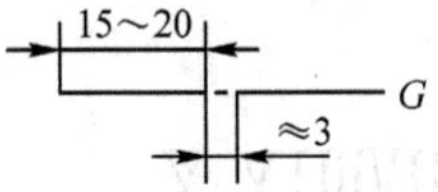	约 $b/3$	04.1　轴线 对称中心线 轨迹线
粗点画线	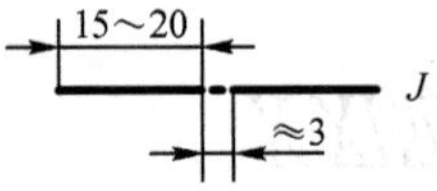	b	04.2　限定范围表示线
细双点画线	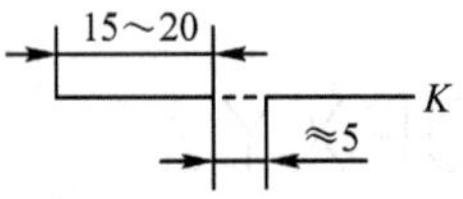	约 $b/3$	05.1　相邻辅助零件的轮廓线 极限位置的轮廓线

表 1-5　基本线型（GB/T 17450—1998）

代码 No	基 本 线 型	名　　称
01		实线
02		虚线
03		间隔画线
04		点画线
05		双点画线
06		三点画线
07	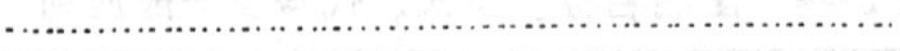	点线
08		长画短画线
09		长画双短画线
10		画点线
11		双画单点线
12		画双点线
13		双画双点线
14		画三点线
15		双画三点线

4）细点画线和双点画线的首末两端应是线段而不是短画；

5）在较小的图形上绘制细点画线或双点画线有困难时，可用细实线代替。

五、尺寸注法（GB/T 4458. 4—1984、GB/T 16675. 2—1996）

图样中，机件的结构形状用视图表示，机件的大小则通过标注的尺寸来表达。国标中对尺寸标注的基本方法作了一系列规定，必须严格遵守。

1. 基本规则

①机件的真实大小应以图样上所注的尺寸数值为依据，与图形的大小及绘图的准确度无关。②图样中（包括技术要求和其它说明）的尺寸，以毫米为单位时，不需要标注计量单位的代号或名称；如果用其他单位，则必须注明相应的计量的代号或名称。③图样中所标注的尺寸，为该图样所示机件的最后完工尺寸，否则应另加说明。④机件的每一个尺寸，一般只标注一次，并应标注在反映该结构最清晰的图形上。

2. 尺寸的组成

一个完整的尺寸应由尺寸界线、带有终端的尺寸线和尺寸数字三部分组成，如图 1－10 所示。

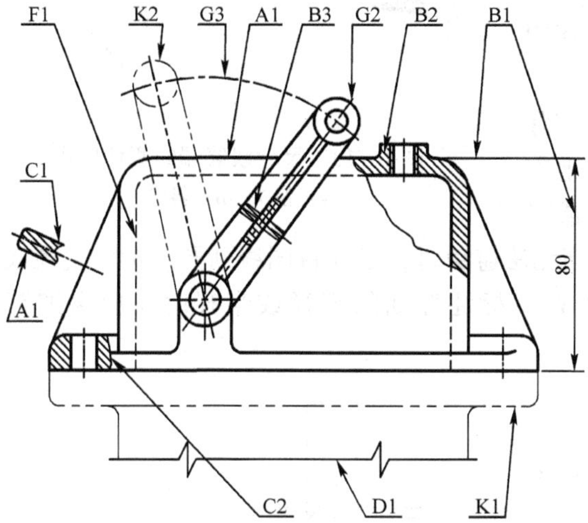

图 1－9　图线的应用示例

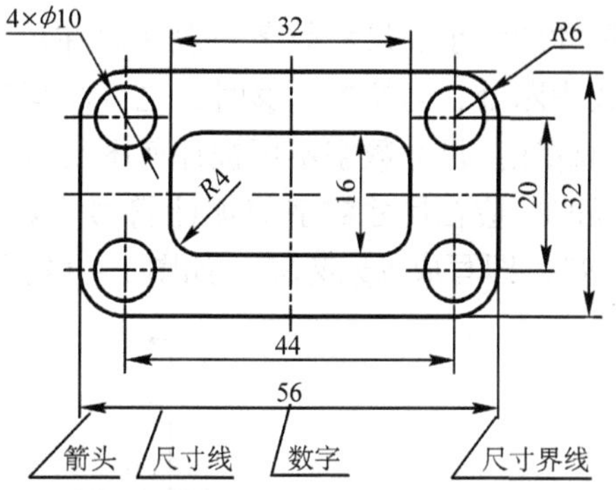

图 1－10　尺寸的组成及标注示例

（1）尺寸界线　尺寸界线表示尺寸的度量范围，用细实线绘制，一般应由图形的轮廓线、轴线或对称平面中心线的延长线引出，也可利用轮廓线、轴线或对称平面中心线作为尺寸界线，尺寸界线应超出尺寸线 3mm 左右，如图 1－10 所示。

尺寸界线一般应与尺寸线垂直，必要时才允许倾斜，如图 1－11 所示。

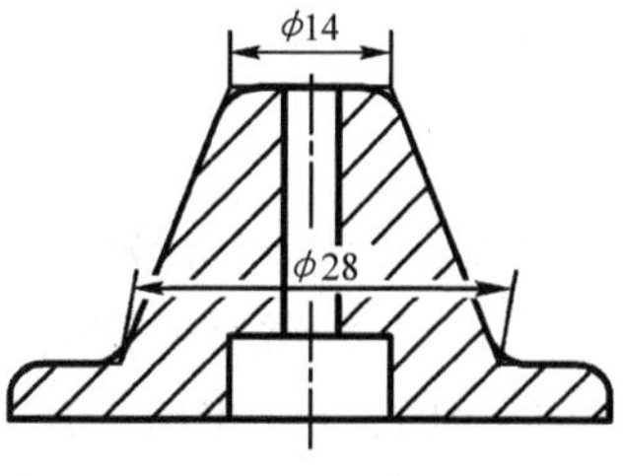

图 1－11　倾斜的尺寸线

（2）带有终端的尺寸线　尺寸线表示所注尺寸的度量方向和长度，它必须用带有终端的细实线单独绘出，不能用其它任何线代替，也不得与其它图线重合或画在其它图线的延长线上。标注尺寸时，尺寸线应与所注尺寸部位的轮廓线（或尺寸方向）平行，尺寸线与尺寸线或尺寸线与轮廓线之间距离要均匀，间隔在 5～8mm 左右，如图 1－12 所示。

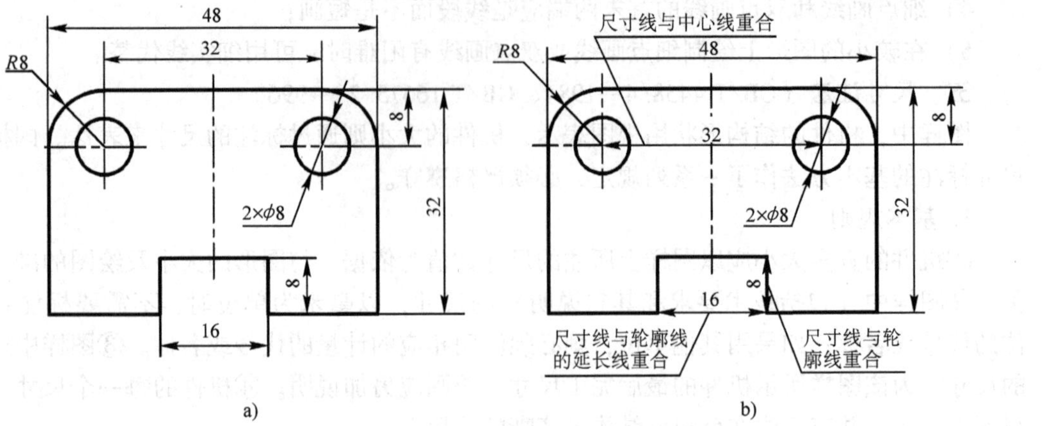

图 1－12　尺寸线的绘制

a）正确　b）错误

尺寸线终端有箭头和斜线两种形式，如图 1－13 所示。图中 b 为粗实线宽度，h 为字体高度。同一张图样中箭头和斜线不得混用，机械图样中一般采用箭头。

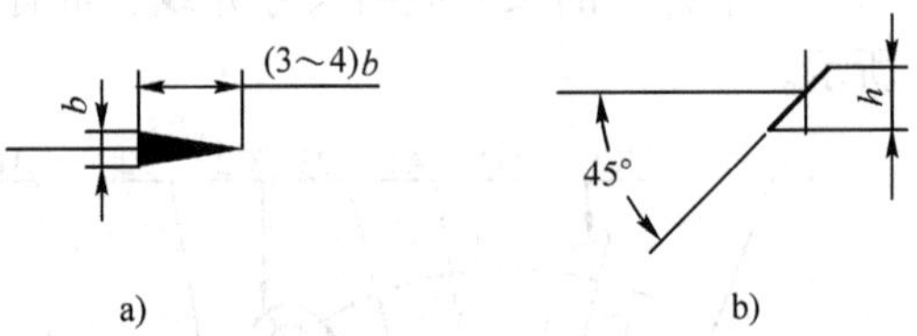

图 1－13　尺寸线终端的两种型式

a）箭头　b）斜线

（3）尺寸数字　尺寸数字用于表示机件实际尺寸的大小。尺寸数字一般注写在尺寸线的上方或中断处，当位置不够时，也可注写在外面或引出标注。尺寸数字不可被任何图线所通过，当无法避免时，必须将图线断开。标注直径或半径时，应在尺寸数字前加注符号“ϕ”或“R”，标注球面的直径或半径时还应再加符号“S”，即写成 $S\phi$ 或 SR。如图 1－14 所示。

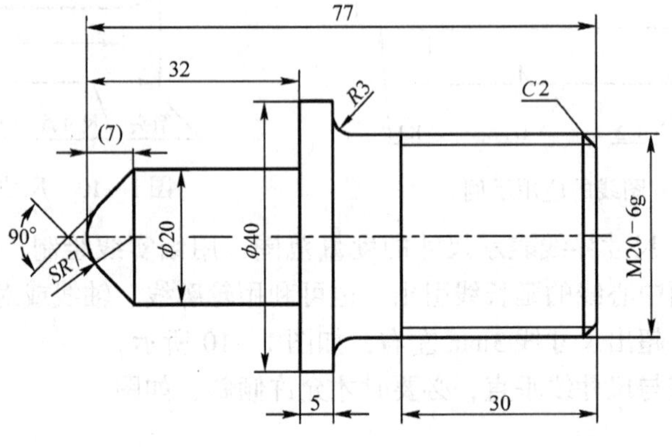

图 1－14　尺寸数字的注写

3. 尺寸标注示例

1）尺寸数字应按图 1－15 所示的方向填写，并尽量避免在 30°范围内标注尺寸。当无法避免时，可按图 1－16 所示方向标注。

2）角度标注时尺寸界线应沿径向引出，尺寸线应画成圆弧，其圆心是该角的顶点。尺寸数字一律水平书写在尺寸线的中断处，必要时可以写在尺寸线上方或外面，也可引出标注，如图 1－17 所示。

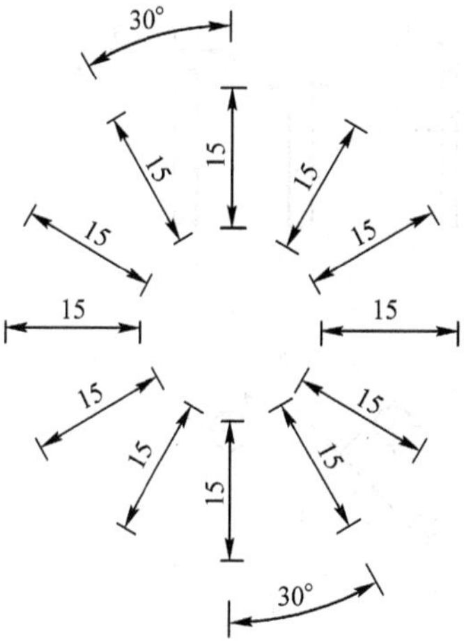

图 1－15　尺寸数字的注写方向

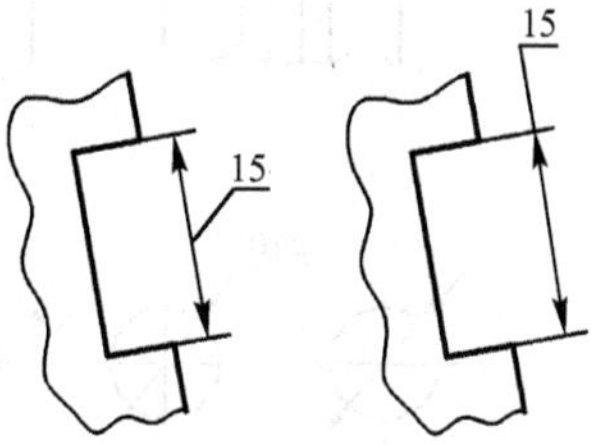

图 1－16　30°范围内尺寸数字的注写方法

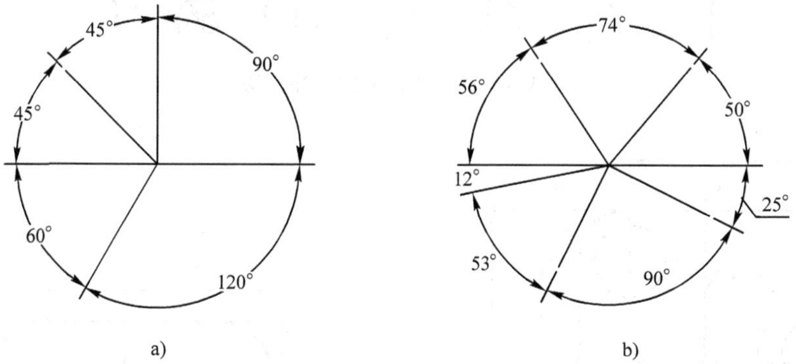

图 1－17　角度的标注

3）圆或大于半圆的圆弧应标注直径，小于或等于半圆的圆弧标注半径。标注圆或圆弧直径时，尺寸线应通过圆心，如图 1－18a 所示。标注圆弧半径时，尺寸线一端自圆心引出，另一端则画成箭头，如图 1－18b 所示。当圆弧半径过大或在圆弧范围内无法标出其圆心位置时，可按图 1－18c 所示形式标注；若不需要标注其圆心位置时，则可按图 1－18d 所示形式标注。

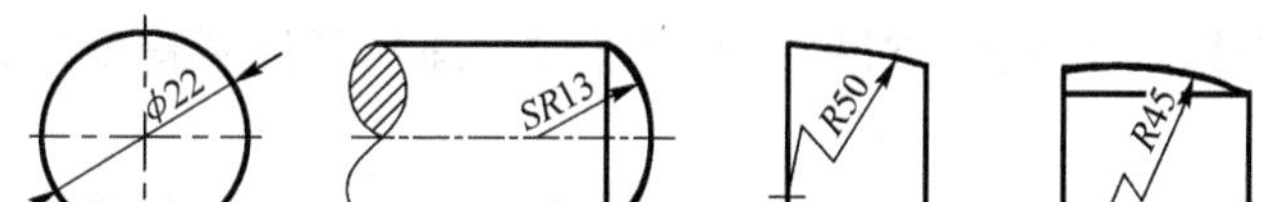

图 1－18　圆及圆弧的尺寸标注

4）当标注较小结构的尺寸，在没有足够位置画箭头和注写尺寸数字时，可按图 1－19 所示方法标注。

5）当对称机件的图形只画出一半或略大于一半时，尺寸线应略超出对称中心线或断裂处边界线，此时仅在尺寸界线一端画出箭头，如图 1－20 所示。

6）在光滑过渡处标注尺寸时，必须用细实线将轮廓线延长，并从它们的交点引出尺寸界线，如图 1－21 所示。

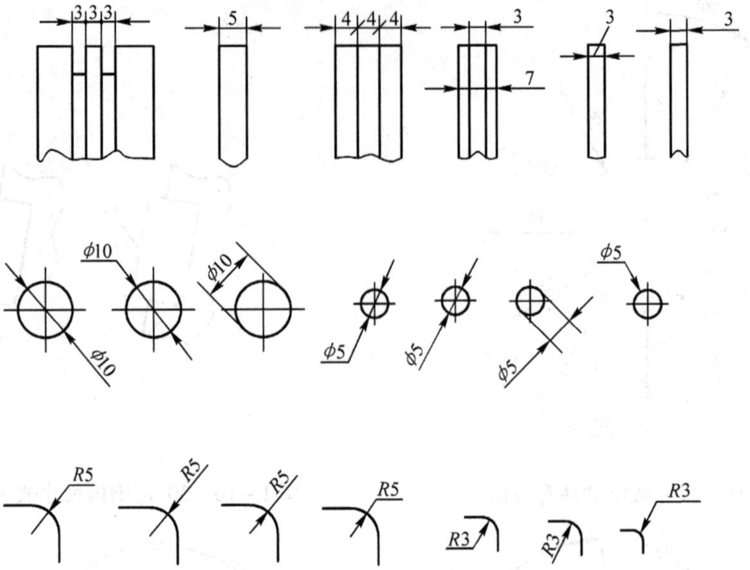

图 1－19　小尺寸的标注方法

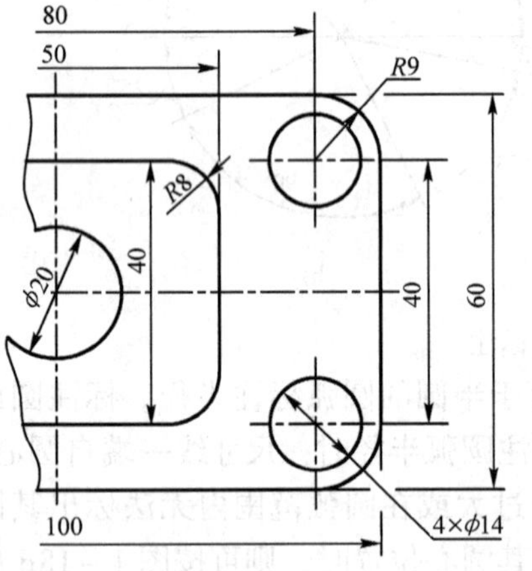

图 1－20　对称机件图形的尺寸标注

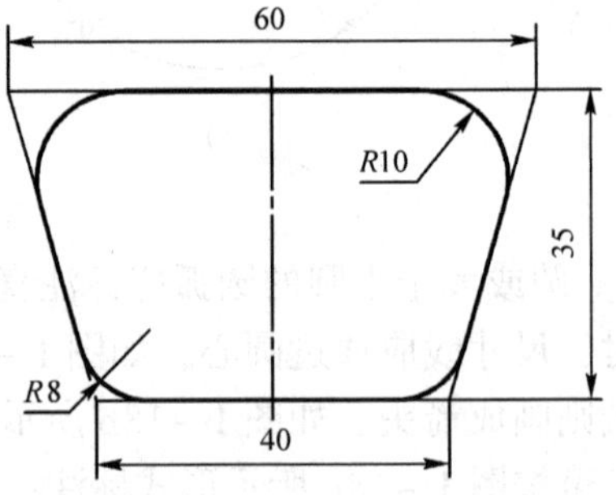

图 1－21　光滑过渡处的尺寸标注

7）斜度——直线（或平面）对另一直线（或平面）的倾斜程度称为斜度。斜度用字母 S 表示。

其大小用两直线（或两平面）之间夹角的正切值来表示，并将比值写成 1∶n 的形式，即

$$S=\mathrm{tg}\alpha=H/L=1:n$$

斜度的符号及标注如图 1－22 所示，标注符号的方向应与斜度的方向一致。

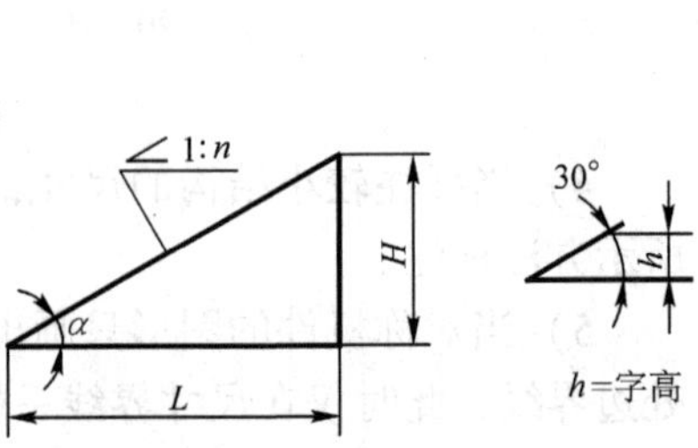

图 1－22　斜度的符号及标注

8）锥度——正圆锥的底圆直径与锥高之比称为锥度。正圆锥台的锥度是指两底圆直径差与台高之比。锥度用字母 C 表示，锥度也写成 1∶n 形式，即

$$C=D/L \text{ 或 } (D-d)/L=1:n$$

锥度的符号及标注如图 1－23 所示，标注符号的方向应与锥度的方向一致。

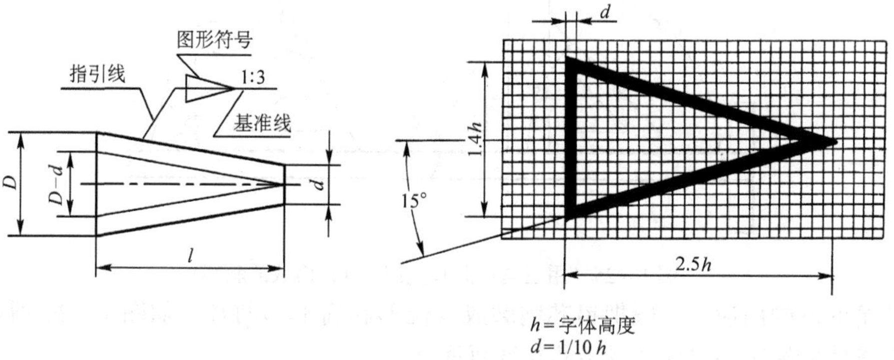

图 1－23　锥度的符号及标注

第二节　绘图工具、仪器及其用法

正确使用绘图工具及仪器可保证绘图的质量，提高绘图的准确性和效率。本节简要介绍常用绘图工具及仪器的使用方法。

一、图板、丁字尺

图板供绘图时贴放图纸用，其板面应平坦、光洁，左侧导边必须平直。

丁字尺由尺头和尺身组成。尺身上边为工作边，用来画水平线。使用时，应使尺头内侧紧贴图板的左导边上下移动。图板、丁字尺及图纸的固定如图 1－24a 所示，画水平及竖直线如图 1－24b、1－24c 所示。

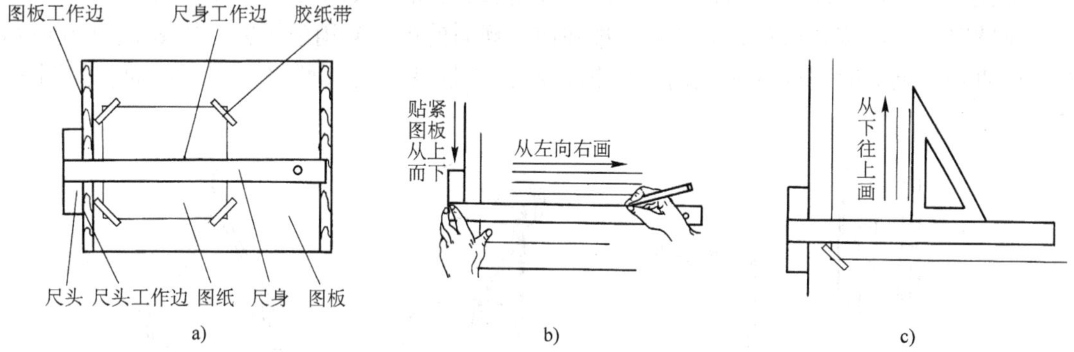

图 1－24　图板、丁字尺及其配合应用

a）图板、丁字尺及图纸的固定　b）画水平线　c）画竖直线

二、三角板

一副三角板有两块，一块是有 30°及 60°角的三角板，另一块最好选用配有量角器的 45°三角板。三角板与丁字尺配合使用，可画铅垂线和 15°整数倍的各种斜线，如图 1－25 所示。

三、绘图铅笔

绘图时常采用 2H、H、HB、B 和 2B 的绘图铅笔，其铅芯软硬程度用字母 H、B 表示。H（或 B）前边的数字越大表示铅芯越硬（或越软），画出的线就越淡（或越黑）。HB 的铅芯软硬适中。

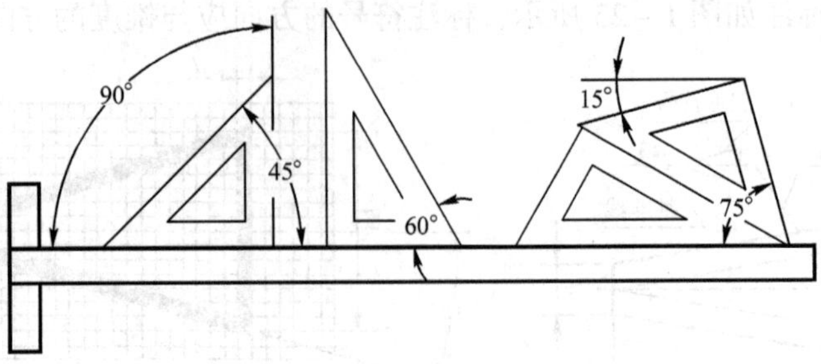

图 1－25　用三角板画垂直线及 15°倍数的斜线

按铅笔的不同用途，一般把铅芯削磨成圆锥形和扁平形两种，如图 1－26 所示。绘图时，应尽量使铅笔紧靠尺面，且铅芯与纸面垂直。

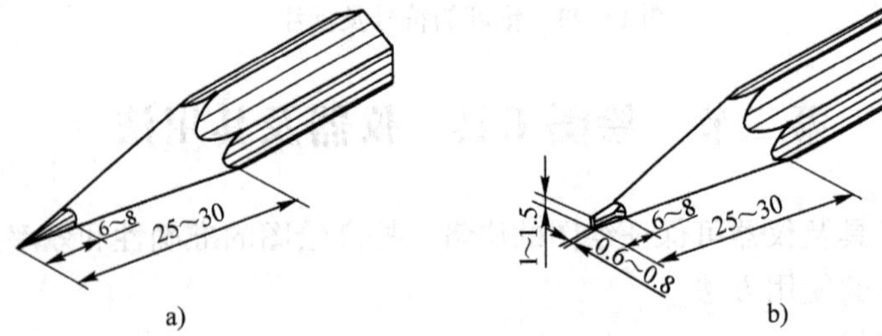

图 1－26　绘图铅笔铅芯形状

a）圆锥形　b）扁平形

四、圆规

圆规是画圆及圆弧的工具。圆规两腿中，一腿上装有活动钢针，另一腿上装有肘形关节及可更换插腿。使用前，应调整针脚，使针尖略长于铅芯，如图 1－27a 所示。

画圆时，一般按顺时针方向转动圆规并使圆规向前进方向稍微倾斜，如图 1－27b 所示。画不同直径的圆周时，要注意及时调整钢针和铅芯插腿，使其始终垂直于纸面，如图 1－27c 所示。

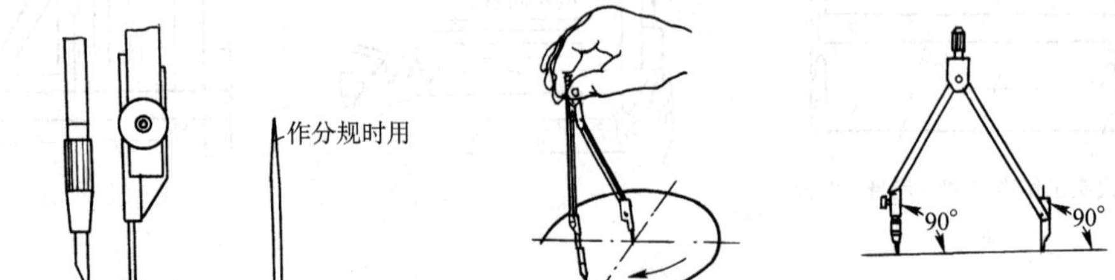

图 1－27　圆规的使用方法

a）针尖略长于铅芯　b）按顺时针方向画圆　c）钢针和铅芯插腿垂直于纸面

五、分规

分规是用来量取尺寸和截取线段的工具。分规的两腿均为钢针，两腿合拢时针尖应合于一点。图 1－28 所示为分规的使用方法。

六、曲线板

曲线板用于绘制非圆曲线，如图 1－29 所示。作图时，首先徒手将曲线上的一系列点轻

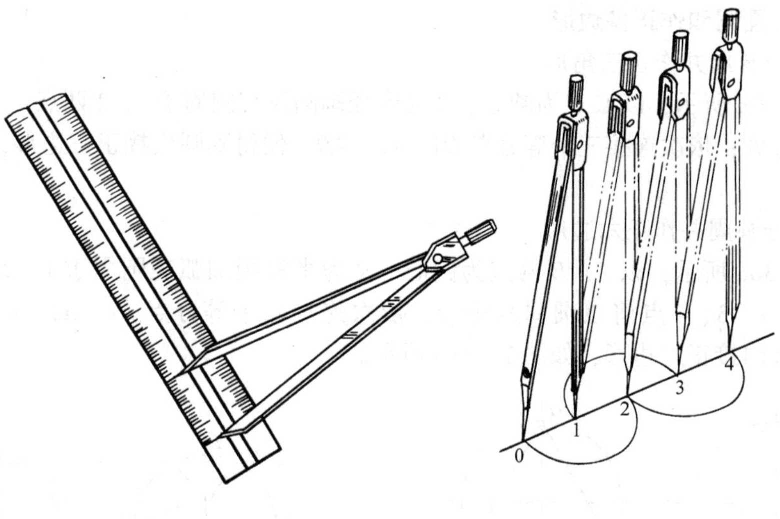

a)　　　　　　　　　　b)

图 1－28　分规的用法

a）针尖等长量取尺寸　b）连续截取等长线段

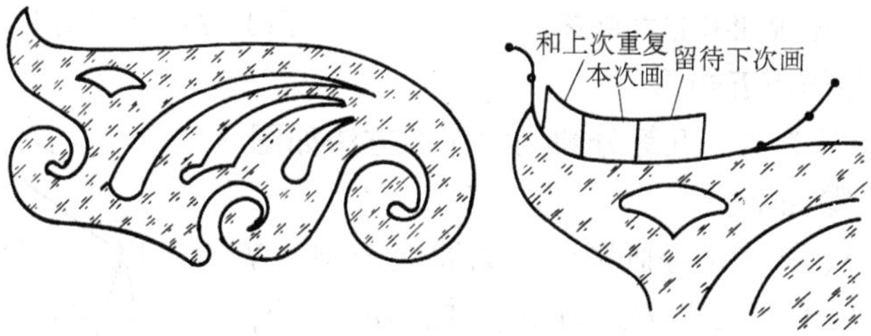

a)　　　　　　　　　　b)

图 1－29　曲线板的用法

轻连成一条光滑曲线，然后根据曲线的曲率大小及其变化，在曲线板上找出与该曲线吻合的一段，并自曲率半径较小的地方开始分段描绘曲线，如图 1－29b 所示。描绘时，至少选四个已知点与曲线板上的曲线重合，且前面有一段应与上次所描曲线重合，最后一段留下待下次再描，以保证曲线圆滑。

七、其他用品

除上述绘图工具和仪器外，绘图还需备有图纸、削铅笔小刀、橡皮、擦图片、量角器、透明胶带纸、砂纸、橡皮和掸灰用的小刷等。图纸有正、反面之分，绘图时应当用较光滑的正面。

第三节　几 何 作 图

生产实际中的物体轮廓形状虽然复杂多样，但它们的图样基本上都是由直线、圆弧和一些曲线所组成的几何图形。为了正确、快速地绘制图样，应熟练地掌握常见几何图形的作图方法。

一、等分圆周和作正多边形

1. 三等分圆周并作正三角形

如图 1－30a 所示，以 C 点为圆心、R 为半径画圆弧交圆周于 1、2 两点，则 D、1、2 点将该圆周三等分；依次连接三个等分点 D1、12、2D，便得到圆内接正三边形，如图 1－30b 所示；

2. 六等分圆周并作正六边形

如图 1－30a 所示，以 A、B 两点为圆心、R 为半径画圆弧交圆周于 1、2、3、4 四点，则 A、B、1、2、3、4 点将该圆周六等分；依次连接六个等分点 A1、A2、B3、B4、23 和 41，便得到圆内接正六边形，如图 1－31b 所示。

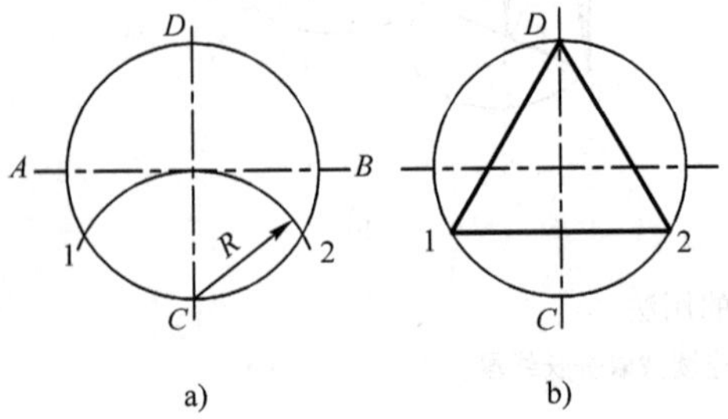

图 1－30　三等分圆周并作正三角形

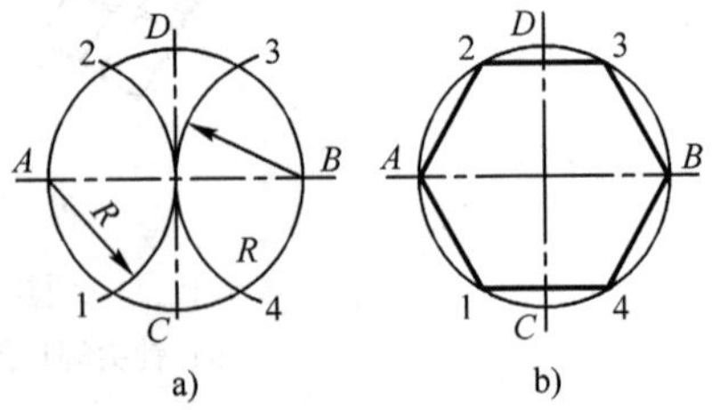

图 1－31　六等分圆周并作正六边形

3. 五等分圆周并作正五边形

已知圆心 O，半径为 R，五等分圆周的作图方法如图 1－32 所示，具体步骤如下：

①以 B 点为圆心、R 为半径画圆弧与圆周交于 M、N 两点，连接 M、N 与 OB 交于 P，则 P 点把 OB 等分；②以 P 点为圆心、PD 为半径画圆弧与 OA 交于 K 点；③以 D 点为圆心、DK 为半径画圆弧与圆周交于 1、2 两点，再以 1、2 点分别为圆心，DK 为半径画圆弧与圆周交于 3、4 点，则 D、1、2、3、4 点将该圆周五等分；④依次连接五个等分点，便得到圆内接正五边形。

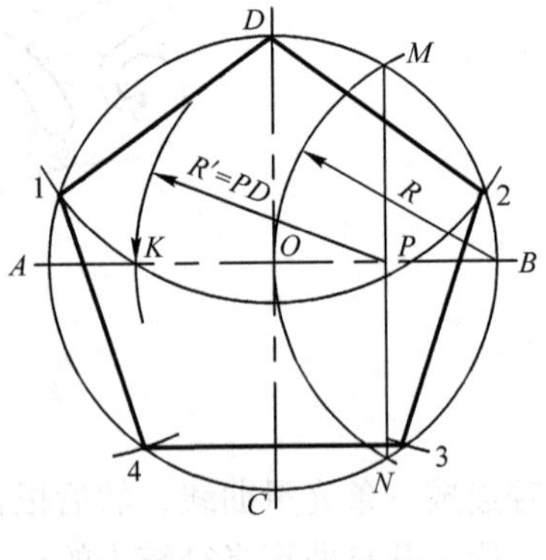

图 1－32　五等分圆周并作正五边形

二、圆弧连接

绘图时常会遇到用一圆弧光滑连接相邻两线段的情况，这种光滑连接，在平面几何中称为相切，在制图中则通称圆弧连接。切点称为连接点，用于连接两线段的圆弧称为连接弧。

1. 作图原理

圆弧连接作图时主要是依据圆弧相切的几何原理，求出连接弧（半径为已知）的圆心 O 和切点 K。

（1）半径为 R 的连接弧与已知直线相切时，其圆心轨迹是距离已知直线 L 为 R 的两条平行线 L_1 和 L_2。过 O 点作已知直线 L 的垂线，垂足 K 即为切点，如图 1－33 所示。

（2）半径 R 的连接弧与已知圆弧（圆心为 O_1，半径为 R_1）外切时，其圆心轨迹是以 O_1 为圆心，以 $R_2=R+R_1$ 为半径画的圆。圆心连线 O、O_1 与已知圆弧的交点即为切点 K，如图 1－34 所示。

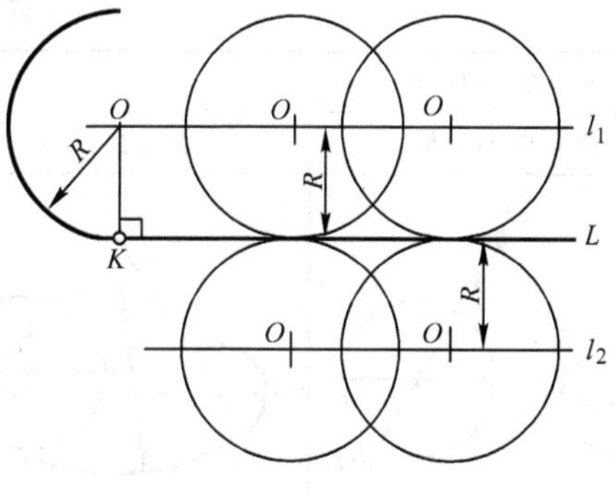

图 1－33　圆弧与直线相切

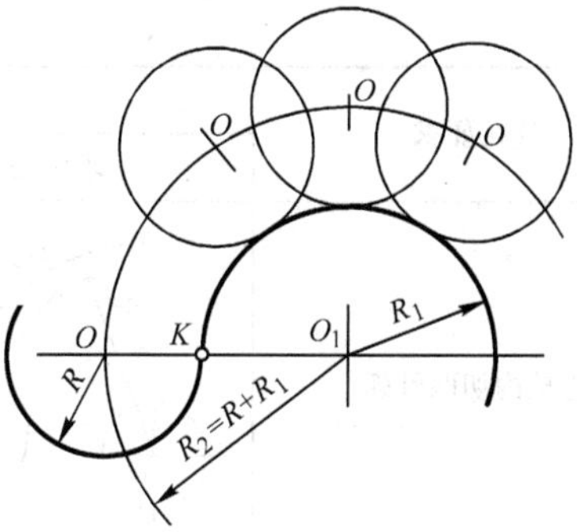

图 1－34　圆弧与圆弧外切

（3）半径为 R 的连接弧与已知圆弧（圆心为 O_1，半径为 R_1）内切时，其圆心轨迹是以 O_1 为圆心，以 $R_2=R_1-R$ 为半径画的圆。连接 O、O_1 并延长与已知圆弧的交点即为切点 K，如图 1－35 所示。

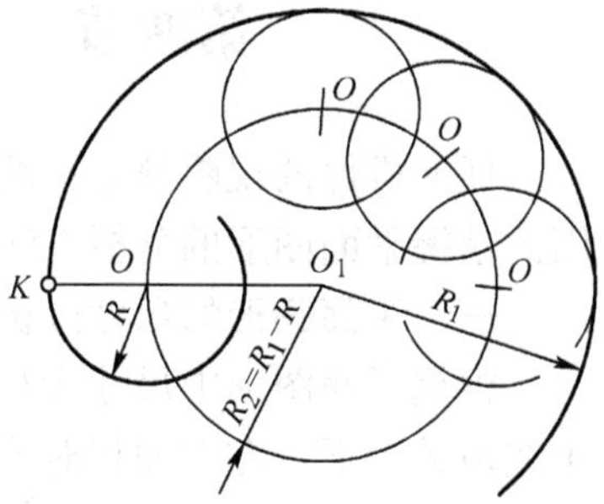

图 1－35　圆弧与圆弧内切

2. 作图方法

为保证连接弧和已知两线段光滑连接，必须准确找出连接弧的圆心 O 和切点 K_1、K_2。作图的第一步是求作连接弧的圆心 O，第二步是求作切点 K_1、K_2，第三步是以 O 为圆心，R 为半径画圆弧起迄于连接点 K_1、K_2。

表 1－6 中列出了几种常见的圆弧连接的作图方法和步骤。

表 1－6　圆弧连接作图举例

连接要求	作图方法和步骤		
	求圆心 O	求切点 K_1、K_2	画连接圆弧
连接相交两直线	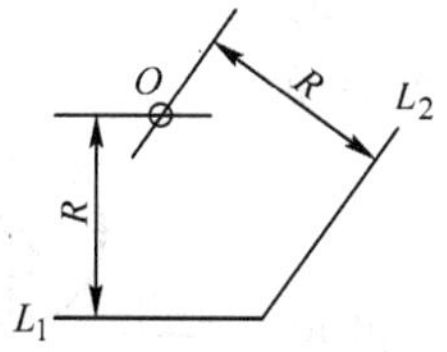	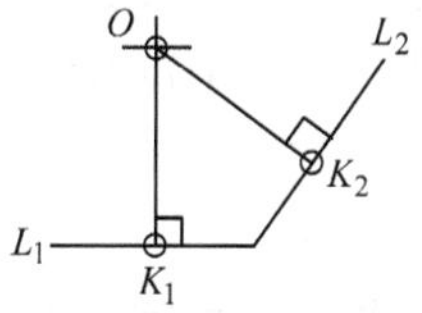	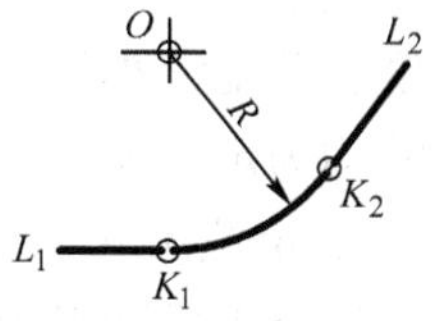
连接一直线和一圆弧	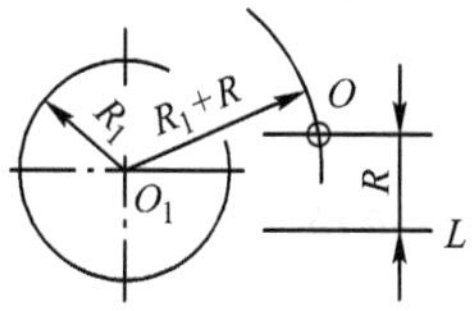	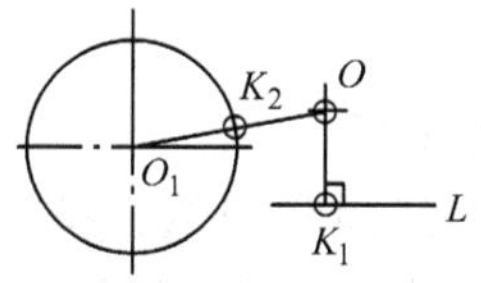	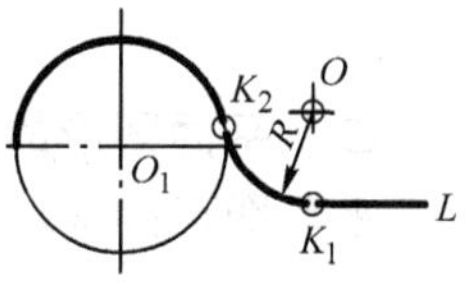
连接外切两圆弧	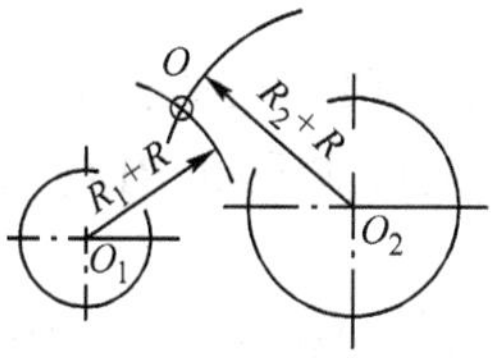	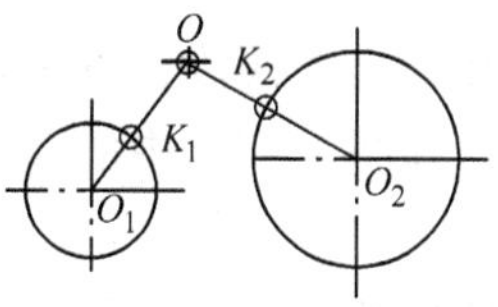	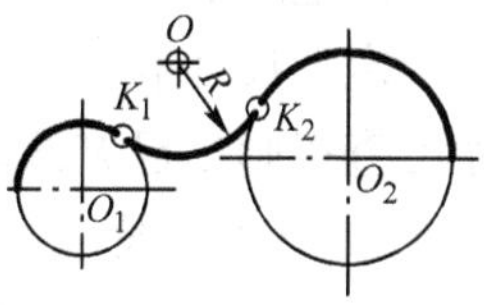

（续）

连接要求	作图方法和步骤		
	求圆心 O	求切点 K_1、K_2	画连接圆弧
连接内切两圆弧	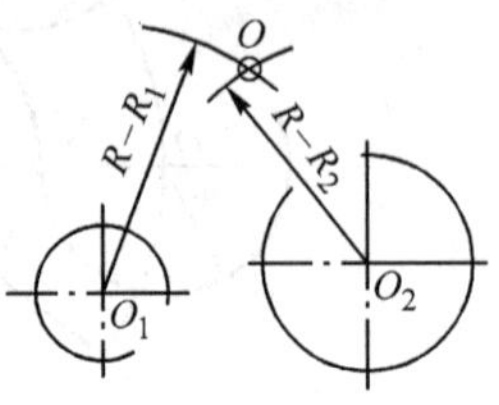	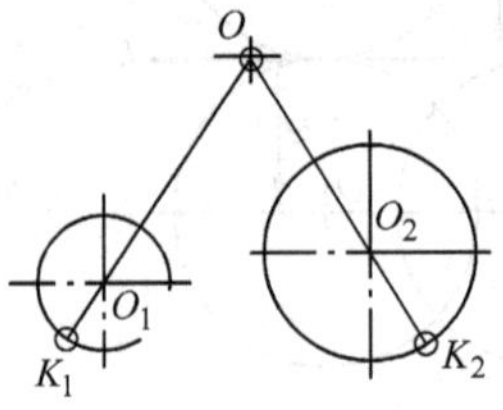	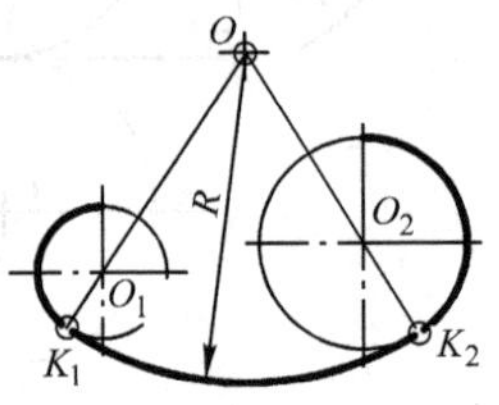

第四节　平面图形的分析、画法及尺寸标注

任何机件的视图都是平面图形，而平面图形则又是由一些直线段和曲线段连接而成的。因此掌握平面图形的分析方法，对于正确、迅速地绘制图样起着重要的作用。

一、平面图形的尺寸分析

根据平面图形中尺寸所起的作用，可分为定形尺寸和定位尺寸两类。要想确定平面图形中线段的上下、左右的相对位置，必须引入基准的概念。

1. 基准

基准是标注尺寸的起点。一般平面图形中常用作基准线的有：①对称图形的中心线；②较大圆形的对称中心线；③较长的直线等。如图 1－36 是以左右对称线作为长度方向基准线，左右孔 $\phi18$ 的水平中心线作为高度方向的基准线。

2. 定形尺寸

确定平面图形中各组成部分的形状和大小的尺寸，称为定形尺寸。例如圆的直径、圆弧的半径、线段的长度、角度大小等，如图 1－36 中的所有直径或半径尺寸均为定形尺寸。

3. 定位尺寸

确定平面图形中各组成部分之间的相对位置的尺寸，称为定位尺寸。如图 1－36 中的尺寸 84、18、50 和 33。

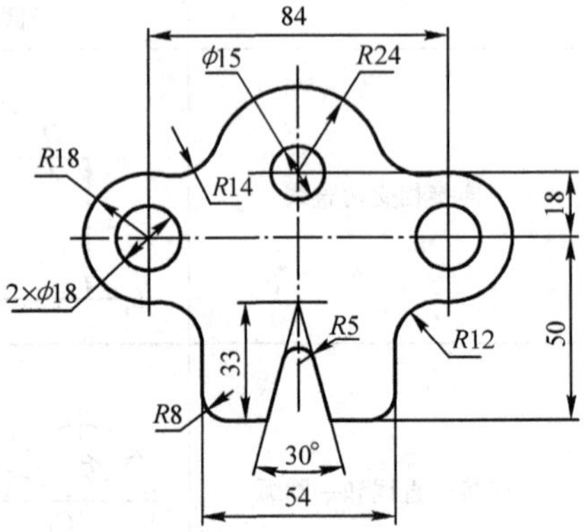

图 1－36　平面图形

二、平面图形的线段分析

平面图形的线段（直线段和圆弧）按其特征可分为三类：已知线段、中间线段和连接线段。

1. 已知线段

定形尺寸和定位尺寸齐全的线段，称为已知线段。在画已知线段时，根据图中所给的尺寸可直接画出已知线段，如图 1－36 中的 $\phi18$、$\phi15$ 圆周和 $R18$、$R24$ 圆弧。

2. 中间线段

已知定形尺寸而定位尺寸不全的线段，称为中间线段。在画中间线段时，需根据图中给出的定形和定位尺寸及与相邻线段的连接要求才能画出，如图 1－36 中的距离为 54 的两直

线、夹角为30°的两斜线和此图形最下方直线。

3. 连接线段

已知定形尺寸而没有定位尺寸的线段，称为连接线段。在画连接线段时，需根据图中给出的定形尺寸及与两端相邻线段的连接要求才能画出，如图1－36中的*R*14、*R*12、*R*8和*R*5圆弧。

三、平面图形的画法

根据以上分析可知：画平面图形时，应首先画出各已知线段，再依次画出各中间线段，最后画出各连接线段。图1－36所示的平面图形的作图步骤如图1－37所示。

1）画出基准线、对称线，如图1－37a所示；

2）画出各已知线段和已知圆弧的有效部分，如图1－37b所示；

3）画出各中间线段和中间圆弧后，再用圆弧连接的作图方法画出各连接弧，如图1－37c所示；

4）检查、校核图形，擦去不需要的图线后用粗实线描深图线，如图1－37d所示。注意：描深图线的顺序是先圆弧后直线，描深直线时应将水平线、竖直线和倾斜线分类集中处理；

5）标注尺寸，完成全图，如图1－36所示。

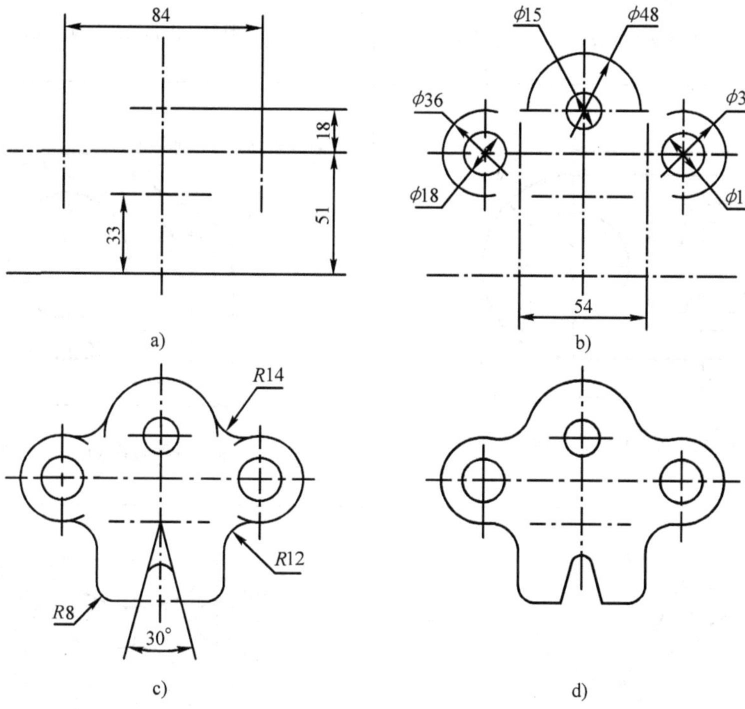

图1－37　平面图形的作图步骤

四、平面图形的尺寸标注

1. 标注要求

（1）正确　平面图形的尺寸要按国家标准的规定标注，符号、尺寸数字方向等不能有错，尺寸数值也不应出现矛盾。

（2）完整　平面图形的尺寸要齐全，定形和定位尺寸都不能少，要做到不遗漏也不重复。

（3）清晰　尺寸的位置要安排合理、布局整齐，尺寸数字书写端正、清晰易辨。

2. 标注方法

标注平面图形尺寸时，首先应对组成图形的各线段进行分析，弄清哪些是已知线段、中间线段和连接线段，然后选择尺寸标注的基准，最后应根据各图形的不同要求，注出平面图形的全部定形尺寸和必要的定位尺寸。表1－7为常见的平面图形尺寸标注示例，通过仔细阅读可使读者尽快学会平面图形的尺寸标注。

表1－7　常见平面图形的尺寸标注示例

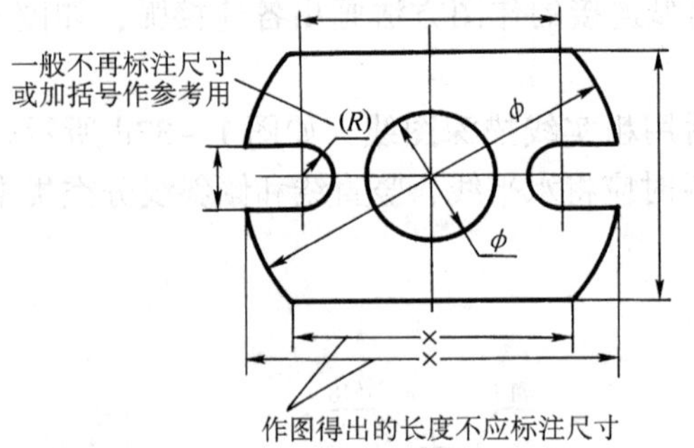

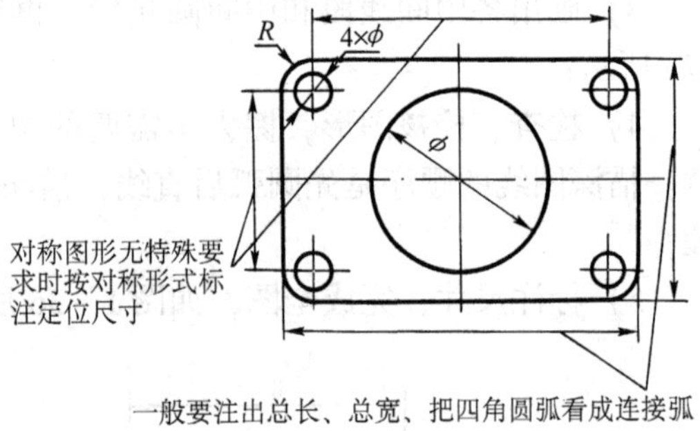

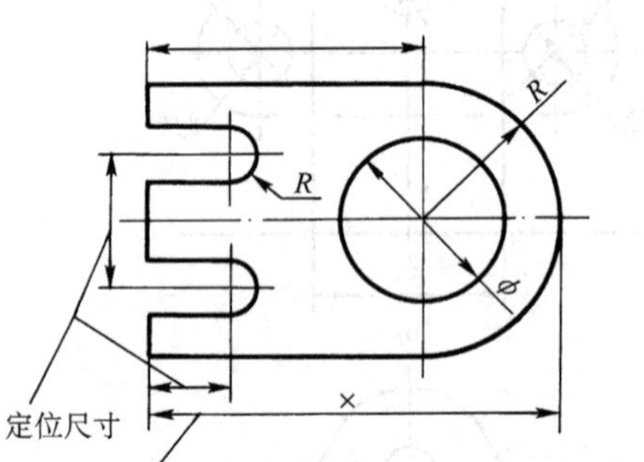

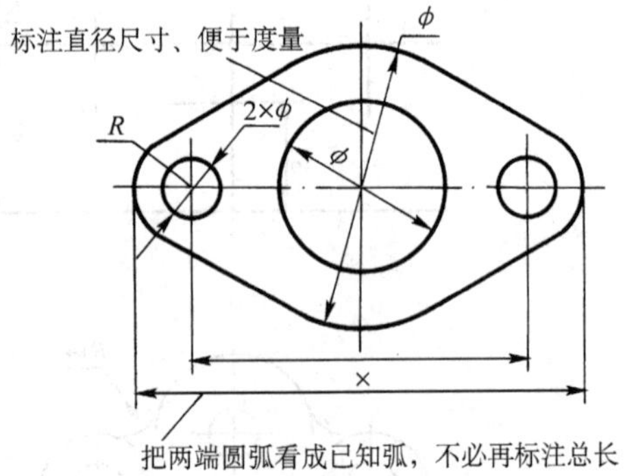

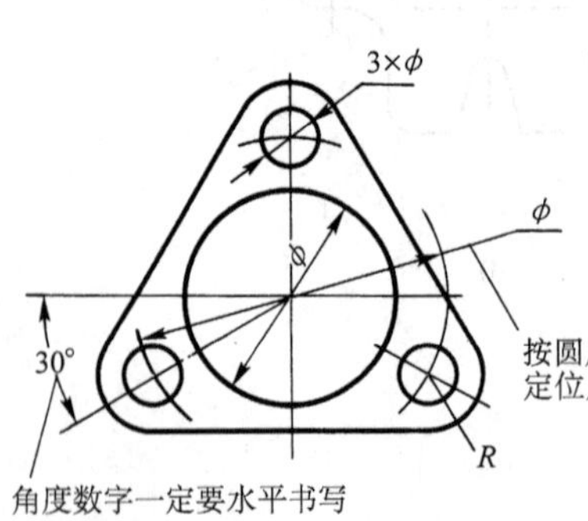

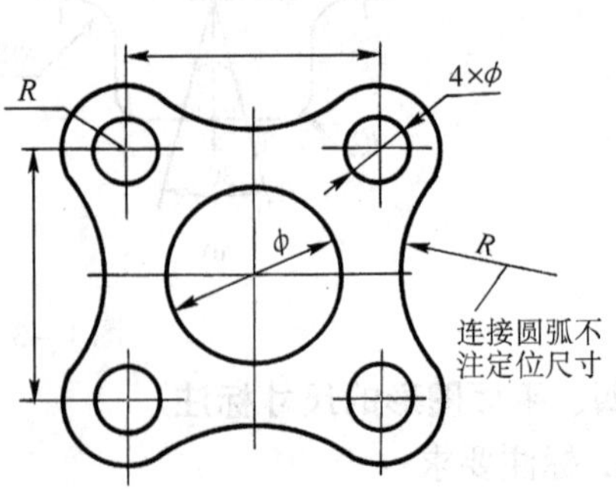

（续）

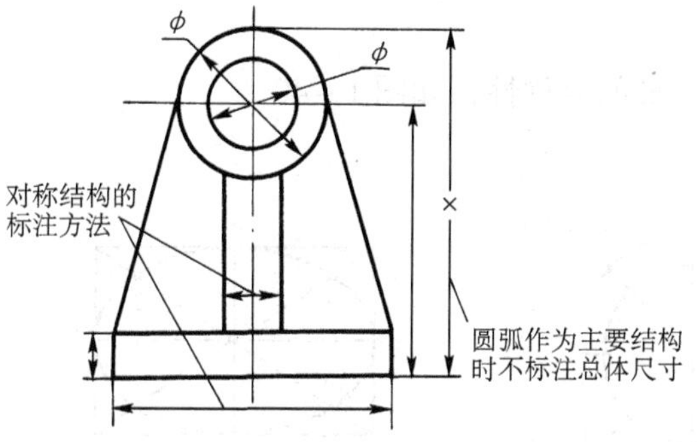

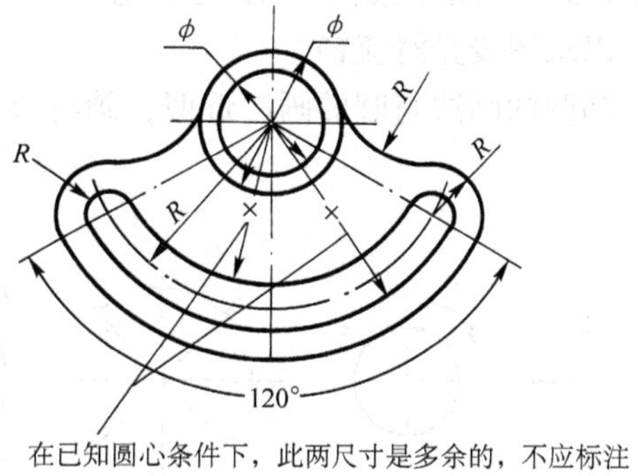

第五节　绘图的一般方法

常用的绘图方法有徒手绘图、图板绘图和计算机绘图三种，本节简要介绍徒手绘图的方法，计算机绘图的方法将在第八章中叙述。

徒手绘图也称绘草图，是通过目测来估计物体的形状和大小，不借助绘图工具而徒手绘制的图样。在工作中，工程技术人员经常需用徒手图来迅速准确地表达自己的设计意图，或及时地记录下所需的技术资料。在广泛采用 AUTOCAD 计算机绘图的今天，常常事先徒手画出草图，再直接输入计算机。所以，掌握徒手绘制草图的方法，在工程实际中有着很重要的作用。

在草图的绘制中，由目测确定的实物形状和大小以及形体各部分间的比例应基本准确，除比例一项外，其余均应遵守国标规定，图形中各种线型应粗细分明，图面应整洁工整。开始练习徒手画图时，可先在方格纸上进行，这样容易控制图形的大小比例，尽量让图形中的直线与分格线重合，以保证所画图线的平直。

画徒手图一般选用“HB”或“B”的铅笔，画各种图线时手腕要悬空，小指接触图纸，画图中可根据需要随时将图纸转至适当的角度，故图纸不必固定。

一、基本图线的画法

画直线时，眼睛要看着图线的终点，图纸可放斜一些。画水平线由左往右运笔，画铅垂线由上向下运笔，每条图线最好一笔画就，对于较长的直线，也可用数段连续的短直线相接而成。画短线常用手腕运笔，画长线则以手臂动作。

画 30°、45°、60°的斜线时，可按直角边的近似比例 3:5、1:1、5:3 定出斜线的端点，连成直线，如图 1－38。

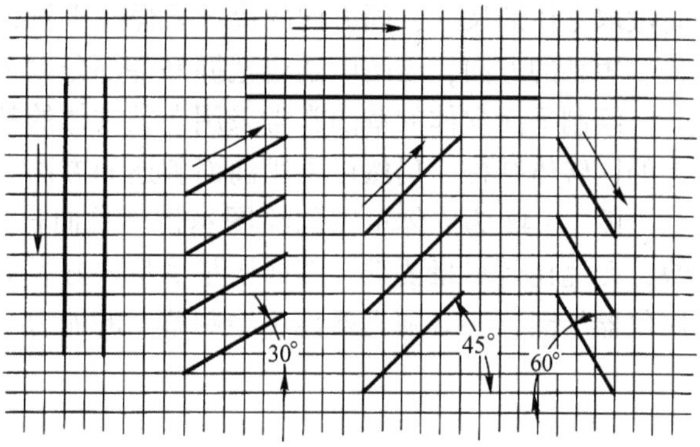

图 1－38　徒手画直线的方法

画圆时，先定出圆心位置，过圆心画出相互垂直的两条中心线，再在中心线上按半径大小目测定出四个点后，分两半画成。对于直径较大的圆，可在45°方向上增加两条射线，再取四点分八段逐步完成，如图1－39。绘制圆弧时，应悬臂运用手腕旋转运笔，以求图线光滑流畅。

椭圆的画法与圆的画法近似，画时应注意图形的对称性，如图1－40。

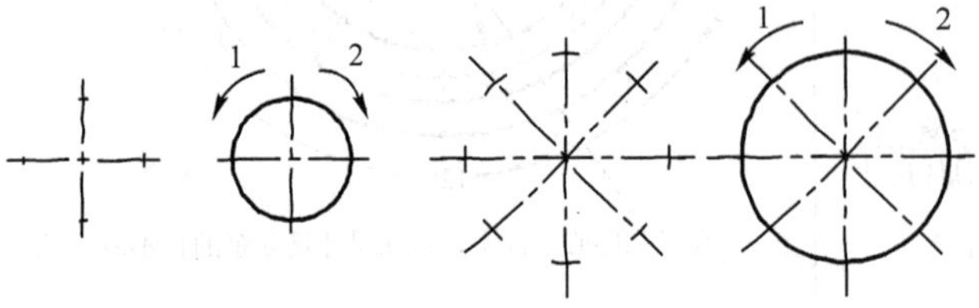

图1－39　圆的画法

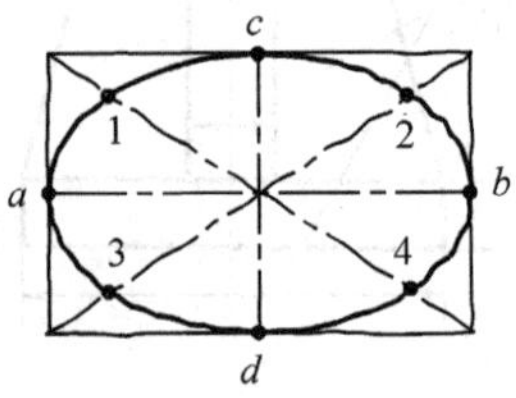

图1－40　椭圆的画法

二、平面图形的画法

徒手绘制平面图形时，首先要对图形进行尺寸分析和线段分析，然后画出中心线和定位线，再按照已知线段、中间线段、连接线段的作图顺序绘制图形。如果利用方格纸作图，可使平面图形的主要轮廓线及定位中心线尽可能和方格纸上的线条重合，图形各部分的比例亦可参考方格纸上的方格数来确定。图1－41为徒手在方格纸上绘制平面图形的示例。

三、立体图的画法

工程技术人员在表达设计构思，进行技术交流和产品介绍等工程实践中，为帮助空间想象，往往借助于立体草图来绘制出空间构想的模型。在投影制图的学习过程中，也常常需要绘制出立体草图来帮助分析想象形体的表达方案和结构形状。可以说立体草图是工程实践中进行形体表达和技术交流的一种有效工具。

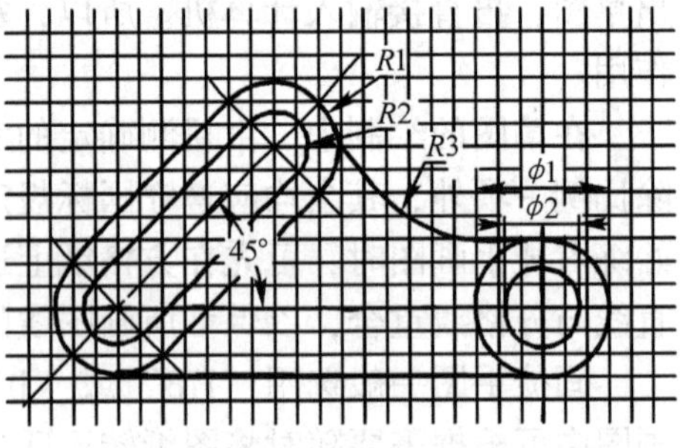

图1－41　徒手绘制平面图形

在绘制立体草图时应注意沿着相应坐标轴的方向截取立体的尺寸，同方向的尺寸要保持平行，对于立体上的圆和圆弧，要注意确定其椭圆长、短轴的方向，绘图中还应把握好各部分大致的比例关系。

绘制平面立体的草图常常采用在长方体的基础上逐块叠加或逐步切割的方法，对于立体上的回转体结构，仍然可采用前面叙述的方法绘制立体上不同方向的椭圆。

图1－42为立体草图的绘图示例。总而言之，徒手绘图的基本要求是画图速度尽量要快，目测比例尽量要准，图面质量尽量要好。对于一个工程技术人员来说，不仅要熟练的使用仪器绘图，还必须具备徒手绘制草图的能力。

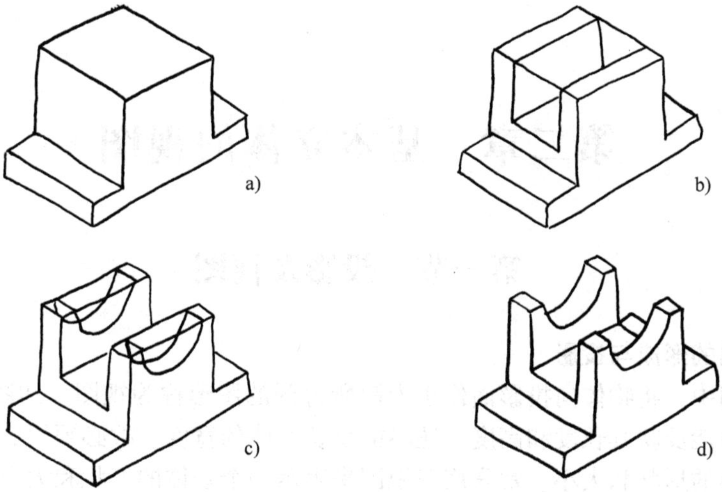

图 1－42　轴测草图的绘制

第二章　基本立体的视图

第一节　投影及视图

一、三视图的形成与投影

在机械制图中，将物体向投影面作正投影所得到的图形称为视图。如图 2－1 所示，物体的一个视图只能反映其长度和高度，还不能反映物体的宽度。故必须用二个以上的视图才能确切反映物体的形状和大小。常采用三视图来表示一个物体的形状和大小。

(一) 三视图的形成

1. 投影面的设置

如图 2－2 所示，设三个互相垂直的平面作为投影面，它们组成三投影面体系。其中，处于直立位置且面对观察者的投影面称为正立投影面，简称正立面，用 V 表示；处于水平放置的投影面称为水平投影面，简称水平面，用 H 表示；处于侧立放置的投影面称为侧立投影面，简称侧立面，用 W 表示。

三个投影面中，V 面与 H 面、H 面与 W 面、W 面与 V 面的交线 Ox、Oy、Oz 称为投影轴，三投影轴之交点 O 为原点。

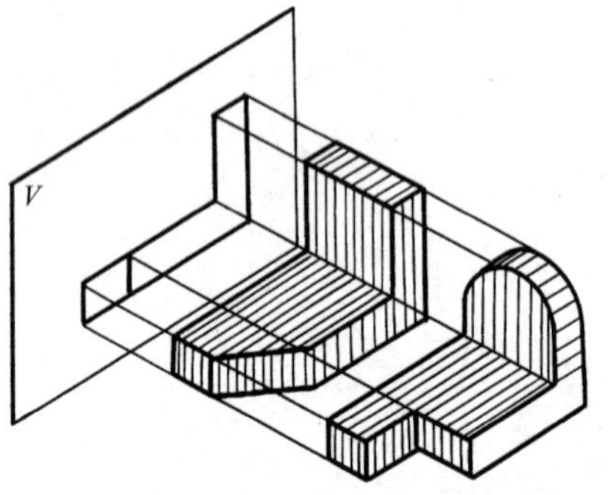

图 2－1　一个视图不能确切地反映物体

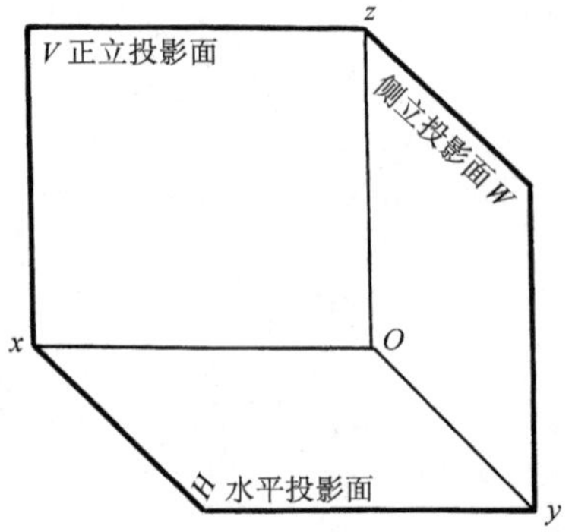

图 2－2　三投影面体系

2. 三视图的形成

如图 2－3a 所示，把物体放在三投影面体系中，从物体的前方向后投影，在 V 面上得到的视图称为主视图，也叫正面投影；从物体的上方向下投影，在 H 面上得到的视图称为俯视图，也叫水平投影；从物体的左方向右投影，在 W 面上得到的视图称为左视图，也叫侧面投影。

为了便于画图，需将三个视图画在同一平面内。国标规定：V 面保持不动，H 面绕 Ox 轴向下旋转 90°，W 面绕 Oz 轴向右旋转 90°，使得三个视图随着三投影面重合在同一平面内，如图 2－3b、c 所示，并且 Oy 轴随 H、W 面被分成两处，分别以 Oy_H、Oy_W 表示，作图时不必画投影面边框和投影轴。

（二）三视图的投影关系

1. 三视图的位置关系

从三视图的形成过程可见，以主视图为基准，俯视图在主视图的正下方，左视图在主视图的正右方。画图时必须按上述位置关系配置。

2. 三视图之间的投影关系

三视图中，由于主视图和俯视图同时反映了物体的长度，故主、俯视图“长对正”；又由于主视图和左视图同时反映了物体的高度，故主、左视图“高平齐”；同理，俯视图和左视图同时反映了物体的宽度，故俯、左视图“宽相等”，如图 2－4 所示。

3. 物体和三视图的对应关系

每个物体都有长、宽、高三个方向上的尺寸以及上、下、前、后、左、右六个位置关系。

三视图中，主视图反映物体的长度和高度方向的尺寸，上下和左右位置关系；俯视图反映物体的长度和宽度方向的尺寸，左右和前后位置关系；左视图反映物体的高度和宽度方向的尺寸，上下和前后位置关系。

确定俯、左视图的前后关系时要注意：以主视图为基准，俯视图和左视图中靠近主视图的一侧是物体的后面，远离主视图的一侧是物体的前面。

二、物体上各基本元素的投影

物体的形状可由视图表示，不管其形状多么复杂，都是由其上的点、线、面等基本几何元素组成的，其中点是最基本的元素。

（一）点的投影

点的投影仍然是点，但点的一个投影不能确定其空间位置，需要由其不同投影面上的投影来确定。如图 2－3a 所示，不同的两点 A_1、A_2，它们的正面投影重合。

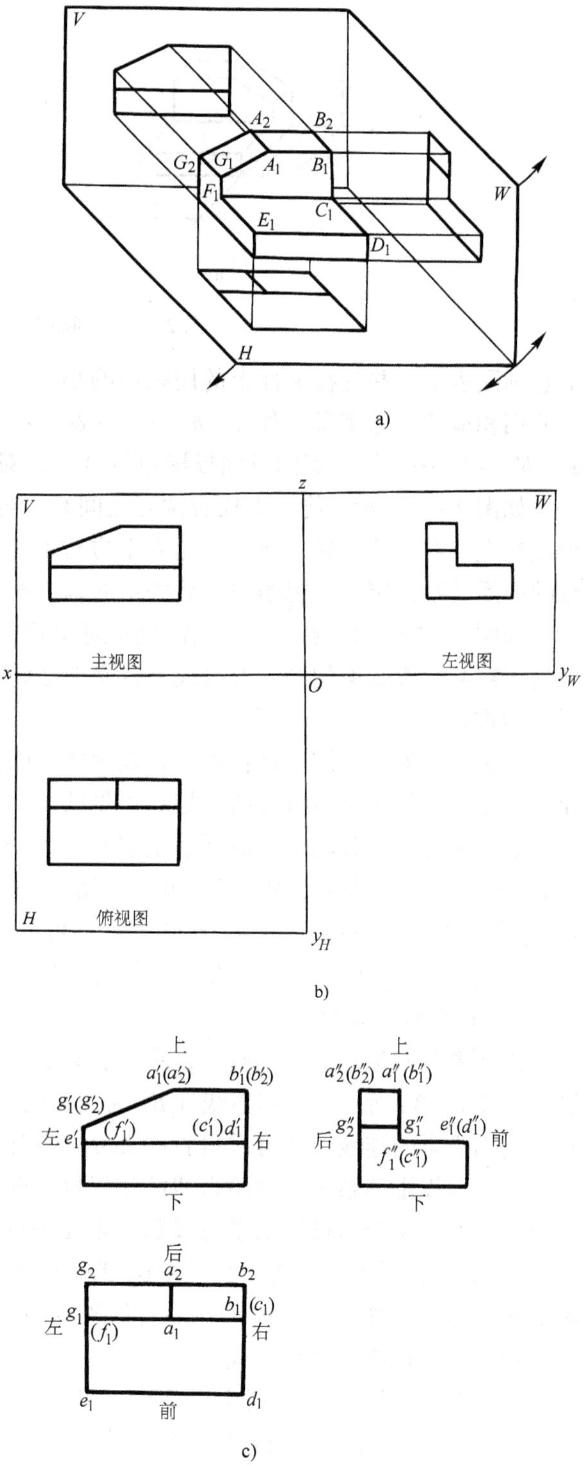

图 2－3　三视图的形成过程及投影

在研究几何元素的投影时，统一规定空间点用大写字母，如 A、B、C、…表示；投影用

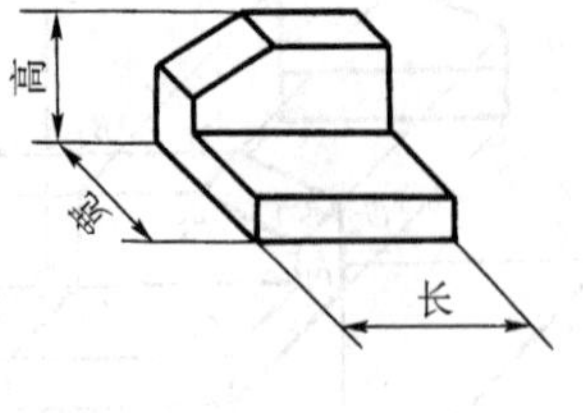

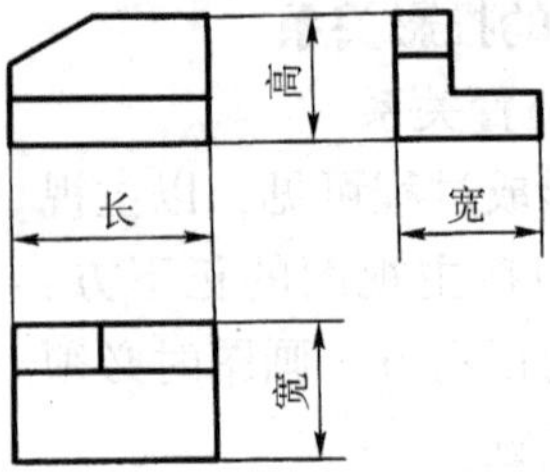

图 2-4　三视图之间的投影关系

空心圆圈表示，并且在 V 面上的用相应的小写字母加一撇，如 a'、b'、c'、…表示；在 H 面上的用相应的小写字母，如 a、b、c、…表示；在 W 面上的用相应的小写字母加两撇，如 a''、b''、c''、…表示。点的三面投影也符合“长对正，高平齐，宽相等”的规律。

如图 2-3 所示，物体上任意两点之间有一定的相对位置。两点的相对位置是指空间两个点在左、右、前、后、上、下这六个方位的相对关系。如点 A_1 在点 E_1 的上、后、右方。点的前后关系判定与三视图的前后关系的确定相同。

如图 2-3 所示，点 A_1 与点 A_2 处于对 V 面的同一投射线上，在 V 面上的投影重合。这种处于对某一投影面的同一投射线上，必然在该投影面上具有重合的投影的两点称为对该投影面的重影点。

重影点可见性判别原则：对重合投影所在的投影面距离较大的那个点的投影是可见的，而另一个点的投影是不可见的。把不可见的点的投影用括号括起来。对 H、V、W 面的重影点，它们的可见性分别是上遮下、前遮后、左遮右。所以点 A_1 与 A_2 称为对正面的重影点，点 A_1 在点 A_2 的正前方，故 a_2'不可见，用（a_2'）表示；点 A_1 与 B_1 称为对侧面的重影点，点 A_1 在点 B_1 的正左方，故 a_1''可见，b_1''不可见，用（b_1''）表示；点 G_1 与 F_1 称为对水平面的重影点，点 G_1 在点 F_1 的正上方，故 g_1 可见，f_1 不可见，用（f_1）表示。

（二）直线的投影

直线由其两端点的位置确定，因此，只要求出直线两端点的投影，即可求出该直线的投影。如图 2-3c 所示，要作直线 A_1B_1 的三面投影，先作出点 A_1、点 B_1 的三面投影，然后分别作同面投影的连线，即可求得直线 A_1B_1 的三面投影 a_1b_1，$a_1'b_1'$，$a_1''b_1''$。

在三面投影体系中，按照直线相对于投影面的位置的不同，分为特殊位置直线和一般位置直线。前者又分为投影面平行线和投影面垂直线。

如图 2-3 所示，直线 A_1G_1、A_2G_2 都平行于 V 面，与 W 面、H 面倾斜。像这种与一个投影面平行而与另外两投影面倾斜的直线称为投影面平行线。由于有三个投影面，平行于 H 面的投影面平行线称为水平线；平行于 V 面的投影面平行线称为正平线；平行于 W 面的投影面平行线称为侧平线。从图 2-3 中可见投影面平行线的投影特性如下：

1）直线在所平行的投影面上的投影反映实长，且此投影与投影轴之夹角反映了直线与相应投影面的真实倾角；

2）直线在另两个投影面上的投影与相应的投影轴平行，且这两投影都小于实长。

如图 2-3 所示，直线 E_1F_1 均平行于 H 面、W 面，而垂直于 V 面。象这种与一个投影面垂直，则必与另两投影面平行的直线称为投影面垂直线。由于有三个投影面，垂直于 H

面的直线称为铅垂线；垂直于 V 面的直线称为正垂线；垂直于 W 面的直线称为侧垂线。投影面垂直线的投影特性如下：

1）直线在所垂直的投影面上的投影积聚为一点；

2）直线在另两投影面上的投影反映实长，且与相应的投影轴垂直。

物体上的空间两直线的相对位置有以下三种情况：平行、相交和交叉。

空间相互平行两直线，它们的同面投影也相互平行。反之，若它们的三组同面投影都相互平行，则空间两直线也互相平行，如图 2-3 所示的直线 A_1G_1、A_2G_2。

空间相交两直线的同面投影一般都相交，且交点符合点的投影规律。反之，如果两直线的三组同面投影均相交，且交点符合点的三等规律，则两直线相交。如图 2-3 所示，空间两直线 A_1G_1、G_1F_1 相交于 G_1 点，那么，两相交直线的同面投影的交点即为 G_1 点的各面投影；反之，两直线的三组同面投影的交点 g_1，g_1'，g_1''符合点的投影规律，则两直线相交。

空间两直线既不平行也不相交，则称为交叉直线。交叉两直线的三组同面投影不可能都相互平行；假如三组同面投影均相交，但交点必不符合点的投影规律，如图 2-3 所示，空间两直线 A_1A_2、E_1D_1 为交叉两直线。

（三）平面

如图 2-3 所示，在三面投影体系中，平面 $A_1A_2G_2G_1$ 垂直于 V 面，而与 H 面、W 面倾斜。象这种垂直于一个投影面而与另外两个投影面倾斜的平面称为投影面垂直面。由于有三个投影面，垂直于 H 面而倾斜于 V 面和 W 面的平面称为铅垂面；垂直于 V 面而倾斜于 H 面和 W 面的平面称为正垂面；垂直于 W 面而倾斜于 V 面和 H 面的平面称为侧垂面。投影面垂直面的投影特性如下：

1）在所垂直的投影面上的投影积聚为与相应的投影轴倾斜的一直线；

2）在另两投影面上的投影均为小于实形的类似形。

平面 $A_1B_1C_1F_1G_1$ 平行于 V 面，那么必然垂直于 H 面和 W 面。象这种平行于一个投影面的平面称为投影面平行面。由于有三个投影面，平行于 H 面的平面称为水平面，平行于 V 面的平面称为正平面；平行于 W 面的平面称为侧平面。投影面平行面的投影特性如下：

1）在平行的投影面上的投影反映实形；

2）在另外两个投影面上的投影，分别积聚成与相应投影轴平行的直线。

〔例 2-1〕 根据如图 2-5 所示的三视图（1）判别点 D 与点 G，点 D 与点 E，点 C 与点 B 分别是对哪个投影面的重影点？点 G 与点 C 的相对位置关系？（2）判别直线 DG、CD 为何种位置的直线？（3）判别平面 $ABCH$、$CDGH$、$DEFG$、$CDEMB$ 分别是何种位置的平面？

分析：（1）点 D 与点 G，点 D 与点 E，点 C 与点 B 分别是对正面、侧面、水平面的重影点。点 G 在点 C 的上、后、右方。

（2）直线 DG 的正面投影积聚为一点，水平投影和侧面投影分别垂直于 X 轴、Z 轴，故是正垂线。直线 CD 的正面投影为斜线，水平投影和侧面投影分别与 X 轴、Z 轴平行，故为正平线。

（3）平面 $ABCH$ 的正面和水平投影积聚为一直线，侧面投影为四边形且反映其实形，所以平面 $ABCH$ 是侧平面。平面 $CDGH$ 的正面投影积聚为一直线，其水平投影和侧面投影为其类似形——四边形。所以平面 *CDGH* 它是正垂面。平面 *DEFG* 的正面和侧面投影均积聚为直线，水平投影为其实形，所以平面 *DEFG* 是水平面。平面 *CDEMB* 的水平和侧面投影为积聚成直线，正面投影为实形——五边形，所以平面 *CDEMB* 是正平面。

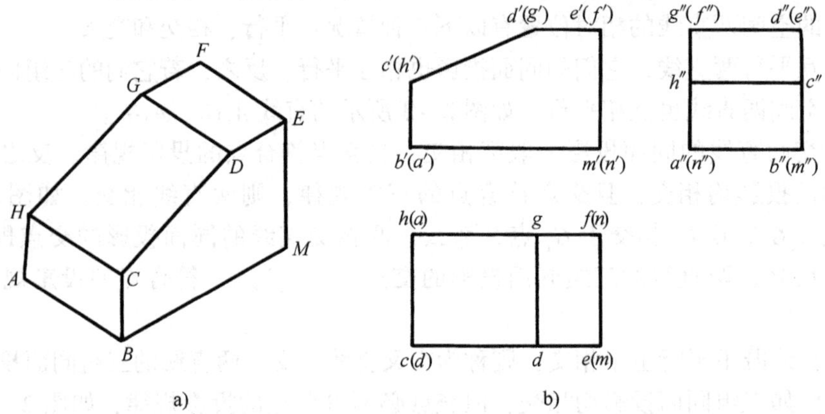

图　2－5

a）立体图　b）三视图

第二节　平面立体的视图

任何立体均占有一定空间，并由该立体的各表面确定其范围及形状。按一定的规律形成的简单几何体称为基本立体。最常见的基本立体分为平面立体和曲面立体两类型。

一、平面立体的视图

若立体的表面都是由平面围成的，称为平面立体，最常见的平面立体有棱柱、棱锥等。平面立体的视图就是组成该平面立体的棱面、棱线和顶点的投影，然后判别可见性。相对于投影面处于不可见位置的棱面的投影画成虚线，其上的点、线的同面投影也不可见。

（一）棱柱体

1. 棱柱体的投影分析

如图 2－6a 所示的正六棱柱体顶面和底面均为全等、平行的正六边形，六个棱面为全等的矩形。正六棱柱体的顶面和底面都是水平面，故它们的正面投影和侧面投影积聚为直线段，水平投影重合为正六边形，且反映实形。六棱柱体的前后两棱面为正平面，其正面投影相重合为矩形，且反映实形，水平投影和侧面投影积聚成平行的直线段。六棱柱体的另外四个棱面均是铅垂面，它们的水平投影积聚为四段直线，正面投影和侧面投影均为类似形。

2. 棱柱体的三视图

六棱柱体的三视图如图 2－6b 所示，主视图是三个相连的矩形。中间矩形是与 *V* 面平行的前、后两棱面的相重合投影，反映实形；左、右两矩形分别是左前和左后两棱面、右前和右后两棱面的相重合投影，为类似形；三个矩形的上下两直线段分别是正六棱柱顶面和底面在 *V* 面上的积聚性的投影——两平行直线。

俯视图是正六边形，它是顶面和底面的重合投影，反映实形。正六边形的六条边分别是六个棱面在 *H* 面上的积聚性投影，六个顶点分别是六条棱线的积聚性投影。

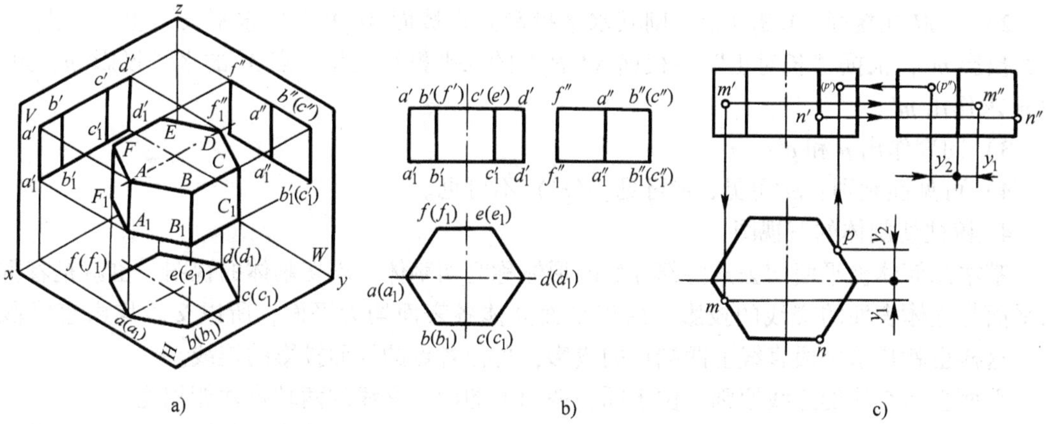

图 2-6　正六棱柱及其表面上的点的投影

a）立体图　b）三视图　c）表面取点

左视图是两个大小相等的矩形，后面的矩形是左后、右后两棱面的重合投影，前面的矩形是左前、右前两棱面的重合投影，均为类似形。两矩形最前、最后的两竖线分别是前、后两棱面的积聚性投影。两矩形的上下两直线段分别是棱柱顶面和底面在 W 面上积聚性投影——两平行直线。

作棱柱的投影图时，先画出中心线、对称线，再画出反映顶面和底面实形的俯视图，最后画出其它另两视图，如图 2-6b 所示。

3. 棱柱表面上的点

在棱柱体表面上取点时，首先要判断出该点所在表面的投影，然后利用一定的作图方法作图，最后还要判别可见性。

（1）点在棱线上　棱线上的点可利用点与直线的从属性与定比性求解。

从属性：直线上点的投影，必在该线的各同面投影上；反之，点的投影不都在一直线的同面投影上，则点必不在该线上；假如点的各投影都在一直线的同面投影上，则点必在该线上。

直线段上的点分割线段之比，在投影后保持不变。

（2）棱面上的点　由于正六棱柱体各棱面均垂直于 H 面，棱面上的点的水平投影在棱面积聚性投影上。

再据点的两面投影，利用点的投影规律求出点的第三面投影。

〔**例 2-2**〕　如图 2-6c 所示，已知正六棱柱体表面上点 M 的正面投影 m'、点 N 的正面投影 n' 以及点 P 的侧面投影（p''），试求作它们的另两面投影。

分析：由于点 N 在棱线 CC_1 上，棱线 CC_1 是铅垂线，其水平投影积聚为一点，则可利用点与线的从属性求出点 N 的另外两投影。点 M 的正面投影 m' 是可见的，所以可判定点 M 在前左棱面 AA_1B_1B 上，棱面 AA_1B_1B 是铅垂面，其水平投影积聚成直线，则点 M 的水平投影必在该直线上；点 P 的侧面投影 p'' 不可见，所以判定点 P 在右后棱面 DD_1E_1E 上，同理可求出点 P 的另两面投影。

作图：

1）点 N 在棱线 CC_1 上，可求出 n；利用宽相等作出在棱线 CC_1 的侧面投影（n''）；

2）点 M 在棱面 AA_1B_1B 上，则其水平投影必在棱面 AA_1B_1B 的水平投影上。过点 M 的正面投影 m'，根据“长对正”在棱面 AA_1B_1B 的水平投影上作出点 M 的水平投影 m。过 m' 和 m 求作出 m''；

3）同理作出 p 和 p'；

4）可见性判别：m''可见，n''可见，（p'）不可见。

4. 棱柱切割体的三视图

基本几何体被平面切去某些部分后的形体称为切割体。求切割体的视图，也就是着重要求平面与立体表面的交线的投影。由于平面立体各表面均为平面，所以交线均由直线段组成。这样也就是求每段直线上两端点的投影，再作各点的同面投影的连线。

平面立体交线的连线原则：位于同一棱面上的同一交线的两端点才能相连。

〔**例 2－3**〕 如图 2－7 所示，已知带切口的六棱柱体的主视图，求作其另外两视图。

分析：要求带切口的六棱柱的视图，首先作该棱柱的各视图，再求出切口的各投影并判别可见性即可。切口由相交的正垂面和侧平面组成，侧平面与六棱柱的上面、前后棱面以及与组成切口的正垂面相交，所以侧棱面与棱柱的交线为矩形，矩形的正面、水平投影积聚成直线，侧面投影为实形。正垂面与棱柱左边两棱面、前后两棱面以及组成切口的侧平面相交，所以交线的围成的形状为五边形，五边形的正面投影与该正垂面的正面投影重合，水平、侧面投影为其类似形。

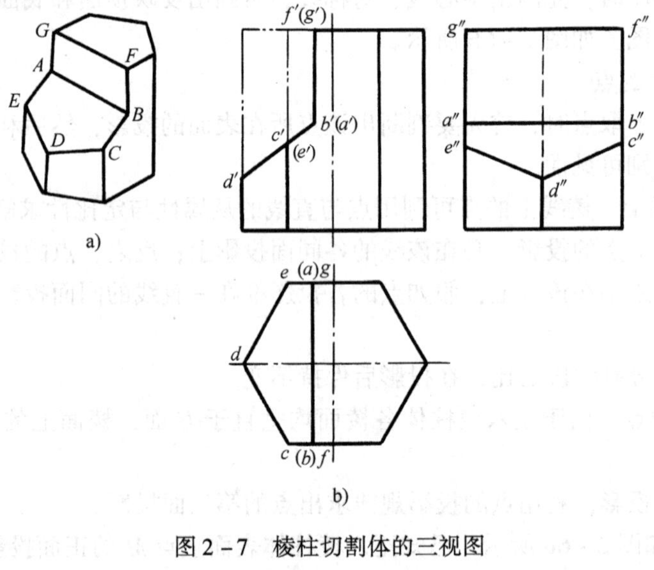

图 2－7　棱柱切割体的三视图

a）立体图　b）三视图

作图：

（1）画出六棱柱的左视图、俯视图；

（2）作切口的水平投影　在 H 面上，因正垂面与棱柱的交线——五边形与六棱柱的积聚性投影重合，只须作出侧平面与棱柱的交线的积聚性投影即可；

（3）求出切口的侧面投影　由正垂面与各棱线的交点的 V 面和 H 面的投影 d'、e'、c'、b'、a'及 d、e、c、b、a，求出其 W 面的投影 d''、e''、c''、b''、a''；由侧平面与棱柱相交所形成的矩形的四个顶点的 V 面和 H 面的投影 b'、a'、f'、g'及 b、a、f、g，求出其 W 面

的投影 b''、a''、f'、g''；

（4）依次连接各交点的同面投影并补全轮廓线即可。

（二）棱锥体

1. 棱锥体的投影分析

棱锥体的底面为多边形，各侧面为若干具有公共顶点的三角形。如图 2－8 所示，底面是水平面，水平投影反映实形，其正面投影和侧面投影积聚成一直线段；左、右两个侧面既不与投影面平行也不与投影面垂直，而是与三个投影面均倾斜，这样的平面称为一般位置平面，其各面投影均为类似形，其中正面、水平投影均可见，而在侧面中的投影相重合，且左棱面的侧面投影遮住了右棱面的侧面投影；后棱面是侧垂面，其正面投影为类似形且不可见，水平投影也为类似形但可见，侧面投影积聚成一直线段。

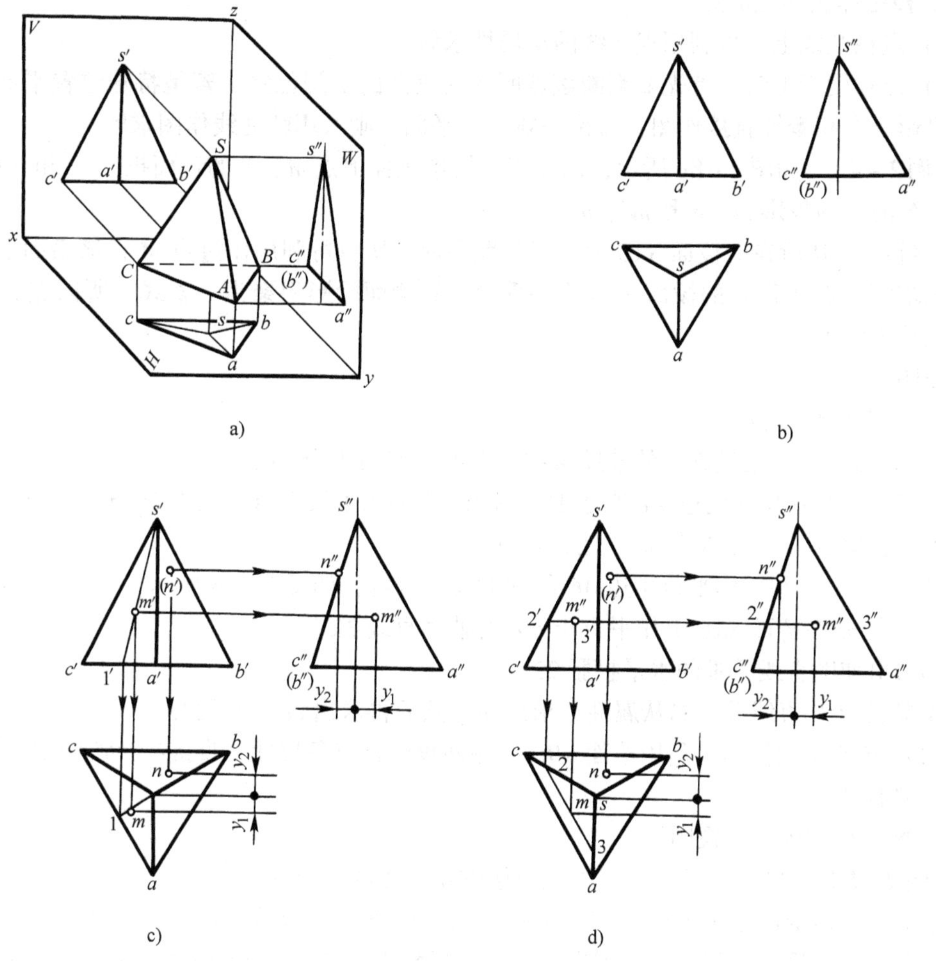

图 2－8　正三棱锥及其表面上的点的投影

a）立体图　b）三视图　c）、d）表面取点

2. 棱锥体的三视图

如图 2－8b 所示，主视图是两个直角三角形组合而成的一个等腰三角形，它是棱锥左、右两个前侧面 *SAC* 和 *SAB* 与后侧面 *SBC* 的重影，为类似形。等腰三角形的底边为棱锥底面

ABC 的积聚性投影。

俯视图是三个等腰三角形组合而成的一个等边三角形，它是棱锥底面 ABC 与三个侧面 SAC、SAB 和 SBC 的重影。底面与水平投影面平行，其水平投影反映实形，三个侧面的水平投影为类似形。

左视图是一个三角形，三角形的底边 a''（b''）c''是棱锥底面 ABC 的积聚性投影，点 C 与点 B 是对 W 面的重影点，两点的侧面投影重合为一点（b''）c''；边 $s''c''$（b''）是侧面 SCB 的积聚性投影；边 $s''a''$是侧棱 SA 的水平投影，因侧棱 SA 为侧平线，故其侧面投影 $s''a''$反映实长。

作棱锥体三视图时，先画出中心线等作图基准线，再画出底面和锥顶的投影，然后再连锥顶与相应底面各顶点的同面投影，判定它们的可见性，即可得到棱锥体的三视图。

3. 棱锥体表面上的点

1）点在棱线上，可利用点与线的从属性求解；

2）点在棱面上时，首先要判断该点所在的表面的空间位置。若是特殊位置平面，可利用其投影具有积聚性直接作图；若是一般位置平面，则可用辅助线作图求解。

［例 2-4］ 如图 2-8c 所示，已知正三棱锥表面上点 M、N 的正面投影 m'和（n'），求点 M、N 的另两投影 m、n 和 m''、n''。

分析：点 M 所在的棱面 SAC 为一般位置平面，所以可利用作过点 M 在该表面上的辅助直线来求解。点 N 所在的棱面 SBC 为侧垂面，其侧面投影积聚为一直线，所以点 N 的侧面投影在该直线上。

作图：

（1）求点 M 的投影

1）方法一　利用过锥点的辅助素线法求解，如图 2-8c 所示。

连接 $s'm'$并延长与底边 $a'c'$交于 $1'$，求出 SⅠ的水平投影 $s1$，据点 M 与线 SⅠ的从属性，求出点 m，据点 m'、m 求出 m'，且点 m''可见。

2）方法二　利用作平行于边 AC 的辅助线法求解，如图 2-8d 所示。

①过点 m'在棱面 SAC 上作平行于 $a'c'$的辅助直线 $2'3'$；

②求出辅助直线ⅡⅢ的水平投影 23；

③据点 M 与直线ⅡⅢ的从属性，求出 m，然后再求出 m''，m''可见。

（2）求点 N 的投影　利用棱面 SBC 的侧面投影具有积聚性，直接在 $s''b''c''$上求得 n''，再由 n'、n''求出 n。

4. 棱锥切割体的三视图

［例 2-5］ 如图 2-9 所示，试完成棱锥切割体的三视图。

分析：该切割体被正垂面所切，正垂面与三棱锥的三根棱线都相交，所以交线为三角形。因正垂面的投影有积聚性，则交线的正面投影为已知，交线的水平、侧面投影均为类似形。

作图：

（1）先画出三棱锥的左视图；

（2）据正垂面的积聚性，可直接作出三棱锥的棱线 SA、SB、SC 与正垂面 P 的交点Ⅰ、Ⅱ、Ⅲ的正面投影 $1'$、$2'$、$3'$；

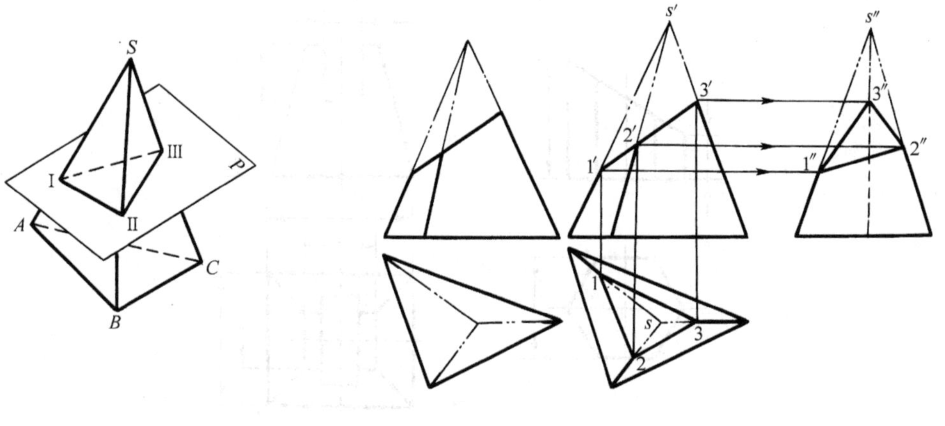

a)　　b)　　c)

图 2－9　棱锥切割体的三视图

a）立体图　c）已知条件　b）三视图

（3）按点的投影规律求出点Ⅰ、Ⅱ、Ⅲ的水平和侧面投影 1、2、3 及 1″、2″、3″；

（4）依次连接各交点的同面投影，交线的水平、侧面投影均可见。

二、平面立体的尺寸标注

（一）平面立体的尺寸标注

平面立体的形状可通过其投影来反映，而它的大小必须由图上标注的尺寸来确定。所标注的尺寸要符合前面曾介绍过有关尺寸注法的一些基本规定的要求，完整的平面立体的尺寸应包括长、宽、高三个方向的尺寸，如图 2－10 所示。

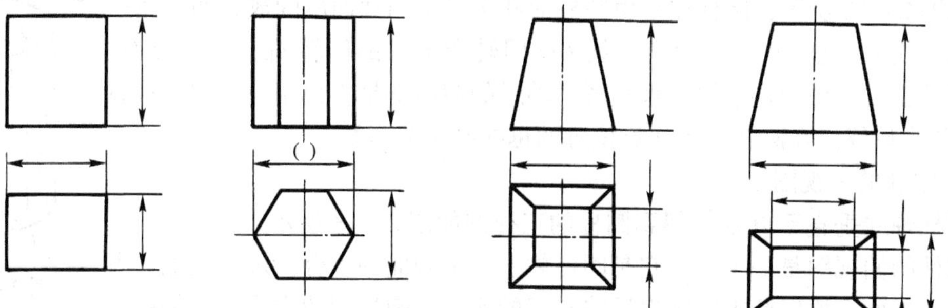

a)　　b)　　c)　　d)

图 2－10　常见平面立体的尺寸标注

a）四棱柱—标注长、宽、高三个尺寸　b）六棱柱—标注六边形的对边距离及高度尺寸；必要时还注出六边形对角距离，作为参考　c）、d）四棱台—标注上下底面的长和宽及其高度尺寸

（二）平面切割体的尺寸标注

对于平面切割体，除了应注出基本体的尺寸外，还要注出与基本体相交的平面的定位尺寸，不能标注出交线的尺寸。因为与基本体相交的平面与基本体的相对位置确定后，所形成的交线也就唯一确定。如图 2－11 所示。

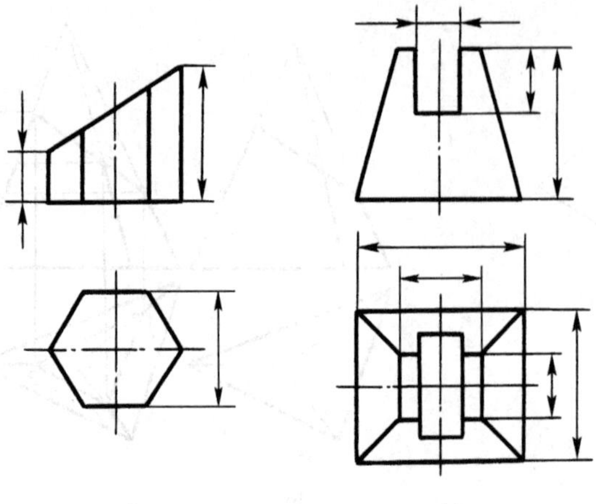

图 2－11　平面切割体的尺寸标注

第三节　回转体的视图

立体表面是由曲面与平面或曲面所围成，称为曲面立体，也叫回转体。常见的回转体有圆柱、圆锥、圆球、圆环等。

一、回转体的视图

（一）圆柱

1. 圆柱的形成

如图 2－12 所示，圆柱体是由圆柱面和上、下两圆面所围成，圆柱面是由一动直线 AB 绕与它平行的定直线 OO 回转所形成的回转面。定直线 OO 称为回转轴，也称圆柱轴线，垂直圆柱轴线的截面都是直径相等的圆。动直线 AB 称为母线。在圆柱面上任意位置的母线都称为素线。

图 2－12　圆柱面的形成

2. 圆柱的三视图

圆柱轴线垂直于 H 面，得到圆柱的三视图如图 2－13 所示。

圆柱的俯视图是一个圆，它是圆柱体上、下圆面的重合投影。因上、下圆面是水平面，所以此投影圆也反映它们的实形。圆柱面的水平投影都积聚在该圆上，圆柱面上所有的点和素线的水平投影都积聚在此圆上。

主视图为矩形，矩形的上下两条直线分别是圆柱体上、下底面的积聚性投影。矩形两边 $a'a_1'$，$b'b_1'$为圆柱面对正面的转向线即最左、最右素线 AA_1、BB_1 的投影，也是前半圆柱面与后半圆柱面的分界线。以此为界，前半圆柱面的正面投影可见，后半圆柱面的正面投影不可见。对正面转向线 AA_1、BB_1 的侧面投影与圆柱面侧面投影的轴线重合，其水平投影与圆柱面的水平投影圆的中心线重合，这两投影画图时不需表示。

左视图也为矩形，矩形的上下两条直线分别也是圆柱体上、下底面的积聚性投影。矩形两边 $c''c_1''$、$d''d_1''$是圆柱面对侧面的转向线即最前、最后素线 CC_1、DD_1 的投影，也是左半圆柱面与右半圆柱面的分界线。以此为界，左半圆柱面的侧面投影可见，右半圆柱面的侧面投影不可见。对侧面转向线 CC_1、DD_1 的正面投影与圆柱面正面投影的轴线重合，其水平投

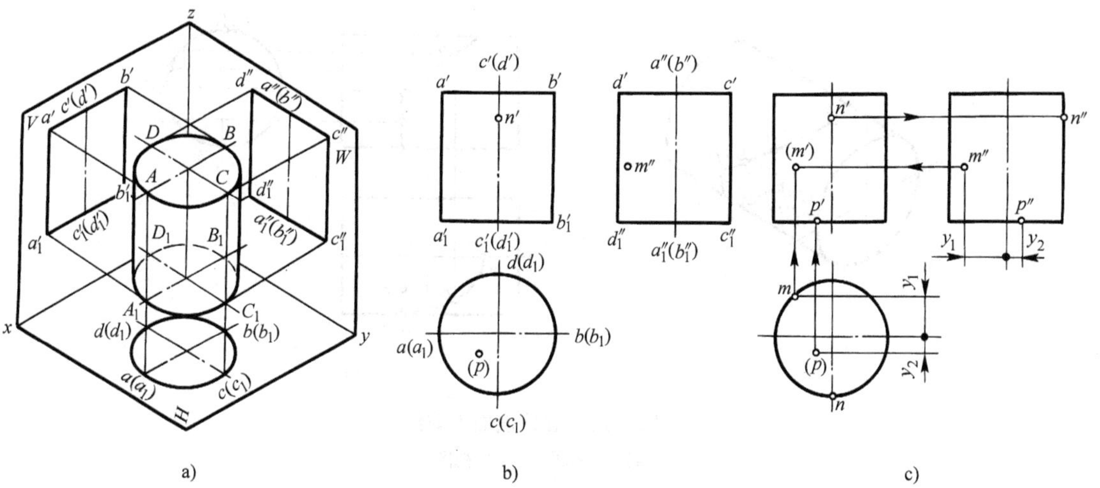

图 2－13　圆柱的视图及其表面上的点的投影

a）立体图　b）三视图　c）表面取点

影与圆柱面的水平投影圆的中心线重合，这两投影画图时不需表示。

在画圆柱体的三视图时，先用细点画线画出圆柱体轴线、中心线的投影，然后再从反映圆柱面积聚性的视图——投影圆画起，依次画出另外两视图。

3. 圆柱表面点、线的投影

在圆柱面上取点时，若点在圆柱的转向线上，可利用点在线上的几何条件直接作图。如果点不在圆柱的转向线上，则可利用圆柱面在与轴线垂直的投影面上有积聚性投影求解。

〔**例 2－6**〕　如图 2－13 所示，已知属于圆柱面上的点 M、N、P 的一个投影，求它们的另两个投影。

分析：由圆柱视图可知圆柱体轴线垂直于 H 面，所以圆柱面的俯视图有积聚性——圆。可利用这一特点作图求解。

作图：(图 2－13c 所示)

(1) 求点 m、m'　由 m''可知，点 M 在圆柱的左、后 1/4 圆柱面上，利用积聚性，求出点 M 的水平投影 m；然后再据 m、m''，求出点 M 的正面投影（m'）。m'不可见；

(2) 求点 n、n''　由 n'可知，点 N 在圆柱最前素线上，也是在对侧面投影前面的一条转向线上，利用点与线的从属性可直接作出其侧面投影 n''，据积聚性可求出点 N 的水平投影 n；

(3) 求点 p'、p''　由（p）得出点 P 是在圆柱底面上，则点 P 的正面、侧面投影必在底面所积聚成的直线段上，可直接求出其正面投影 p'；再据按投影规律——高平齐，宽相等，求出其侧面投影 p''。p'、p''均可见。

〔**例 2－7**〕　如图 2－14 所示，已知属于圆柱面上的曲线 ADF 的正面投影 $a'd'f'$，求该曲线另外两投影。

分析：求圆柱表面上的线可作出该线上的一系列点的投影，利用积聚性，作出它们的各面投影，判别可见性，再作它们的同面投影连线，即可得所求。

作图：

(1) 求作曲线端点 A、D、F 的投影　利用积聚性，据 a'、d'、f'可直接作出 a''、d''、

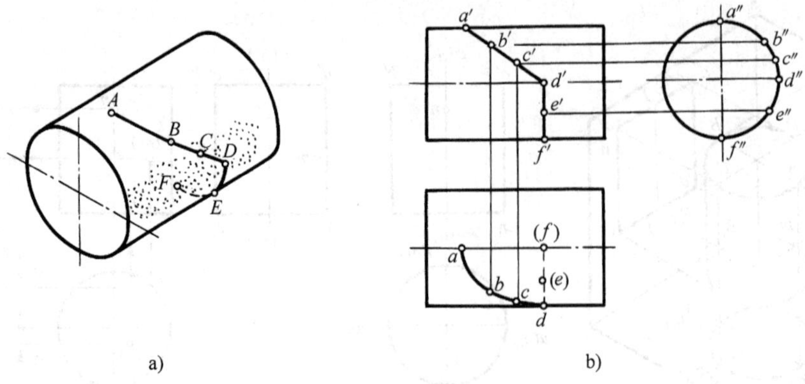

图 2 – 14　圆柱表面上取线

a）立体图　b）三视图

f''，再根据投影规律，求出各点的水平投影 a、b、c；

（2）求作中间点　在曲线每两端点间的正面投影中任取若干点，如 b'、c'、e'。分别求出这些点的侧面投影 b''、c''、e''和水平投影 b、c、e；

（3）判别可见性、连线　顺次光滑地连接以上所求各点的同面投影。以对 H 面转向线上的点 D 为界位于上半个圆柱面上的曲线 $ABCD$，其水平投影可见，用粗实线画出；位于下半个圆柱面上的曲线 DEF，其水平投影 def 为不可见，用虚线画出。

（二）圆锥

1. 圆锥的形成

圆锥体是由圆锥面及底面圆所组成，圆锥面是由动直线 SA 绕与它相交的定轴线 SO 旋转而形成的，如图 2 – 15 所示。动直线 SA 称为圆锥面的母线，在圆锥面上任一位置的母线都称为素线。定轴线 SO 称为圆锥轴线。动直线 SA 与轴线 AO 的交点 S 为圆锥顶点，也称锥顶。圆锥面的所有素线都交于锥顶，过素线上任一点的轨迹都是与圆锥轴线垂直的圆。

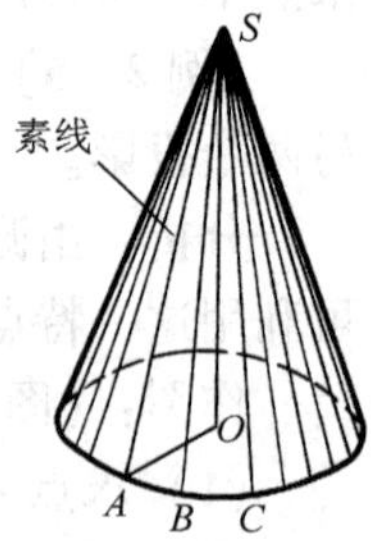

图 2 – 15　圆锥面的形成

2. 圆锥的三视图

如图 2 – 16a 所示，当圆锥体的轴线垂直于 H 面时，圆锥底面为水平面，所得到的圆锥体三视图如图 2 – 16b。

圆锥体的主视图是一个等腰三角形，三角形底边为圆锥底面的积聚性投影，两腰 $s'a'$、$s'b'$分别是圆锥面对正面的转向线即最左、最右两条素线 SA、SB 的正面投影，也是前半圆锥面与后半圆锥面的分界线。以此为界，前半圆锥面的正面投影可见，后半圆锥面的正面投影不可见。对正面转向线 SA、SB 的侧面投影与圆锥面侧面投影的轴线重合，其水平投影与圆锥面的水平投影圆的中心线重合，这两投影画图时不需表示。

圆锥体的左视图也是一个等腰三角形，三角形底边也为圆锥底面的积聚性投影，两腰 $s''c''$、$s''d''$分别是圆锥面对侧面的转向线即最前、最后两条素线 SC、SD 的侧面投影，也是左半圆锥面与右半圆锥面的分界线。以此为界，左半圆锥面的侧面投影可见，右半圆锥面的侧面投影不可见。对侧面转向线 SC、SD 的正面投影与圆锥面正面投影的轴线重合，其水平投影与圆锥面的水平投影圆的中心线重合，这两投影画图时不需表示。

圆锥体俯视图为圆，该圆既是圆锥面的投影，也是锥底面圆的反映实形的投影，圆锥体

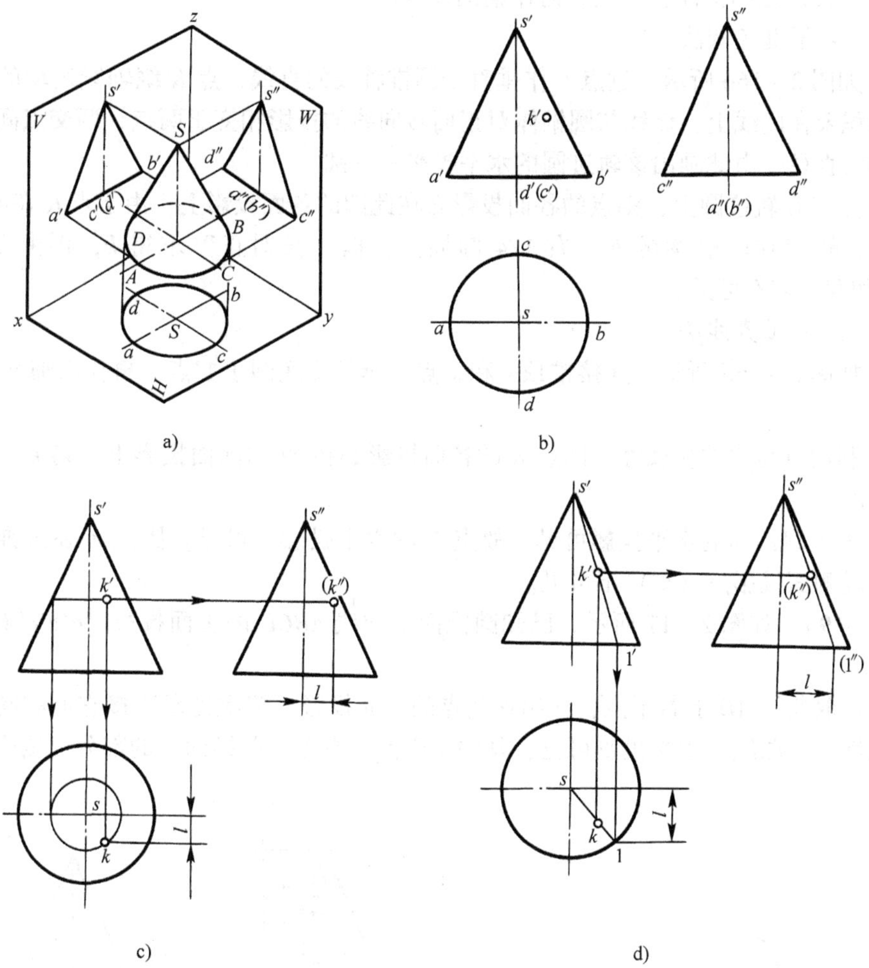

图 2－16　圆锥面三视图及其表面上取点

a）立体图　b）三视图　c）纬圆法取点　d）素线法取点

的所有素线的水平投影都在该圆上。

画圆锥体视图时，先用点画线画出轴线和投影为圆的中心线，其次画出锥顶和底面圆的各面投影，最后画出各条转向线的投影。

3. 圆锥表面上的点、线

若点在圆锥面的转向线上，可按点与线的从属性直接作出；若点在圆锥面上，由于圆锥面的各面投影无积聚性，故要作辅助线求解。作辅助线的方法有以下两种：1）辅助纬圆法，如图 2－16c 所示。2）辅助素线法，如图 2－16d 所示。

求圆锥表面的线可转化为求线上若干点的投影，然后作各点同面投影连线，判别可见性。

如果点、线所在的表面的投影可见，则其上点、线的相应投影也可见，反之不可见。

〔**例 2－8**〕　如图 2－16b 所示，已知圆锥面上的点 K 的正面投影 k'，求点 K 的水平和侧面投影。

分析：点 K 是圆锥面上的点，需作辅助线求解。

方法一：辅助纬圆法

（1）如图 2－16c 所示，过点 k'作垂直于圆锥轴线的直线，点 K 绕轴线运动的轨迹圆的正面投影积聚在此线上，该线与圆锥体对正面转向线的投影相交于两点，两交点间的长度即为轨迹圆的直径，由此画出该轨迹圆的水平投影——圆；

（2）点 K 在轨迹圆上，则点的各面投影必在此圆的各面投影上。由于点 K 在前、右 1/4 圆锥面上，故 k' 在轨迹圆的前、右 1/4 圆周上，据“长对正”求得 k，再由 k，k'求得（k''）。k'可见，k''不可见。

方法二：辅助素线法

（1）如图 2－16d 所示，连接锥顶 s'和 k'点，延长交底圆于 $1'$点，再作出辅助素线 SI 的水平投影 $s1$；

（2）利用点与线的从属性，即点 K 的各面投影必在 SI 的同面投影上求得 k；最后据 k，k'求得（k''）；

（3）由于圆锥面的水平投影可见，故点 K 的水平投影 k 可见。因点 K 在圆锥的右半锥面上，所以侧面投影点（k''）不可见。

［例 2－9］ 如图 2－17 所示，已知圆锥面上曲线 $ABCD$ 的正面投影 $s'a'b'c'd'$，求其余两投影。

分析：取曲线 AD 上若干点，作出这些点的各面投影，依次光滑连接它们的同面投影并判别可见性。该曲线的水平投影可见，其中位于前、右 1/4 圆锥面上的部分的侧面投影不可见。

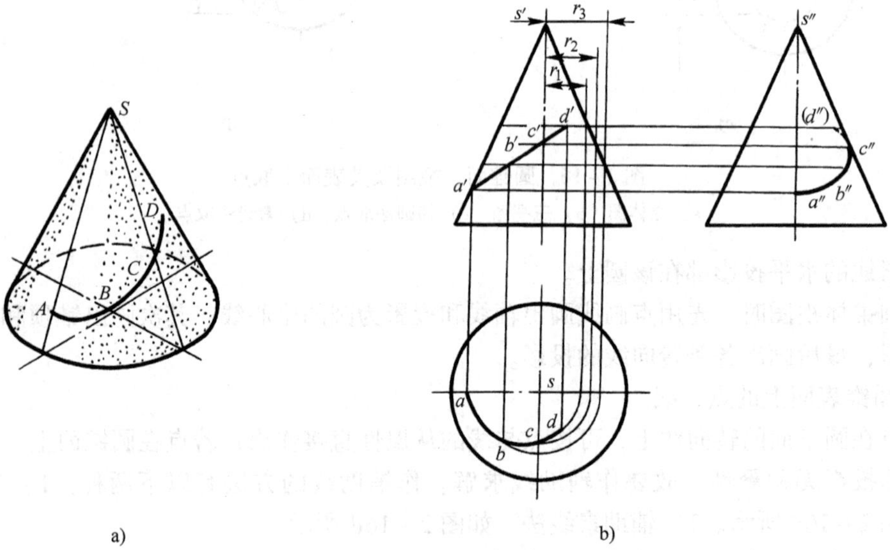

图 2－17　圆锥表面取线

a）立体图　b）三视图

作图：

（1）点 A 是圆锥对正面的左边转向线上的点，点 C 是圆锥对侧面的前面转向线上的点，可由 a'、c'直接求得 a、a''以及 c、c''；

（2）曲线端点 D 及中间点 B 均为圆锥面上的点，其各面投影可采用辅助纬圆法（或辅助线法）。各纬圆半径的大小分别为 r_1、r_2，先求得 d、b，然后再求得 b''、d''；

（3）光滑连接各点的同面投影，并判别可见性。由于曲线 ABC 在左半个圆锥上，其侧面投影 $a''b''c''$ 可见，而曲线 CD 在右半个圆锥上，其侧面投影 $c''d''$ 为不可见，曲线 $ABCD$ 的水平投影可见。

（三）圆球

1. 圆球的形成

如图 2－18 所示，由球面围成的几何体称为圆球。球面可看作由圆为母线，以该圆上的任一直径为回转轴，绕回转轴旋转而成。作为回转轴的圆上任一点的运动轨迹都是一个圆。

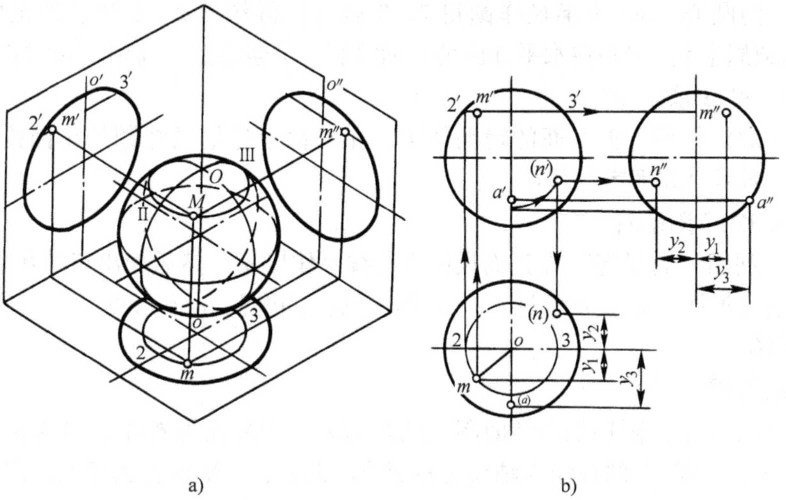

图 2－18 圆球面及其表面上的点的投影

a）立体图 b）圆球表面取点

2. 圆球的三视图

圆球的三视图均为与其直径等同的圆，如图 2－18a 所示。

主视图是圆球对正面转向线的投影，也是球面上与 V 面平行的最大圆的投影，并且又是前半球面、后半球面的分界线。以此为界，前半球面的正面投影可见，后半球面的正面投影不可见。该转向线的另两投影分别与各投影的中心线重合，画图时不必画出。

俯视图是圆球对水平转向线的投影，也是球面上与 H 面平行的最大圆的投影，并且又是上半球面、下半球面的分界线。以此为界，上半球面的水平投影可见，下半球面的水平投影不可见。该转向线的另两投影分别与各投影的轴线重合，画图时不必画出。

左视图是圆球对侧面转向线的投影，也是球面上与 W 面平行的最大圆的投影，并且又是左半球面、右半球面的分界线。以此为界，左半球面的侧面投影可见，右半球面的侧面投影不可见。该转向线的另两投影分别与各投影的轴线重合，画图时不必画出。

画圆球的三视图时，应先画出各个投影圆的中心线，再画出与圆球直径相等的三个圆。

3. 圆球表面上的点、线

如果点在圆球的转向线上，则可利用点与线的从属性直接作图。如果点在球面上，因球面的各投影都没有积聚性，且球面上也不存在直线，所以应采用辅助圆法，即过已知点作平行于某一投影面的辅助圆，该圆的另两个投影均积聚成直线。那么点的一个投影在辅助圆的反映实形的投影——圆上，另两投影分别在该圆的积聚性投影上。

求作球面上的线同样转化为求线上的若干的点，再连线，判别可见性。

〔**例 2－10**〕 如图 2－18b 所示，已知球面上点 M 的水平投影 m、点 N 的侧面投影 (n'') 以及点 A 的侧面投影 a''，求其余两个投影。

分析：由于点 M 和点 N 均在球面上，所以需用辅助纬圆法求解。点 M 的水平投影 m 可见，表示点 M 在前、上、左 1/4 个球面上；点 N 的侧面投影（n''）不可见，表示点 N 在右、后、下 1/4 个球面上。点 A 在对侧面前面一转向线上，且在下半球面上。

作图：

（1）以 o 为圆心，om 为半径作圆得 2、3 两点，再作出 2、3 两点的正面投影 $2'$、$3'$（在主视图的圆周上），m' 必在水平纬圆的正面投影 $2'3'$ 连线上，利用“长对正”作出 m'；

（2）由 m 和 m' 求出 m''；

（3）过（n''）作平行于 V 面的辅助纬圆，在 V 面上作辅助纬圆的正面投影——圆，n' 必在该圆上，利用“高平齐”作出 n'；

（4）由 n' 和 n'' 求出 n；

（5）由 a'' 利用“高平齐”在正面投影中心线上作出 a'，然后作出点的水平投影 a；

（6）判别可见性：m'、m'' 可见；n、n' 不可见；a' 可见，a 不可见。

（四）圆环

1. 圆环的形成

如图 2－19a 所示，圆环是由环面围成的几何体。圆环面可看作是以圆为母线，绕母线圆平面上不通过该圆圆心的直线为轴线旋转而成的曲面，一般简称为环面。以靠近轴线的半圆母线形成的环面称内环面；以离轴线远的那半圆母线形成的环面称外环面。

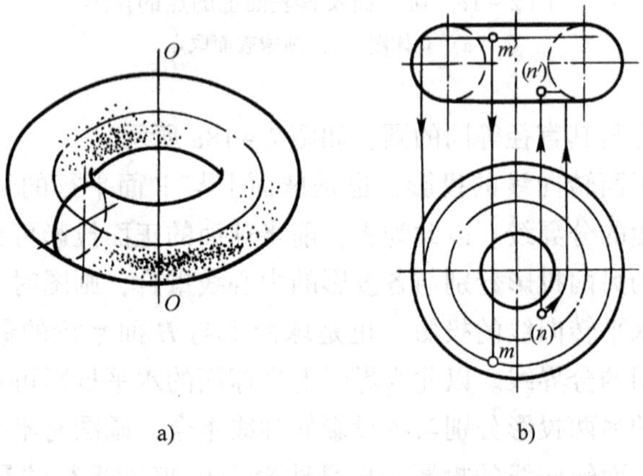

图 2－19 圆环的形成、视图及其表面取点

a）立体图 b）视图及在其表面上取点

2. 圆环的视图

圆环的轴线垂直 H 面，得到的视图如图 2－19b 所示。

圆环的各视图都是圆环面对相应投影面的转向线的投影。主视图中的两个小圆是圆环面上平行于正面的两个素线圆的投影；俯视图中的两个同心圆分别是内外环面对 H 面的转向线的投影，也是上、下半环面在水平投影上可见与不可见的分界线。

作圆环的视图时，一般先画出各个投影的中心线、轴线和母线圆的圆心轨迹，然后依次画出主视图、左视图，最后作出其俯视图。

3. 圆环表面上的点

若点在圆环的转向线上，可直接求解。若点在圆环面上，由于环面的三个投影均无积聚性，所以需采用辅助纬圆法求作。圆母线上任一点的运动轨迹为圆，只要作出该点的轨迹圆的各投影，然后根据点在线上的投影原理求之。

〔例 2-11〕 如图 2-19b 所示，已知圆环面上点 M、N 的一个投影 m'、(n)，求它们的另一投影。

分析：由于点 M、N 均不在圆环的转向线上，需用辅助平面法求解。圆环面上的点 M 的正面投影 m'可见，可知点 M 在前半外环面上，又因圆环面上的点 N 的水平投影 n 不可见，可知点 N 在下半内环面上。

作图：

(1) 求点 m　利用过点 M 的水平圆进行作图。过点 m'作一条平行 OX 轴的线，在 H 面上的投影为一个水平圆，在此圆上求得 m；

(2) 求点 n'　过点 n 作一水平圆，其正面投影为一条平行 OX 轴的线，在此线上求得点 n'；

(3) 可见性判别　因点 M 在上半个环面上，所以 m 可见；点 N 在内环面上，所以 n'不可见。

二、回转体的尺寸标注

曲面立体的形状由视图来表达，标注的尺寸来确定其大小。常见的曲面立体的尺寸标注如图 2-20 所示。

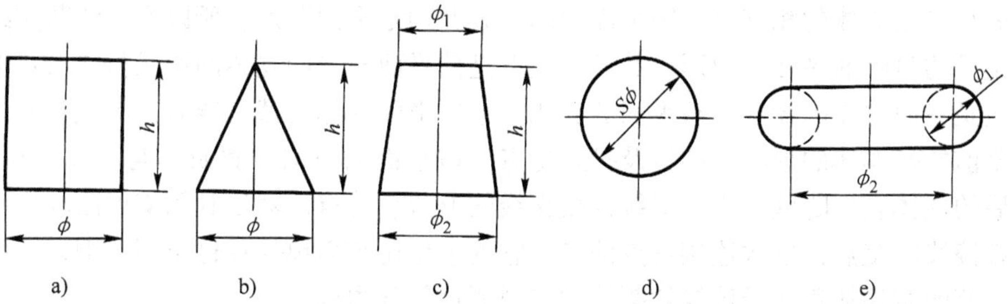

图 2-20　常见曲面立体的尺寸标注

a) 圆柱—标注直径及高度　b) 圆锥—标注底圆直径及高度尺寸　c) 圆台—标注上、下底圆直径和高度尺寸

d) 球—标注大圆直径并加注符号“S”　e) 圆环—标注中心圆和母线圆的直径

第三章　立体的表面交线

如图 3－1 所示，截切基本几何体的平面称为截平面，立体被截切后的断面称为截断面，截平面与基本几何体表面所产生交线称为截交线。由于立体的几何性质不同、截平面的数量及截平面与立体相交位置的不同，则产生的截交线形状也不同。但截交线都具有以下两个基本性质：

1）共有性　截交线是截平面和立体表面的共有线，截交线上的点是两相交面的共有点。

2）封闭性　截交线是一封闭的图形。

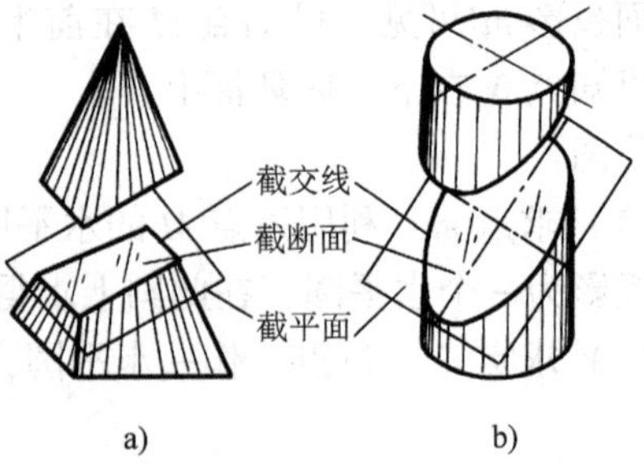

图 3－1　平面截切基本几何体

求作截交线就是求出截平面与立体表面一系列共有点，再按顺序依次连接各共有点即可。常用求作截交线的方法有下列四种：

（1）交点法　求出立体表面上已知直线与截平面的交点，连接交点即可。

（2）表面取点法　利用立体表面的某投影面具有积聚性的特点求解。

（3）辅助线法　在立体表面上作辅助素线及辅助纬圆求解。

（4）辅助平面法　借助辅助平面与立体表面及截平面相交求解，又称为三面共点法。

平面与平面立体的相交时，因平面立体的表面均是平面图形，所以产生的截交线是由直线段所组成的封闭的平面多边形，其各个顶点是截平面与平面立体的棱线与交点；多边形的每一条边是平面立体的棱面与截平面的交线。绘制平面立体的截交线时，应先分析切割体被平面切割前的基本体的形状、结构及投影特点，截平面的空间位置及其与立体的相对位置；被切割后的立体表面哪些产生了交线，截交线的形状、特点。然后利用交点法求作截平面与立体上各棱线的交点，依次连接各点即可。它的求作比较简单，在这里不再细讲，可参看第二章第二节的棱柱切割体及棱锥切割体的三视图这部分内容。

平面与曲面立体的相交时，所产生的截交线随着回转体的形状以及回转体与截平面的相对位置的不同而变化，下面着重讲解。

第一节　平面和回转体相交

平面与曲面立体的相交时，所产生的截交线的形状通常是一条封闭的平面曲线，或是由截平面上的曲线和直线所围成的平面图形或多边形。截交线是截平面和曲面立体表面的共有线，截交线上的点是它们的共有点。当截平面为特殊位置平面时，截交线的形状取决于曲面立体的几何性质及其与截平面的相对位置。

当截平面为特殊位置平面时，截交线的投影就积聚在截平面具有积聚性的投影上，可用在曲面立体表面上取点、取线的方法求作截交线。取点时，首先要取截交线上确定其形状和范围的特殊点，主要是曲面投影的转向线上的点，截交线在对称轴上的顶点，椭圆长短轴的端点以及最高、最低、最左、最右、最前、最后点等。求作曲面立体的截交线时，通常先作出这些特殊点，然后按需要再作一些一般点，最后连接各点的同面投影，并判别可见性。

一、圆柱的截交线

（一）圆柱截交线的形状

圆柱被平面截切，根据截平面与圆柱轴线处于不同的相对位置，截交线有三种不同的形状，见表 3－1。

表 3－1　平面与圆柱面的交线

立体图	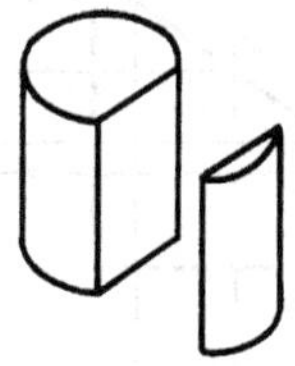	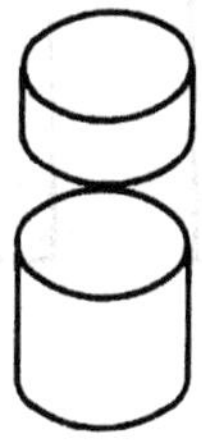	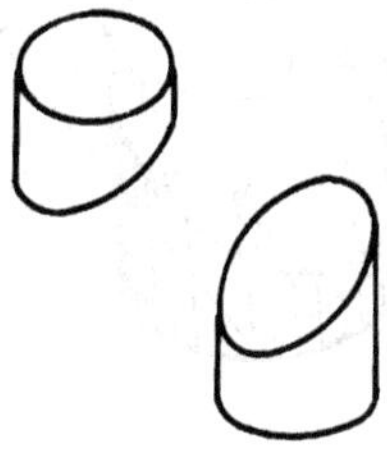
投影图	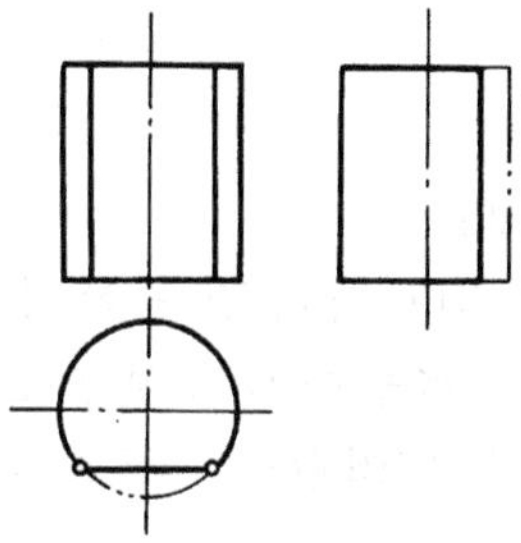	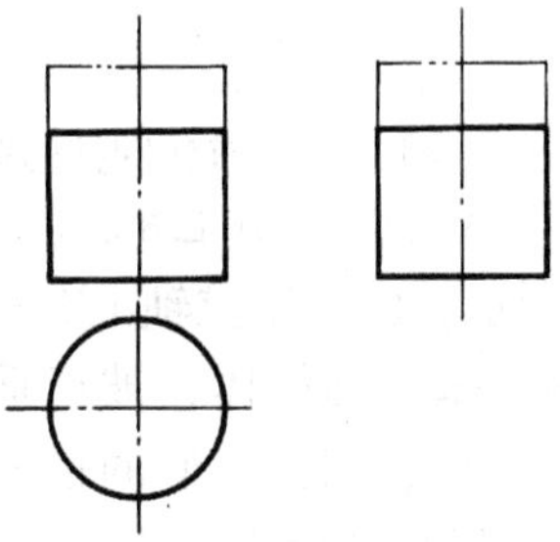	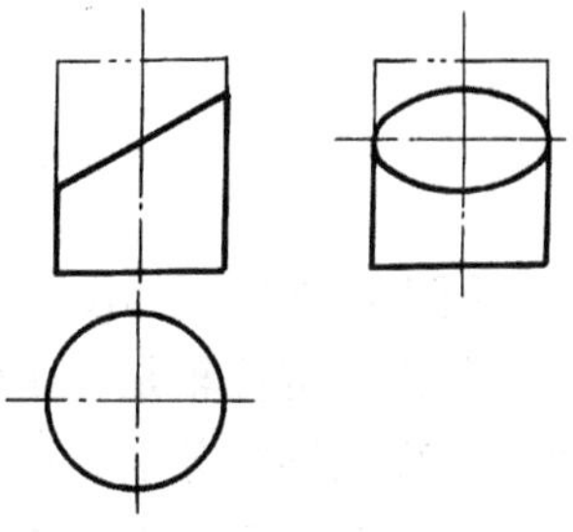
交线情况	截平面平行于轴线，交线为平行于轴线的两条直线（矩形）	截平面垂直于轴线，交线为圆	截平面倾斜于轴线，交线为椭圆

（二）圆柱截交线的画法

圆柱表面截交线一般利用圆柱轴线垂直于某一投影面时其表面具有积聚性，用表面取点法直接求解。

[例 3－1]　如图 3－2 所示，求作斜切圆柱截交线的投影。

解　分析：因圆柱被正垂面斜切，所以截交线是椭圆，且前后对称。截交线的正面投影与截平面的正面投影重合为一直线；截交线的水平投影与圆柱面的水平投影相重合为一个圆；截交线的侧面投影为椭圆，但不反映实形。作图时只要先求出椭圆的长、短轴的端点，再作出一般点，用曲线板光滑连接即可

作图：

(1) 在圆锥表面上均匀取若干素线　图中取了八根素线，包括了最前、最后、最左、

最右四根素线；

（2）求作特殊点　正平线Ⅳ是截交线椭圆的长轴，在圆柱的前后对称面上。长轴的端点Ⅰ Ⅴ即为截交线上最低、最高点，由1′、5′和1、5求出1″、5″。椭圆的短轴ⅢⅦ在圆柱的左右对称面上，短轴的端点ⅢⅦ即为截交线上的最前、最后点，由3′、7′和3、7求出3″、7″；

（3）求作一般点　在截交线上取对正面投影的重影点ⅡⅧⅣⅥ为一般位置点，由2′、8′、4′、6′和2、8、4、6求出2″、8″、4″、6″；

（4）依次光滑连接1″、2″、3″、4″、5″、6″、7″、8″、1″，可作出截交线的侧面投影。

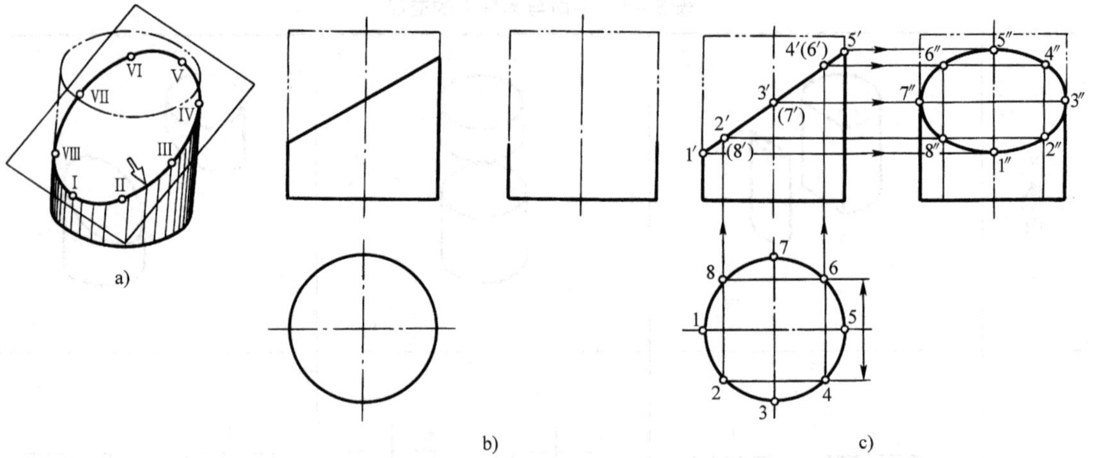

图3－2　求作圆柱的截交线

a）立体图　b）已知条件　c）三视图

［**例3－2**］　如图3－3所示，已知定位轴上有一梯形切口，试作出其余两视图。

分析：定位轴是一个轴线侧垂的圆柱体，被正垂面P、水平面Q和侧平面R截切所形成的截交线形状分别为椭圆、矩形、圆，它们的正面投影具有积聚性。截平面Q分别与截平面P、R相交，其交线ⅣⅤ、ⅥⅦ各段截交线的分界线。

作图：如图3－3b所示

（1）画出圆柱体的俯视图和左视图；

（2）作截平面P与圆柱的截交线。利用积聚性，先据特殊点1′、2′、3′、4′、5′的正面投影求出各自的侧面投影1″、2″、3″、4″、5″，再求出它们的水平投影1、2、3、4、5。其中，点Ⅰ是截交线上的最左点，也是最高点；点Ⅱ、Ⅲ分别是截交线上的最前、后点。点Ⅳ、Ⅴ是该截交线上的最低点，直线ⅣⅤ是截平面P、Q的交线；

（3）作截平面Q与圆柱的截交线。此截交线为矩形，顶点为求出Ⅳ、Ⅴ、Ⅵ、Ⅶ。只要再求出点6′、7′的另两投影6″、7″和6、7，然后同面投影连线即可；

（4）作截平面R与圆柱的截交线。其正面、水平投影均积聚为一直线，侧面投影积聚在圆柱的侧面投影上；

（5）依次光滑连接4、2、1、3、5、7、9、8、6、4。判别可见性。

注意：如果空心圆柱被截切，则截平面与内外圆柱面均有交线。与外圆柱表面的交线与上例求作方法一样，与内圆柱表面的交线的求作方法类似于外圆柱表面交线的求作，故不再详述。

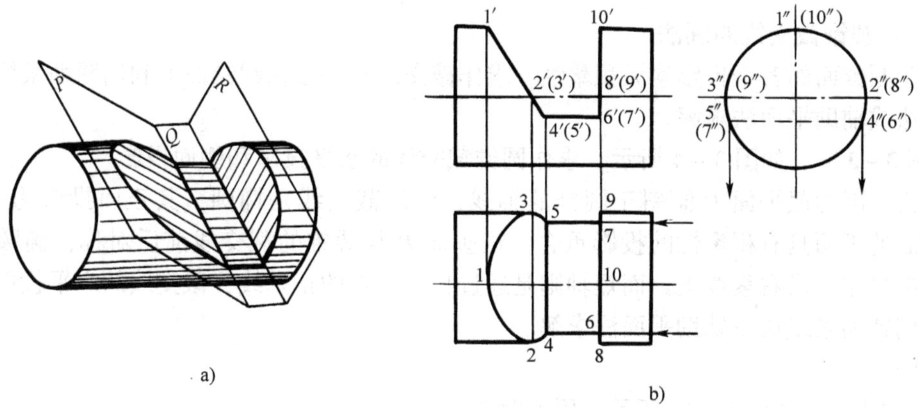

图 3－3　求圆柱切口后的截交线的投影

a）立体图　b）三视图

二、圆锥的截交线

（一）圆锥截交线的形状

圆锥被平面截切时，根据截平面与圆锥面轴线处于不同的相对位置，其截交线有五种不同的形状，如表 3－2 所示。

表 3－2　平面与圆锥面的交线

立体图	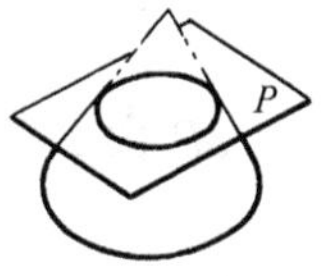	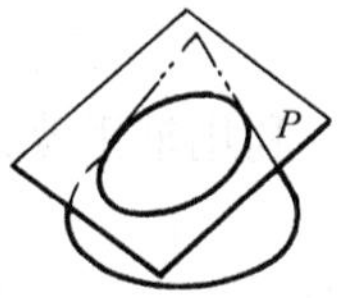	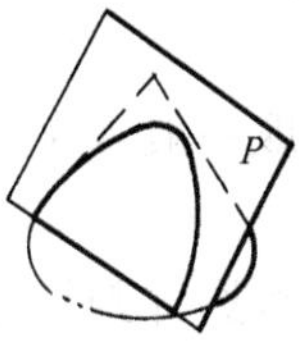	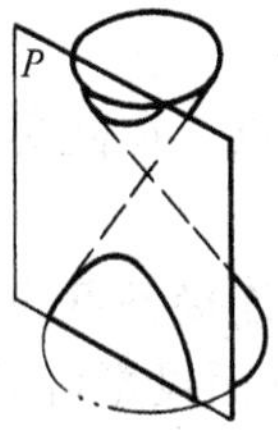	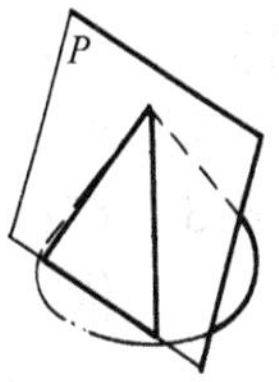
投影图	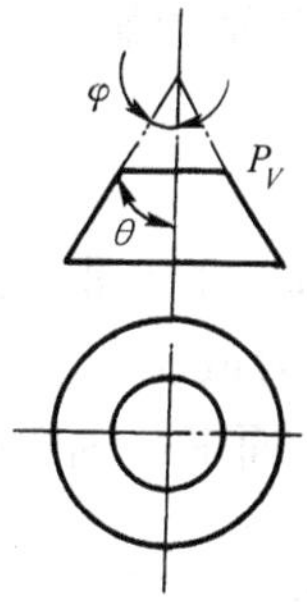	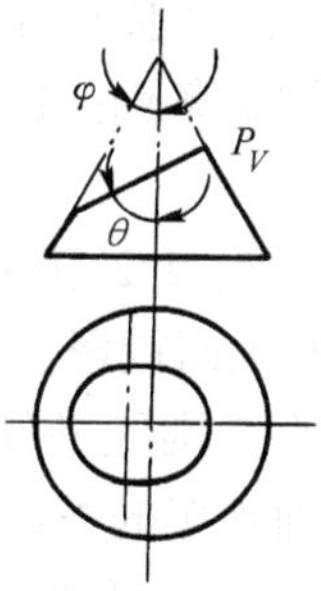	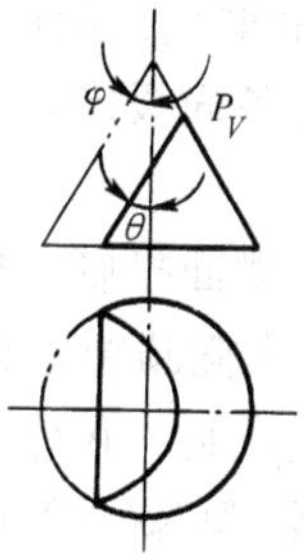	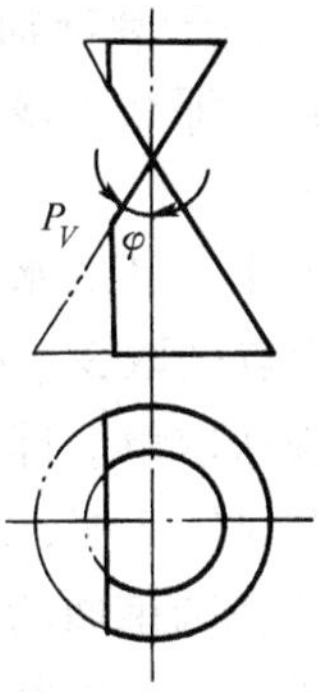	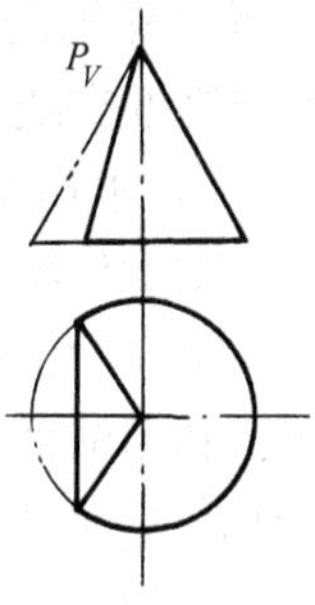
交线情况	截平面垂直于轴线（$\theta=90°$），交线为圆	截平面倾斜于轴线，且 $\theta>\varphi$，交线为椭圆	截平面倾斜于轴线，且 $\theta=\varphi$，交线为抛物线与直线组成的平面图形	截平面倾斜于轴线，且 $\theta<\varphi$，或平行于轴线（$\theta=0°$），交线为双曲线与直线组成的平面图形	截平面通过锥顶，交线为通过锥顶的两条相交直线与直线组成的三角形

（二）圆锥截交线的画法

由于圆锥面的各个投影均无积聚性，求作截交线时一般在圆锥面上利用辅助素线法、辅助纬圆法或辅助平面法求解。

［**例 3－3**］　如图 3－4 所示，求作圆锥截交线的水平投影和侧面投影。

分析：因为截平面 *P* 倾斜于圆锥的轴线，所以截交线是椭圆，其正面投影为一直线，与截平面的正面具有积聚性的投影重合。正垂面 *P* 与圆锥的截交线前后对称，椭圆的长轴的端点在最左、最右素线上；而短轴则是通过长轴中点的正垂线，截交线的水平投影及侧面投影可用辅助素线法或辅助平面法求解。

作图：

1．方法一：如图 3－4a 所示，用辅助素线法。

1）求作特殊点

①点Ⅰ为截交线上的最左、最低点，点Ⅱ为截交线上的最右、最高点，由 1′、2′直接作出 1、2 及 1″、2″。1′2′、12、1″2″就是椭圆长轴ⅠⅡ的投影；

②在 1′2′的中点处取 3′、4′，为椭圆短轴ⅢⅣ的正面投影。点Ⅲ为最前点，点Ⅳ为最后点，利用辅助素线 *SA*、*SB* 由 3′、4′作出 3、4 及 3″、4″。3′4′、34 及 3″4″就是椭圆短轴ⅢⅣ的投影；

③作出截交线在圆锥面的侧面转向线上的点，也就是圆锥面的最前、最后素线上的点。先作出截交线和最前、最后素线的交点Ⅶ、Ⅷ、的正面投影 7′、（8′），由 7′、（8′）直接作出 7、8 及 7″、8″；

2）求作一般点　在截交线上取一般点Ⅴ、Ⅵ，利用辅助素线 *SC*、*SD* 由 5′、6′作出 5、6 及 5″、6″；

3）依次光滑连接各点的同面投影并判别可见性，即可得到截交线的水平投影及侧面投影。因截交线的各面投影可见，均画成粗实线。

2．方法二：如图 3－4b 所示，辅助平面法即用过圆锥面上的一点的垂直于圆锥轴线的平面 *Q* 作辅助面，由于圆锥轴为铅垂线，所以平面 *Q* 为水平面，其正面投影有积聚性，它和圆锥的交线为圆。那么，该点的各面投影均在此圆的各面投影上。

1）求作特殊点

①求作特殊点Ⅰ、Ⅱ的水平及侧面投影。1′2′、12、1″2″就是椭圆长轴ⅠⅡ的投影；

②在 1′2′的中点处取 3′、4′，为椭圆短轴ⅢⅣ的正面投影。点Ⅲ为最前点、点Ⅳ为最后点，利用辅助平面法求解。即用过点Ⅲ、Ⅳ作一垂直于圆锥轴线的平面 *V* 作辅助面，由 3′、4′作出 3、4 及 3″、4″。3′4′、34 及 3″4″就是椭圆短轴ⅢⅣ的投影；

③作出截交线在圆锥面的侧面转向线上的点，也就是圆锥面的最前、最后素线上的点。先作出截交线和最前、最后素线的交点Ⅶ、Ⅷ、的正面投影 7′、（8′），由 7′、（8′）直接作出 7、8 及 7″、8″；

2）求作一般点　在截交线上取一般点Ⅴ、Ⅵ，利用辅助平面法即用过点Ⅴ、Ⅵ作一垂直于圆锥轴线的平面 Q_{V1} 作辅助面，由 5′、6′作出 5、6 及 5″、6″；

3）同理，可求出点 9′、10′的另外两面投影 9、10、9″、10″。

4）依次光滑连接各点的同面投影并判别可见性，即可得到截交线的水平投影及侧面投影；

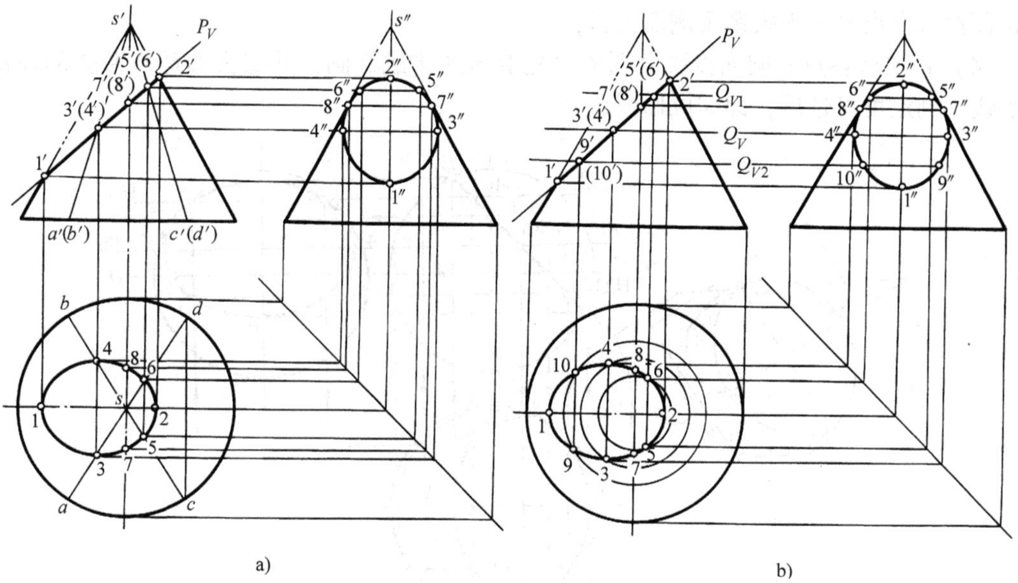

图 3-4 求作圆锥的截交线

a）用辅助线方法作截交线 b）用辅助面方法作截交线

三、圆球的截交线

（一）圆球的截交线形状

平面与圆球的截交线是圆，当截平面平行于投影面时，截交线的投影为其实形；当截平面垂直于投影面时，截交线的投影为直线，长度等于截交线圆的直径；当截平面倾斜于投影面时，截交线的投影为椭圆，椭圆的长轴等于圆的直径。

（二）圆球截交线的画法

球面的投影无积聚性，其上也不存在直线，圆球的截交线主要利用辅助平面法和辅助圆法求解。

[例 3-4] 如图 3-5 所示，补全圆球被正垂面截切后的截交线的投影。

分析：因为截平面是正垂面，所以截交线是一个正垂圆。截交线圆的正面投影积聚为直线，其水平投影和侧面投影为椭圆，可用辅助平面法求解。正垂圆只有一条处于正垂线位置的直径平行于水平面，其水平投影是椭圆长轴；而与上述直径相垂直的处于正垂线位置的直径，其水平投影是椭圆短轴。

作图：

（1）作特殊点

①点Ⅰ是截交线上的最低、最左点，点Ⅱ是最高、最右点，同时又是球面对 V 面的转向线与平面 P 的交点，由 1′、2′可直接求出 1、2 及 1″、2″；

②点Ⅴ、Ⅵ为球面对 H 面转向线与 P 平面的交点；点Ⅶ、Ⅷ为球面对 W 面的转向线与 P 平面的交点。由 5′、6′、7′、8′可直接求得 5、6、7、8 及 5″、6″、7″、8″。

（2）求作椭圆长、短轴的投影　由于截交线圆的直径ⅠⅡ平行于正面，所以 1′2′反映ⅠⅡ的实长；与ⅠⅡ垂直平分的另一截交线圆的直径ⅢⅣ是正垂线，作图时，先作直线 1′2′的中点即得 3′（4′），再过 3′，（4′）作辅助平面 R 可求出 3，4 和 3″，4″；

（3）求作一般点　在适当位置上作一般点，如Ⅸ、Ⅹ、Ⅺ、Ⅻ，用辅助平面 Q_1、Q_2，由正面投影求出其水平投影及侧面投影；

(4) 将求得各点的同面投影分别依次光滑地连接成椭圆，并擦去圆球被截去的那部分轮廓线，判定可见性后，即完成作图。

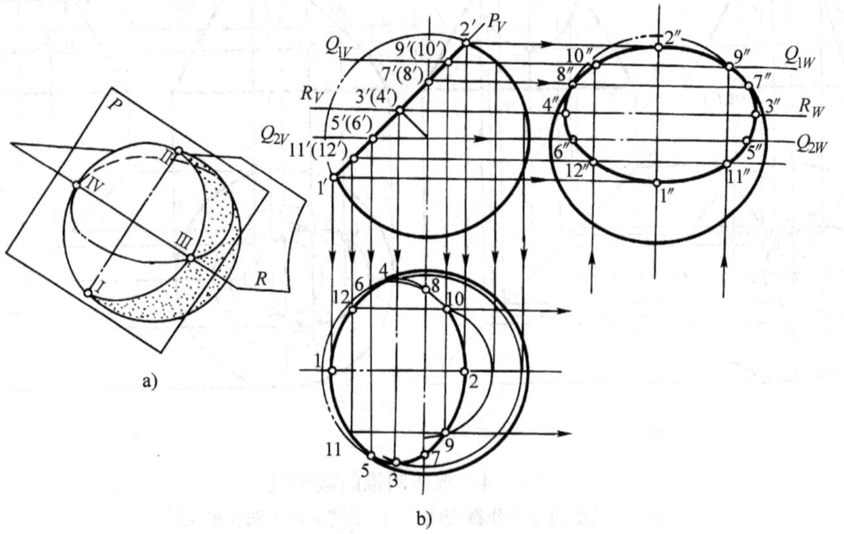

图 3－5　求作圆球的截交线的投影

a）立体图　b）三视图

[**例 3－5**]　如图 3－6 所示，求作半圆球切口的投影。

分析：半圆球顶部的切口是由一个水平面和两个侧平面对称地截切而成，一般半圆头螺钉上的起子槽就是这样子。各截平面与球面的截交线为圆，各截平面相交的交线为直线。切口的正面投影与各截平面的正面投影重合，要求作的是切口的水平投影和侧面投影。

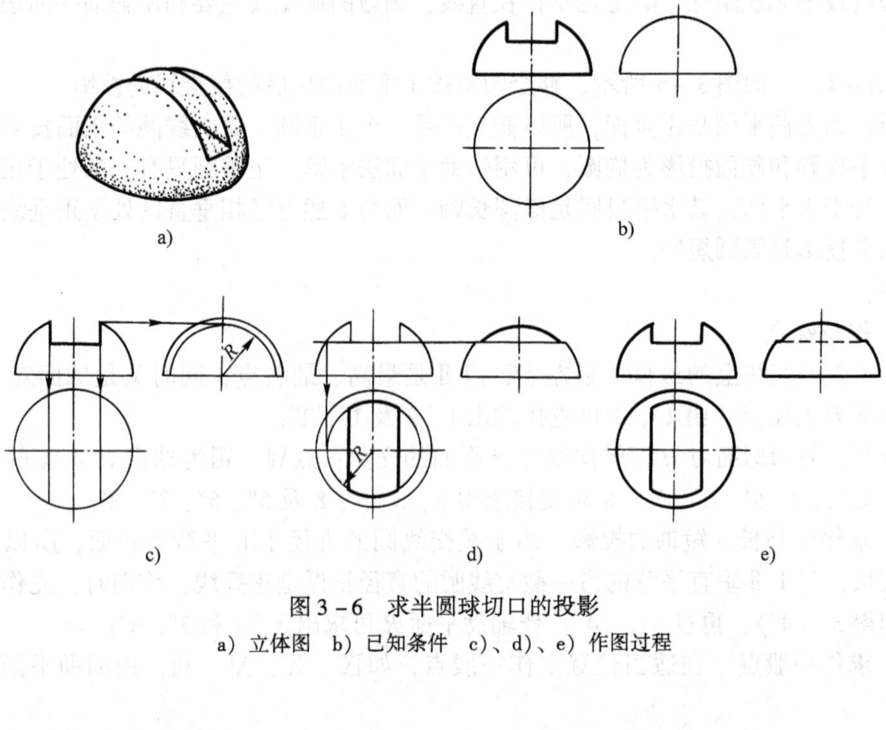

图 3－6　求半圆球切口的投影

a）立体图　b）已知条件　c）、d）、e）作图过程作图：

（1）作侧平截平面与球面的截交线　由于两侧平截平面平行于侧面，所以其截交线圆的水平投影积聚为直线，其侧面投影反映实形，该圆的半径 R 的大小如图 3－6c 所示；

（2）作水平截平面与球面的截交线　由于水平截平面平行于水平面，所以其截交线圆的侧面投影积聚为直线，其水平投影反映实形，该圆的半径 R_1 大小如图 3－6d 所示；

（3）判别可见性　侧平截平面与水平截平面的交线是正垂线，由于被左半部分的球面遮住，故该线的侧面投影为不可见，应用虚线表示；

（4）加深轮廓线　擦去半球被切掉的轮廓，即完成了半圆球切口的投影，见图 3－6e 所示。

四、圆环及一般曲面立体的截交线

平面与圆环及一般曲面立体相交时，截平面与其相对位置不同，截交线的形状也不同。当截平面垂直于圆环或一般曲面立体轴线截切时，其截交线为圆。该圆在与回转轴线垂直的投影面上的投影反映圆的实形。当截平面处于其他位置时，截交线一般为一条或两条封闭的平面曲线。圆环及一般曲面立体的截交线可用辅助平面法求解。

五、组合曲面立体的截交线

组合曲面立体是由几个基本立体组合而成，其截交线也是由各基本体的截交线组合而成。为准确作出组合曲面立体的截交线，必须对其各组成部分进行分析，分析由哪些基本立体组成，并找出它们的分界线，然后分别作出截平面与各个基本体的截交线，并在分界点处将它们连接起来，并判别可见性。

［例 3－6］　求如图 3－7 所示的组合回转体的截交线的投影。

分析：组合回转体是由同轴的圆锥、两个圆柱所组成，被水平面所截，其截交线为封闭的共面的平面曲线。它是由截平面与圆锥、两个圆柱这样的三个不同的回转面交于双曲线和两个平行于轴线的二直线的组合。

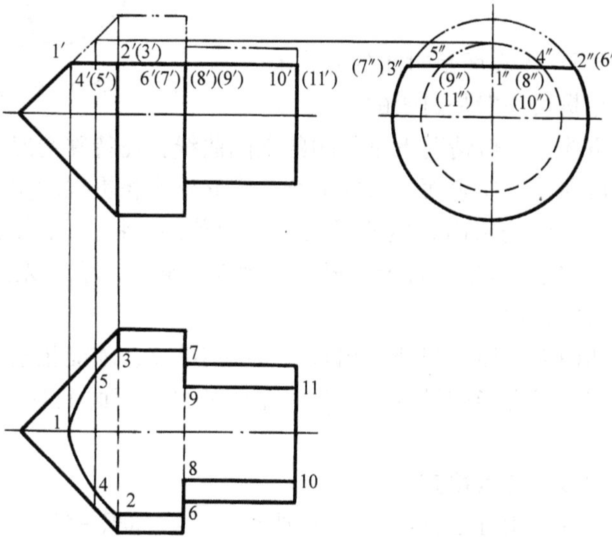

图 3－7　求组合回转体的截交线的投影

由于截平面平行于水平面，所以其截交线的正面投影、侧面投影积聚为一直线，已知；

水平投影反映实形，需要求作。

作图：

（1）作截平面与圆锥的截交线——双曲线。先分别作出特殊点——最左点 1′和最右点 2′3′的侧面、水平投影 2″3″、23；再作出中间点 4′5′的另两投影 4″5″、45；

（2）作截平面与大圆柱的截交线——直线。该截交线的正面、侧面投影都有积聚性，所以要求作的是水平投影。在大圆柱的水平投影上过 2、3 作轴线的平行线 26、37，即为所求的截交线的水平投影；

（3）作截平面与小圆柱的截交线。该截交线的正面、侧面投影都有积聚性，所以要求作的是水平投影。在小圆柱的水平投影上过 8、9 作轴线的平行线 8 10、9 11，即为所求的截交线的水平投影；

（4）依次光滑连接各点的水平投影，可见；

（5）加深轮廓线，注意圆锥与圆柱、大圆柱与小圆柱的表面的交线的水平投影被截平面遮住的部分不可见，用虚线表示。

第二节　两回转体相交

一、概述

如图 3－8 所示，两相交的立体称为相贯体，其表面的交线称为相贯线。相贯线的画法较复杂，其形状取决于两相交立体的形状、大小及其相对位置。相贯线具有下列性质：

1. 共有性　相贯线是两立体表面的共有线，是一系列共有点的集合；也是两立体表面的分界线。

2. 封闭性　由于两立体表面是封闭的并占有一定空间范围，所以相贯线一般是封闭的。

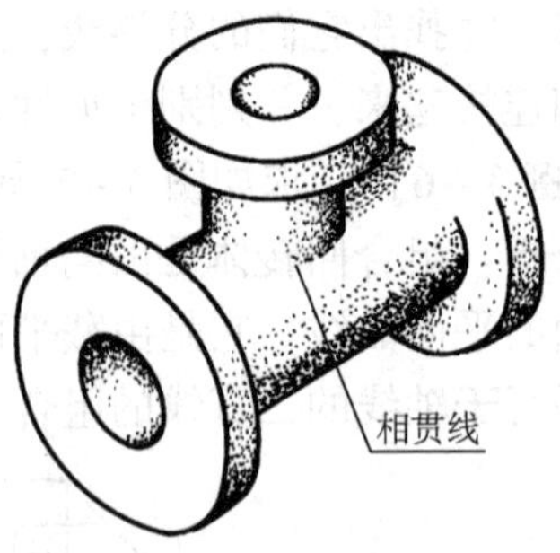

图 3－8　相贯线示例

两曲面立体的相贯线，一般情况下是封闭的空间曲线，在特殊情况下可为平面曲线或直线段。相贯线是属于两曲面立体表面的点的集合，因此求作相贯线的实质就是求两曲面立体表面上一系列共有点。一般先求出确定相贯线的投影范围、特征的特殊点（极限点、转向点、特征点和结合点），然后再求出若干一般点，判别可见性，依次光滑地连接各点的同面投影，即为所求相贯线的投影。

连线的原则：在两曲面立体上都处于相邻两素线间的点，才能相连。

判别可见性的原则：只有当相贯线同时于两立体的可见表面上时，其投影才是可见的；否则，不可见。

二、求作回转体相贯线的常用方法

求作回转体相贯线的常用方法有：1. 表面取点法（或称积聚性法）；2. 辅助平面法；

（一）表面取点法

两曲面立体相交，如果其中一个曲面立体具有积聚性，那么求作两曲面立体的相贯线的投影，可看作是已知另一个曲面立体表面上点、线的一个投影而求作其他投影的问题。这样，就可以利用积聚投影特性通过表面取点法作出相贯线的各个投影。

[例3－7] 如图3－9所示，求正交两圆柱的相贯线。

解 分析：两圆柱轴线垂直相交，小圆柱全部穿进大圆柱，因此其相贯线为左右、前后对称的一条封闭的空间曲线。圆柱轴线分别垂直 *H* 面、*W* 面，相贯线的水平投影积聚在 *H* 面的小圆柱面上，侧面投影积聚在 *W* 面的大圆柱面上，正面投影前后重影需求作。

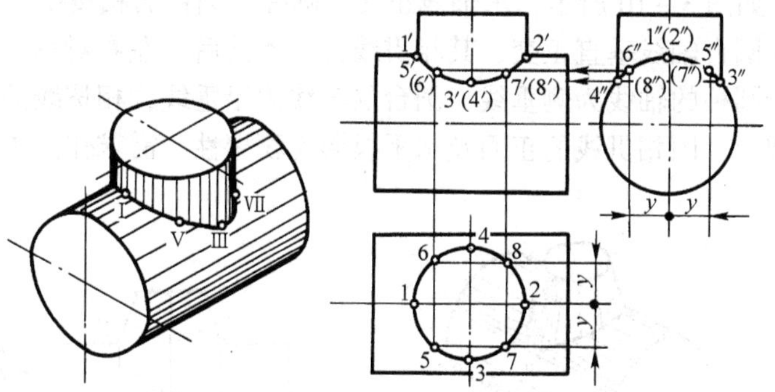

a)　　b)

图3－9 求作正交两圆柱的相贯线

a）立体图 b）三视图

作图：

（1）求作相贯线上的特殊点 在相贯线的水平投影上定出最左、最右、最前、最后的四点Ⅰ、Ⅱ、Ⅲ、Ⅳ的水平投影1、2、3、4，在侧面投影上相应作出1″、(2″)、3″、4″，由此两投影作出正面投影1′、2′、3′、(4′)。可以看出Ⅰ、Ⅱ为相贯线的最高点，Ⅲ、Ⅳ为相贯线上的最低点；

（2）求作一般位置点 在相贯线的侧面投影上定出前、后、左、右对称的四个点Ⅴ、Ⅵ、Ⅶ、Ⅷ的侧面投影5″、6″、(7″)、(8″)，在水平投影上相应作出5、6、7、8，由此两投影求出其正面投影5′、(6′)、7′、(8′)；

（3）依次光滑连接各点的同面投影 按照相邻素线上的点相连的原则，依次地连接各点的正面投影，即得相贯线的正面投影；

（4）判别可见性 前半部分相贯线在两个圆柱的可见表面上，所以它的正面投影1′5′3′7′2′为可见；后半部分相贯线的正面投影1′（6′）（4′）（8′）2′为不可见，但与前半部分相贯线的投影重合。

（二）辅助平面法

假想用一个辅助平面截切相交两立体，可得到两组截交线，其交点就是相贯线上的点，适当变动辅助平面的位置并求出相贯线上的一系列点的方法称为辅助平面法。辅助平面法是求相贯线最常用的方法，无论相贯线有无积聚性投影均可使用。为了作图简便、准确，一般应根据两相交立体的形状和其相对位置来选择恰当位置的平面作为辅助平面。

1．选择辅助平面位置的原则

辅助平面与相交两立体表面的截交线的投影，应该是简单易画的直线或圆。为此，对于下列曲面立体，当其轴线垂直于某一投影面时，常选用的辅助平面的位置如下：

圆柱：常选用平行或垂直圆柱轴线的投影面的平行平面作为辅助面；

圆锥：常选用垂直圆锥轴线的平面或过锥顶的投影面的垂直平面作为辅助面；

圆球：常选用投影面的平行平面作为辅助平面；

圆环或一般曲面立体：常选用垂直于回转轴线的投影面平行平面为辅助面。

2．辅助平面的移动范围

应取在使辅助平面与两曲面立体的截交线有交点的范围内。

[例3-8]　如图3-10所示，求轴线正交的圆柱与圆台的相贯线。

分析：圆柱与圆台轴线垂直正交，其相贯线为一条前后、左右对称、上下不对称的封闭的空间曲线。由于圆柱的轴线为侧垂线，圆台的轴线为铅垂线，相贯线的侧面投影积聚在圆柱面的侧面投影圆上，因相贯线的正面及水平投影无积聚性，需求作。本题可采用水平面作为辅助平面解题。

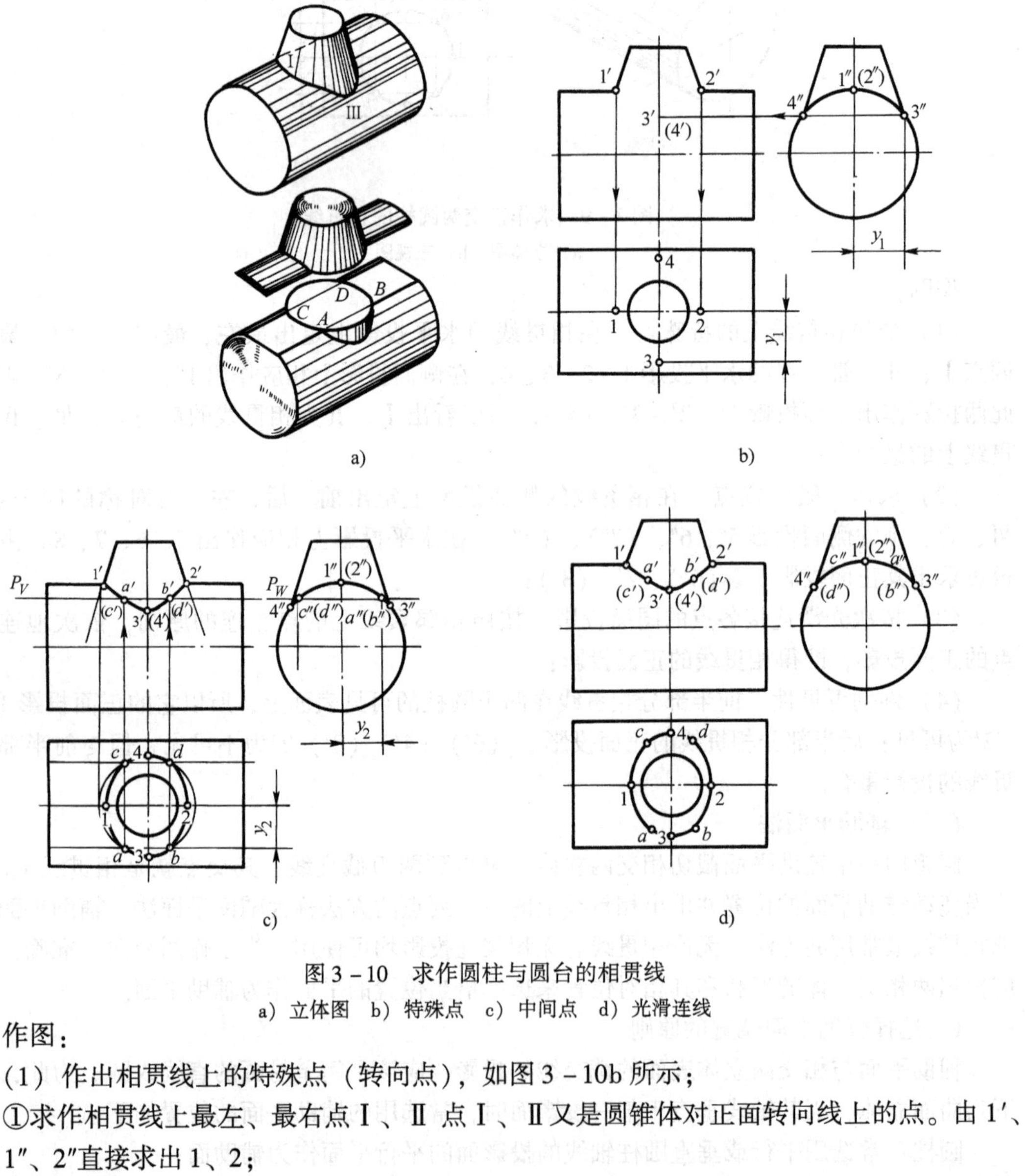

图3-10　求作圆柱与圆台的相贯线

a）立体图　b）特殊点　c）中间点　d）光滑连线

作图：

(1) 作出相贯线上的特殊点（转向点），如图3-10b所示；

①求作相贯线上最左、最右点Ⅰ、Ⅱ点Ⅰ、Ⅱ又是圆锥体对正面转向线上的点。由1′、2′及1″、2″直接求出1、2；

②求作相贯线上的最前、最后点Ⅲ、Ⅳ 点Ⅲ、Ⅳ又是圆台面对侧面转向线上的点。由3″、4″先求出3′、4′，再求出3、4。

（2）求作相贯线上的一般位置点　在点Ⅰ、Ⅱ与点Ⅲ、Ⅳ之间适当位置，作一辅助水平面*P*，它与圆锥面交于一水平圆，与圆柱面交于两条素线，在水平投影上两者相交于*a*、*b*、*c*、*d*四点，再由*a*″、*b*″、*c*″、*d*″，求出*a*′、*b*′、*c*′、*d*′，即为所求。如图3-10c所示；

（3）依次光滑连接各点的同面投影，并判别可见性　相贯线的正面投影前后对称且可见，用粗实线画出。相贯线的侧面投影都积聚于圆上，不再判别。单一圆锥面的水平投影全可见，单一圆柱面上半部水平投影可见，而下半部水平投影不可见。即*a*3*b*2*d*4*c*1可见；

（4）补全轮廓线并加粗，如图3-10d所示。

三、组合相贯线

三个或三个以上立体相交，其表面形成交线的总和称组合相贯线。组合相贯线为若干相贯线组合组成，这些相贯线的共有点，称为结合点，只有结合点才是组合相贯线上三个曲面的共有点，同时也是各条相贯线上的分界点。求作组合相贯线的实质是分别求出各相邻基本立体相交所产生的相贯线。

［例3-9］　如图3-11a所示，求三个圆柱组合相交时的交线。

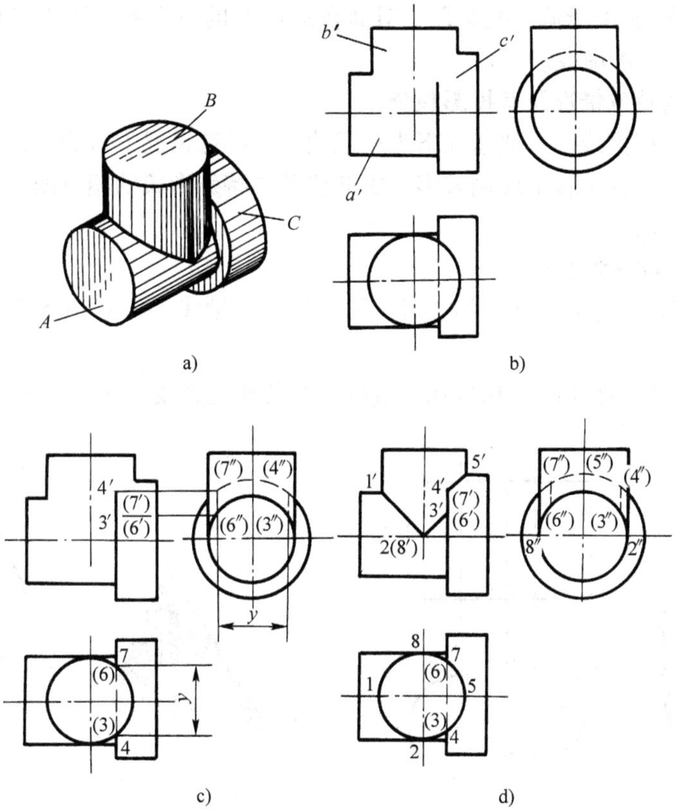

图3-11　求作三个圆柱相交的交线

a）立体图　b）已知条件　c）、d）作图过程

分析：三个圆柱*A*、*B*、*C*相交，其中圆柱*B*的轴线垂直水平面，它与轴线垂直侧面的两个同轴但不等径的圆柱*A*、*C*垂直相交。在三个圆柱的表面上既有相贯线又有截交线。可

将其分解为求作两曲面立体的相贯线问题和求作平面与曲面立体的截交线问题，逐一求出其交线，最后再将各交线在三个表面的共有点（结合点）处连接起来，即可求得三个圆柱综合相交的交线。

作图：

（1）求作圆柱 C 的左端面与圆柱 B 的截交线　圆柱 B 的轴线垂直于 H 面，圆柱 C 的左端面平行于圆柱 B 的轴线，其截交线是垂直于水平面的两条直线段，在 H 面的投影积聚在 B 圆上。可利用表面取点法直接求出截交线投影（3）、4、（6）、7 和（3″）、（4″）、（6″）、（7″）及 3′、4′和（6′），（7′）；

（2）求作圆柱 A 与圆柱 B 的相贯线　圆柱 A、B 的轴线垂直相交并平行于 V 面且等径，其相贯线为空间椭圆曲线，正面投影是相交的两条直线段 1′2′、2′3′，侧面投影 1″2″、2″3″积聚在圆柱 A 的侧面投影上，水平投影 12、23 积聚在圆柱 B 的水平投影上；

（3）求作圆柱 B 与圆柱 C 的相贯线　圆柱 B、C 的轴线垂直相交，其相贯线为一封闭的空间曲线。两圆柱的轴线分别垂直于 H 面和 W 面，其相贯线的水平投影 45 积聚在圆柱 B 的水平投影，侧面投影 4″5″积聚在圆柱 C 的侧面投影上。故可利用表面取点法求出相贯线的正面投影 4′5′；

（4）判定可见性 由于截交线ⅢⅣ，ⅥⅦ在圆柱 B 的右半部，所以它们的侧面投影 3″4″和 6″7″为不可见，应画虚线。

四、相贯线的特殊情况及其投影趋势

两曲面立体的相贯线，一般情况下为空间曲线，特殊情况下可为平面曲线或直线段。由于相贯线的特殊形式在工程上应用较多，因此要掌握特殊形式的相贯线，它们不需要经过辅助作图就可直接作出。

（一）相贯线的特殊情况

1）两轴线相互平行的圆柱体相交时，相贯线是与轴线平行的两条直线。如图 3－12 所示。

2）共锥顶的锥面相交时，相贯线是过锥顶的两相交直线。图 3－13 所示。

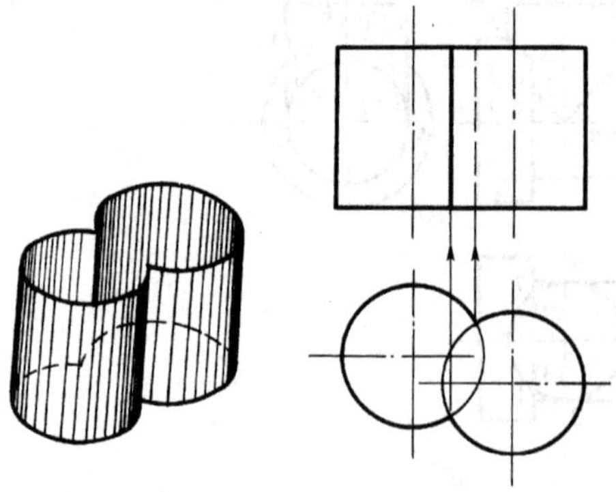

图 3－12　相贯线为两平行直线

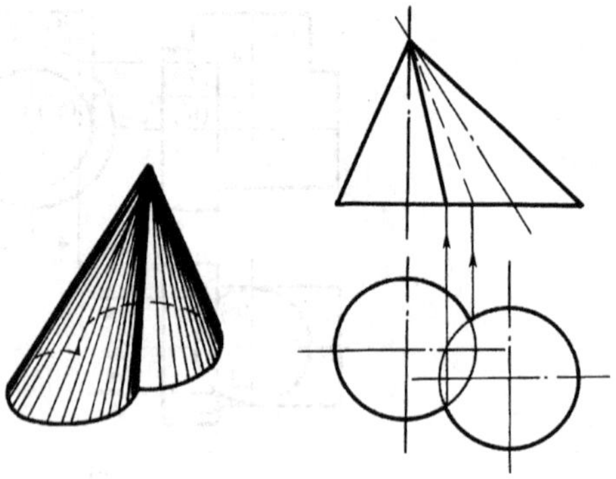

图 3－13　相贯线为两相交直线

3）曲面立体与球相交，当球心在曲面立体的轴线上时，其相贯线为一垂直于回转轴的圆，如图 3－14 和图 3－15 所示。

4）当两个二次曲面公切于第三个二次曲面时，则相贯线为平面曲线，如图 3－16 所示。

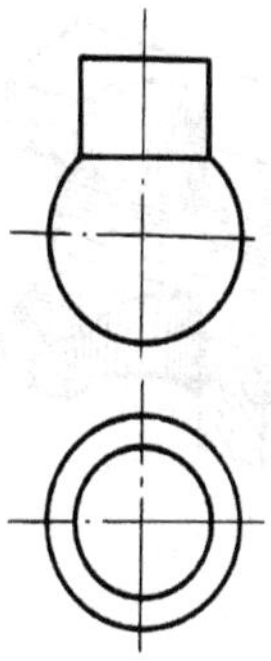

图 3－14　圆柱与球相贯

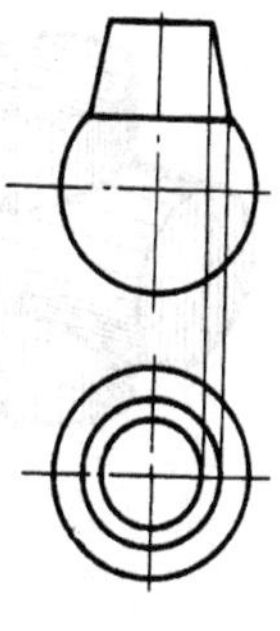

图 3－15　圆锥与球相贯

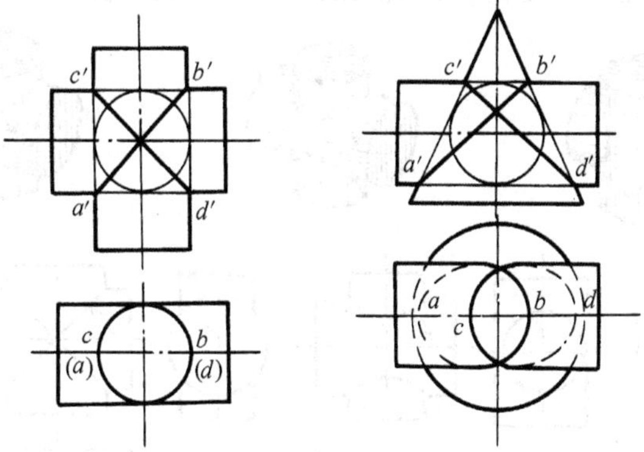

a)　　b)

图 3－16　相贯线为平面曲线

a）圆柱与圆柱相贯　b）圆柱与圆锥相贯

①当两圆柱轴线垂直相交且直径相等时，两圆柱必同时切于一球，相贯线为两个大小相等的椭圆，其正面投影为两段直线 $a'b'$ 及 $c'd'$，水平投影与轴线垂直于 H 面的圆柱面重合，见图 3－16a 所示。

②当一圆锥与一圆柱轴线垂直相交且同时切于一球，相贯线为两相交椭圆，其正面投影为两线段 $a'b'$ 及 $c'd'$，水平投影为两相交的椭圆，见图 3－16b 所示。

（二）相贯线投影的趋势

当两曲面立体相交时，由于两相贯体的大小、形状和相对位置的不同，相贯线投影的形状也不同，但有一定的变化规律。在具体作图前，如果能预先分析了解相贯线的大致投影变化的趋势，将有助于快速、准确地作出相贯线的投影。

1．两圆柱轴线垂直相交

由于圆柱体的圆柱面可分为外圆柱面和内圆柱面，所以两圆柱相交有三种情况：

1）图 3－17a 所示为两外圆柱面相交；

2）图 3－17b 所示为外圆柱面与内圆柱面相交；

3）图 3－17c 所示为两内圆柱面相交。

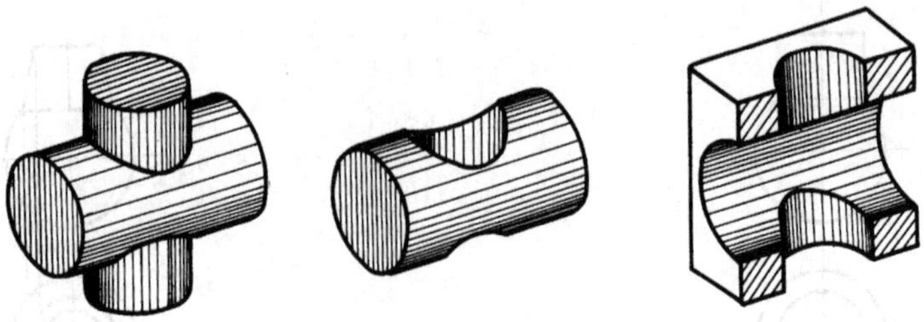

a)　　b)　　c)

图 3－17　两正交圆柱相交的情况

两圆柱面相交的三种情况，其贯线的形式虽不同，但相贯线的性质、形状和求法均相同。相贯线的形状受两圆柱体尺寸大小的变化的影响。参与相交的两圆柱中，直立圆柱直径都相同，而水平圆柱直径大小变化，相贯线的形状的变化如图 3－18 所示。

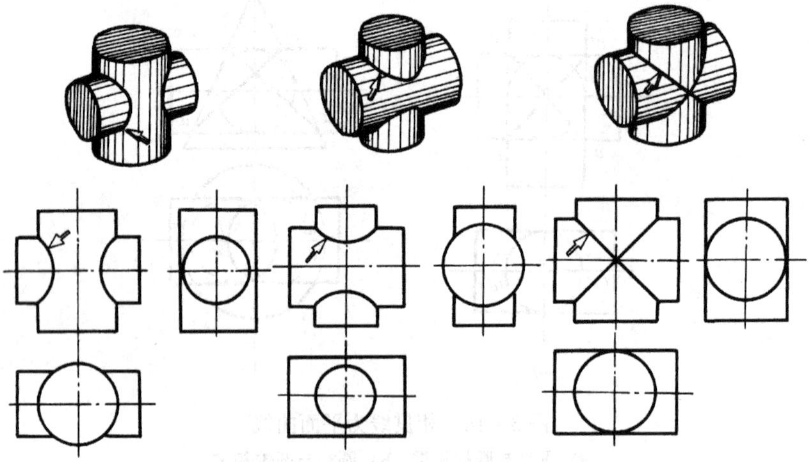

a)　　b)　　c)

图 3－18　两正交圆柱相贯线的变化趋势

1）图 3－18a 图中的水平圆柱直径小于直立圆柱直径，相贯线为左、右两条对称的封闭的空间曲线，其正面投影向直立的直径大的圆柱内弯曲。

2）图 3－18b 图中水平圆柱直径大于直立圆柱直径，相贯线为上、下两条对称的封闭的空间曲线，其正面投影向水平的直径大的圆柱内弯曲。

3）图 3－18c 图中的两圆柱直径相等，相贯线为两个大小相等的椭圆曲线且同时垂直于正面，其正面投影为两相交直线。

2. 圆柱轴线与圆锥轴线垂直相交

直立圆锥尺寸不变，而水平圆柱直径大小变化，相贯线形状的变化如图 3－19 所示。

1）图 3－19a 中的圆柱贯穿圆锥，且两轴线垂直相交，相贯线为左、右两条对称的封闭的空间曲线。其正面投影为左、右两条双曲线。

2）图 3－19b 中的圆柱圆锥切于一球，相贯线为两相交椭圆。其正面投影为相交两直线。

3）图 3－19c 图中的圆锥贯穿圆柱，且两轴线垂直相交，相贯线为上、下两条封闭的空间曲线。其正面投影为上、下两条双曲线。

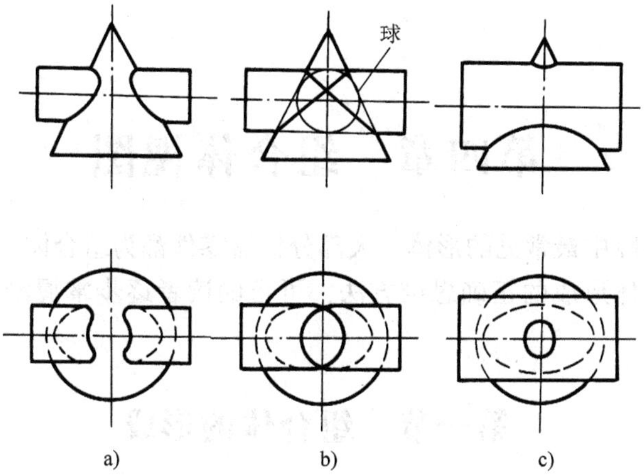

图 3－19　正交的圆柱与圆锥相贯线变化趋势

第四章　组合体视图

组合体是生产实际中最常见的形体，大部分机器零件都为组合体。在学习机械制图过程中，若学会分析组合体形成的正确思维方法，可帮助读者逐步掌握绘制和阅读复杂形体视图。

第一节　组合体的形成

一、组合体的概念

由两个或两个以上的基本几何体或简单几何体构成的形体称为组合体，其中简单几何体是指对基本几何体进行简单切割而形成的形体。基本几何体已在第二章有过叙述，几种常见的简单几何体如图 4－1 所示。

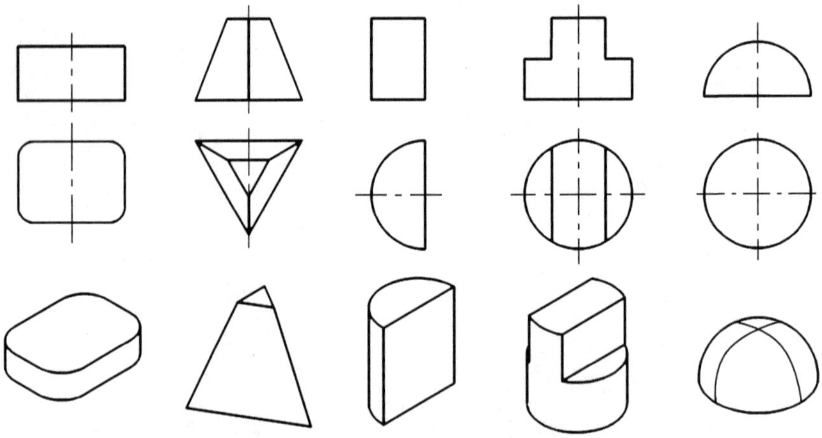

图 4－1　几种常见的简单几何体

二、组合体的分类

组合体按形体构成方式可分为叠加型、切割型和综合型三类。

1. 叠加型

由两个以上的几何体叠加构成的组合体称为叠加型组合体。图 4－2 所示螺栓毛坯，可由图示的正六棱柱、圆柱和圆锥台三个基本几何体叠加而成。

2. 切割型

由某种基本几何体中切去或挖去一些几何体构成的组合体，称为切割型组合体。图 4－3 所示的立体是在长方体基础上分别切去 1、2 和 3 三个异形立体而形成的。

3. 综合型

由叠加型组合体和切割型组合体综合构成的组合体，称为综合型组合体。图 4－4a 所示的轴承座可以看成是由如图 4－4b 所示的底板、支承板、肋板和圆筒四个几何体组合而成，而后底板上钻有两个圆孔。

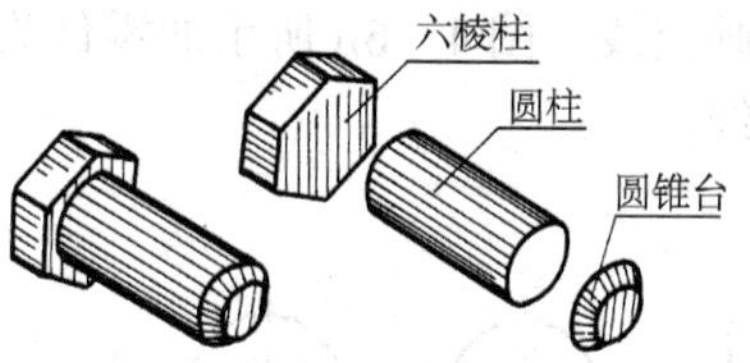

图 4－2　叠加型组合体—螺栓毛坯构成

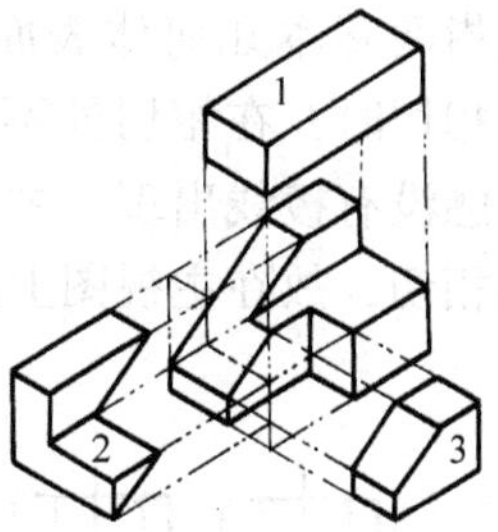

图 4－3　切割型组合体—垫块构成

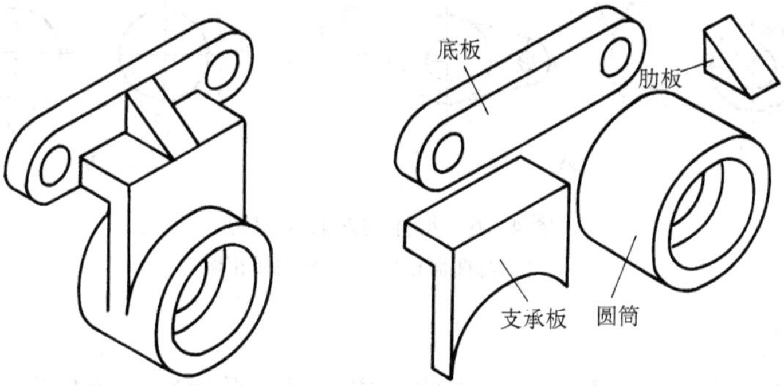

a)　　b)

图 4－4　综合型组合体—支架

三、组合体的连接形式及画法

在了解组合体的构成方式之后，还需进一步弄清楚构成组合体的各基本几何体和简单几何体表面之间的连接关系，以及基本几何体表面之间连接处的画法，才能正确地画出组合体视图。

组合体中的各基本几何体表面之间的连接关系可分为：平齐（共面）或错开（不共面）、相切或相交。

1. 两表面平齐或错开

平齐是指两基本几何体以平面的方式相互接触，且两基本体的两平面在同一平面内。这时若两基本体的两平面平齐，则没有交线或棱线出现，故在作图时不能画接触线，如图 4－5a 所示。若两基本体的两平面错开，则在其连接处有分界线出现，如图 4－5b 所示。

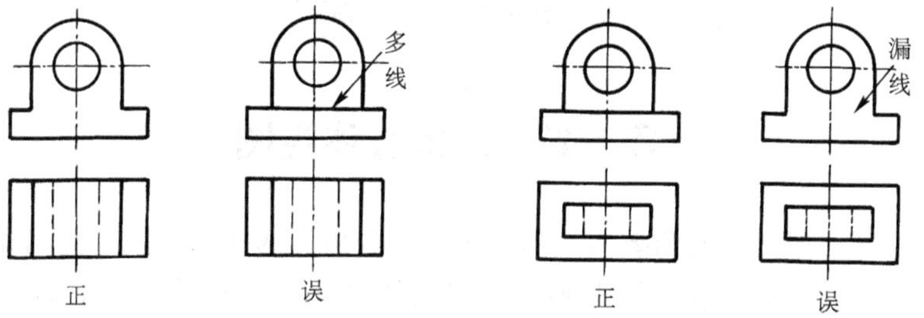

a)　　b)

图 4－5　形体的两平面平齐或错开

a）两平面在宽度方向平齐　b）两平面在宽度方向错开

2. 两表面相切

相切是指两基本几何体表面（平面与曲面、曲面与曲面）光滑过渡。当曲面与曲面、曲面与平面相切时，在相切处不存在交线。图 4－6a 所示零件左端底板上铅垂面与圆筒相切，两面接触没有棱线出现，主、左视图上相切处不画交线。图 4－6b 所示的零件为圆柱与等径半圆球相切，故在主视图上两曲面相切处不画交线。

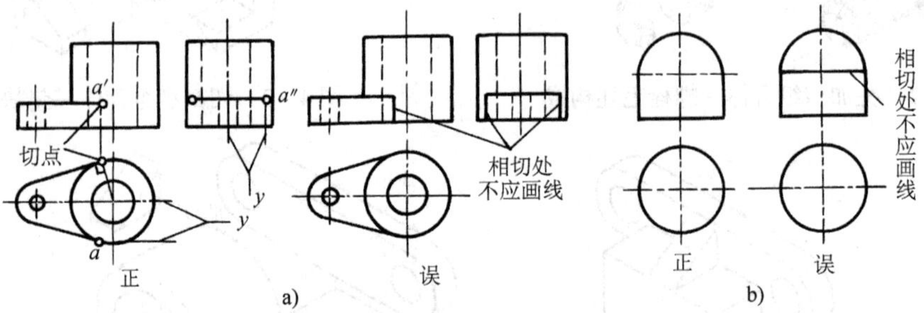

图 4－6　形体的两表面相切

a）平面与曲面相切　b）两曲面相切

3. 两表面相交

相交是指两基本几何体表面（平面与曲面或平面与平面）彼此相交。相交处应画出交线。这种交线按相交表面类型及其相对位置的不同可为直线或曲线，如图 4－7 所示。

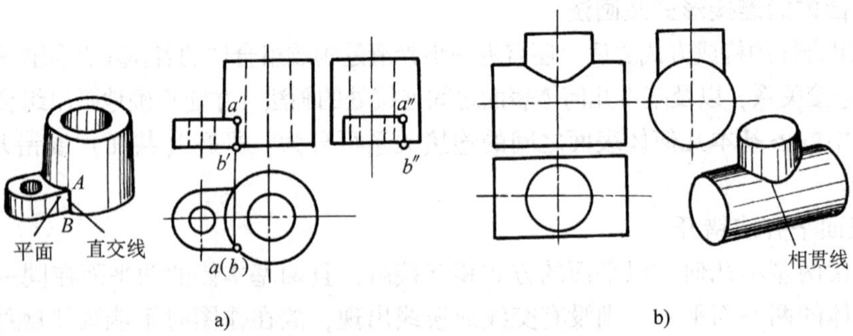

图 4－7　形体的两表面相交

a）平面与曲面相交　b）两曲面相交

第二节　画组合体视图

画组合体视图一般先要对所要表达的形体进行分析，选择好视图、比例和图幅，然后在图纸上画草图，最后才在正规图纸上画出视图或利用 AutoCAD 绘图。下面介绍画组合体视图的基本方法。

一、画组合体视图的步骤

1. 形体分析

根据组合体的形状特征，将其分解为若干个基本几何形体或简单几何形体，进而明确构成组合体的基本几何形体和简单几何形体，以及它们的相对位置和表面之间的连接形式，这种为方便画图或读图而对组合体进行分析的方法称为形体分析法。形体分析法是画组合体视图和读组合体视图的基本方法。

欲使作组合体视图顺利进行，并使所画视图便于理解，形体分析是其第一步。图 4－8 和图 4－9 为两个零件的形体分析示例。

2. 选择视图

（1）确定形体位置　为了使投影能得到真实形状，尽量使形体上的主要平面平行于投影面。

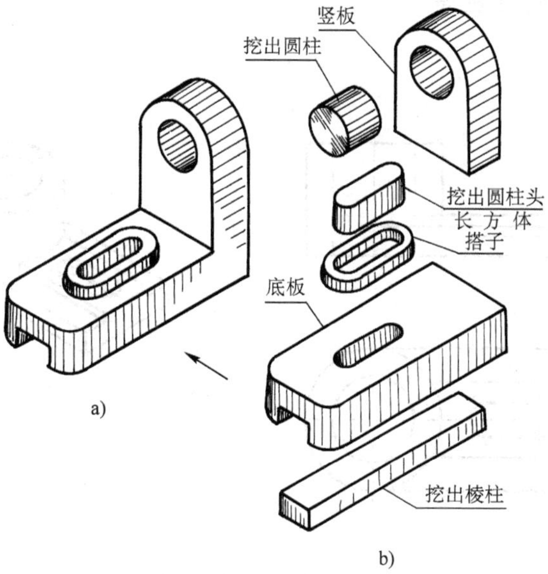

图 4－8　支架形体分析（一）
a）形体　b）形体构成

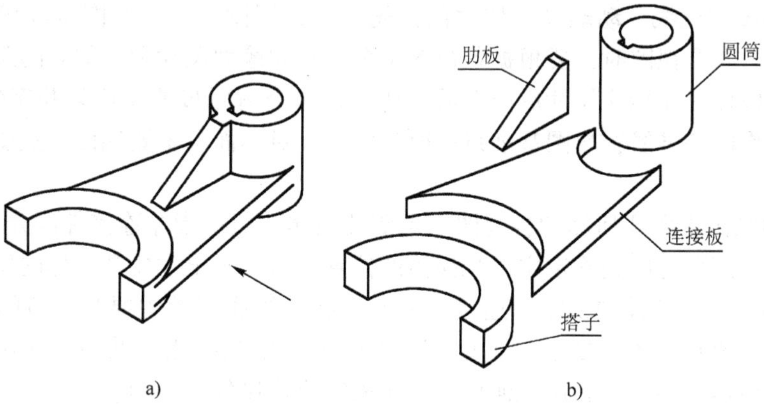

图 4－9　支架形体分析（二）
a）形体　b）形体构成

（2）确定主视方向　通常要求主视图能够较多地表达物体的形状特征，也就是要尽量在主视图上表示出组合体各部分的形状和相对位置关系的特征。如图 4－8 和图 4－9 所示的两个形体的立体图中箭头所示的方向，能满足上述基本要求，可作为主视图的投影方向。

（3）选择视图数量　为了把组合体各部分的形状和相对位置完整、清晰地表达出来，一般除了选用主视图外，还要画出俯视图和左视图，进一步表达宽度等方向的大小及形状。但是有许多形体可以只画两个视图，如图 4－10 所示的简单组合体，只需要两个视图就可以完整、清晰地表达它，这时就可以省略一个视图。

3. 确定比例，选择图幅

视图确定后，就要根据实物的大小，选择适当的比例和图幅。注意所选幅面要留有余地，以便标注尺寸，画标题栏等。

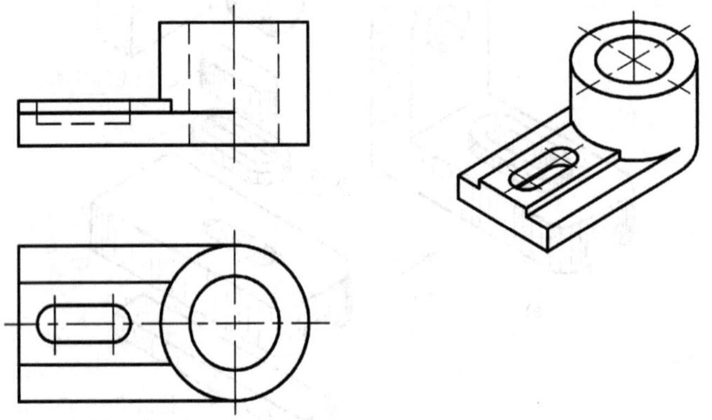

图 4－10　只用两个视图即可清晰表达的立体

4. 在图纸上画图

（1）画作图基准线　动笔画形体之前，先要布置视图，画出作图基准线，确定视图在图纸上的位置。布置视图时，要根据各视图每个方向的最大尺寸和视图间的距离，确定各个视图的位置，以保证在标注尺寸后尚有适当宽裕。整个图面布置要均匀并充分地利用图幅。画图时要先画作图基准线，作图基准线一般为底面、对称面、重要端面、重要轴线及中心线等。

（2）分别画出主要几何体的各视图　主要几何体一般是指非连接件部分，如图 4－8 所示底板和竖板。画图时应先确定主要几何体的位置，然后画出主要几何体的轮廓线。

（3）分别画出连接件的视图　连接件一般是起连接或支承主要几何体的作用，它的大小及画法常与主要几何体连接方式有关，如图 4－9 中的连接板和肋板。在作图时，通常是在作出主要几何体视图后，利用几何作图方法来完成连接件的作图。

（4）擦除作图线　为了作出符合机械制图规范的视图，需要擦除作图线。

（5）检查、修改　在加粗线条之前，再仔细检查是否有多线、漏线和错线，以及点画线、双点画线、虚线等，并对发现的错误进行修改。

（6）描深粗实线　检查、修改完后，对应该画粗实线的线条进行描深加粗。

5. 利用 AutoCAD 绘图

由于计算机绘图在实际应用中越来越普及，在有条件的情况下，作图第四步在图纸上画图，可以只作草图，然后直接利用 AutoCAD 绘制高质量的图形。

二、画组合体视图综合举例

【例 4－1】　画轴承座三视图。

（1）分析轴承座构成　图 4－11a 所示轴承座，是由底板，圆筒、支承板和肋板四部分叠加而成，如图 4－11b 所示。支承板的左右侧面和圆筒外表面相切，与底板左右侧面相交形成棱线；底板背面与支承板背面平齐，底板和肋板之间的组合形式为相交，且底板上钻出两个圆孔；肋板与圆筒、底板及支承板相交。由此可知轴承座属于综合类的组合体。

（2）选择视图　确定形体位置：为了使较多的主要面的投影反映实形，在此选择底面和圆筒端面分别平行于投影面。

确定主视图方向：为了使主视图能够表达轴承座形状特征，尽量将圆筒等几何体的形状，及其与底板等几何体的相对位置关系的特征表达出来，如图 4－11a 所示的 *A* 方向作为主视图方向较为理想。

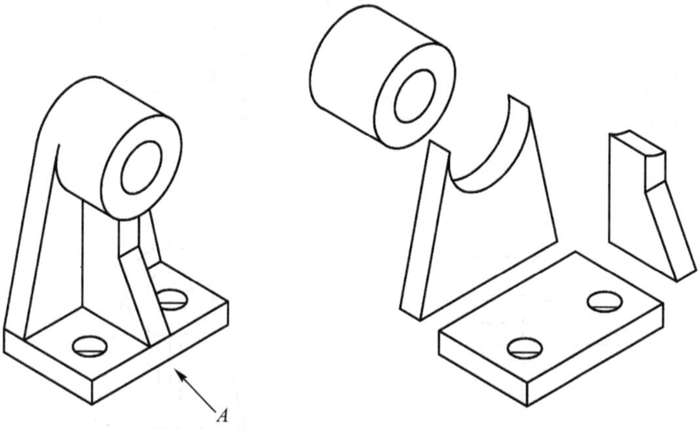

a)　　　　b)

图 4－11　轴承座及其组成

选择视图数量：为了把轴承座各部分的形状和相对位置完整、清晰地表达出来，除了选用主视图外，还要进一步表达宽度方向的大小以及底板的形状，必须画出俯视图，为表达肋板的形状必须画出左视图。

（3）确定比例，选择图幅　为了在书本中表达方便，在此根据图 4－11a 所示尺寸大小，选择合适的比例。在实际作图中，比例的确定与图幅选择有关。

（4）画底图　画底图的具体步骤见图 4－12 所示。

（5）检查、修改，加深。

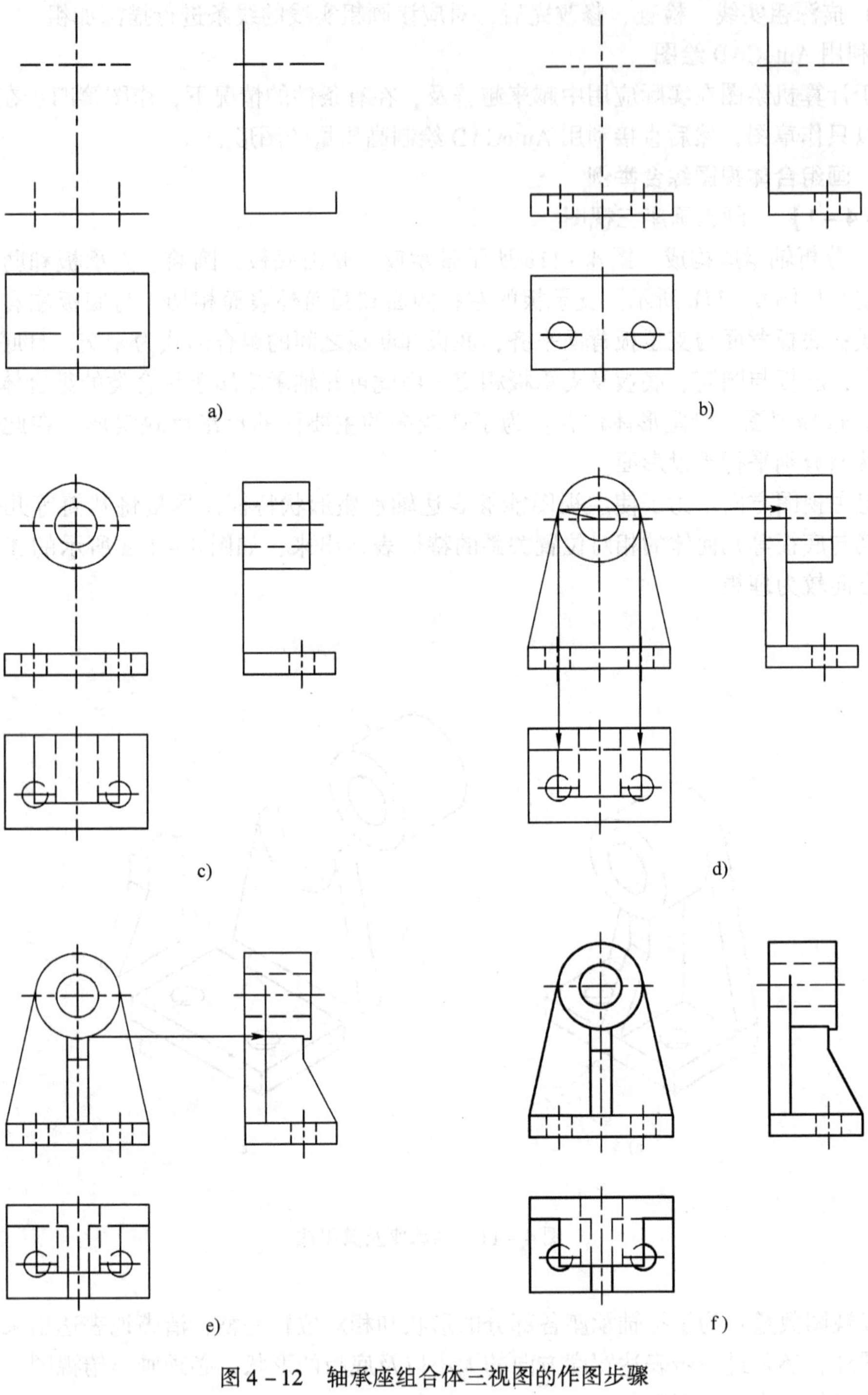

图 4－12　轴承座组合体三视图的作图步骤

a）画作图基准线，布置视图　b）画底板的三视图

c）画圆筒的三视图　d）画支承板的三视图

e）画肋板的三视图（作图过程见图线）　f）检查修改，先加粗圆，再加粗直线

第三节　组合体尺寸的标注

由于组合体是由多个几何体构成的，所以组合体尺寸的标注，不但要求准确地标注各几何体的形状和大小，而且要标明各几何体之间的相对位置。为了完整、清晰地标注组合体尺寸，在标注过程中应首先对组合体进行形体分析，然后再标注尺寸。

一、完整地标注出组合体的三类尺寸

组合体尺寸有定形尺寸、定位尺寸和总体尺寸三类。

1. 定形尺寸

定形尺寸是指确定各几何体的形状和大小的尺寸，如图 4－13 所示的 ϕ19、ϕ10、16 是圆筒的定形尺寸；5、21、33 是底板的定形尺寸。常见几何体的定形尺寸在上一章已有介绍。在组合体中常常会遇见连接部分等几何体的定形尺寸可以由其他几何形体的尺寸决定，这时一般不再重复标注，如图 4－12 所示支承板的长和高的尺寸及肋板的圆弧尺寸等就属于这类尺寸。

2. 定位尺寸

定位尺寸是指确定各个几何体间的相对位置的尺寸，标注定位尺寸需要有尺寸基准，尺寸基准是标注尺寸的出发点。常用的尺寸基准有：底平面、中心线（轴线）及对称线（面）等，长、宽、高三个方向至少各有一个尺寸基准。

图 4－13 轴承座的尺寸基准是：底面为高度方向的基准、支承板的背面为宽度方向的基准、中心线（对称线）为长度方向的基准。对圆筒来说，高度方向的定位尺寸是 34，轴线在长度方向的对称中心线上，就不用再标注；宽度方向上圆筒的端面与基准重合；底板上两个孔 2×ϕ6 的长度、宽度方向上的定位尺寸分别为 19 和 14。

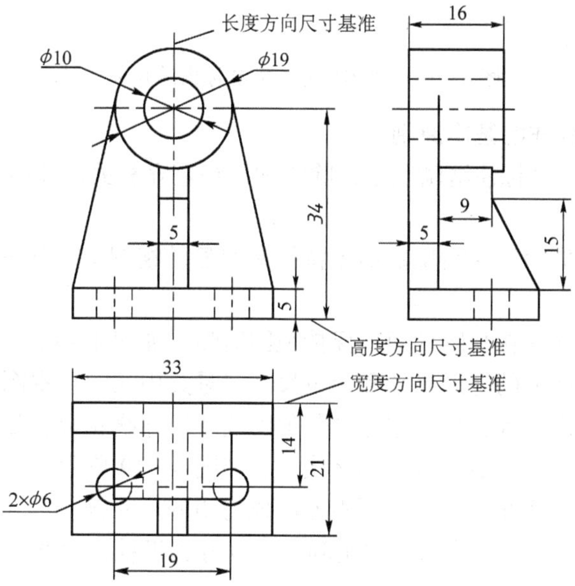

图 4－13　组合体的尺寸标注示例

3. 总体尺寸

总体尺寸是指确定组合体外形轮廓的总长、总宽、总高尺寸。轴承座的总体尺寸总宽为21，总长为33，而总高尺寸的一端为回转体，其总高 34 + *R*9.5 = 43.5 却不用直接标出。总体尺寸是否直接标出要视零件结构来定，如图 4－14 所示，有些组合体的总体尺寸（如图 4－14a 中总长、总宽，图 4－14b 中的总长，图 4－14c 中的总长、总宽，图 4－14d 中的总宽等）不再直接标出。

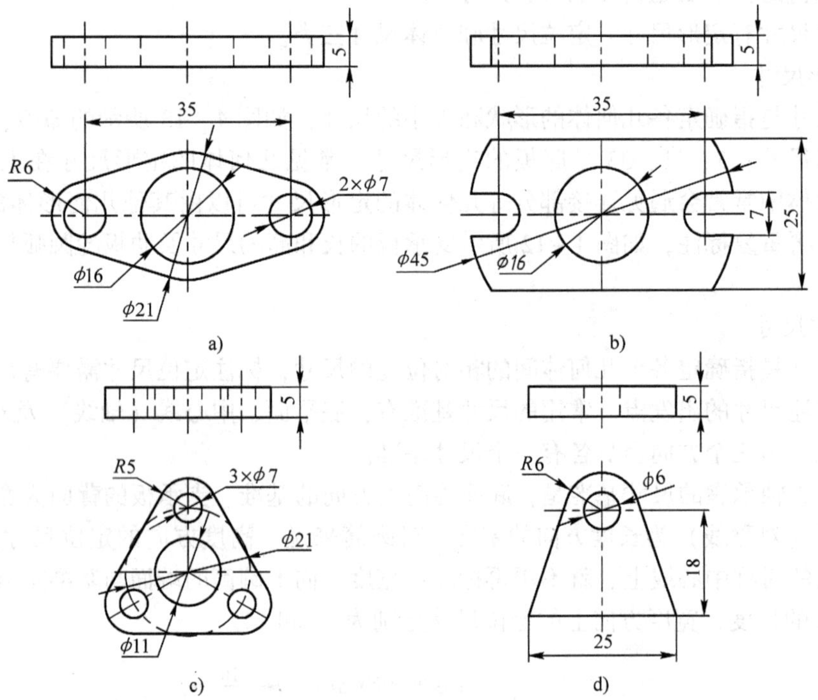

图 4－14　总体尺寸不需要标出的几种情况

二、组合体尺寸标注的基本原则

为使组合体视图尺寸标注清晰明了，除必须严格遵守有关尺寸标注的国家标准外，还应注意以下几个原则：

（1）尺寸应尽量集中标注在反映形体特征最明显的视图上，如图 4－15、图 4－16、图 4－17 所示；

（2）尺寸应尽量标注在视图外面，保持视图清晰，如图 4－15、图 4－16 所示；

（3）同一基本几何体的定形尺寸和定位尺寸尽量集中在同一视图上，如图 4－16 所示；

（4）尺寸线应排列整齐，尽量避免与其他图线或尺寸线相交，如图 4－18 所示；

（5）尺寸应避免标注在截交线和相贯线上，如图 4－19 所示。

（6）尺寸应避免标注在虚线上，更不能注成封闭的尺寸链。

在运用上述原则时，如有矛盾应权衡利弊，以有利于看图为准。

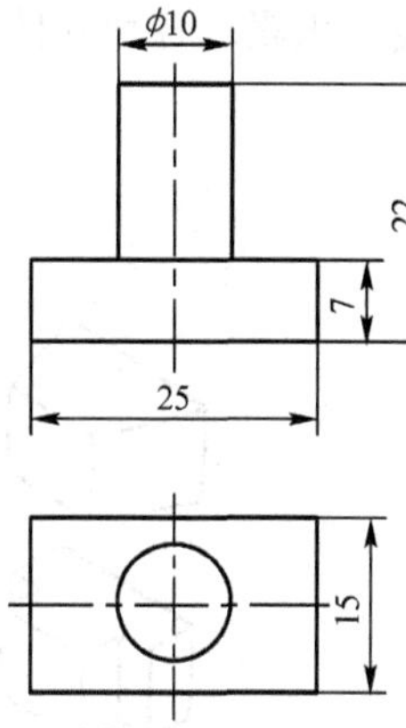

图 4－15　尺寸标注原则（一）

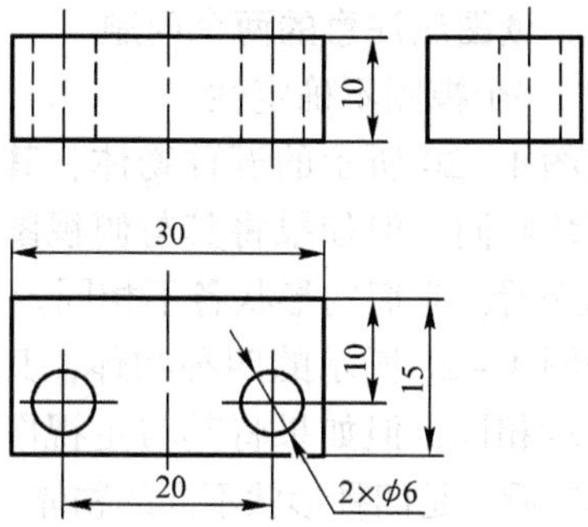

图 4－16　尺寸标注原则（二）

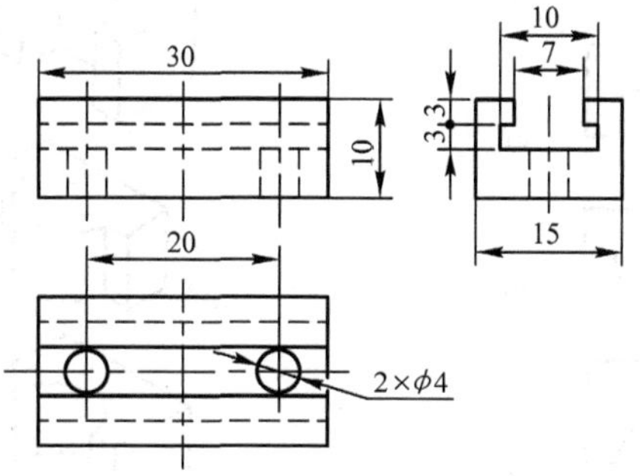

图 4－17　尺寸标注原则（三）

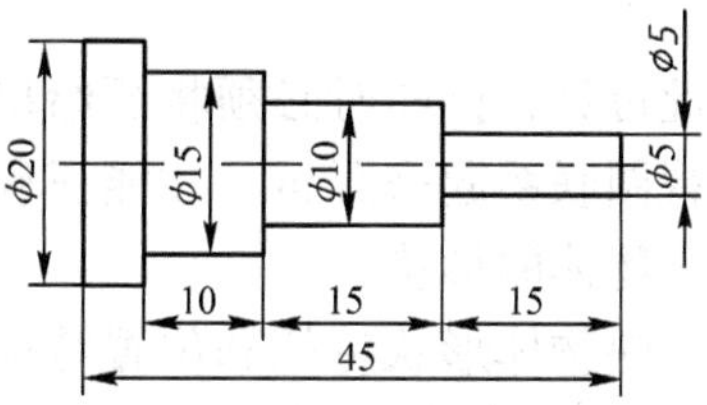

图 4－18　尺寸标注原则（四）

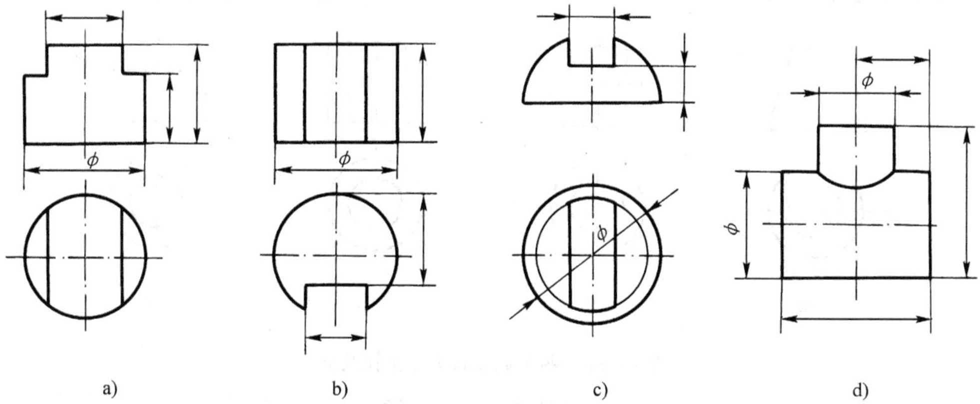

图 4－19　尺寸标注原则（五）

第四节　读组合体视图

读组合体视图的思维过程是一个形象思维的过程，它实际上是视图形成的一个逆过程，即运用投影规律，由组合体的视图想象出其空间形状的过程。

培养读图能力，首先应透彻地理解和掌握基本形体的投影规律；其次要掌握看图的正确思维方法；第三，要通过多观察各种形体视图和画立体视图的实践，积累对各种立体视图的感性认识和培养形象思维能力。

一、读图应注意的两个问题

1）一个视图不确定性

如图 4－20 所示的五种物体，其主视图均相同，但如果将其与俯视图联系起来看，它们的形状各不相同。

如图 4－21 所示的四种物体，其俯视图均相同，但如果将其与主视图联系起来看，是四种形状不同的物体。

2）二个视图不完整性

如图 4－22 所示的三种物体，其主、左视图均相同，但如果将其与俯视图联系起来看，是三种形状不同的物体。

由此可见，读图时必须将所给出的全部视图联系起来分析，才能正确地想象出物体的形状。

从反映物体形状特征和位置特征最明显的视图入手，再联系其他视图，能较快地想象出物体的形状。

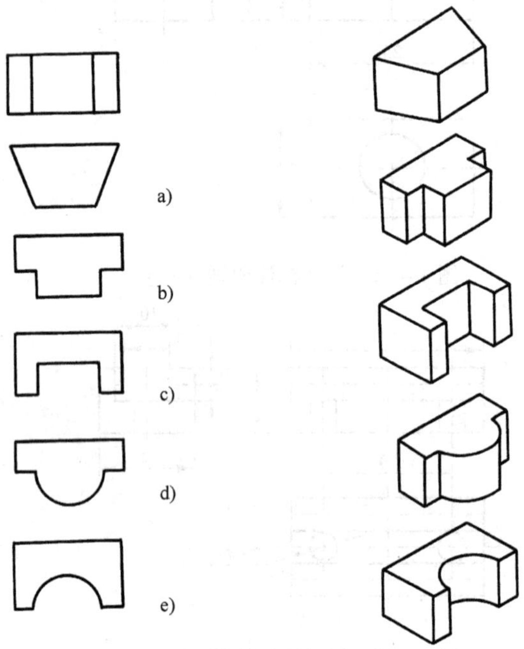

图 4－20　五个主视图均相同的物体

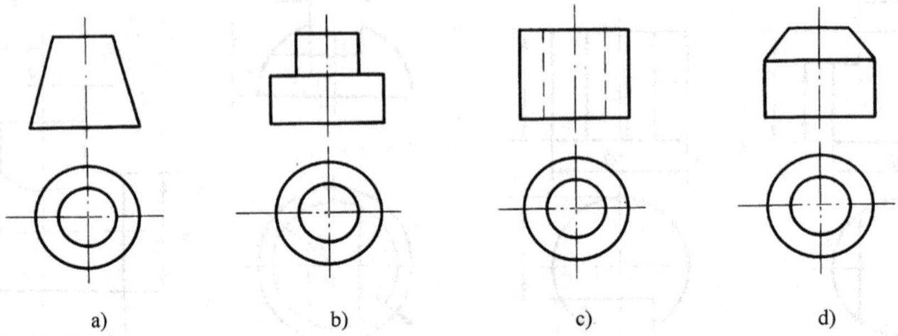

图 4－21　四个俯视图均相同的物体

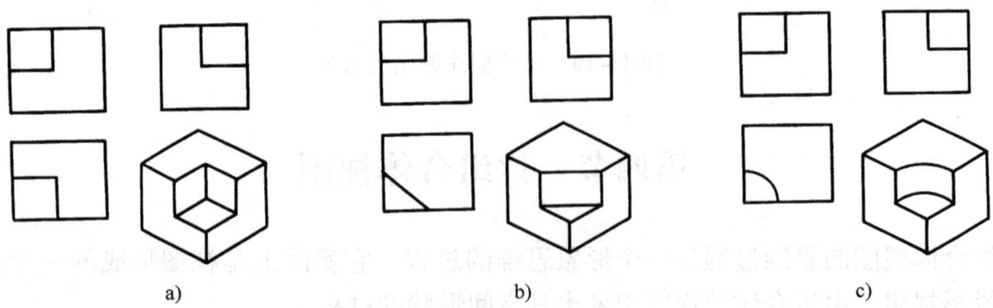

图 4－22　三个主、左视图均相同的物体

如图4－23所示，反映该组合体底板形状特征最明显的是俯视图，而反映该组合体竖板形状特征最明显的是主视图。如图4－24所示，反映该组合体上Ⅰ与Ⅱ两部分位置特征最明显的是左视图。

二、读图的基本方法

1. 形体分析法

利用形体分析法读图是将一个组合体的视图分解成若干个基本几何体或简单几何体的投影，根据投影的逆过程分析各几何体的空间形状，然后综合各几何体的相对位置，想象出组合体的空间形状。

在分析过程中，一般先抓住能反映主要特征的封闭线框，然后对应其他几个视图来分析其几何形状。用此方法逐个分析各几何体形状，最后再综合各几何体之间的关系，想象出整体形状。

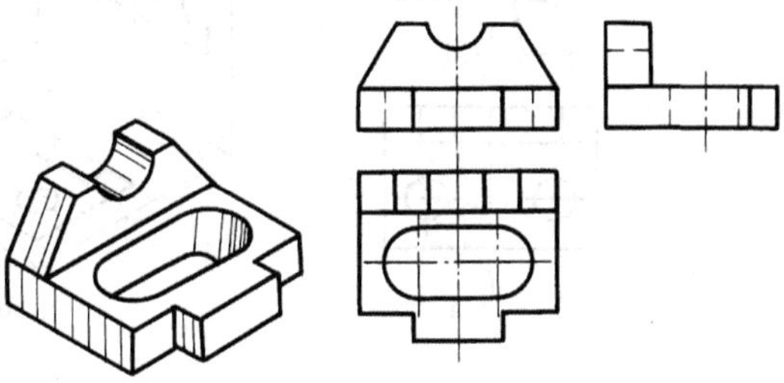

a)　b)

图4－23　分析形状特征

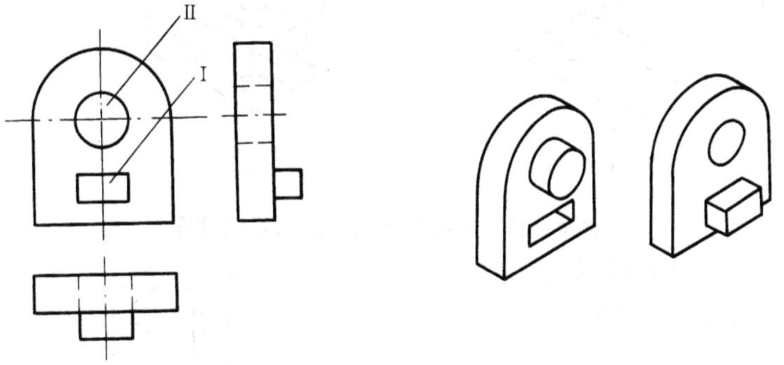

a)　b)　c)

图4－24　分析位置特征

【例4－2】　已知支座的主视图和俯视图，如图4－25a所示，想象出它的空间形状。

读图思维过程：

（1）投影形体分析　根据投影规律，用三角板或圆规，联系对照相关视图，将支座分解为两个形体，在主视图上表现为两个线框：1′、2′，如图4－25a所示。

（2）恢复投影面在空间的位置　在思维中假想正面 V 不动，水平面 H 绕 ox 轴向上旋转90°，将投影面及其投影恢复到空间位置，图4－25b、c、d、e所示。

2. 线面分析法

当组合体的结构中有一个或多个斜面（简称斜面体）时，投影的形状就不易想象，难以看懂。看这种斜面体视图常常使用线面分析法。

无论是简单或复杂结构的斜面体，均可看作一个几何体被一些平面切割去部分形体之后构成。而被切割余下的斜面体部分则可以看成是由一些切割平面或切割线与几何体余下部分所构成。

线面分析法着重用直线和平面的投影规律，分析立体上各种平面的形成及其投影形状，然后一步一步地综合想象出立体的空间形状。

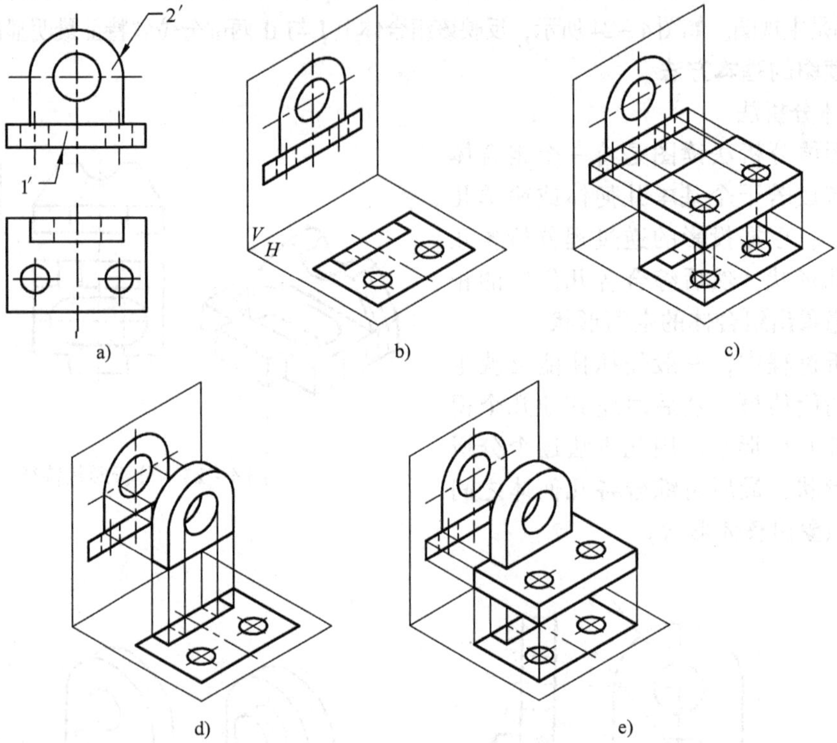

图 4 - 25　形体分析法的读图思维过程

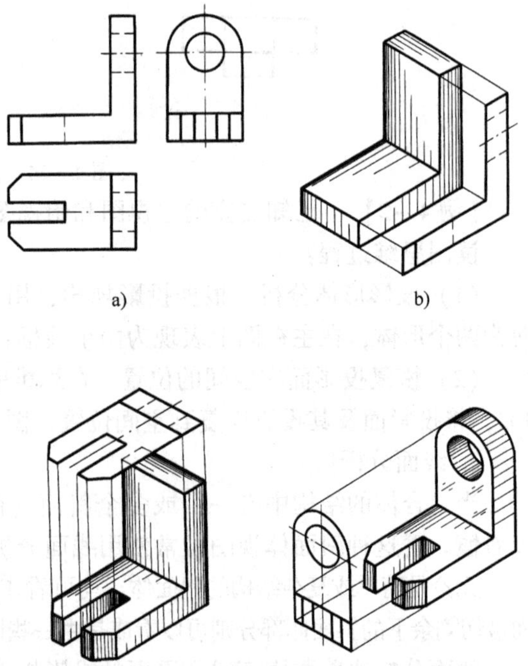

图 4 - 26　线面分析法的读图思维过程

【例 4 - 3】　已知立体的三个视图，如图4 - 26a,想象出它的空间形状。

看图步骤：

1）根据主视图，只能想象出该立体为 L 形，无法确定其宽度，并且不能确定其中三条虚线和一条实线表示什么结构，如图 4 - 26b；

2）结合俯视图，可确定该立体的宽度及底板的形状，但仍不能确定竖板的形状，如图 4 - 26c；

3）结合左视图，可确定竖板的形状，从而想象出该立体的空间形状，如图 4 - 26d。

三、补画视图中的漏线与第三视图

1. 补画漏线

补画漏线是在基本上看懂视图、想象出大体形状的基础上，利用形体分析和线面分析法，根据投影规律，补画视图中遗漏的线条，使视图表达完整、正确。通过补漏线的学习，可以检查是否真正看懂视图。

【例4-4】 补画图4-27a所示立体的主视图和俯视图中的漏线。

在看懂图形的基础上，根据投影规律补画出六条漏线，如图4-27b所示。

1）经与主视图长对正检查可知，俯视图有二条漏线为实线；

2）经与俯视图长对正检查可知，主视图有四条漏线，其中二条为实线、二条为虚线。

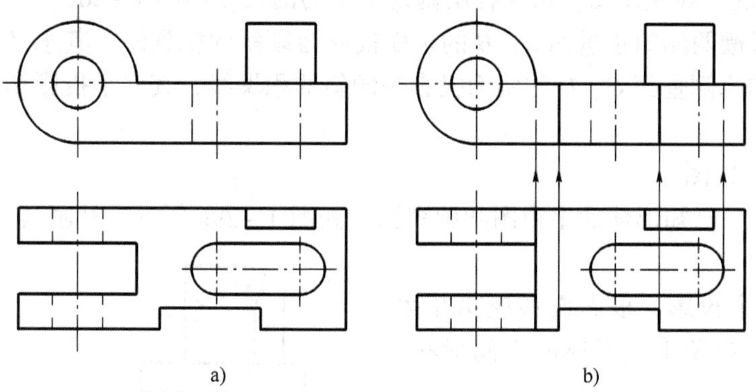

图4-27 补画主、俯视图的漏线

a）视图和视图有漏线 b）在主、俯视图上补画漏线

【例4-5】 已知立体的三视图，如图4-28a所示，补画俯视图和左视图的漏线。

作图步骤：

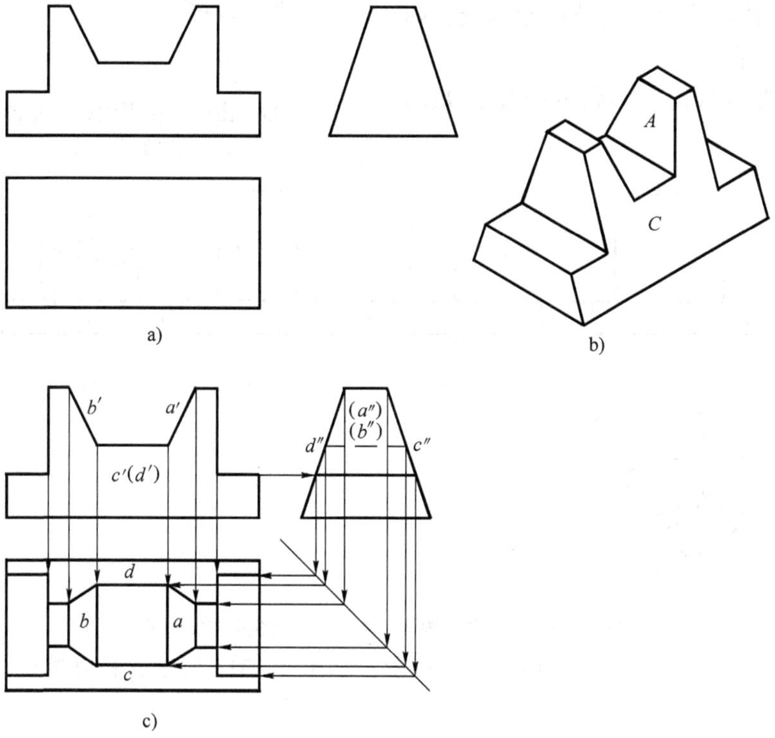

图4-28 补画俯、左视图的漏线

a）补画俯视图和左视图中的漏线 b）立体图 c）补画漏线的作图方法

1）对照三个投影，根据投影规律，用形体分析法，想象出体的空间形状，如图 4－28b。

2）依据体的空间形状，按照投影规律补出左视图中的漏线：一条粗实线，一条虚线，如图 4－28c。

3）根据主视图和左视图，依次补出俯视图中的漏线，如图 4－28c。

注意：梯形槽两侧的正垂面 *A*、*B* 的正面投影为倾斜的积聚线，其水平投影和侧面投影为类似形；立体两侧垂面 *C*、*D* 的侧面投影为倾斜的积聚线，其水平投影和正面投影为类似形。

2. 补画第三视图

【例 4－6】 已知形体的主视图和俯视图，如图 4－29a 所示，补画其左视图。

作图方法：

1）对照两个投影，根据投影规律并运用形体分析法，想象出该形体的空间形状，如图 4－29b 所示。

2）按照投影规律，分别补画各个几何体的投影

①画出对称线中心线及两叠加圆柱体的轮廓线，如图 4－30a 所示；

②画出形体左边凸台的外形轮廓线，如图 4－30b 所示；

③画出细部结构、形状的投影，如图 4－30c所示。

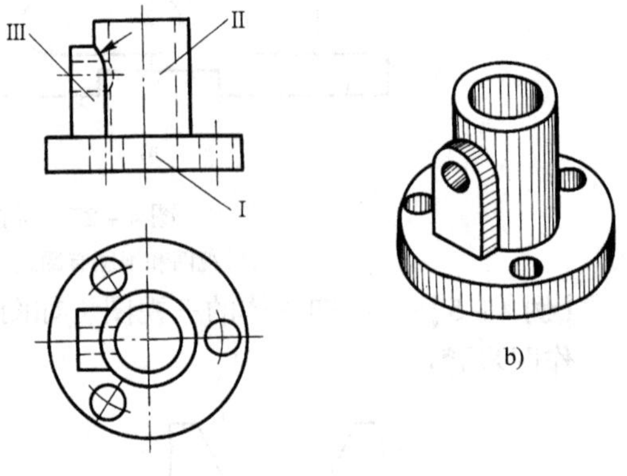

a)

图 4－29 由主、俯视图补画左视图的分析过程
a）已知条件 b）空间形状

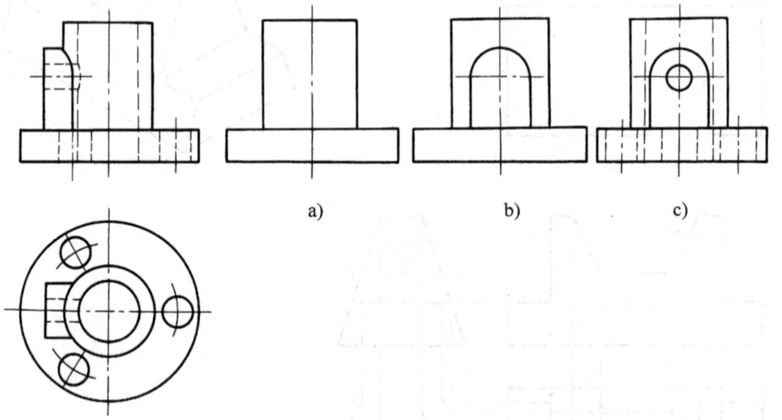

图 4－30 由主、俯视图补画左视图的作图过程

【例 4－7】 已知立体的主视图和左视图，如图 4－31a 所示，补画俯视图。

作图方法：

1）对照两个视图，根据投影规律并运用形体分析，想象出立体的切割过程及每一次被切割去部分的空间形状，如图 4－31b 所示。

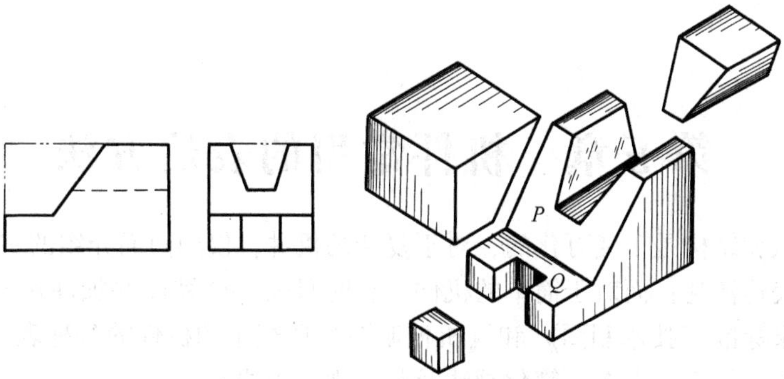

图 4－31 主、左视图补画俯视图的分析过程

a）已知条件 b）分析切割过程

2）按照投影规律，补画俯视图，如图 4－32 所示。

①画出用一正垂面和一水平面切去长方体左上角后的投影，如图 4－32a 所示；

②画出用两侧垂面和一水平面切去右上角中间部分后的投影，如图 4－32b 所示；

③画出用两正平面和一侧平面从左下角中部切去一长方体后的投影，如图 4－32c 所示；

④用线面分析法检查 P、Q 两切平面的投影是否正确，如图 4－32d 所示。

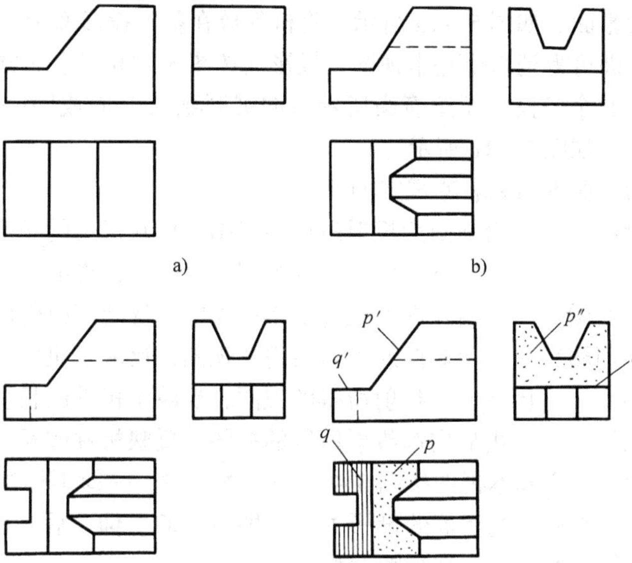

图 4－32 由主视图和左视图补画俯视图的作图过程

第五章　机件常用的表达方法

机件的形状和结构是千变万化的，对于复杂的机件，仅用前面介绍的主、俯、左三个视图还不能将其表达清楚；而对于简单的机件，有时只需一个视图并加注尺寸就能表达清楚。本章将介绍国家标准《技术制图》和《机械制图》所规定的机件的各种表达方法，如视图、剖视图、断面图、局部放大图、简化画法及其它规定画法。

第一节　视　　图

用正投影法将机件向投影面投射所得的图形称为视图。视图主要用来表达机件的外部结构形状。一般只用粗实线画出机件的可见部分，必要时才用虚线画出其不可见部分。视图的基本表示法应遵循 GB/T 17451—1998 的规定。

一、基本视图

将机件向基本投影面投射所得的视图，称为基本视图。根据国家标准规定，用正六面体的六个面作为基本投影面，如图 5－1a 所示，将机件放在基本投影面中，用正投影法分别向六个投影面作投影，即可得到六个基本视图。投影面按图 5－1b 所示的方法展开，即规定正立投影面 V 面不动，其余各投影面按箭头所示方向展开到与 V 面成同一平面。展开后六个基本视图的配置关系，如图 5－1c 所示。

六个基本视图的投射方向和名称规定如下：

主视图（正立面图）——由前向后投射所得的视图，反映机件的长度和高度。

俯视图（平面图）——由上向下投射所得的视图，反映了机件的长度与宽度。

左视图（左侧立面图）——由左向右投射所得的视图，反映了机件的宽度与高度。

右视图（右侧立面图）——由右向左投射所得的视图，反映了机件的宽度与高度。

仰视图（底面图）——由下向上投射所得的视图，反映了机件的长度与宽度。

后视图（背立面图）——由后向前投射所得的视图，反映机件的长度和高度。

在同一张图纸内，六个基本视图按图 5－1c 所示配置时，一律不标注视图名称，六个基本视图保持长对正、高平齐、宽相等的投影关系。即主、俯、仰、后视图长对正；主、左、右、后视图高平齐；俯、左、右、仰视图宽相等。

实际绘图时，一般不需要将六个基本视图都绘出，而是根据机件的复杂程度和结构特点来选择必要的基本视图。如图 5－2a 所示的支架，就采用了主、左、右三个视图表达，见图 5－2b，左、右两视图分别清晰地表达了零件两端的孔、腔形状，并省略了不必要的虚线，使图形完整、清晰、简便。

二、向视图

向视图是可以自由配置的视图。

当基本视图不能按规定的位置配置时，可采用向视图的表达方式。向视图必须进行标注，标注时可采用下列表达方式中的任一种：

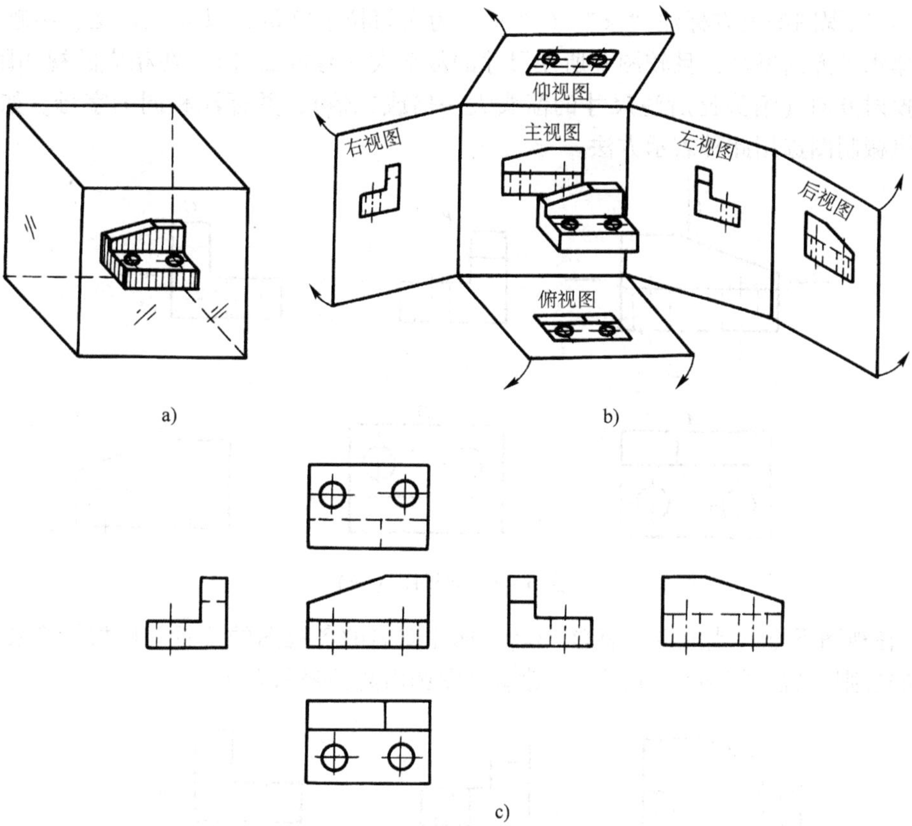

图 5－1　六个基本视图的形成与配置

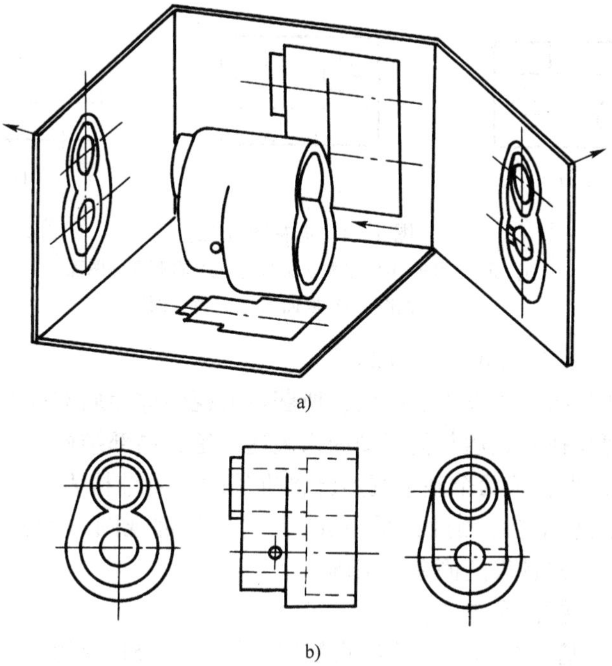

图 5－2　基本视图的选用

1）在向视图的上方标注“×”（“×”为大写拉丁字母，以 *A*、*B*、*C*、…顺序注写，字母一律水平方向书写，且较图中所注尺寸的数字大一号或二号），在相应的视图附近用箭头指明投射方向（箭头比所注尺寸的箭头大一倍或二倍），并标注相同的字母。如图 5－3 所示。机械制图选用此种表示方法。

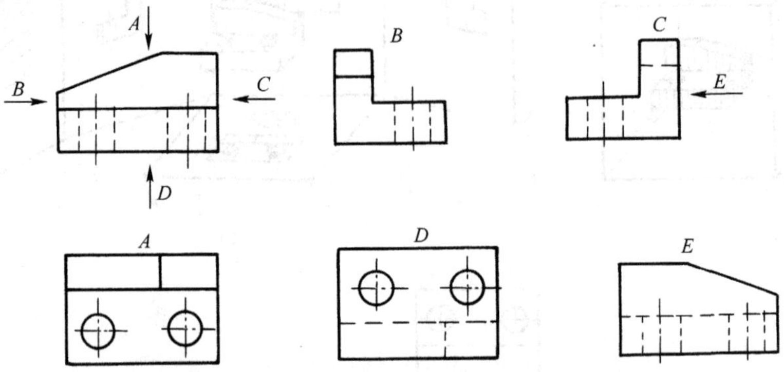

图 5－3　向视图（一）

2）在视图下方（或上方）标注图名。标注图名的各视图的位置，应根据需要和可能，按相应的规则布置。如图 5－4 所示。建筑制图选用此种表示方法。

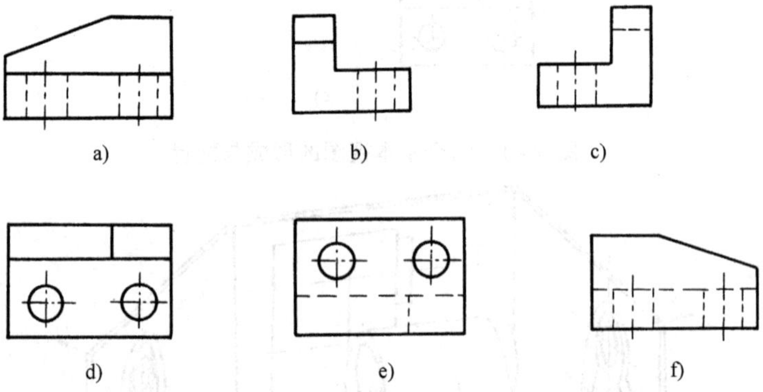

图 5－4　向视图（二）

a）正立面图　b）左侧立面图面　c）右侧立面图面

d）平面图　e）底面图　f）背立面图

三、局部视图（GB/T 4458.1—2002）

将机件的某一部分向基本投影面投射，所获得的视图称为局部视图。局部视图是一个不完整的基本视图，用来补充表达其他视图尚未表达清楚的局部结构。

如图 5－5 所示，主、俯两个基本视图已将机件的主要结构表达清楚，但两侧凸台和左侧肋板的厚度尚未表达清楚。因此，采用 *A*、*B* 两个局部视图作为补充，这样就可以省去左、右两个基本视图，并且表达简单、清晰。

局部视图的配置、标注及画法：

1）局部视图可按基本视图配置的形式配置，如图 5－5b 中的“*A*”向视图；也可按向视图的配置形式配置在适当位置并标注，如图 5－5b 中的“*B*”向视图。

2）局部视图用带字母“×”（“×”为大写拉丁字母）的箭头指明所表达的部位和投射方向，并在局部视图的上方用相同的字母标出视图名称。当局部视图按基本视图的配置形式配置，中间又没有其他图形隔开时，可省略标注。图 5－5b 中的 *A* 向局部视图可省略标注。

3）局部视图的断裂边界以波浪线（或双折线）表示，如图 5－5b 中的“*A*”向视图。当所表示的局部结构是完整的，并且外形轮廓线又自行封闭时，可省略波浪线，如图 5－5b 中的“*B*”向视图。

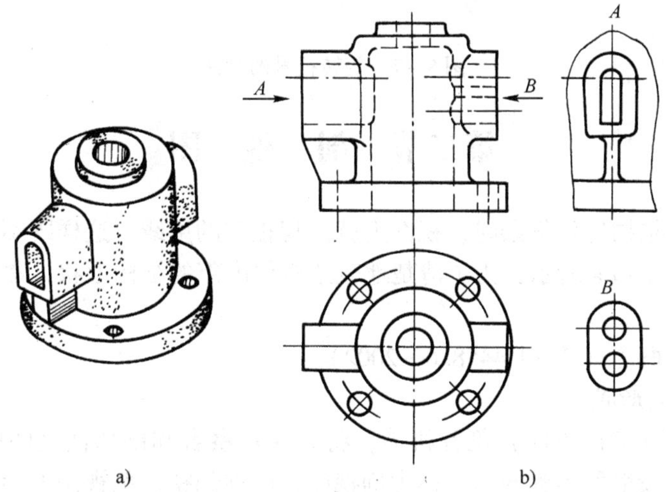

图 5－5　局部视图

四、斜视图

当机件上有倾斜于基本投影面的结构时，为了表达倾斜部分的真实形状，可设置一个与倾斜部分平行的辅助投影面，再将倾斜结构向该投影面投射。这种将机件向不平行于任何基本投影面的平面投射所得的视图，称为斜视图。如图 5－6 所示。

斜视图的配置、标注及画法：

1）斜视图通常按向视图的配置形式配置并标注，如图 5－6b 所示。

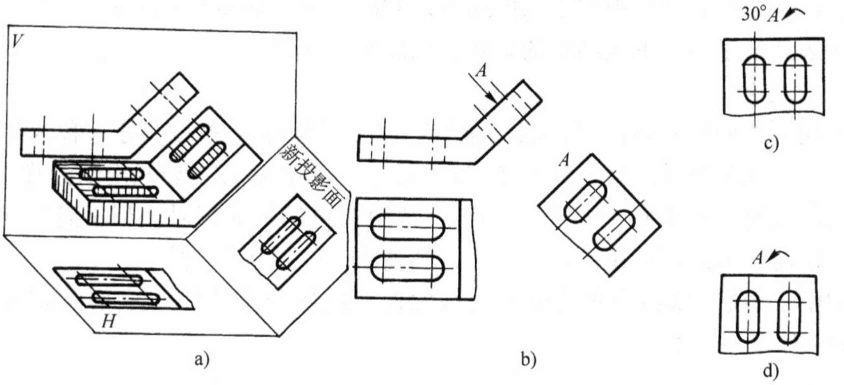

图 5－6　斜视图

2）必要时，允许将斜视图旋转配置，并标注旋转符号。（旋转符号的尺寸和比例如图5－7所示），表示该视图名称的大写拉丁字母应靠近旋转符号的箭头端，如图5－6d所示；也允许将旋转角度标注在字母的前面或后面，如图5－6c所示。

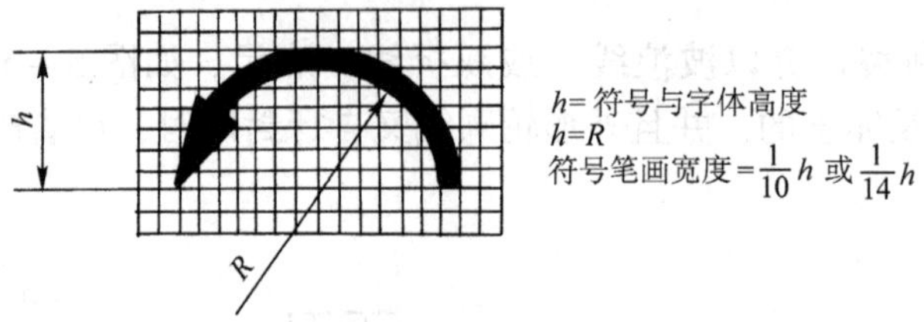

图5－7　旋转符号的画法

第二节　剖　视　图

当机件的内部结构比较复杂时，视图上就出现很多的虚线，这样既不利于看图，也不便于标注尺寸。如图5－8a所示，为了清楚地表达机件内部的结构形状，常采用剖视图这一表达方法。

一、剖视图的概念（GB/T 4458.6—2002）

（一）剖视图的形成

假想用剖切面（多用平面）剖开机体，将处在观察者和剖切面之间的部分移去，而将其余部分向投影面投射所得到的图形称为剖视图，简称剖视。剖视图的形成如图5－8所示。

（二）剖视图的画法

1. 确定剖切平面的位置

为了在主视图上表达出机件的内部结构，故选用平行于正面的对称面作为剖切平面，如图5－8b所示。在选择剖切平面时，应使剖切平面平行于投影面，并且尽量通过机件的对称平面或内部孔、槽等结构的轴线，避免剖出不完整的结构要素。

2. 画剖视图

画剖视图时，移开机件的前半部分，将剖切面截切机件所得断面及机件的后半部分向投影面投射，画出断面的图形及断面后的可见形体的投影，如图5－8d所示。对于已经表达清楚的结构，在剖视图或其他视图上的虚线可以省略不画，如图5－8d所示。但必须保留那些不画就无法表达清楚机件形状结构的虚线，如图5－9所示。

3. 画剖面符号

假想地用剖切面剖开物体时，剖切面与物体接触部分（实心部分）称为剖面区域。画剖视图时，为了区分机件的空心部分和实心部分，在剖面区域中要画出剖面符号。机件的材料不同，其剖面符号也不同，表5－1列出了常用材料的剖面符号。当不需在剖面区域中表示材料的类别时，可采用通用剖面线表示，其画法有以下几点规定：

1）通用剖面线应以适当角度的细实线绘制，最好与主要轮廓或剖面区域的对角线成45°角。如图5－10所示。

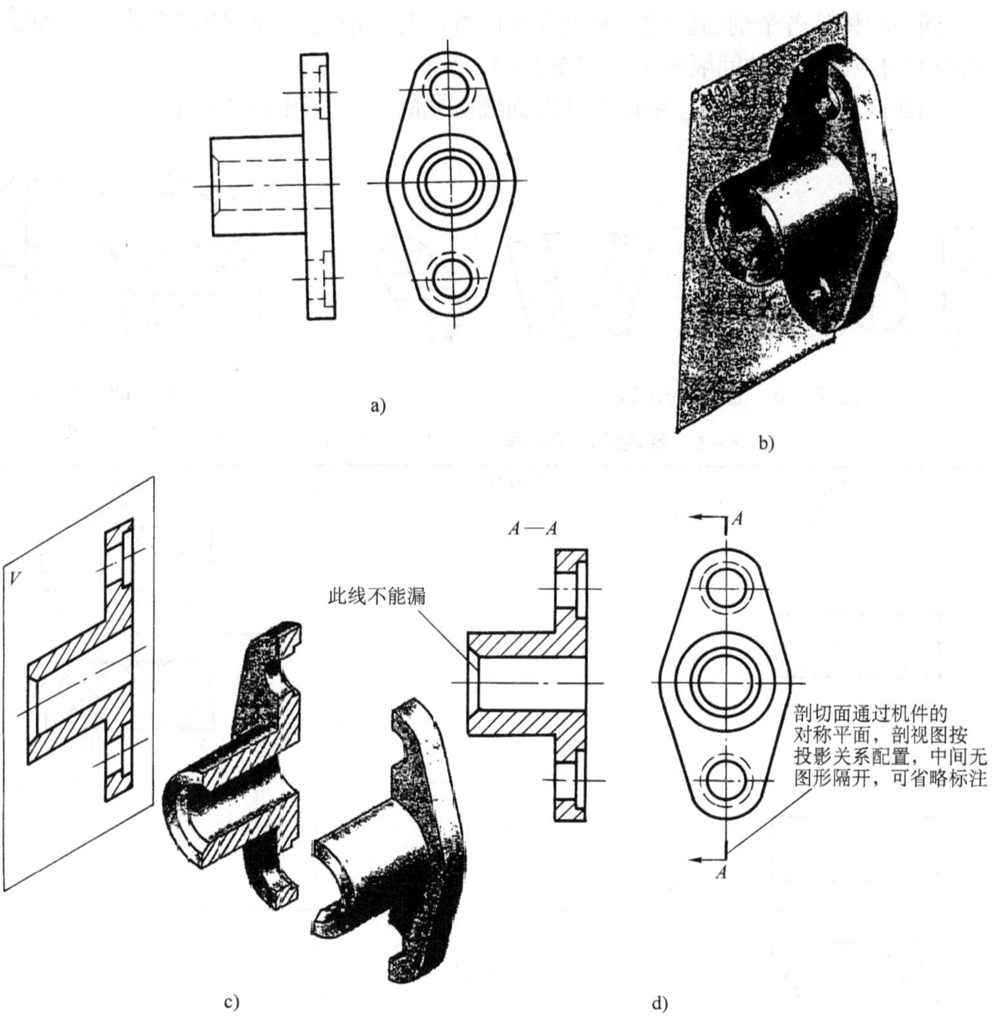

图 5－8　剖视图的形成

a）视图　b）用剖切面剖开　c）移开前半部后投射　d）剖视图

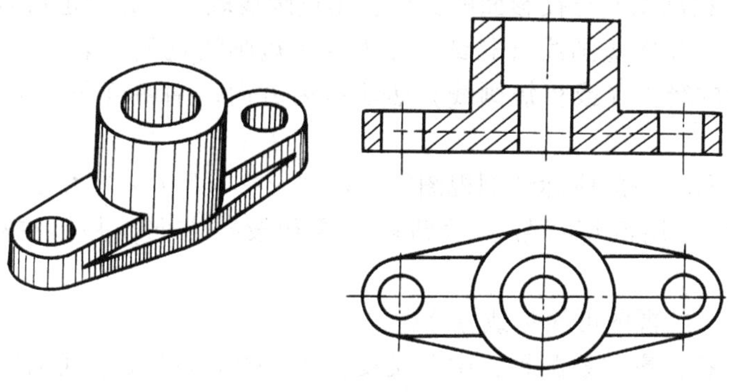

图 5－9　必要的虚线不能省略

2）同一物体的各个剖面区域，其剖面线的方向与间隔应一致。相邻物体的剖面线必须以不同的方向或以不同的间隔画出。如图 5－11 所示。

3）剖面区域内标注数字、字母等处剖面线必须断开，如图 5－11 所示。

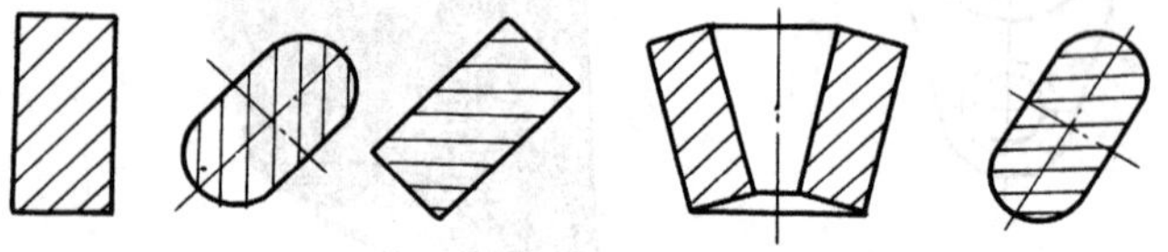

图 5－10　通用剖面线画法（一）

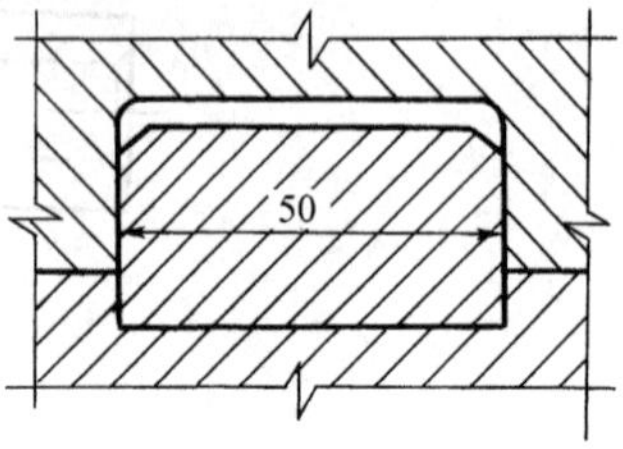

图 5－11　通用剖面线画法（二）

表 5－1　特定的剖面符号（GB/T 17453—1998）摘录

特定符号	材料种类	举例
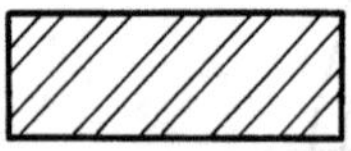	固体材料	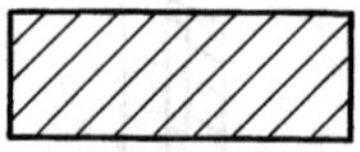 金属材料/普通砖
		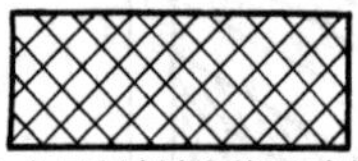 非金属材料(除普通砖外)
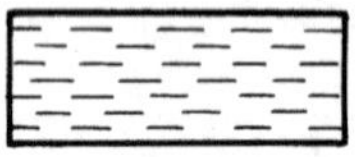	液体材料	
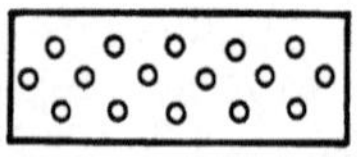	气体材料	

4. 剖视图的标注

根据国家标准（GB/T 17452—1998）规定，剖视图的标注包括以下内容：

（1）剖切线　指剖切面与投影面的交线，用点画线表示。有时也可省略不画。

（2）剖切符号　用粗短画线（长约 6*b*，*b* 为粗短画线宽度）表示剖切面起、迄和转折位置；用与其垂直的箭头（或粗短画线）表示投射方向。剖切符号尽可能不与图形的轮廓线相交。

（3）剖视图名称　一般应标注剖视图的名称“×—×”（×为大写拉丁字母或阿拉伯数字)。在相应的视图上用剖切符号表示剖切位置和投射方向，并标注相同的字母，如图 5－8d所示。

在下列情况下，剖视图可简化或省略标注：

（1）当剖视图按投影关系配置，中间又没有其他图形隔开时，可省略箭头，如图 5－12 所示的“*A*—*A*”。

（2）当单一剖切平面通过机件的对称平面，且剖视图按投影关系配置，中间又没有其他图形隔开时，可省略标注。如图 5－9 所示。

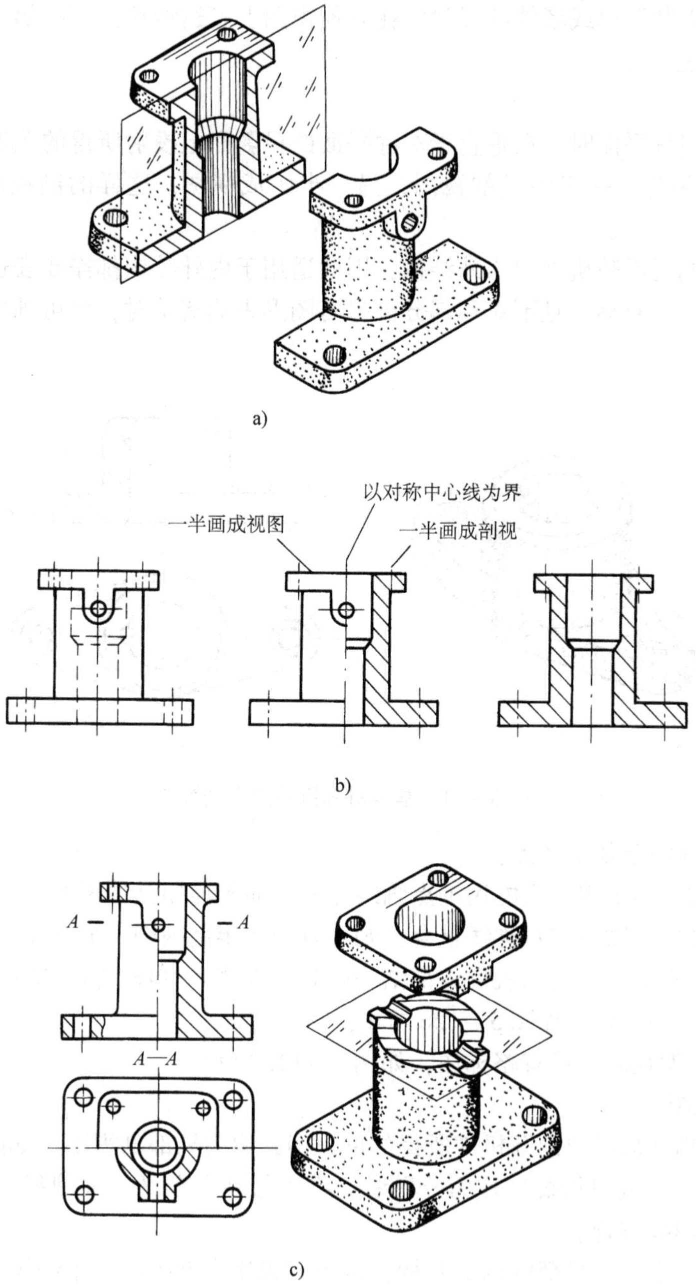

图 5 - 12　半剖视图

a）立体图　b）半剖视图的形成　c）半剖视图

二、剖视图的种类

剖视图分为全剖视图、半剖视图和局部剖视图三种。

1. 全剖视图

用剖切面完全地剖开机件所得的剖视图称为全剖视图。如图 5 - 8 中的“*A—A*”剖视图。

当机件外部形状简单或者外部形状已在其他视图上表达清楚，而内部结构较复杂时，常采用全剖视图表达。

2. 半剖视图

当机件具有对称平面时，在垂直于对称平面的投影面上投射所得的图形，可以对称中心线（细点画线）为界，一半画成剖视图，另一半画成视图，这样的剖视图称为半剖视图。如图 5 – 12 所示。

半剖视图能同时反映机件的内外结构，因此适用于内外结构都需要表达的对称机件。如果机件的形状接近于对称，且不对称部分已另有图形表达清楚时，也可画成半剖视图，如图 5 – 13 所示。

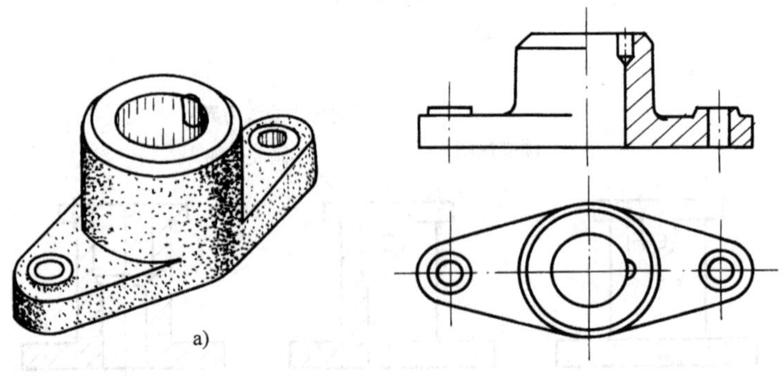

a)　b)

图 5 – 13　基本对称机件的半剖视图

画半剖视图应注意如下几点：

1）半个剖视与半个视图只能用细点画线分界，而不能用其他图线。

2）如果机件的轮廓线与对称线重合，则不宜采用半剖视图，如图 5 – 15 所示。

3）采用半剖视图后，表示机件内部结构的虚线在半个视图中可省略，但对孔槽等需用细点画线表示其中心位置，如图 5 – 12c 所示。

4）剖切位置明显时，可省略标注，如图 5 – 12c 所示。

3. 局部剖视图

假想地用剖切面局部地剖开机件所得的剖视图，称为局部剖视图。如图 5 – 14 所示。局部剖视图用波浪线（或双折线）作为分界线，将其与视图分开，波浪线（或双折线）不应和图样上的其他图线重合。

当机件只需要表达其局部的内部结构，或不宜采用全剖视图、半剖视图时，可采用局部剖视图。如图 5 – 15 所示。

画局部剖视图应注意如下几点：

1）局部剖视的范围根据机件表达的需要而定，可大于图形的一半，也可小于图形的一半，较为灵活。但是，在同一图形中不宜过多使用局部剖视图，以免图形显得凌乱，给看图带来困难。

2）当用波浪线表示剖视与视图的分界线时，波浪线应画在机件的实体部分，不能与图中轮廓线重合或超出轮廓线，如图 5 – 16 所示。

3）当剖切位置明显时，局部剖视图一般可不加标注，如图 5 – 14 所示。

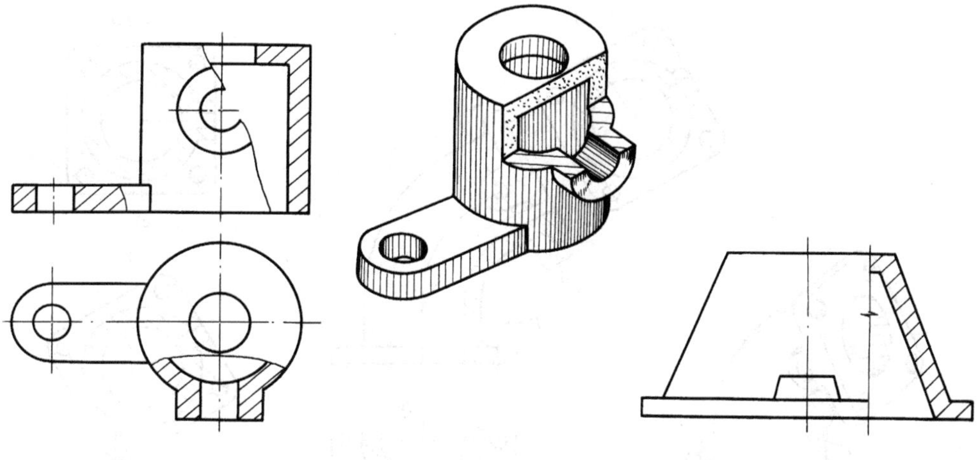

a)　　b)

图 5－14　局部剖视图

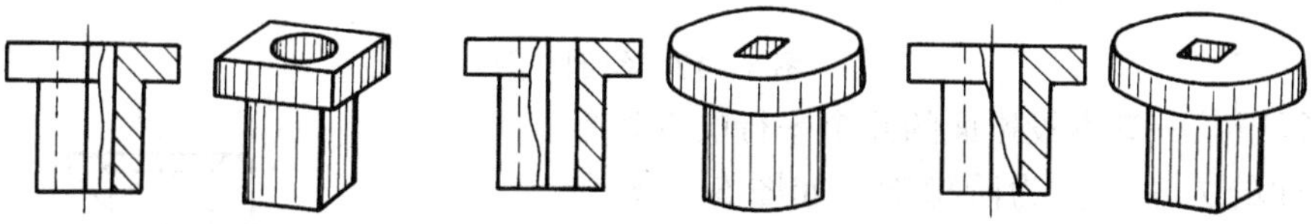

a)　　b)　　c)

图 5－15　不宜采用半剖视图而采用局部剖视图的机件

三、剖切面和剖切方法

为了表达机件的内部结构，可根据机件的结构特点选用平面和曲面作为剖切面。国家标准规定了多种剖切方法，画剖视图时，应根据机件结构形状的特点选用不同的剖切方法。

1. 单一剖切面

用一个剖切面剖开机件的方法，称为单一剖。

（1）用平行于某一基本投影面的平面剖切　前面介绍的全剖视图、半剖视图和局部剖视图都是用平行于某一基本投影面的剖切平面剖开机件得到的。这是最常用的剖视图。

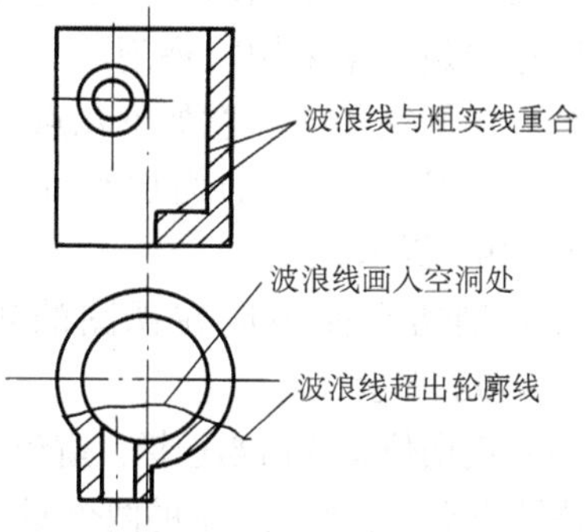

图 5－16　局部剖视图中波浪线的错误画法

（2）用不平行于任何基本投影面的剖切平面剖切　用不平行于任何基本投影面的剖切平面剖开机件的方法，称为斜剖。图 5－17 中的“*A*—*A*”全剖视图就是用斜剖画出的，它表达了弯管及其顶部凸缘、凸台与通孔。

画斜剖视图时，应特别注意剖视图与相应视图间的投影对应关系；并尽量将斜剖视图配置在与相应视图有直接联系的位置上，如图 5－17b 所示；必要时允许不按投影关系配置，如图 5－17d 所示；在不致引起误解时，允许将其旋转后画出，如图 5－17c 所示，注意要在“*A*—*A*”后加注表示旋转方向的箭头。

2. 几个平行的剖切平面

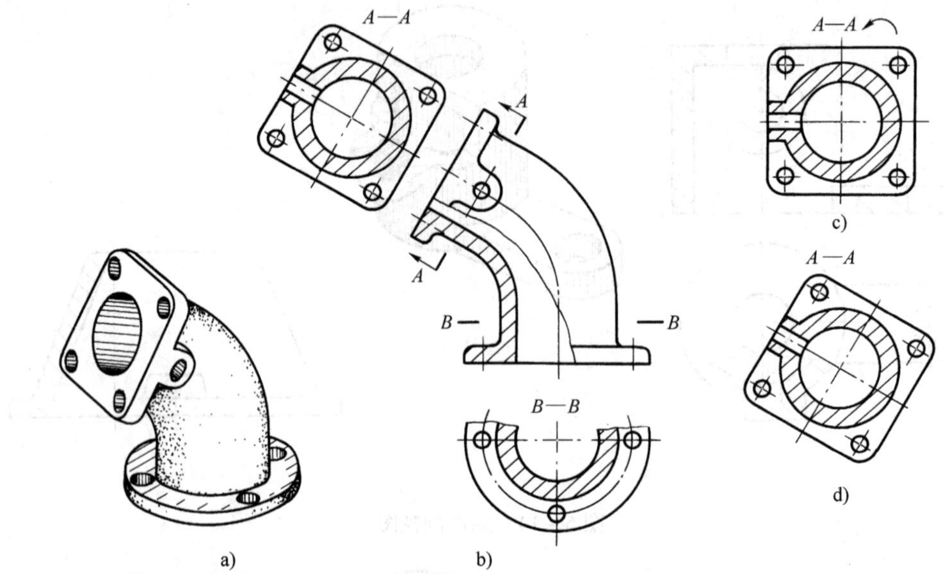

图 5－17　斜剖视图

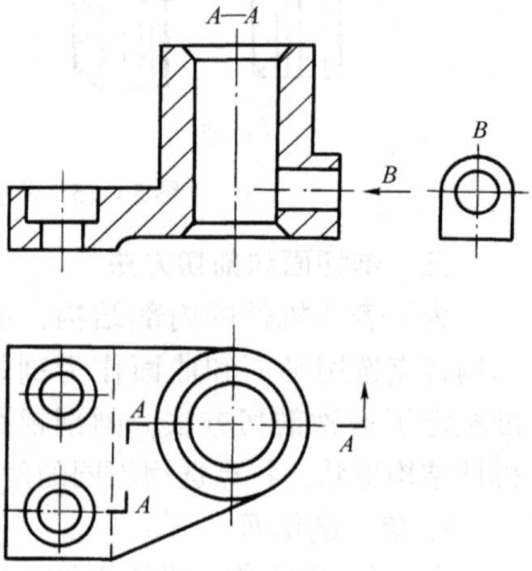

图 5－18　阶梯剖

用平行于某一基本投影面的几个平行的剖切平面剖开机件的方法，称为阶梯剖。如图 5－18 所示，用了两个平行平面剖切机件，得到“*A*—*A*”阶梯剖视图。

当机件上具有较多的孔、槽，并且它们的轴线或对称面不在同一平面内，为了同时将它们的结构形状表达清楚，常采用阶梯剖。

画阶梯剖视图应注意如下几点：

（1）不应画出两个剖切平面转折处的投影，如图 5－19a 所示。

（2）剖切平面不应在视图的轮廓线处转折，如图 5－19a 所示。

（3）剖切位置要恰当选择，避免在剖视图上出现不完整结构要素。当机件上的两个要素具有公共对称中心线或轴线时，可以各画一半，此时应以对称中心线或轴线为界，如图 5－19b 所示。

（4）采用阶梯剖必须进行标注。但当剖视图按投影关系配置，中间又没有其他视图隔开时，可省略箭头。

3. 几个相交的剖切面

用几个相交的剖切面（交线垂直于某一基本投影面）剖开机件的方法，称为旋转剖。

旋转剖常用于具有回转轴的盘盖类零件的表达。如图 5－20 所示，采用旋转剖画剖视图时，先假想按剖切位置剖开机件，然后将被剖切平面剖切到的结构旋转到与选定的投影面平行后，再进行投影画图。

画旋转剖视图应注意如下几点：

1）用旋转剖画剖视图时，在剖切面后的其他结构仍按原来位置投影，如图 5－21 中小

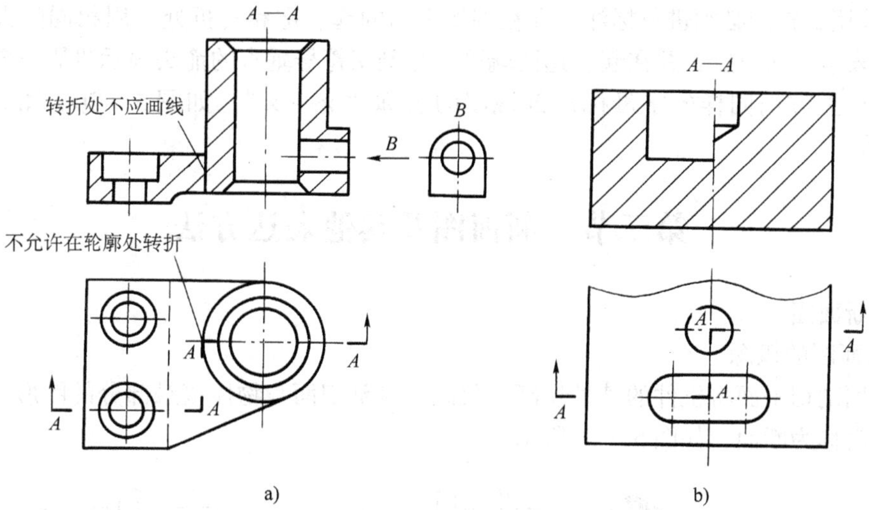

a)　　b)

图 5-19　阶梯剖注意事项

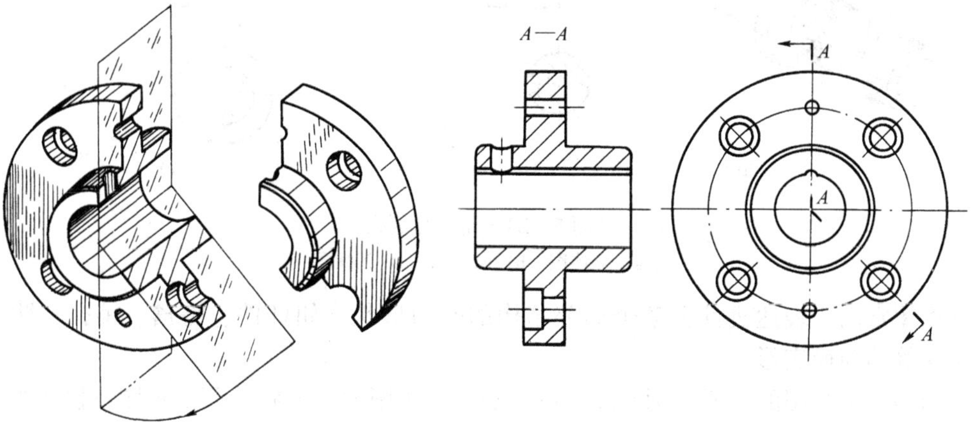

图 5-20　旋转剖

油孔的投影。

2）当剖切机件后，会产生不完整要素时，应将此部分按不剖绘制，如图 5-22 所示。

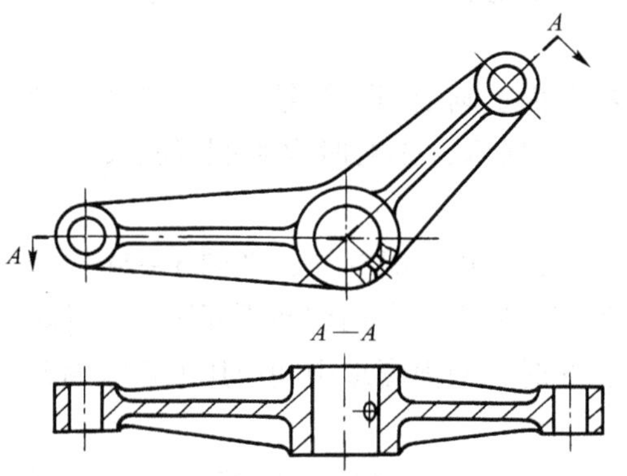

图 5-21　旋转剖注意事项（一）

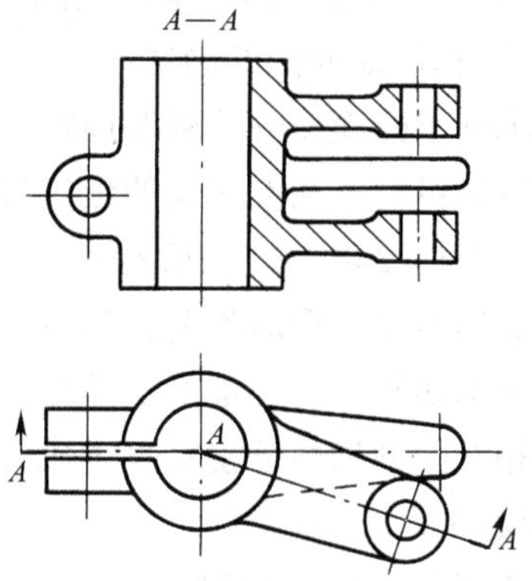

图 5-22　旋转剖注意事项（二）

3）采用旋转剖必须进行标注，即在剖切平面的起、迄和转折处，用相同的大写字母及剖切符号表示剖切位置，并在起、迄两端画上与剖切符号垂直的箭头表示投影方向，在相应的剖视图正上方用同样的字母标注剖视图的名称“×—×”，如图5－20、图5－21、图5－22所示。

第三节　断面图及其他表达方法

一、断面图

1. 断面图的概念

假想用剖切平面将机件的某处切断，仅画出该剖切面与物体接触部分的图形，此图称为断面图，简称为断面，如图5－23所示。

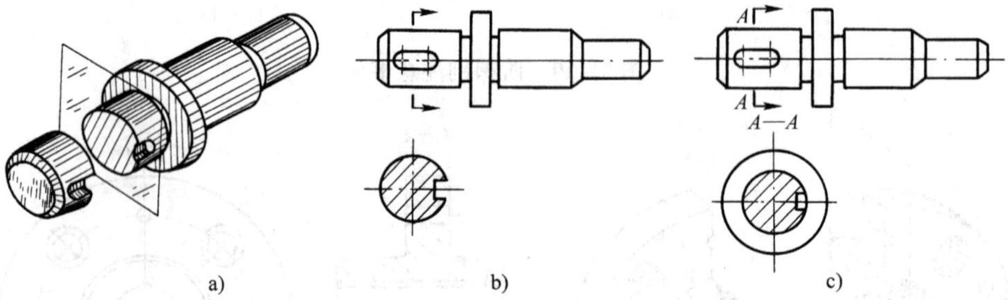

图5－23　断面与剖视

a）立体图　b）断面图　c）剖视图

断面图常用于表达机件上某个局部结构的断面形状，如杆件、键槽、销孔、肋板、轮辐、型材等的断面实形。

断面图与剖视图的主要区别：断面图一般只画出断面的形状，而剖视图不仅要画出切断面的形状，还要画出剖切平面后的机件可见轮廓的投影，如图5－23c所示。

2. 断面图的种类

根据断面图配置在视图中的位置不同，断面图分为移出断面图和重合断面图两种。

（1）移出断面图　画在视图外面的断面图，称为移出断面图。

1）移出断面图的画法

①移出断面图的轮廓线用粗实线绘制，并在断面上画上剖面符号。为了便于看图，移出断面应尽量配置在剖切线的延长线上，如图5－24a所示，必要时也可配置在其他适当的位置。如图5－24c、d、e所示。

②当断面图形对称时，其也可画在视图中断处，并可省略标注，如图5－24b所示。

③剖切平面应与被剖切部分的主要轮廓线垂直。如果一个剖切面不能满足要求时，可用几个相交的剖切面分别垂直于机件轮廓线剖切，此时，断面图形中间应用波浪线断开。如图5－24g所示。

④当剖切平面通过回转面形成的孔或凹坑的轴线时，这些结构按剖视图绘制，如图5－24e所示。当剖切平面通过非回转面，会导致出现完全分离的两个断面时，则这些结构应

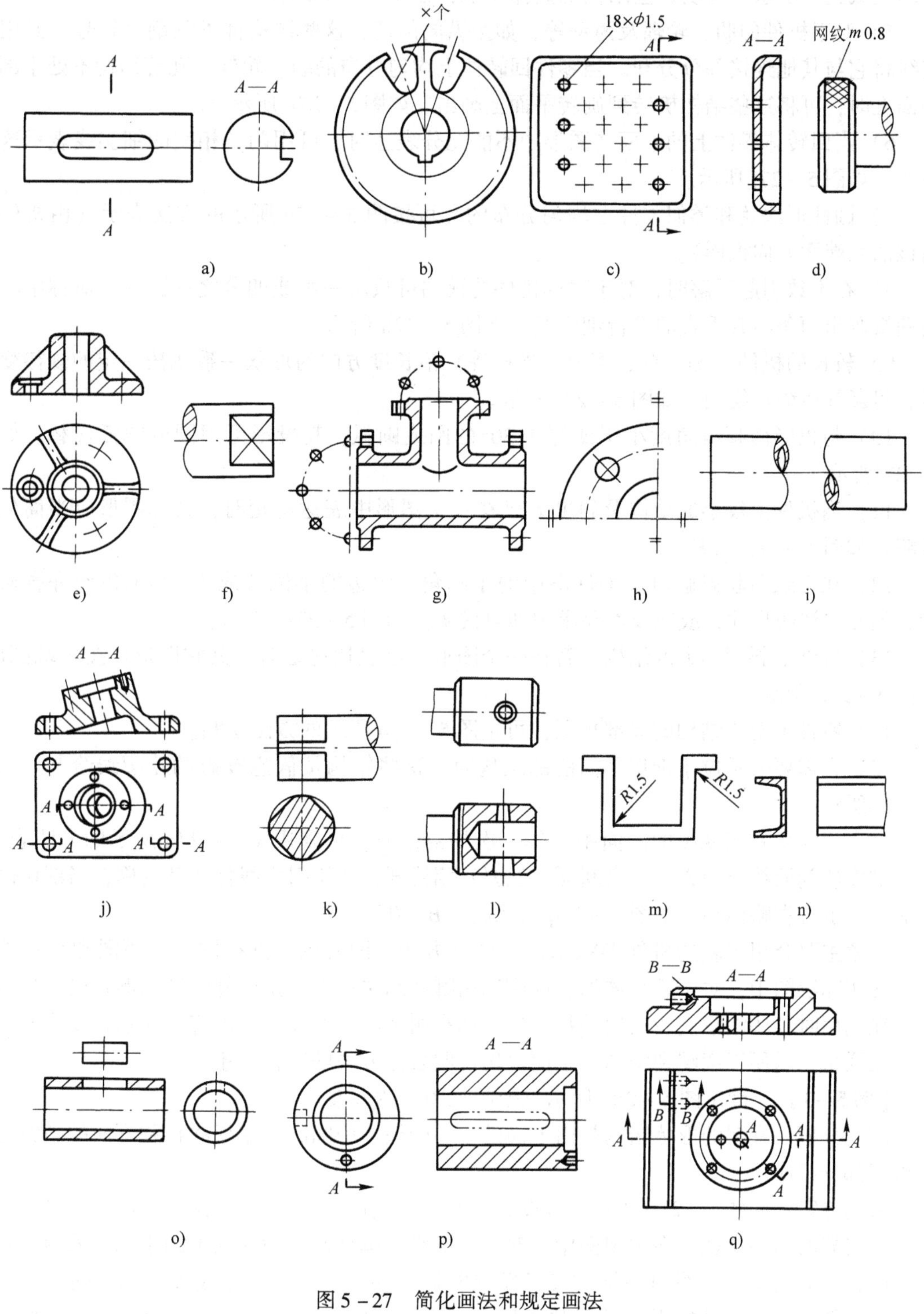

图 5－27　简化画法和规定画法

4）网状物、编织物或机件上的滚花部分，可在轮廓线附近用细实线示意画出，并在零件图上或技术要求中注明这些结构的具体要求，如图 5－27d 所示。

5）对于机件的肋、轮辐及薄壁等，如按纵向剖切，这些结构都不画剖面符号，而用粗实线将它与其他连接部分分开。当零件回转体上均匀分布的肋、轮辐、孔等结构不处于剖切平面上时，可将这些结构旋转到旋转平面上画出。如图 5－27e 所示。

6）当回转体零件上的平面在图形中不能充分表达时，可用两条相交的细实线表示这些平面。如图 5－27f 所示。

7）圆柱形法兰和类似零件上均匀分布的孔可按图 5－27g 所示的方法表示（由机件外向该法兰端面方向投影）。

8）在不致引起误解时，对于对称机件的视图可只画一半或四分之一，并在对称中心线的两端画出两条与其垂直的平行细实线，如图 5－27h 所示。

9）较长的机件（轴、杆、型材、连杆等）沿长度方向的形状一致或按一定的规律变化时，可断开后缩短绘制。如图 5－27i 所示。

10）与投影面倾斜角度小于或等于 30°的圆或圆弧，其投影可用圆或圆弧代替。如图 5－27j所示。

11）当机件上较小的结构及斜度等已在一个图形中表达清楚时，其他图形应当简化或省略。如图 5－27k、l 所示。

12）在不致引起误解时，零件图中的小圆角、锐边的小倒圆或 45°小倒角允许省略不画，但必须注明尺寸，或在技术要求中加以说明。如图 5－27m 所示。

13）机件上斜度不大的结构，若在一个图形中已表达清楚时，其它图形可按小端画出，如图 5－27n 所示。

14）零件上对称结构的局部视图，可按图 5－27o 所示的方法绘制。

15）在需要表示位于剖切平面前的结构时，这些结构按假想投影的轮廓线绘制。如图 5－27p所示。

16）当需要在剖视图的剖面中再作一次局部剖时，可采用图 5－27q 所示的方法表达，两个剖面的剖面线应同方向、同间隔，但要互相错开，并用引出线标注其名称，当剖切位置明显时，也可省略标注。如图 5－27q 所示的“*B*—*B*”。

本章主要介绍了表达机件形状结构的各种方法，即视图、剖视图、断面图和简化画法等，在实际绘图中，对于某具体的机件应选用哪些画法，则根据机件的结构形状进行具体分析。在选用时，要注意使所选用的每种方法都有明确的目的和表达内容；注意各表达方法间的相互联系，以便于读图和画图。下面举例说明表达方法的综合应用。

【例 5－1】 确定图 5－28a 所示支架的视图表达方案。

解 分析：支架的形体结构是由上面的空心圆柱、中间的十字形肋板和下面的倾斜矩形底板三部分组成。

表达方案：如图 5－28b 所示。以图 5－28a 中的箭头方向作为主视图的投影方向，最能反映出支架的结构特征。在主视图中，对上面的空心圆柱及下面底板上的小孔都采用了局部剖视图，目的是既可表明内部结构又可反映肋板的外形。由于矩形底板是倾斜的，若采用左、俯视图表示它，其投影均不反映实形，且绘图不便；若采用 *A* 向斜视图表示，则可以反映出底板的真实形状。十字形肋板由主视图、局部左视图和移出断面图表达，既完整、清晰又重点突出。

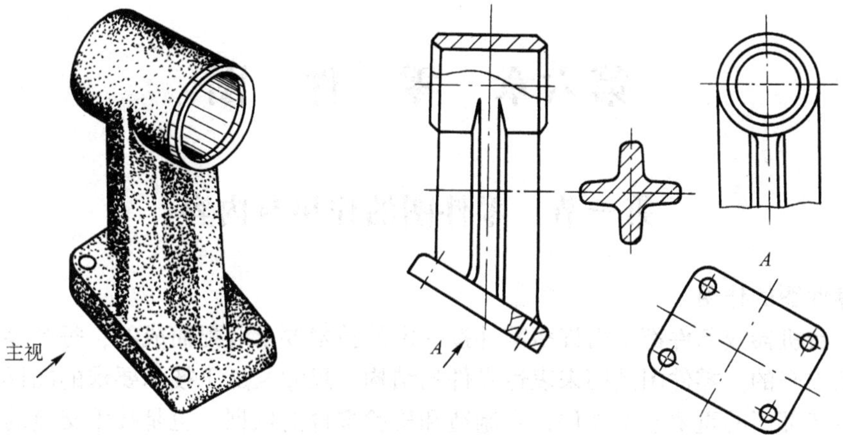

a)　　　　b)

图 5-28　支架的表达方案

第六章　零　件　图

第一节　零件图的作用与内容

一、零件图的作用

任何一台机器或部件都是由许多零件按一定的技术要求装配而成的，每个零件都是根据零件图加工出来的。零件图是用来表达零件的结构、尺寸及加工技术要求的图样，它是设计部门提交生产部门的重要技术文件，是制造和检验零件的依据，也是技术交流的重要资料。

二、零件图的内容

零件图是指导制造和检验零件的图样，因此，图样中必须包括制造和检验该零件时所需的全部资料。图 6－1 是实际生产中用的泵盖零件图，其具体内容如下：

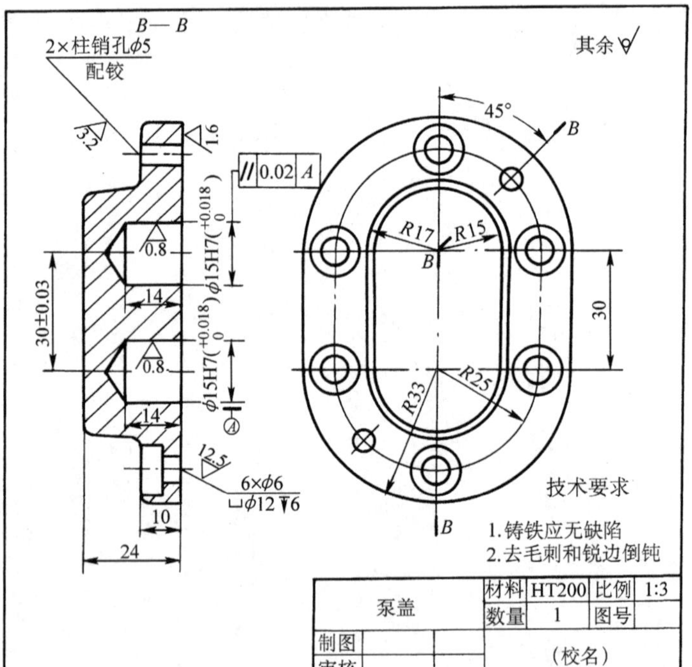

图 6－1　泵盖的零件图

(1) 一组视图　综合运用机件的各种表达方法，正确、完整、清晰和简便地表达出零件的内外结构形状。

(2) 完整的尺寸　用一组尺寸，正确、完整、清晰、合理地标注出制造、检验零件所需的全部尺寸。

(3) 技术要求　用规定的代号、数字、字母和文字注解说明零件在制造和检验过程中应达到的各项技术要求。如尺寸公差、形状和位置公差、表面粗糙度、材料和热处理以及其他特殊要求等。

（4）标题栏　标题栏应配置在图框的右下角，用于填写出零件的名称、材料、重量、数量、绘图比例、图样代号以及有关责任人的姓名和日期等。

第二节　标准件及常用件

机器或部件是由各种零件组成的。零件之间必须采用一定的方法进行联接或传动等才能装配成有一定功能的机器或部件。起联接作用的有螺纹和螺纹紧固件、键、销等，一般把它们称为联接件。起传动作用的有螺纹传动件、齿轮，起支承作用的是轴承，起储能、减震、复位作用的是弹簧等。结构和尺寸已全部实行了标准化的零件称为标准件，如螺纹紧固件、键、销、轴承等。结构和参数实行了部分标准化的零件称为常用件，如圆柱齿轮和蜗轮、蜗杆和弹簧等。为便于绘图和读图，国家标准中制定了标准件和常用件的规定画法、代号及其标注方法，本节将分别介绍这些内容。

一、螺纹的规定画法和标注

在圆柱（或圆锥）表面上沿着螺旋线所形成的具有相同轴向剖面的连续凸起和沟槽的螺旋体，称为螺纹。在圆柱（或圆锥）外表面上形成的螺纹称为外螺纹；在圆柱（或圆锥）孔内表面上的螺纹称为内螺纹。如图 6－2 所示。螺纹可用车削和攻丝等方法制成。如图 6－2 所示。

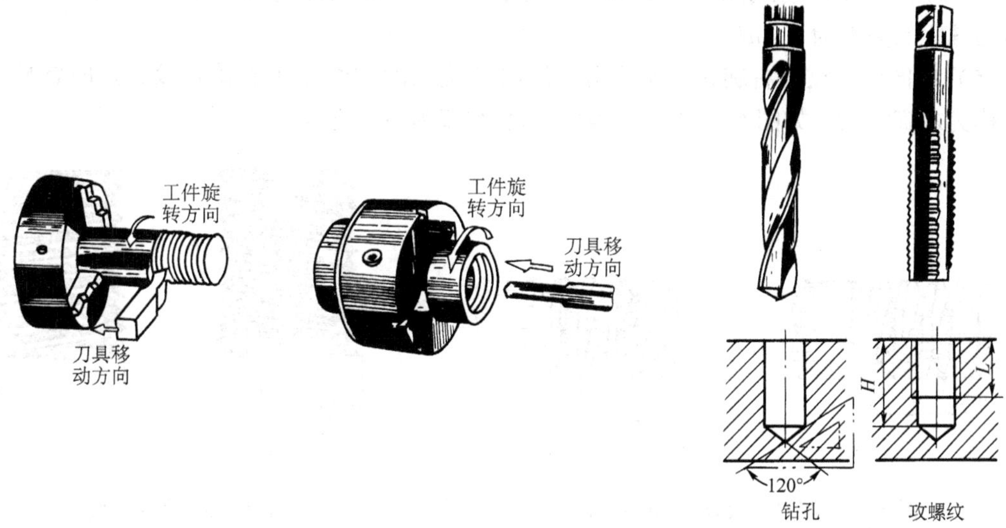

图 6－2　螺纹的形成

a）车削螺纹　b）加工内螺纹

1. 螺纹的结构要素

螺纹的牙型、直径、线数、螺距、旋向等称为螺纹的结构要素，内、外螺纹配对使用时，这五个要素必须一致。

（1）牙型　通过螺纹轴线的螺纹牙齿的剖面形状称为牙型。如图 6－3 所示。

螺纹的牙型有三角形、梯形、锯齿形等。见表 6－1。

（2）螺纹的直径　螺纹的直径可分为大径、中径和小径三种，如图 6－3 所示：

大径——与外螺纹牙顶或内螺纹牙底相重合的假想圆柱面的直径称为大径（内、外螺纹分别用 D、d 表示），螺纹的公称直径通常指螺纹的大径。

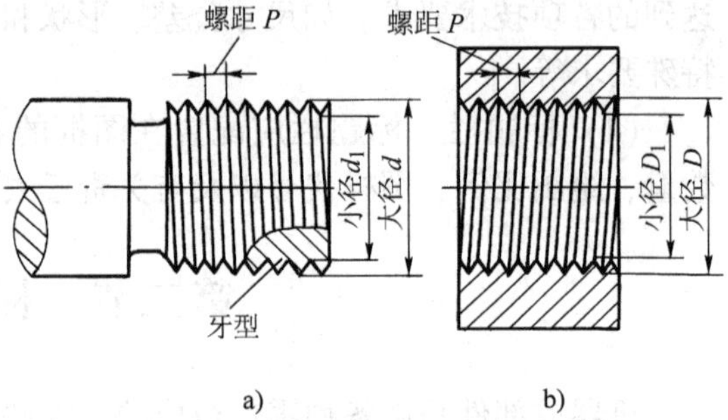

图 6－3　外螺纹与内螺纹

a）外螺纹　b）内螺纹

小径——与外螺纹牙底或内螺纹牙顶相重合的假想圆柱面的直径为小径（内、外螺纹分别用 D_1、d_1 表示）。

中径——在大径与小径之间，其母线通过牙形沟槽宽度和凸起宽度相等的假想圆柱面的直径称为中径（内、外螺纹分别用 D_2、d_2 表示）。

（3）线数 n　形成螺纹时，螺旋线的条数称为线数。沿一条螺旋线形成的螺纹为单线螺纹；沿轴向等距分布的两条或两条以上的螺旋线所形成的螺纹称为多线螺纹，如图 6－4 所示。

（4）螺距 P 和导程 L　螺纹相邻两牙在中径线上对应两点之间的轴向距离，称为螺距。如图 6－4 所示。同一条螺旋线上相邻两牙在中径线上对应两点之间的轴向距离，称为导程。导程与螺距的关系为 $L=nP$。

（5）旋向　螺纹有右旋和左旋之分。顺时针旋入的螺纹称为右旋螺纹，逆时针旋入的螺纹称为左旋螺纹。如图 6－5 所示。常用的螺纹多为右旋螺纹。

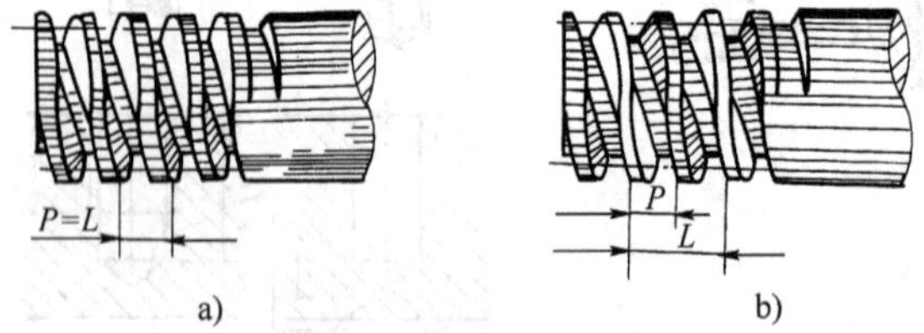

图 6－4　螺纹的线数、螺距与导程

a）单线螺纹　b）双线螺纹

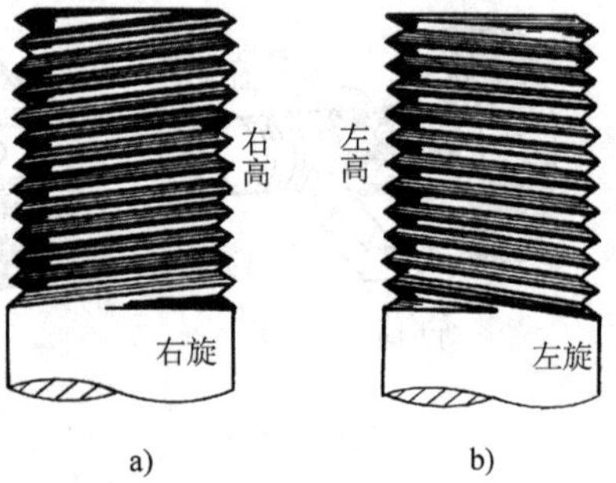

图 6－5　螺纹的旋向

在螺纹诸要素中，螺纹的牙型、大径和螺距是决定螺纹结构规格最基本的要素，称为螺纹三要素。凡螺纹三要素符合国家标准的称为标准螺纹。螺纹的牙型符合标准，而大径或螺距不符合标准的称为特殊螺纹。若螺纹的牙型不符合标准，则称为非标准螺纹。

2. 螺纹的规定画法

（1）外螺纹画法　螺纹的牙顶（大径）及螺纹终止线用粗实线表示；牙底（小径）用细实线表示（小径近似画成大径的 0.85 倍），并画入螺杆的倒角或倒圆部分，即“摸得着的画粗实线，摸不着的画细实线”。在垂直于螺纹轴线投影面的视图中，表示牙底的细实线圆只画 3/4 圆弧。如图 6－6 所示，螺杆上的倒角、倒圆可省略不画。

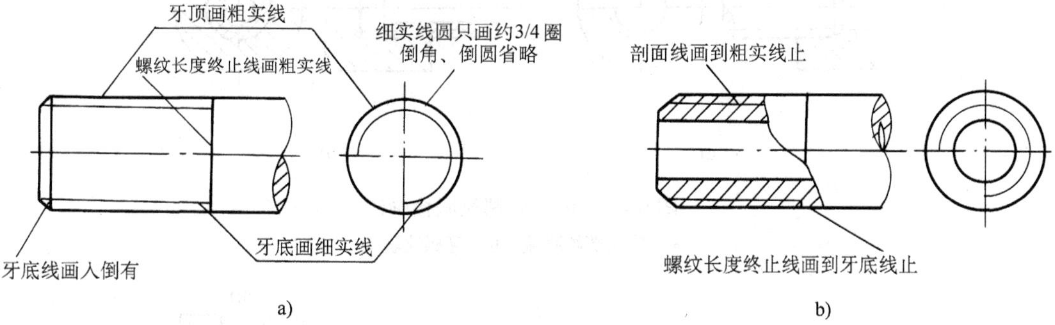

图 6－6　外螺纹的画法

（2）内螺纹的画法　内螺纹一般画成剖视图，其牙顶（小径）及螺纹终止线用粗实线表示；牙底（大径）用细实线表示，剖面线画到粗实线为止。不作剖视时，所有图线均用虚线绘制。在垂直于螺纹轴线的投影面的视图中，小径圆用粗实线表示，大径圆用细实线表示，且只画 3/4 圆弧，此时，螺孔上的倒角圆省略不画，如图 6－7 所示。

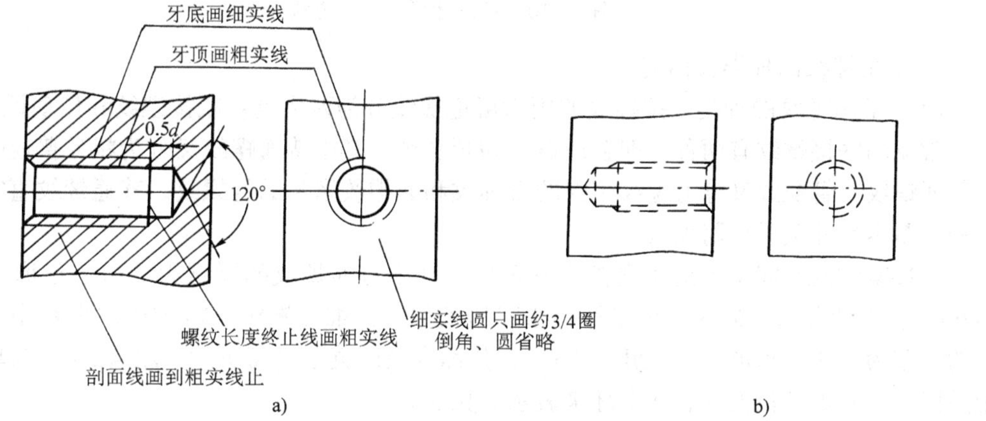

图 6－7　内螺纹画法

（3）螺孔相贯线画法　当两螺孔相贯或螺孔与光孔相贯时，按图 6－8 所示绘制。

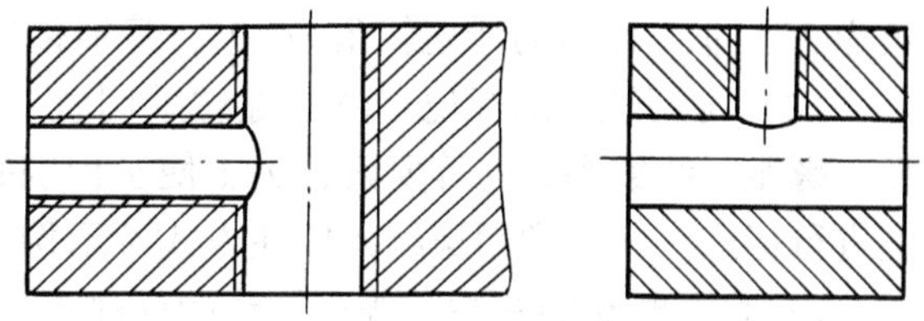

图 6－8　螺孔相贯线的画法

（4）内、外螺纹的联接画法　用剖视图表示一对内、外螺纹联接时，其旋合部分应按外螺纹绘制，其余部分仍按各自的规定画法绘制，如图 6－9 所示。必须注意的是：表示螺纹大、小径的粗、细实线应分别对齐，而与倒角大小无关。

（5）螺纹牙型的表示方法　当需要表示牙型时，可用局部剖视图或局部放大图表示，如图 6－10 所示。

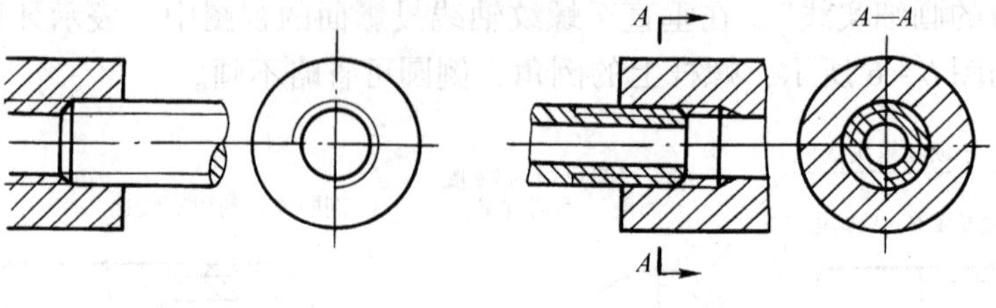

a)　　b)

图 6-9　内、外螺纹联接画法

a）普通螺纹联接　b）管螺纹联接

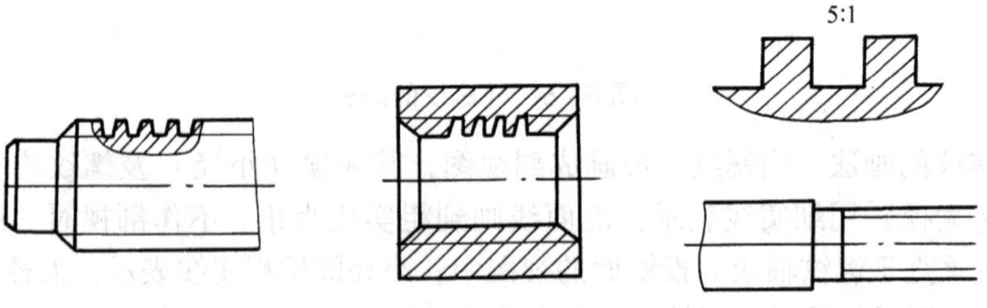

a)　　b)　　c)

图 6-10　螺纹牙型的表示方法

3. 常用螺纹的种类及标记

（1）常用螺纹的种类　按螺纹的用途可把螺纹分为两大类：联接螺纹和传动螺纹。

常见的联接螺纹有两种，即普通螺纹和管螺纹，其中普通螺纹又分为粗牙普通螺纹和细牙普通螺纹；管螺纹又分为螺纹密封的管螺纹和非螺纹密封的管螺纹。普通螺纹直径、螺距系列和基本尺寸关系见附表 A。

联接螺纹的共同特点是牙型皆为三角形，其中普通螺纹的牙型为等边三角形（牙尖角为 60°），细牙和粗牙的区别是在外径相同的条件下，细牙螺纹比粗牙螺纹螺距小。而管螺纹的牙型为等腰三角形（牙尖角为 55°），公称直径以英寸（每英寸 =25.4mm）为单位，螺距是以每英寸螺纹长度中有几个牙来表示。见表 6-1。

传动螺纹用来传递动力和运动，常用的有梯形螺纹和锯齿形螺纹。梯形螺纹的牙型为等腰梯形，其牙型角为 30°，应用较广。锯齿形螺纹的牙型为不等腰梯形，其工作面的牙型斜角为 3°，非工作面的牙型斜角为 30°，只能传递单向动力。

（2）常用螺纹的标记　由于螺纹采用统一规定的画法后，图上并未表明牙型、公称直径、螺距、线数和旋向等要素，为了便于识别螺纹的种类及其要素，必须按规定格式在图样上进行标注。各种常用螺纹的标注方式及示例，见表 6-1。

1）普通螺纹的标注　普通螺纹的标注格式为：

[特征代号]—[公称直径] X [螺距（单线）] 或 [导程/线数（多线）] [旋向]—[螺纹公差带代号]—[旋合长度代号]

表 6－1　常用螺纹标注示例

类别	牙型图	特征代号	标注示例	标注的含义
普通螺纹	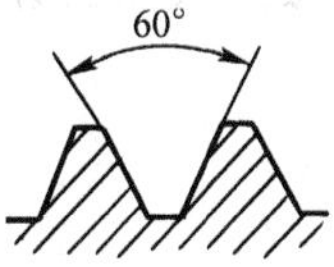	M		粗牙普通螺纹，大径 16，螺距 2，右旋；中径公差带代号 6g，中等旋合长度
			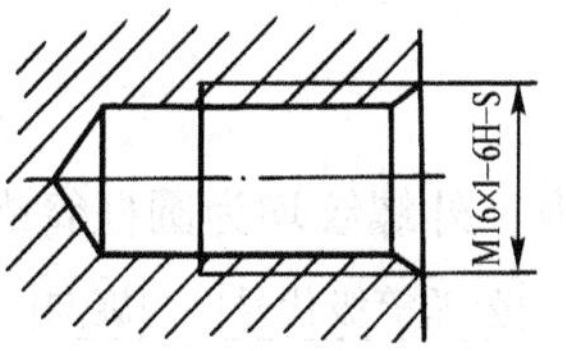	细牙普通螺纹，大径 16，螺距 1，右旋；螺纹中径和顶径的公差带代号均为 6H；短旋合长度
梯形螺纹	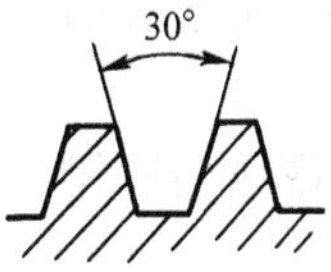	Tr	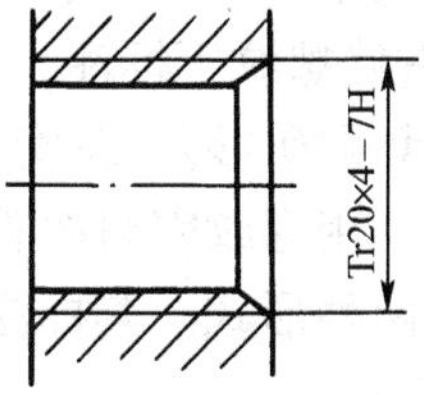	梯形螺纹，公称直径为 20，螺距为 4，中径公差带代号为 7H
锯齿形螺纹	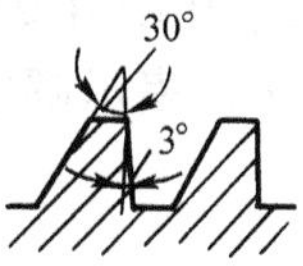	B	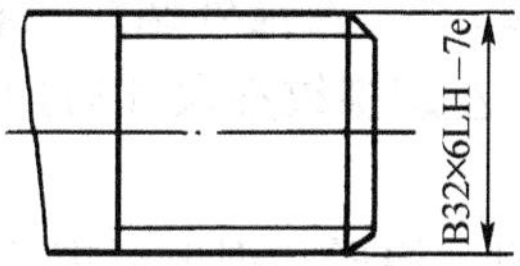	锯齿形螺纹，大径 32，单线，螺距 6，左旋，中径公差带号 7e
非螺纹密封的管螺纹	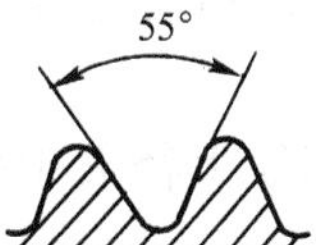	G	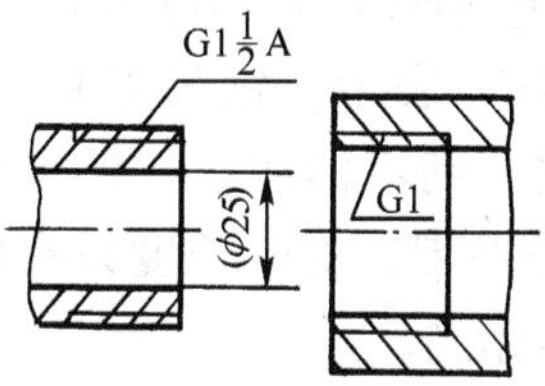	非螺纹密封的管螺纹，尺寸代号 1，外螺纹公差等级为 A 级
用螺纹密封的管螺纹		R Rc Rp	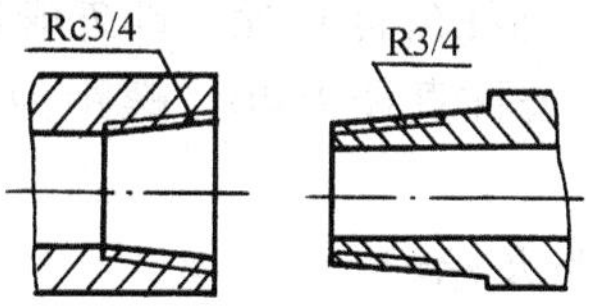	用螺纹密封的管螺纹，尺寸代号 3/4，内、外均为圆锥螺纹

按上述格式注写代号时，应注意：

①普通螺纹的特征代号为“M”。单线右旋螺纹的使用非常广泛，在标注时不必注明线数和旋向。如为左旋，应注明“左”字。

②粗牙普通螺纹用得较多，且与大径相对应的螺距只有一种，所以在标注时不必注出螺距。细牙普通螺纹与大径相对应的螺距有好几种，因而标注时必须注明螺距。

③螺纹公差带代号包括中径公差带代号和顶径公差带代号，由数字和字母组成，其数字为公差等级，字母为基本偏差。当两者相同时只标注一个代号，两者不同时应分别标注。小

写字母表示外螺纹，大写字母表示内螺纹。

④螺纹旋合长度分短、中、长三组，分别用 S、N、L 表示。按中等旋合长度考虑时，可不标注。

例如：M10 - 5g6g - S

"M" 表示粗牙普通螺纹，大径为 10mm，右旋，中径公差带为 5g，顶径公差带为 6g，短旋合长度。

2）管螺纹的标注

①非螺纹密封的管螺纹

非螺纹密封的管螺纹的内、外螺纹均为圆柱管螺纹，标注格式为：

[螺纹特征代号] [尺寸代号] [公差等级代号] [旋向]

螺纹特征代号用 G 表示，尺寸代号有 1/8、1/2、1、1½等，外螺纹的公差等级代号分 A、B 两级，内螺纹则不标注；右旋螺纹不标注，左旋螺纹在公差等级代号后加 "LH"。例如：G1½LH 表示内螺纹，尺寸代号为 1½，左旋。

②用螺纹密封的管螺纹标注　用螺纹密封的管螺纹，包括圆锥内螺纹与圆锥外螺纹联接和圆柱内螺纹与圆锥外螺纹联接两种形式。其标注格式为：

[螺纹特征代号] [尺寸代号] [旋向]

其中圆锥内螺纹、圆柱内螺纹、圆锥外螺纹的特征代号分别用 Rc、Rp、R 表示，尺寸代号有 1/8、1/4、1/2、1 等；左旋螺纹在尺寸后加 "LH"。例如 Rc1½，表示圆锥内螺纹，尺寸代号为 1½，右旋。

3）梯形和锯齿形螺纹标记　梯形和锯齿形螺纹的标注格式为：

[螺纹特征代号 公称直径 × 螺距 旋向]—[中径公差带代号]—[旋合长度]

梯形螺纹特征代号用 "Tr" 表示；锯齿形螺纹特征代号用 "B" 表示；左旋螺纹用 "LH" 表示，如果是右旋螺纹，则不标注；如果是多线螺纹，则螺距处标注 "导程（P 螺距）"；两种螺纹只标注中径公差带；旋合长度只有中等旋合长度（N）和长旋合长度（L）两种，若为中等旋合长度则不标注。

需要注意的是：梯形螺纹公称直径是指外螺纹大径。实际上内螺纹大径大于外螺纹大径，但标注内螺纹代号时只要标注公称直径，即外螺纹大径。

例如：Tr40 ×7 - 7H 表示公称直径为 40，螺距为 7 的单线右旋梯形内螺纹，中径公差带为 7H，中等旋合长度。

4. 常用螺纹紧固件的种类及标记

常用的螺纹紧固件有螺栓、螺柱、螺钉、螺母和垫圈等，它们都属于标准件，一般由标准件厂成批生产，不需要画它们的零件图，外购时只要写出规定标记即可。常用螺纹紧固件的完整标记由以下各项组成。

[名称] [国标代号] [规格] — [性能等级]

例如，螺柱 GB/T 896—1988 M10 × 50 表示两端均为粗牙普通螺纹，d = 10mm，l = 50mm，性能等级为 4.8 级，不经表面处理，B 型、bm = 1.25d 的螺柱，根据螺纹紧固件的标记就可在相应的标准中查出有关的形状和尺寸。表 6 - 2 为常用的螺纹紧固件的标记示例。

表 6－2　常用的螺纹紧固件及其规定标记

名　称	标　记	图　例	说　明
六角头螺栓	螺栓 GB/T 5782—2000—M8×35	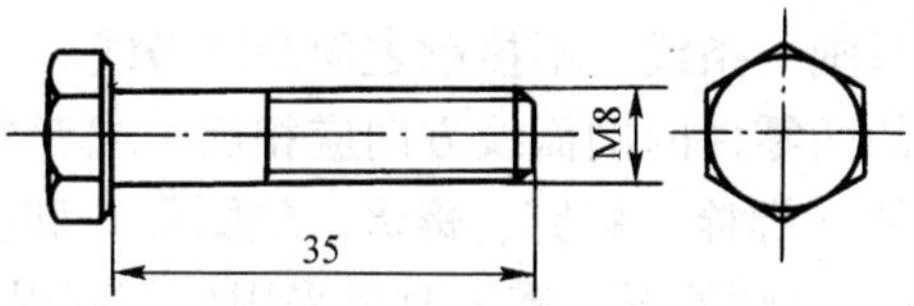	A 级六角头螺栓，螺纹规格 d = M8mm，公称长度 l = 35mm
双头螺柱	螺柱 GB/T 898—1998—M10×35	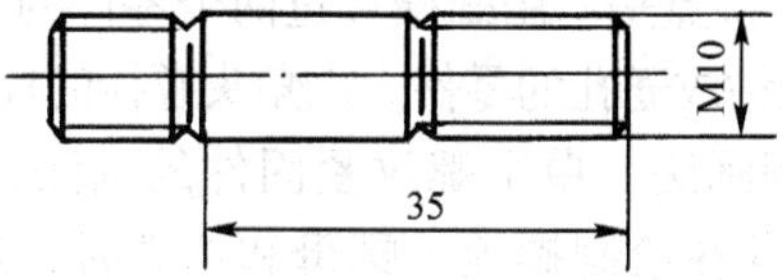	A 型 b_m = 1.25d 的双头螺柱，螺纹规格 d = M10mm，公称长度 l = 35mm，旋入机体一端长 b_m = 1.25mm
开槽圆柱头螺钉	螺钉 GB/T 65—2000—M10×50	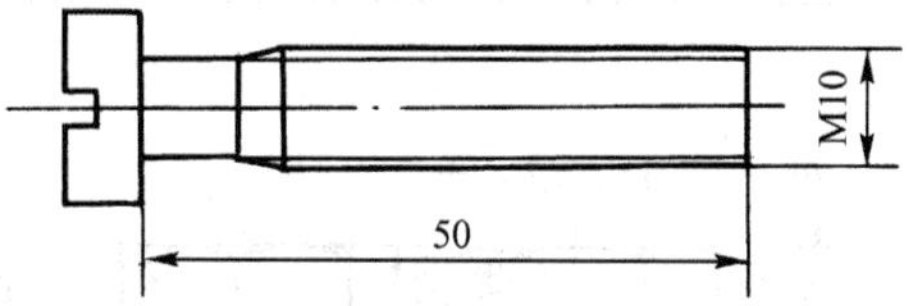	螺纹规格 d = M10mm，公称长度 l = 50mm 的开槽圆柱头螺钉
开槽沉头螺钉	螺钉 GB/T 68—2000—M10×60	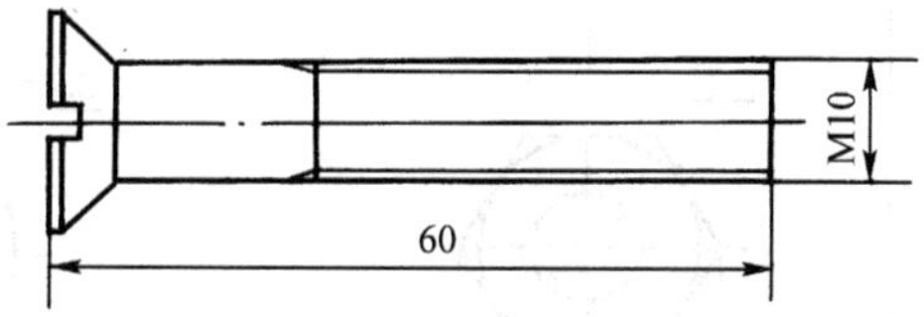	螺纹规格 d = M10mm，公称长度 l = 60mm 的开槽沉头螺钉
开槽长圆柱端紧定螺纹钉	螺钉 GB/T 75—1985—M10×30	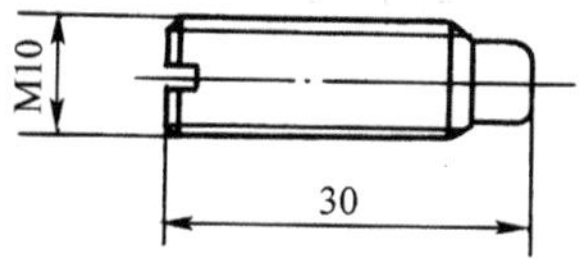	螺纹规格 d = M10mm，公称长度 l = 30mm 的开槽长圆柱端坚定螺钉
六角螺母	螺母 GB/T 6170—2000—M10	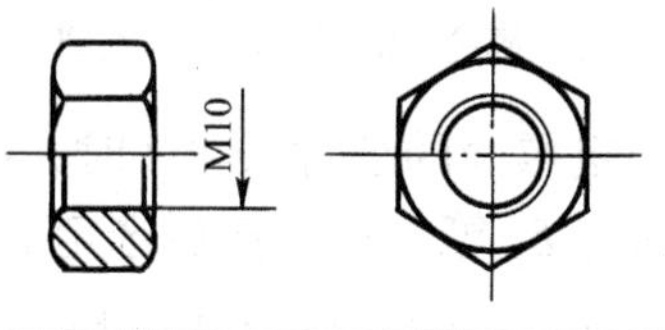	A 级 I 型六角螺母，螺纹规格 d = M10mm
平垫圈	垫圈 GB/T 97.1—2002—10—140HV	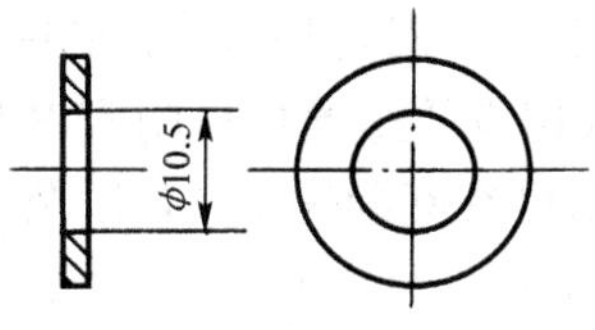	A 级平垫圈，公称尺寸 d = M10mm（螺纹规格），性能等级为 140HV（硬度）级
标准型弹簧垫圈	垫圈 GB/T 93—1987—12	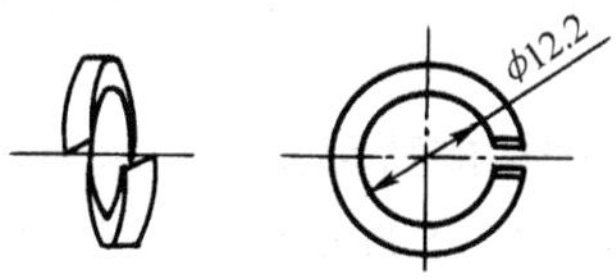	标准型弹簧垫圈，公称尺寸 d = M12mm，（螺纹规格）

5. 螺纹紧固件装配图的画法

（1）画螺纹装配图的一般规定。

1）两零件的接触表面只画一条线，不接触表面画两条线。

2）在剖视图中，相邻的两零件的剖面线方向应相反，或者方向一致、但间隔不等。

3）剖切平面通过标准件（螺栓、螺钉、螺母、垫圈等）和实心件（如球、轴等）的轴线时，这些零件按不剖绘制，仍画外形，需要时可采用局部剖视。

(2) 螺栓联接　螺栓联接的特点是：用螺栓穿过两个零件的光孔，加上垫圈，用螺母紧固。螺栓用于联接两个不太厚的并能钻成通孔的零件。六角头螺栓的标准数据可查阅附表B得到。

1）单个螺纹紧固件的比例画法　单个螺纹紧固件的画法，可根据公称直径查附表或有关标准，得出各部分的尺寸。但在绘制螺栓、螺母和垫圈时，通常按螺纹规格 d、螺母的螺纹规格 D、垫圈的公称尺寸 d 进行比例折算，得出各部分尺寸后按比例近似画法画出，如图6-11所示。

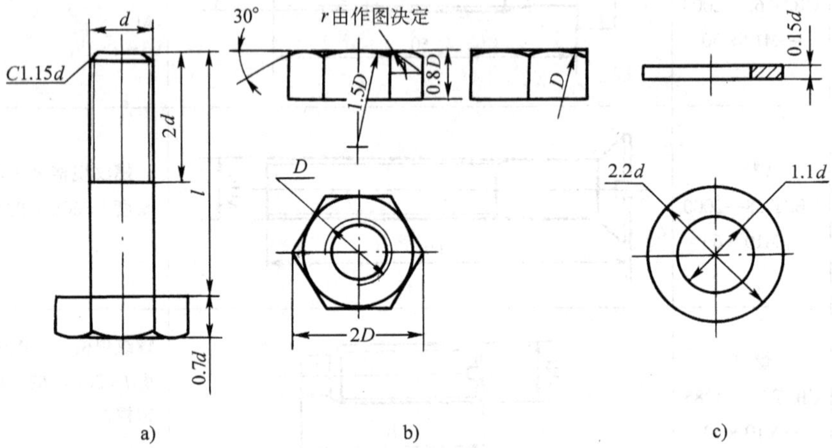

图6-11　单个螺纹紧固件的近似画法
a）螺栓　b）螺母　c）垫圈

2）螺栓联接的比例画法　确定螺栓的公称长度 l 时，应查阅垫圈、螺母的表格得出 h、m_{max}，再加上被连接零件的厚度 δ_1、δ_2 等，经计算后选定。从图6-12可知螺栓长度为：

$$l=\delta_1+\delta_2+h+m_{max}+a$$

其中 a 是螺栓伸出螺母的长度，一般可取 $0.3d$ 左右（d 是螺栓的螺纹规格，即公称直径）。上式计算得出数值后，再从相应的螺栓标准附表B中所规定的长度系列之中，选取合适的 l 值。垫圈和螺母的标准数据可查阅附表D、E以及附表F、G得到。

螺栓的联接画法如图6-12所示。将螺栓穿入被联接的两零件上的通孔中，再套上垫圈，以增加支撑和防止擦伤零件表面，然后拧紧螺母。螺栓联接是一种可拆卸的紧固方式。画图时可采用简化画法，如图6-12c所示。注意：螺栓的螺纹终止线应高于两零件的接触面，低于上端面。

（3）双头螺柱联接　双头螺柱联接的特点是：一端（旋入端）全部旋入被联接零件的螺孔中，另一端（紧固端）通过被联接件的光孔，用螺母、垫圈紧固。当两个被联接的零件中，有一个较厚或不适宜用螺栓联接时，常采用螺柱联接。

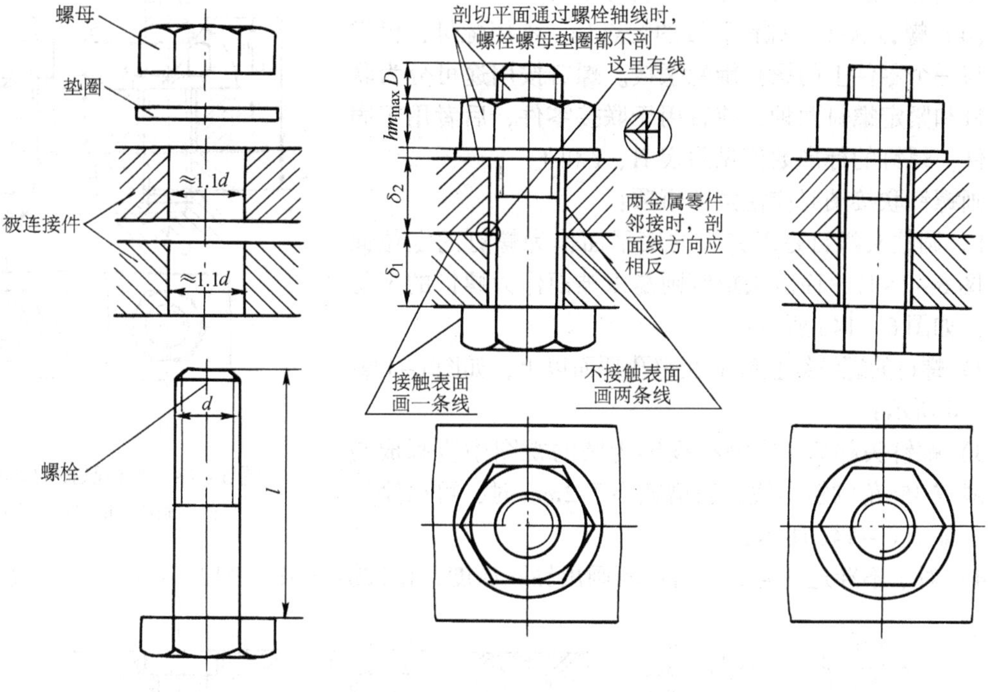

图 6－12　螺栓联接的画法

a）联接前　b）联接后　c）简化画法

1）螺柱旋入端长度 b_m　螺柱旋入端长度 b_m 与螺孔的材料有关，常用的有四种：

GB/T 897—1988	$b_m = d$	用于钢或青铜
GB/T 898—1988	$b_m = 1.25d$	用于为铸铁
GB/T 899—1988	$b_m = 1.5d$	用于铸铁或铝合金
GB/T 900—1988	$b_m = 2d$	用于铝

2）螺柱联接画法　螺柱的规格：螺纹大径 d 由联接的强度要求或结构要求确定。

螺柱的公称长度 l 由下式计算：

$$l \geqslant \delta + h + m + a$$

式中 δ、h、m、a 分别为带通孔的被连联件的厚度、垫圈厚度、螺母厚度和螺柱头部超出螺母的长度，一般取 $a =$ （0.2～0.3）d，如图 6－13 所示。计算所得结果必须选取相近的螺柱标准公称长度，见附录 C。

如图 6－13 所示，画螺柱联接装配图时应注意如下几点：

①螺柱旋入端的螺纹终止线应与两个被连接零件接触面的投影线平齐。

②机座零件上的螺孔深度（h_1）应稍大于螺柱的旋入深度 b_m。一般取 $h_1 = b_m +$ （0.3～0.5）d，而钻孔的深度（H_1）又应稍大于螺孔深度（h_1），一般可取 $H_1 = h_1 +$ （0.3～0.5）d。

③螺柱的旋入部分必须按内、外螺纹的连接画法正确画出。螺母端的画法则与螺栓连接时相应部分的画法完全相同。

④为了防止联接松动，常采用弹簧垫圈。

⑤其他注意事项均与螺栓联接时相同。

（4）螺钉联接　螺钉联接的特点是：不用螺母，仅靠螺钉与一个零件上的螺孔旋配联接。螺钉按用途可分为联接螺钉和紧定螺钉两种，前者用于联接零件，后者用于固定零件。螺钉的标准数值见附表 H、I 和 J。

画螺钉联接图时应注意的事项：

1）圆柱头螺钉是以钉头的底平面作为螺钉的定位面的（图 6－14d），而沉头螺钉则是以锥面作为螺钉的定位面的，如图 6－14c 所示；

2）螺钉的螺纹终止线应在螺孔顶面以上，如图6－14a、b、c、d 所示；

3）螺钉头部的一字槽在投影为圆的视图中应画成与水平线成 45°角的粗实线，当槽宽小于 2mm 时，可以涂黑表示，如图 6－14c 所示；

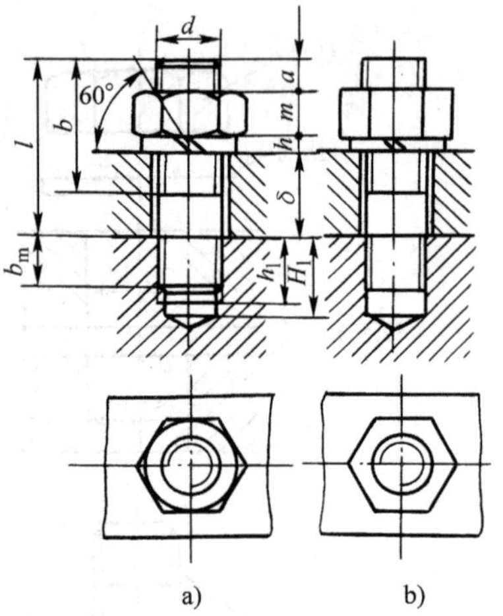

图 6－13　螺柱联接的画法
a）规定画法　b）简化画法

4）对于不穿通的螺孔，可以不画出钻孔深度，仅按螺纹深度画出。如图 6－14e 所示。

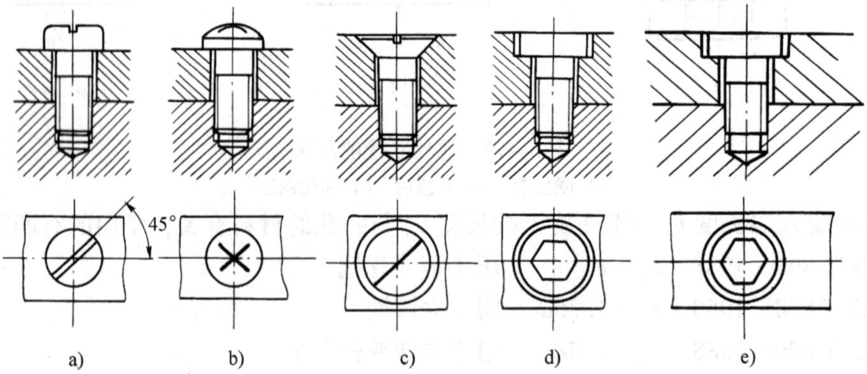

图 6－14　联接螺钉的画法
a）圆头一字槽螺钉　b）十字槽螺钉　c）沉头一字槽螺钉　d）内六角螺钉　e）内六角螺钉简化画法

5）紧定螺钉端部的 90°锥顶角与轴上的 90°锥坑压紧，如图 6－15 所示。

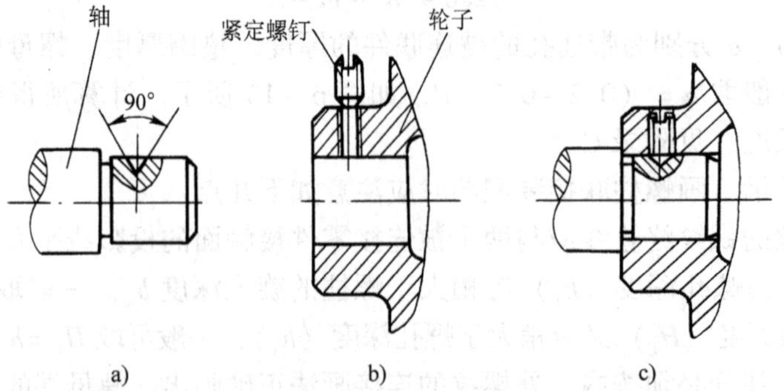

图 6－15　紧定螺钉的画法
a）轴上加工出锥坑　b）轮毂上加工出螺孔　c）紧定螺钉装配图

二、键联接和销联接

键和销都是标准件。键通常用来联接轴和轴上的零件（如带轮、齿轮、蜗轮等），起传递扭矩的作用。销通常用于零件间的联接或定位，如图 6－16 所示。

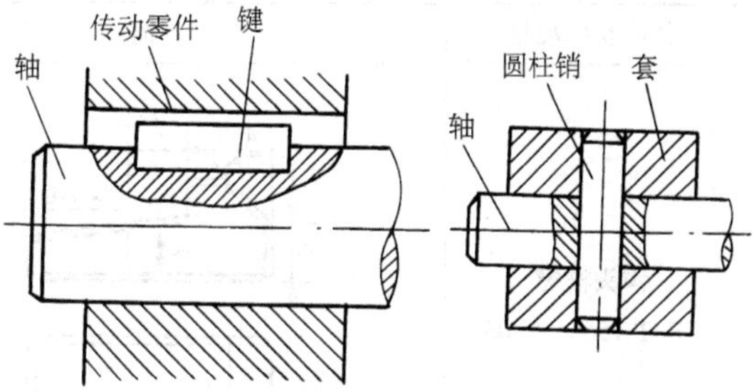

a)　　b)

图 6－16　键联接和销联接

a）键联接　b）销联接

1. 键联接

在键联接中，轴和孔分别制出键槽，将键嵌入槽中，用来实现轴上零件的周向固定，借以传递扭矩。

（1）常用键的种类与标记及尺寸　键和键槽的结构形式及尺寸都已标准化，可在相应的标准中查出，详见附表 K。常用的键有普通平键、半圆键、钩头楔键等，如图 6－17 所示，详见附表 L 和 M。普通平键使用最广，按轴槽结构不同，又可分为圆头普通平键（A 型）、方头普通平键（B 型）、单圆头普通平键（C 型）三种形式。表 6－3 列举了常用键的形式与标记示例。

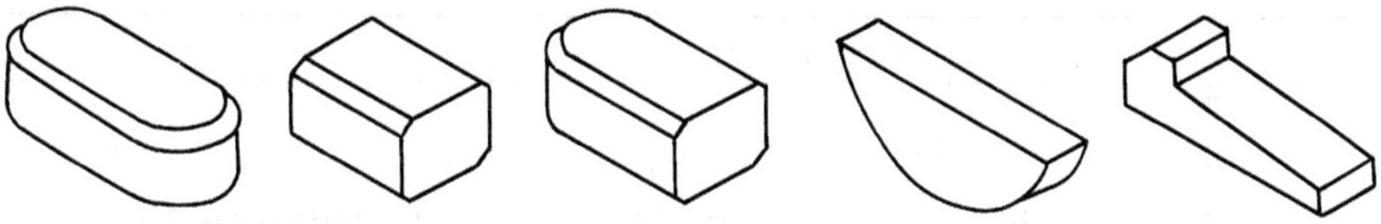

A型　B型　C型

a)　　b)　　c)

图 6－17　常用的几种键

a）普通平键　b）半圆键　c）钩头楔键

表 6－3　常用键名称、简图和标记示例

名称及标准号	简　图	标 记 及 说 明
普通平键 GB/T 1096—1979	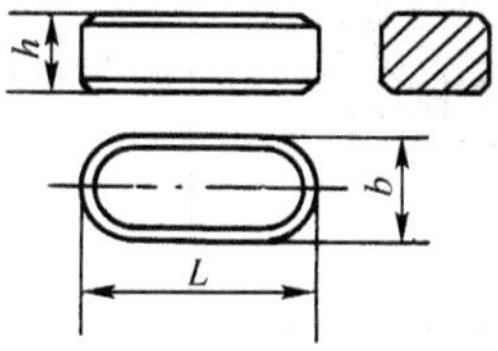	键 18×100　GB/T 1096—1979 按 GB/T 1096—1979 制造的 A 型圆头普通平键，其尺寸为 $b=18$mm、$h=11$mm、$L=100$mm
半圆键 GB/T 1099—2003	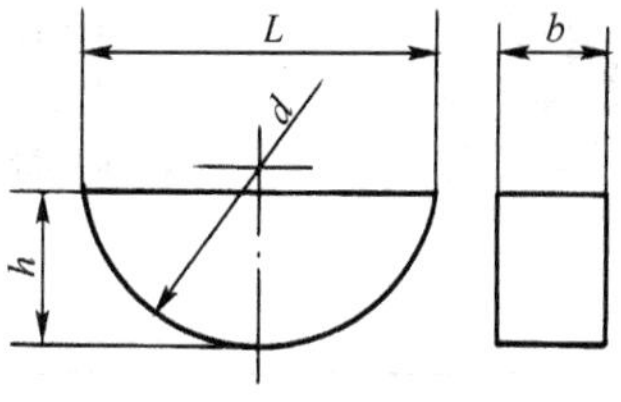	键 6×25　GB/T 1099. 1—2003 按 GB/T 1099. 1—2003 制造的半圆键，其尺寸为 $b=10$mm、$h=10$mm、$L=24.5$mm、$d=25$mm

（续）

名称及标准号	简　图	标记及说明
钩头楔键 GB/T 1565—2003	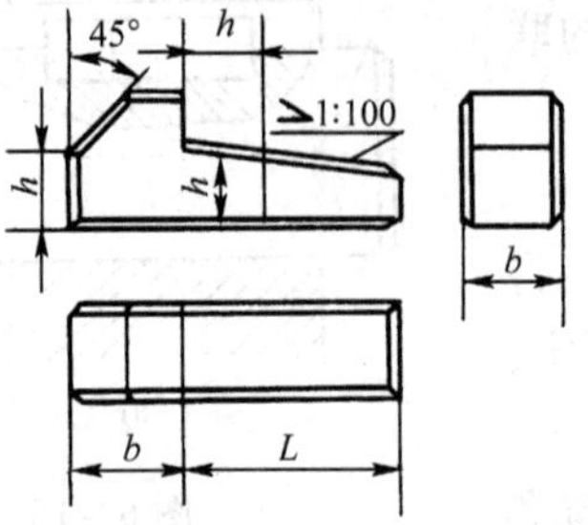	键 18×100　GB/T 1565—2003 按 GB/T 1565—2003 制造的钩头楔键，其尺寸为 $b=18$mm、$h=11$mm、$L=100$mm

（2）键联接装配图的画法　键联接装配图根据轴径和键的型式绘制。通常根据轴径 d 查阅相应的标准确定键的公称尺寸 b、h 以及轴和轮上键槽的尺寸，并选定键的标准长度 L。下面通过表 6-4 说明键连接装配图的画法。键的标准数值可查阅附表 K、L 和 M。

表 6-4　键联接装配图的画法

名　称	联接画法	说　明
普通平键	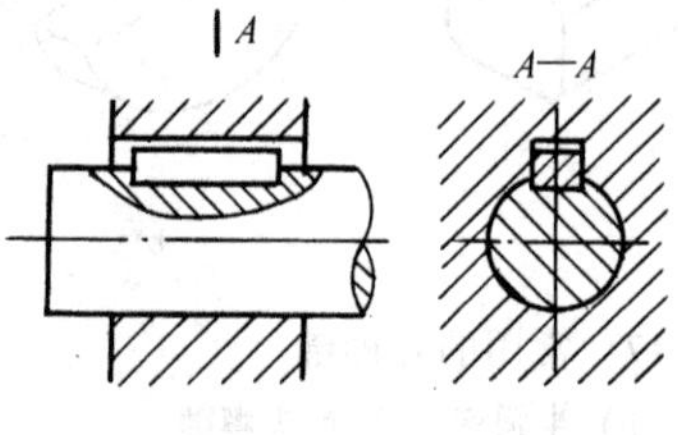	1. 键两侧面和键槽接触 2. 顶面留有一定间隙 3. 省略键上的倒角和圆角
半圆键	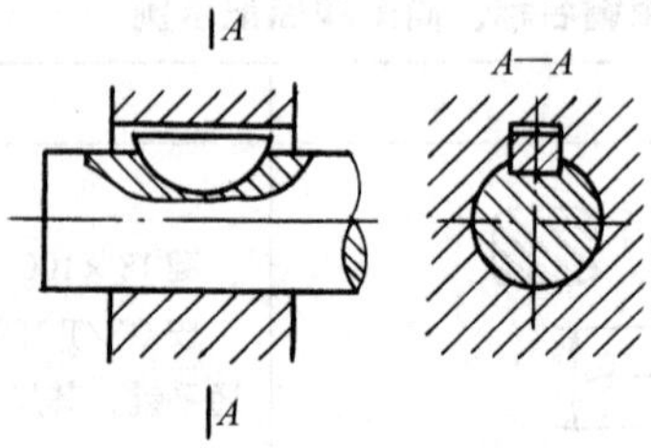	1. 键两侧面和键槽接触 2. 顶面留有一定间隙
钩头楔键	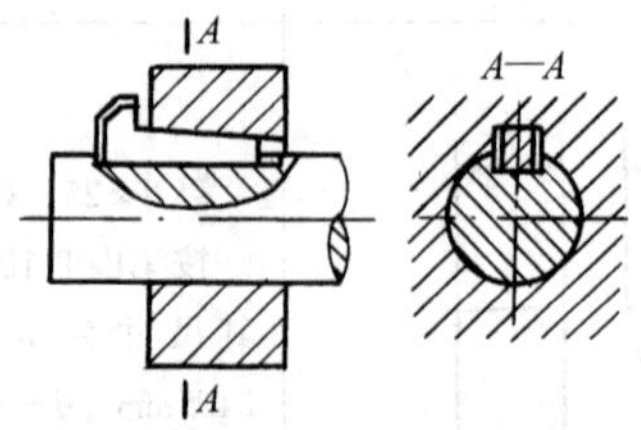	1. 键顶面、底面与键槽接触 2. 键两侧面与键槽留有间隙 3. 省略键上倒角

2. 销联接

销在机器中可起联接和定位作用。

（1）常用销的种类与标记　常用的销有圆柱销、圆锥销和开口销，其形式和标记示例见表 6－5 所示。

表 6－5　常用销的形状及标记

名　称	简　图	标记及说明
圆柱销 GB/T 119.1—2000	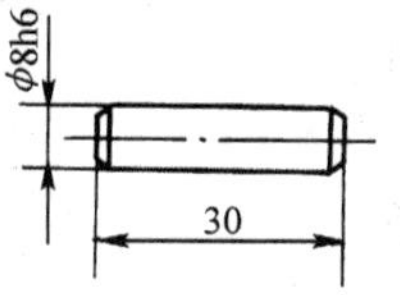 	销 GB/T 119.1—2000　8×30 公称直径 $d=8$mm，公差 m6，长度 $l=30$mm
圆锥销 GB/T 117.1—2000	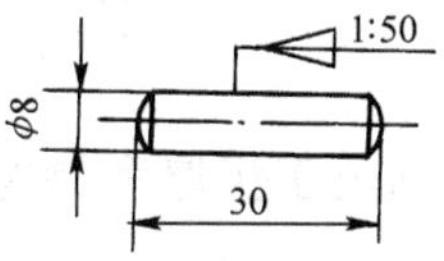 	销 GB/T 117—2000　A8×30 A 型圆锥销，公称直径 $d=8$mm，长度 $l=30$mm
开口销 GB/T 91—2000	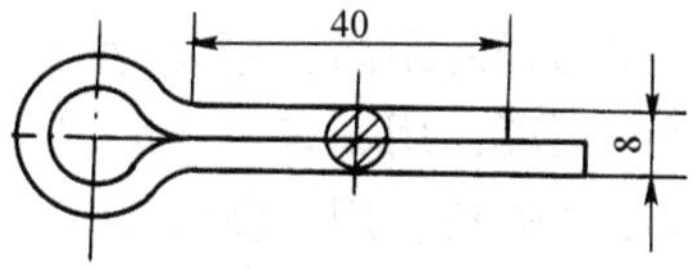 	销 GB/T 91—2000　8×45 公称直径 $d=8$mm，长度 $l=45$mm

（2）销联接装配图的画法　圆锥销有 A、B 两种型式，其加工方法不同，A 型磨削、B 型车削。圆柱销、圆锥销与销孔是配合关系，按接触面画图。销联接的画法见图 6－18。销的标准数值可查阅附表 N、O 和 P。

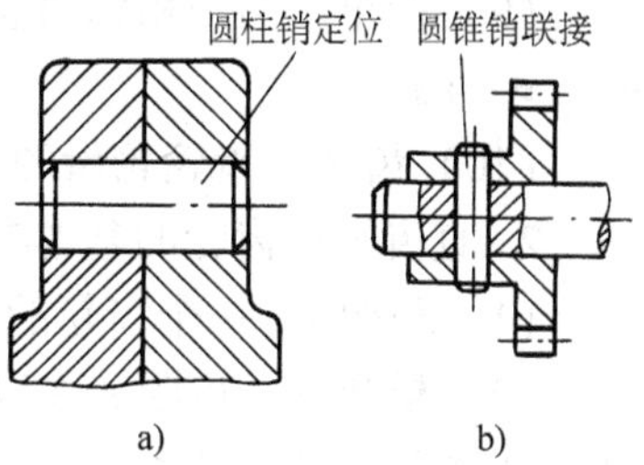

图 6－18　销联接装配图
a）圆柱销定位　b）圆锥销联接

三、齿轮

齿轮是机器中最常见的一种重要零件，齿轮传动是机械传动中应用最广泛的一种传动形式。它主要用来传递两轴间的回转运动。通常按齿轮的形状和两轴间的相对位置可分为下列三种形式：

1）圆柱齿轮——用于两平行轴之间的传动，如图 6－19 a、b 所示。

2）圆锥齿轮——用于两相交轴之间的传动，如图 6－19c 所示。

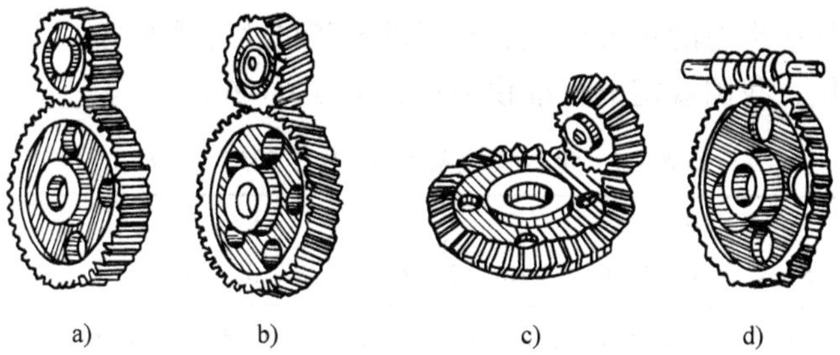

图 6－19　齿轮传动的分类
a）直齿圆柱齿轮传动　b）斜齿圆柱齿轮传动　c）圆锥齿轮传动　d）蜗轮、蜗杆传动

3）蜗轮、蜗杆——用于两垂直交叉轴之间的传动，如图 6－19d 所示。

其中以圆柱齿轮应用最广，圆柱齿轮的轮齿又分为直齿、斜齿和人字齿等。

1. 直齿圆柱齿轮各部分名称及尺寸代号

直齿圆柱齿轮各部分名称及尺寸代号如图 6－20所示。

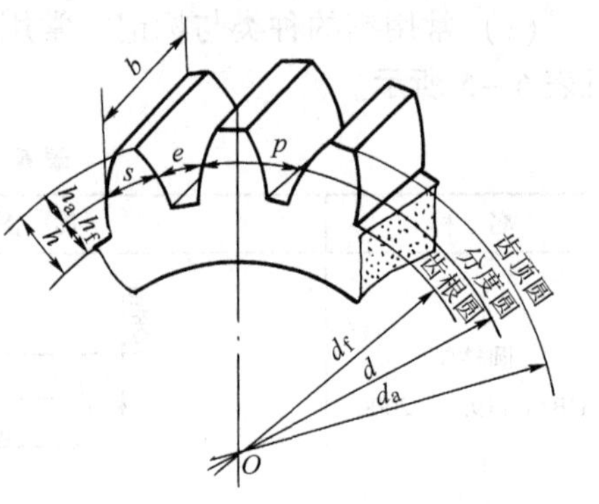

图 6－20　直齿圆柱齿轮各部分名称及尺寸代号

（1）齿顶圆　齿轮齿顶所在的圆。其直径用 d_a 表示。

（2）齿根圆　齿轮齿根所在的圆。其直径用 d_f 表示。

（3）分度圆　用来分度（分齿）的圆，该圆位于齿厚和槽宽相等的地方。其直径用 d 表示。

（4）齿顶高　齿顶圆与分度圆之间的径向距离，用 h_a 表示。

（5）齿根高　轮齿在分度圆与齿根圆之间的径向距离，用 h_f 表示。

（6）全齿高　齿顶圆与齿根圆之间的径向距离，用 h 表示，$h = h_a + h_f$。

（7）齿厚　一个齿的两侧齿廓之间的分度圆弧长，用 s 表示。

（8）槽宽　一个齿槽的两侧齿廓之间的分度圆的弧长，用 e 表示。

（9）齿距　两个相邻两齿的同侧齿之间的分度圆弧长，用 p 表示。在标准齿轮中，$s = e$，$p = e + s$。

（10）齿宽　齿轮轮齿的宽度（沿齿轮轴线方向度量），用 b 表示。

2. 直齿圆柱齿轮的基本参数

（1）齿数 z　一个齿轮的轮齿总数。

（2）模数 m　齿距 p 除以圆周率 π 所得的商，单位为 mm。齿轮的齿数 z，齿距 p 和分度圆 d 之间有如下关系：

$$\pi d = zp \qquad \text{即：} d = \frac{zp}{\pi}$$

令

$$m = \frac{p}{\pi}$$

则

$$d = mz$$

模数是设计、制造齿轮的重要参数，它反映轮齿的大小和强度。为便于齿轮的设计和制造，模数已经标准化，我国规定的标准模数值，见表 6－6。

表 6－6　齿轮模数系列（GB/T 1357—1987）

第一系列	1　1.25　1.5　2 2.5　3　4　5　6　8　10　12　16　20　25　32　40　50
第二系列	1.75　2.25　2.75　(3.25)　3.5　(3.75)　4.5　5.5　(6.5)　7　9 (11)　1.4　18　28　(30)　36　45

注：在选用模数时，应优先选用第一系列，其次选用第二系列，括号内的模数尽可能不选用。

（3）节圆、中心距与压力角　如图 6－21 所示，当一对齿轮啮合时，齿廓在连心线 O_1O_2 上的接触点 C 称为节点。分别以 O_1、O_2 为圆心，O_1C、O_2C 为半径作相切的两个圆，称为节圆，直径用 d_1、d_2 表示。对于标准齿轮来说，节圆和分度圆是重合的。连接两齿轮中心的连线 O_1O_2 称为中心距，用 a 表示。我国标准压力角 α 为 20°。

3. 标准直齿圆柱齿轮的几何尺寸计算　当标准直齿轮的基本参数 z 和 m 确定之后，其它几何尺寸的具体计算，见表6－7。

4. 圆柱齿轮的规定画法

齿轮轮齿的齿廓曲线是渐开线，要按其真实投影画出齿轮是非常困难的，因此，国家标准“齿轮画法”（GB/T 4459.2—2003）中规定了机械图样中齿轮的画法。

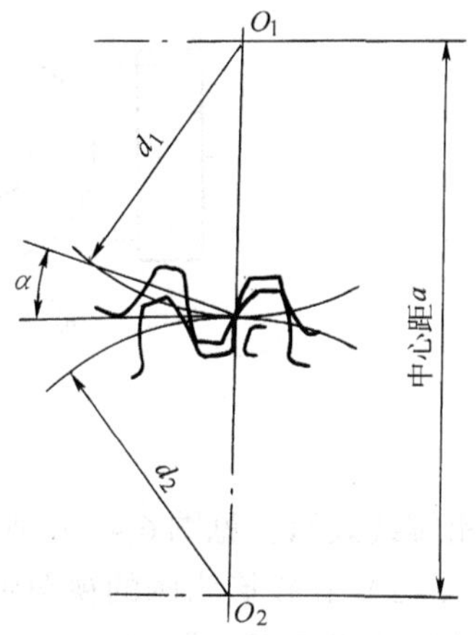

图 6－21　圆柱齿轮啮合示意图

表 6－7　标准直齿圆柱齿轮基本尺寸的计算（基本参数 m，z）

名　称	代　号	公　式
齿顶高	h_a	$h_a = m$
齿根高	h_f	$h_f = 1.25m$
齿　高	h	$h = 2.25m$
分度圆直径	d	$d = mz$
齿顶圆直径	d_a	$d_a = m\ (z+2)$
齿根圆直径	d_f	$d_f = m\ (z-2.5)$
齿距	p	$p = m\pi$
齿厚	s	$s = m\pi/2$
槽宽	e	$e = m\pi/2$
中心距	a	$a = m\ (z_1+z_2)\ /2$

（1）单个圆柱齿轮的画法。

1）齿顶圆和齿顶线用粗实线绘制；

2）分度圆和分度线用细点画线绘制；

3）齿根圆和齿根线用细实线绘制，也可省略不画；

4）一般用两个视图来表示单个齿轮，其中平行于齿轮轴线的投影面的视图常画成全剖视图或半剖视图。根据国标规定，在剖视图中，齿根线用粗实线绘制，当剖切平面通过齿轮轴线时，轮齿一律按不剖处理。如图 6－22b、c 所示。

5）当需要表示齿线的形状时，可用三条与齿线方向一致的细实线表示，见图 6－22c，直齿则不需表示。

（2）一对圆柱齿轮的啮合画法。

1）在投影为非圆的视图上，一般画成剖视图。在啮合区两齿轮的分度线重合为一条线，画成点画线；两齿轮的齿根线均画成粗实线；一个齿轮的齿顶线画成粗实线，另一齿轮的齿顶线及其轮齿被遮挡的部分的投影画成虚线，见图 6－23a 所示，也可省略不画，见图 6－23b所示。当投影为非圆的视图画成外形视图时，啮合区内只需画出一条分度线，并改用

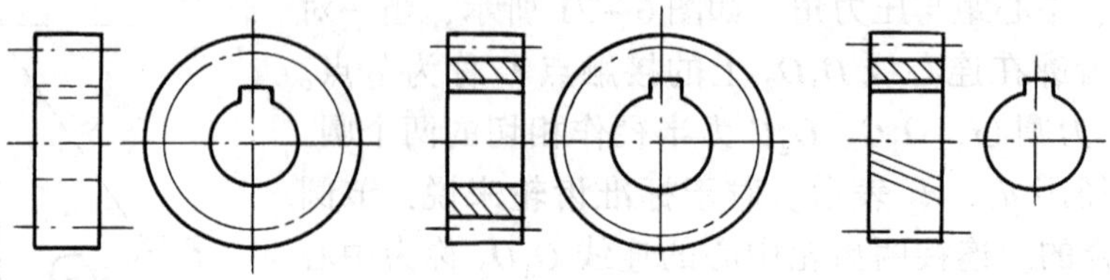

a)　　　　b)　　　　c)

图 6-22　单个圆柱齿轮的规定画法

a）外形画法　b）剖视画法　c）半剖画法

粗实线表示，见图 6-23c 所示。

2）在投影为圆的视图中，与单个圆柱齿轮的画法相同。只是表示两个分度圆的点画线圆应画成相切，见图 6-23d、e 所示。图 6-25 为一直齿圆柱齿轮的零件图，供画图时参考。

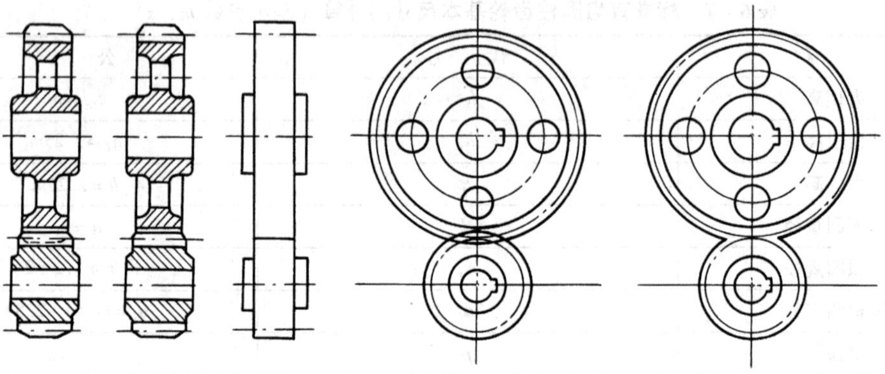

a)　　b)　　c)　　d)　　e)

图 6-23　一对圆柱齿轮的啮合画法

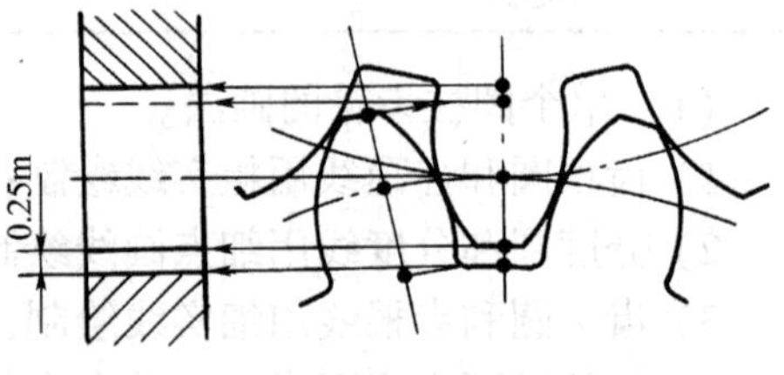

图 6-24　一对圆柱齿轮的啮合区及其剖视画法

3）当一对齿轮啮合时，一齿轮的齿顶线与另一齿轮的齿根线之间应有 0.25m 的间隙，见图 6-24 所示。

四、滚动轴承

滚动轴承是用来支撑旋转轴的标准组件。它具有结构紧凑、摩擦阻力小，动能损耗小和旋转精度高等优点，在生产中得到广泛使用。

1. 滚动轴承的结构、类型

（1）滚动轴承的结构　滚动轴承由内圈、外圈、滚动体、隔离圈（或保持架）等组成，如图 6-26a 所示。

（2）滚动轴承的类型。

1）径向轴承　主要承受径向载荷，如深沟球轴承（图 6-26a）。

2）止推轴承　只承受轴向载荷，如止推球轴承（图 6-26c）。

3）径向止推轴承　能同时承受轴向和径向载荷，如圆锥滚子轴承（图 6-26b）。

2. 滚动轴承的画法（GB/T 4459.7—1998）

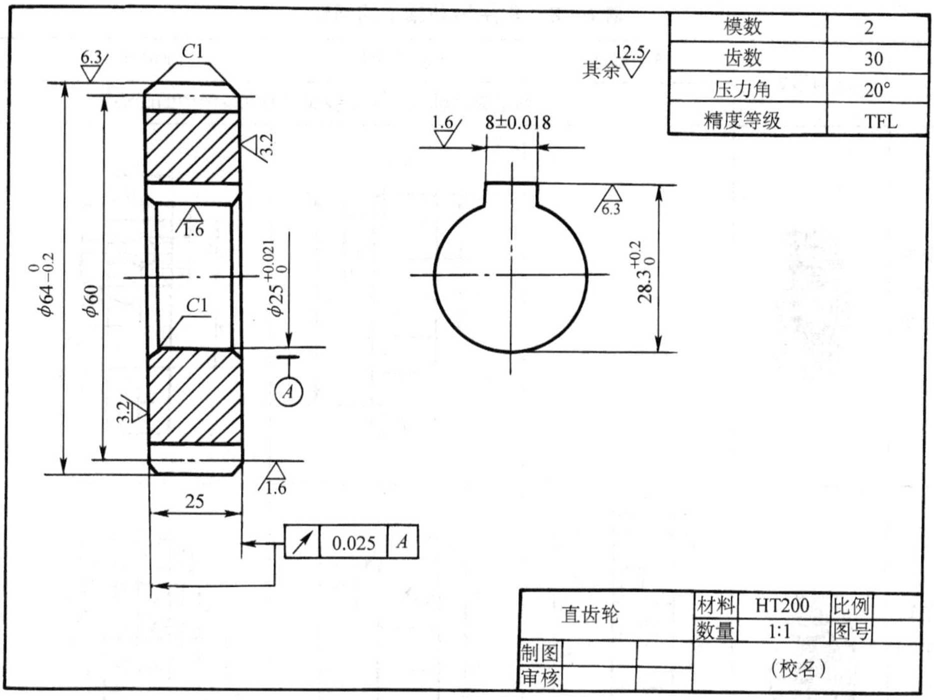

图 6－25　直齿圆柱齿轮零件图

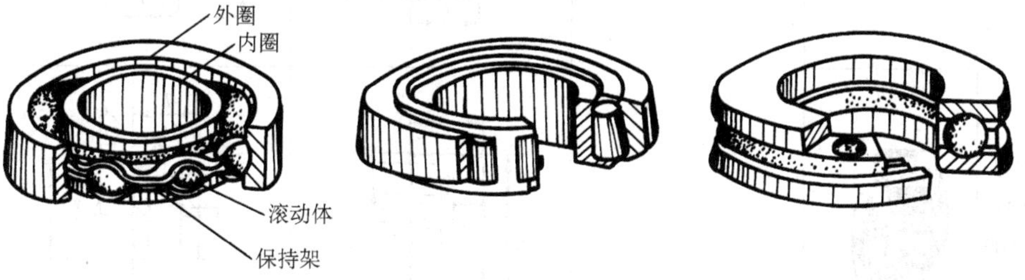

a)　　b)　　c)

图 6－26　滚动轴承

a）深沟球轴承　b）圆锥滚子轴承　c）推力球轴承

滚动轴承是标准组件，使用时必须按要求选用。当需要画滚动轴承的图形时，可采用简化画法或规定画法，简化画法又可分为通用画法和特征画法。见表 6－8。

表格中的尺寸除 *A* 可计算得出外，其余尺寸可从附表 Q、R 和 S 中查出。

3. 滚动轴承的代号（GB/T 272—1993）

滚动轴承代号是由字母加数字来表示滚动轴承的结构、尺寸、公差等级、技术性能等特征的产品符号，它由基本代号、前置代号和后置代号构成，其排列方式如下：

前置代号	基本代号	后置代号

（1）基本代号　基本代号表示轴承的基本类型、结构和尺寸，是轴承代号的基础。基本代号由轴承类型代号、尺寸系列代号、内径代号构成，其排列方式如下：

轴承类型代号	基本代号	内径代号

表 6－8　常用滚动轴承的画法

轴承类型	结构形式	通用画法	特征画法	规定画法	承载特征
		（均指滚动轴承在所属装配图的剖视图中的画法）			
深沟球轴承（GB/T 276—1994）6000 型			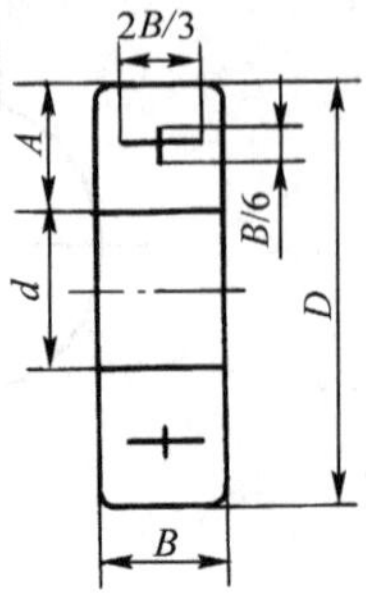	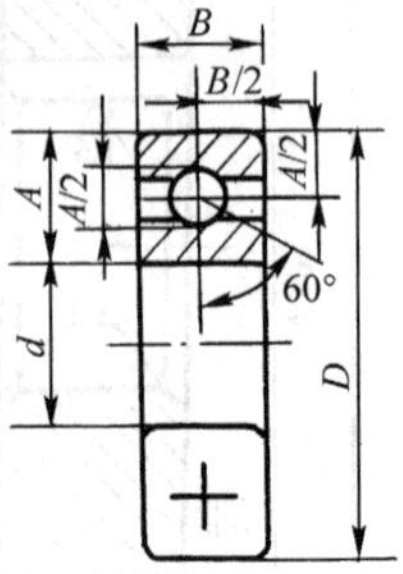	主要承受径向载荷
圆锥滚子轴承（GB/T 297—1994）30000 型		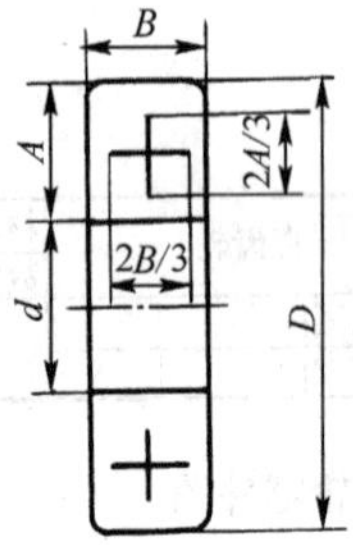	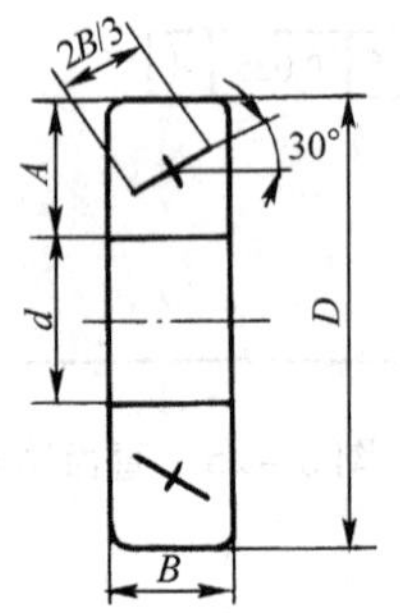	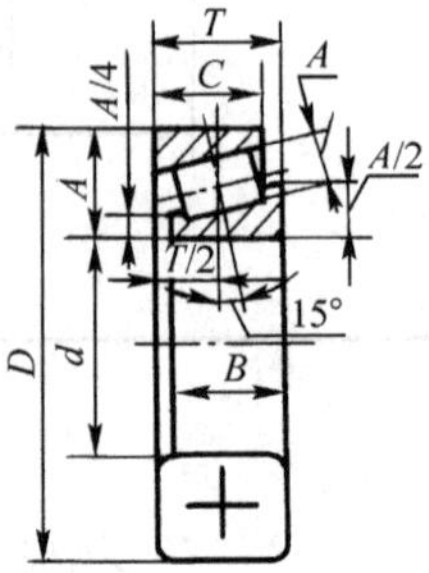	可同时承受径向轴向载荷
推力球轴承（GB/T 301—1995）51000 型			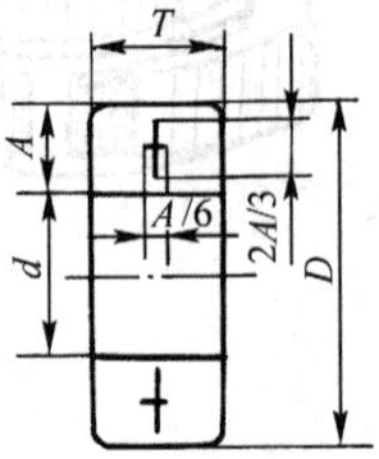	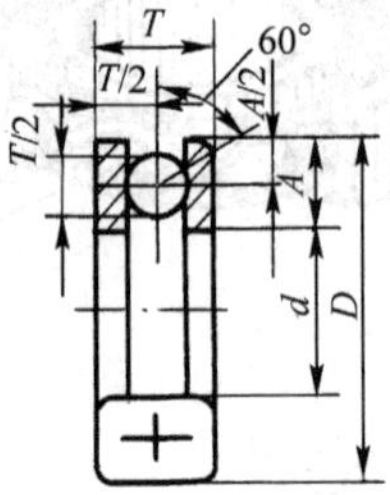	承受单方向的轴向载荷
三种画法的选用		当不需要确切地表示滚动轴承的外形轮廓、承载特性和结构特征时采用	当需要较形象地表示滚动轴承的结构特征时采用	滚动轴承的产品图样、产品样本、产品标准和产品使用说明书中采用	

轴承类型代号用数字或字母表示，见表 6－9。

尺寸系列代号由轴承的宽（高）度系列代号和直径系列代号组合而成，用两位阿拉伯数字来表示。它的主要作用是区别内径相同而宽度和外径不同的轴承。具体代号需查阅相关标准。

内径代号表示轴承的公称内径，一般用两位阿拉伯数字表示。代号数字为 00，01，02，03 时，分别表示轴承内径 $d=10$mm，12mm，15mm，17mm；代号数字为 04－96 时，代号数字乘 5，即为轴承内径；轴承公称内径为 1 mm－9mm 时，用公称内径毫米数直接表示；轴承

表 6-9 轴承类型代号（摘自 GB/T272—1994）

代号	0	1	2	3	4	5	6	7	8	N	U	QJ
轴承类型	双列角接触球轴承	调心球轴承	调心滚子轴承和推力调心滚子轴承	圆锥滚子轴承	双列深沟球轴承	推力球轴承	深沟球轴承	角接触球轴承	推力圆柱滚子轴承	圆柱滚子轴承	外球面球轴承	四点接球轴承

公称内径为 22mm，28mm，32mm，500mm 或大于 500mm 时，用公称内径毫米数直接表示，但与尺寸系列代号之间用“/”分开，如深沟球轴承 62/22d=22mm。

（2）前置、后置代号 前置代号用字母表示，后置代号用字母（或加数字）表示。前置、后置代号是轴承在结构形状、尺寸、公差、技术要求等有改变时，在其基本代号左右添加的代号。

滚动轴承代号的示例：

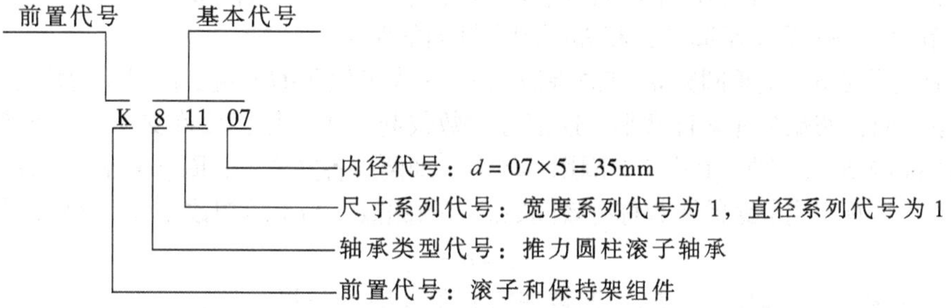

其他前置代号和后置代号的含义及标注方式，查阅 GB/T 272—1994。

4. 滚动轴承的标记

根据各类轴承的相应标记规定，轴承的标记由三部分组成，即：

轴承名称 轴承代号 标准编号

标记示例：滚动轴承 6210 GB/T276—1994

五、弹簧

弹簧的用途很广，属于常用件。它主要用于减振、夹紧、测力和贮存能量等方面。弹簧的特点是：去除外力后，弹簧能立即恢复原状。弹簧的种类很多，其中应用最多的是圆柱螺旋弹簧。根据它们的用途不同，可分为压缩弹簧、拉伸弹簧和扭转弹簧，如图 6-27 所示。

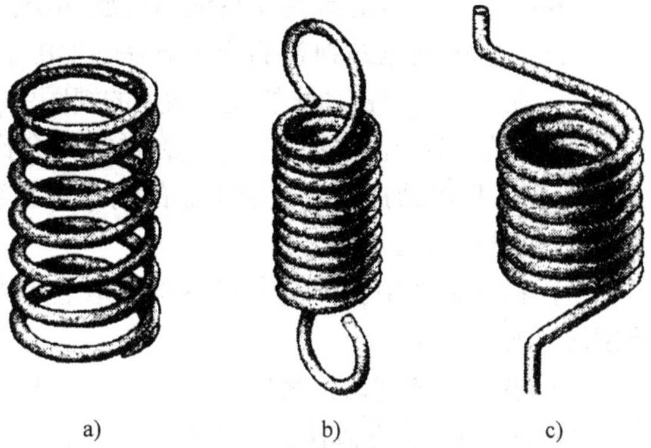

图 6-27 常用的圆柱螺旋弹簧
a）压缩弹簧 b）拉伸弹簧 c）扭转弹簧

1. 圆柱螺旋压缩弹簧的各部分名称及其

尺寸计算（图6－28）

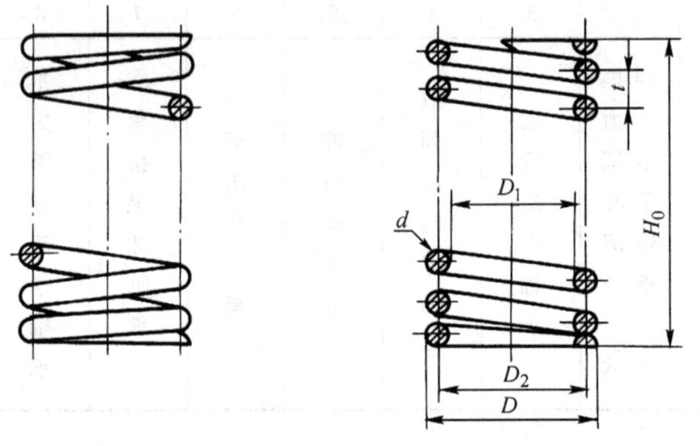

图6－28 圆柱螺旋压缩弹簧

a）视图 b）剖视图

（1）簧丝直径 d 弹簧钢丝直径。

（2）弹簧外径 D 弹簧最大直径。

（3）弹簧内径 D_1 弹簧最小直径。$D_1 = D - 2d$

（4）弹簧中径 D_2 弹簧的平均直径。$D_2 = (D_1 + D)/2 = D_1 + d = D - d$

（5）节距 t ——除支承圈外，相邻两圈沿轴向的距离。

（6）有效圈数 n、支承圈数 n_2 和总圈数 n_1 ——为了使压缩弹簧工作时受力均匀，保证轴线垂直于支承端面，两端常并紧且磨平。这部分圈数仅起支承作用，故称支承圈。支承圈数 n_2 有1.5圈、2圈和2.5圈三种。其中2.5圈用得较多，即两端各并紧1/2圈、磨平3/4圈。压缩弹簧除支承圈外，具有相同节距的圈数称有效圈数。有效圈数 n 与支承圈数 n_2 之和称总圈数 n_1，即

$$n_1 = n + n_2$$

（7）自由高度（或长度）H_0 弹簧在没有负荷时的高度，即：

$$H_0 = nt + (n_2 - 0.5) d$$

（8）弹簧展开长度 L 制造时弹簧丝的长度

$$L \approx \pi D n_1$$

（9）旋向 螺旋弹簧分左旋和右旋两类。

2. 圆柱螺旋压缩弹簧的规定画法（GB/T 4459.4—2003）

1）在平行于弹簧轴线的投影面上的视图中，其各圈的轮廓应画成直线。如图6－28a所示。

2）有效圈数在四圈以上的螺旋弹簧，允许每端只画两圈（不包括支承圈），中间各圈可省略不画，只画通过簧丝剖面中心的两条点画线。当中间部分省略后，也可适当地缩短图形的长度。如图6－28a所示。

3）在装配图中，弹簧中间各圈采取省略画法后，弹簧后面被挡住的零件轮廓不必画出，如图6－29a所示。

4）当弹簧被剖切，簧丝直径在图上小于2mm时，其断面可以涂黑表示，如图6－29b所示；也可采用示意图画法，如图6－29c所示。

5）螺旋弹簧不论左旋或右旋，均可画成右旋，但左旋弹簧无论画成左旋或右旋，一律要注出“左”字。

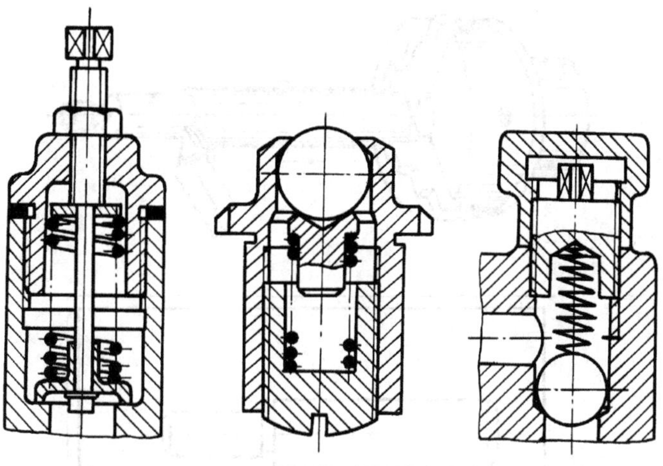

图 6－29 装配图中弹簧的画法

a）剖切画法 b）简化画法 c）示意图

第三节 零件结构形状的表达

一、零件图的视图选择

零件图的视图选择就是选用一组合适的视图来表达零件的内、外结构形状及各部分的相对位置关系。它是前述章节中机件各种表达方式的具体综合运用。要正确、完整、清晰、简便地表达零件的结构形状，关键在于选择一个最佳的表达方案。

1. 主视图的选择

主视图是一组视图的核心，画图和看图时，一般多从主视图开始。所以，主视图选择得恰当与否，直接影响看图和画图是否方便。因此，选择主视图时应考虑下列原则：

（1）形状特征原则 选择反映零件形状和结构特征以及各形体之间相互位置关系最明显的方向，作为主视图的投射方向，如图 6－30 所示。

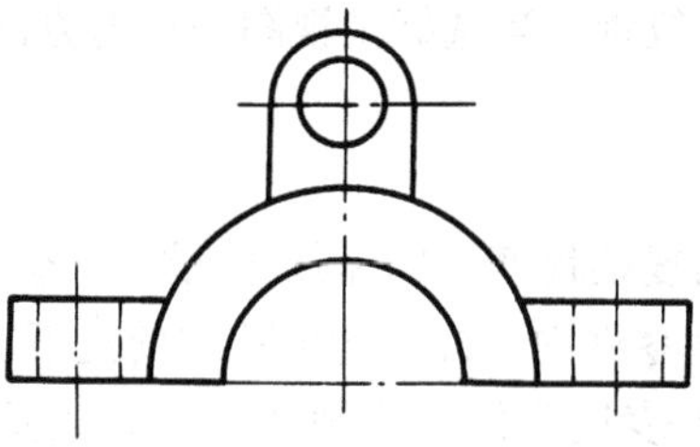

图 6－30 按形状特征原则选择主视图

（2）加工位置原则 零件图的作用是用于指导制造零件，因此主视图所表示的零件位置应尽量和该零件的主要工序的装夹位置一致，以便读图。如轴、套、轮和盘类零件多在车床、磨床上加工，故常按加工位置选择主视图，即在主视图上常将其回转轴线水平放置，如图 6－31 所示。

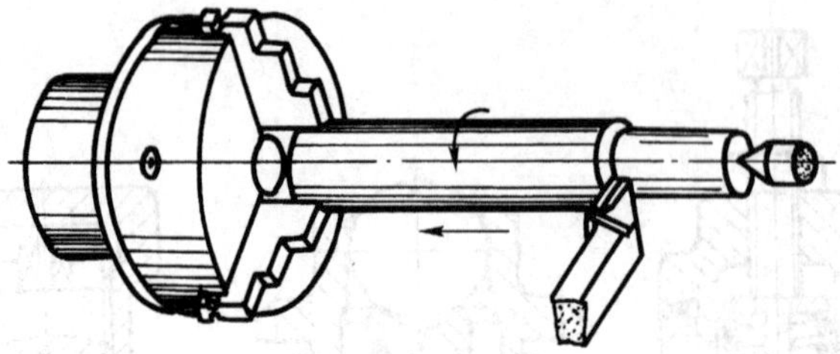

a)

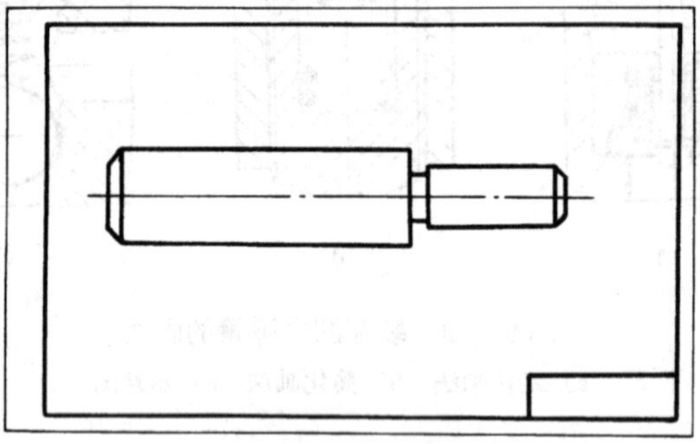

b)

图 6-31　按加工位置选择主视图

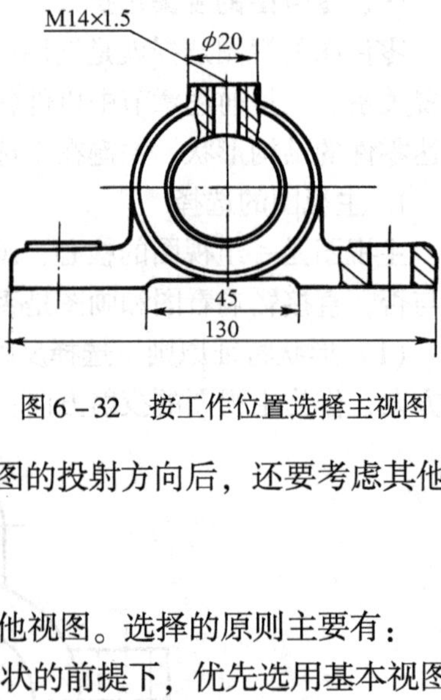

图 6-32　按工作位置选择主视图

（3）工作位置原则　工作位置是指零件在机器或在部件中所处的工作位置。对于加工位置多变的零件应尽量与零件在机器、部件中的工作位置相一致，这样便于想象出零件的工作情况。对于叉架、壳体类零件，常按其工作位置来选择主视图。但对在机器中工作时斜置的零件，为便于画图和读图，应将其放正，如图 6-32 所示。

在选择主观图时，应当根据零件的具体结构和加工、使用情况加以综合考虑。其中，以反映形状特征原则为主，并尽量做到符合加工位置和工作位置，当选好主视图的投射方向后，还要考虑其他视图的合理布置，充分利用图纸。

2. 其他视图的选择

选定主视图后应根据零件结构形状的复杂程度，选择其他视图。选择的原则主要有：

（1）基本原则　在完整、清晰地表达零件内、外结构形状的前提下，优先选用基本视图。

（2）互补性原则　其他视图主要用于表达零件在主视图中尚未表达清楚的部分，作为主视图的补充。主视图与其他视图表达零件时，各有侧重，相互弥补，才能完整、清晰地表达零件的结构形状。

（3）视图简化原则　在选用视图、剖视图等各种表达方法时，还要考虑绘图、读图的方便，力求减少视图数目、简化图形。为此，应广泛应用各种简化画法。

零件图的视图选择的应用详见典型零件的表达分析。

二、零件图的尺寸标注

在零件图上，视图只能表达零件的结构形状，零件各部分的大小是由所标注的尺寸来确定的。尺寸是制造、检验零件的重要依据。在零件图上注写的尺寸，应达到正确、完整、清晰、合理。前面几章中已介绍了尺寸标注的基本规定和尺寸标注的正确、完整、清晰，但是这三项要求对于零件图是不够的，为了满足零件的使用要求和制造工艺要求。尺寸标注还必须合理。为了使所注尺寸合理，应考虑以下几个方面的内容。

1. 尺寸基准的选择

尺寸基准是标注尺寸的起点。在选择尺寸基准时，必须考虑零件在机器或部件中的位置、作用、零件之间的装配关系以及零件在加工过程中的定位和测量等要求，因此，基准应根据设计要求、加工情况和测量方法确定。按基准的用途可分为设计基准和工艺基准，按基准的主次可分为主要基准和辅助基准。

(1) 设计基准　在零件设计时，根据零件的结构和设计要求而选定的标注尺寸的起点为设计基准。在零件图上常以零件的底面、端面、对称平面、重要平面、回转体的轴线作为基准。如图 6 – 33 所示的法兰盘零件其回转轴线是各外圆表面和内孔的设计基准。

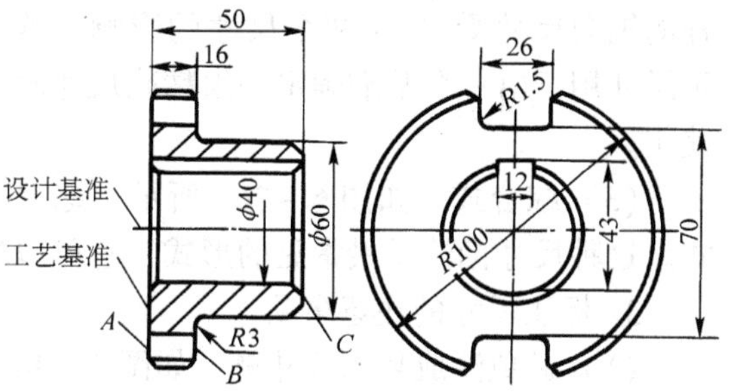

图 6 – 33　法兰盘的设计基准和工艺基准

(2) 工艺基准　零件在加工或测量时确定零件位置的一些点、线、面称为工艺基准。如图 6 – 33 所示，零件的左端面 A 为装配时用的工艺基准。工艺基准又可分为定位基准和测量基准。

1) 定位基准　在加工过程中零件装夹定位时所用的基准。如图 6 – 34 所示，左侧外圆柱面 B 在加工右侧外圆柱面时起定位作用，是定位基准。

2) 测量基准　在测量、检验零件已加工面的尺寸时所用的基准。如图 6 – 34 中的轴肩 A 是测量右端圆柱轴向尺寸的测量基准。

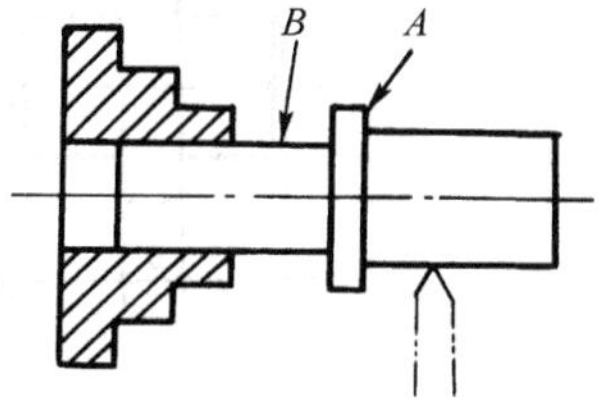

图 6 – 34　轴类零件的工艺基准

(3) 尺寸基准的选择　为了满足设计要求和工艺要求，在标注尺寸时，应将设计基准与工艺基准统一起来。如果不能统一，则首先保证设计要求，即将重要的设计尺寸从设计基准出发标注，次要的尺寸可从工艺基准注起。这样既保证了设计要求，又便于加工和测量。因此在标注零件长、宽、高三个方向的定位尺寸之前，首先将设计基准确定为主要基准，其他不能与设计基准重合的工艺基准可确定为辅助基准。主要基准与辅助基准之间要有尺寸联系，如图 6 – 35 所示，长度方向的基准为左端面，尺寸 30 是以 20 的右端面为辅助基准注出的，辅助基准与主要基准的联系尺寸是 20。高度方向的尺寸是以底面作为基准。宽度方向的基准是前后对称平面。

2. 尺寸的标注形式

尺寸的标注形式有链状式、坐标式和综合式三种。

(1) 链状式　把同一方向的各尺寸逐段连续标注，如图 6 – 36a 所示，尺寸 a、b、c 三个尺寸是互相串联的链式尺寸，a 的终点是 b 的起点，b 的终点是 c 的起点。链状式尺寸的优点是能保证每一段尺寸的精度，每段尺寸不会影响其他尺寸。缺点是加工的尺寸误差积累在总体尺寸上，使总体尺寸不能保证。链式尺寸常用于保证孔组中心距的情况。

（2）坐标式　把同一方向的尺寸从同一基准出发标注，如图 6－36b 所示，尺寸 a、d、e 的基准都是轴的左端面。坐标式尺寸的优点是各段尺寸的加工精度只影响其本身的误差，不影响总体尺寸误差。缺点是某些尺寸段受两个尺寸的影响，如中间圆柱的轴向尺寸受 a、d 两个尺寸的影响，右端圆柱的轴向尺寸受 d、e 两个尺寸的影响。这种尺寸用于由一个基准确定一组精确尺寸时使用。

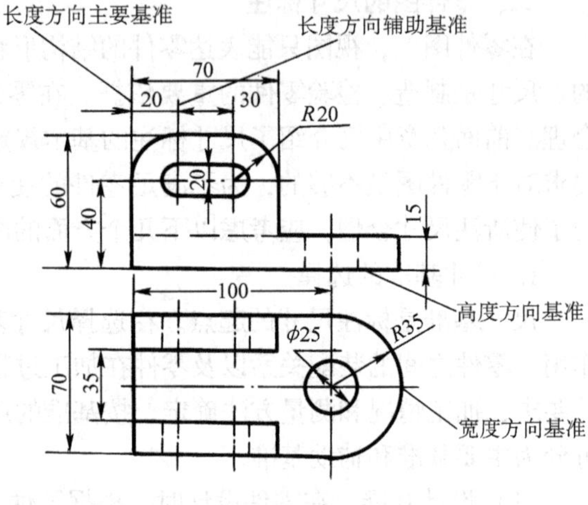

图 6－35　主要基准和辅助基准

（3）综合式　如图 6－36c 所示。综合式尺寸是链状式和坐标式相结合的尺寸标注形式。这种尺寸标注是最常见的形式，它可以根据需要来标注尺寸，比较灵活。

3. 标注尺寸的注意事项

（1）避免注成封闭尺寸链　如图 6－36d 所示，既标注了 a、b、c 三段尺寸，又标注了总体尺寸 e，它们形成了一个封闭尺寸链。由于机械加工存在误差，不可能同时满足总体尺寸和各段尺寸。常常对其中不太重要尺寸不加标注，如图 6－36c 所示。

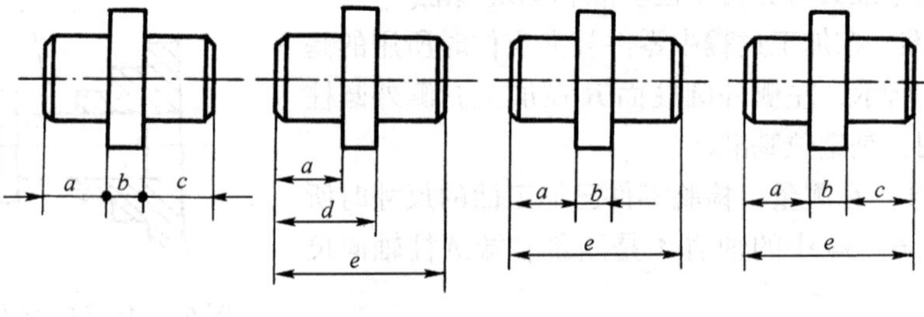

a)　b)　c)　d)

图 6－36　尺寸标注的形式

a）链状式　b）坐标式　c）综合式　d）封闭式

（2）重要尺寸直接注出　以满足设计要求，如图 6－37a 所示齿轮泵从动轴中，键槽尺寸 L_2 直接注出。

（3）按加工顺序标注尺寸　按加工顺序注写尺寸，如图 6－38a 所示的轴，尺寸的标注就是考虑了加工的顺序。在图 6－38b 中，车 $\phi45$ 外圆，下料保证长度 197。在图 6－38c 中，车 $\phi30$，保证长度 19。在图 6－38d 中掉头依次车

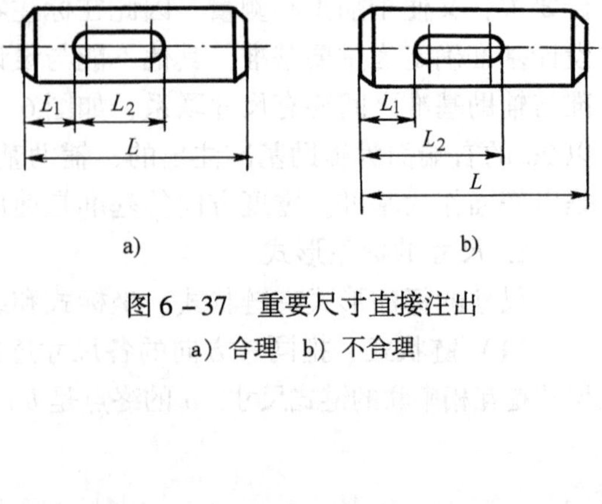

a)　b)

图 6－37　重要尺寸直接注出

a）合理　b）不合理

出 ϕ35.5、ϕ30 和 ϕ20，分别保证长度 171，36 和 52。

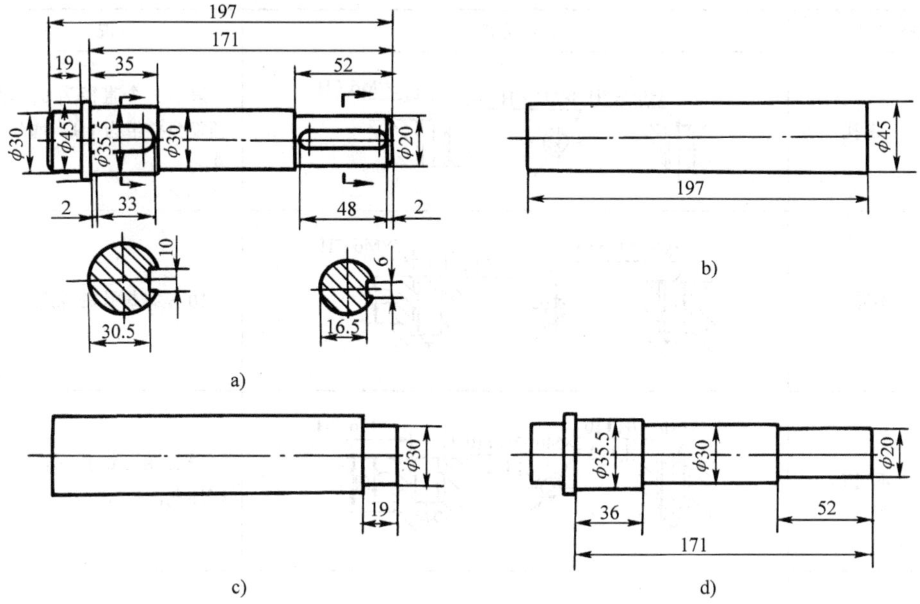

图 6-38　按加工顺序标注尺寸

（4）按加工方法标注尺寸　零件的加工方法有车、铣、刨、磨、钻等，一个零件要制成成品，常常要经过多种方法多道工序才能完成，在标注尺寸时，应按不同的加工方法分类集中标注尺寸，便于加工时寻找。如图 6-39 所示，键槽是在铣床上铣削而成，故将有关尺寸集中于两处标注，这样便于读图。

（5）考虑测量方便标注尺寸　如图 6-40a 所示，图中所注尺寸既不影响设计要求，又便于测量。图 6-40b 中尺寸 B 虽能满足设计要求，但测量不便。

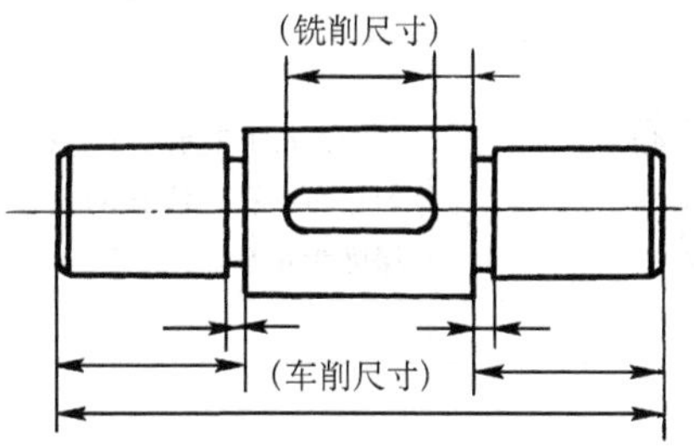

图 6-39　按加工方法标注尺寸

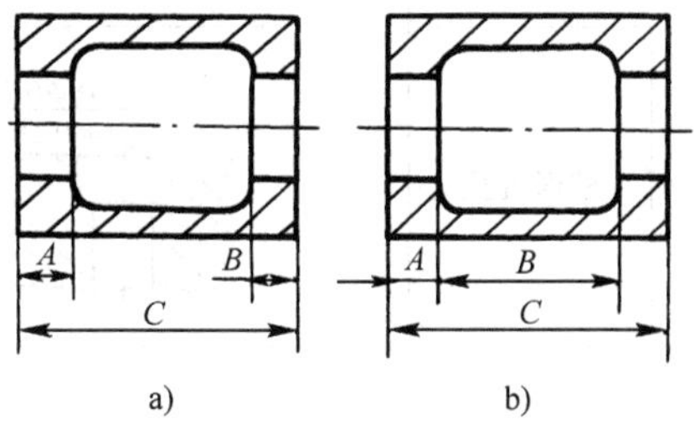

图 6-40　尺寸标注要便于测量
a）测量方便　b）测量不便

4. 常见孔的尺寸标注

零件上常见典型结构的尺寸标注，见表 6-10。

三、典型零件的表达分析

零件的结构形状千变万化。根据零件的结构特点可将其分为四类：轴套类、盘盖类、叉架类和箱体类。不同类型的零件有不同的表达方法，即使是同一个零件，其表达方法也不是唯一的。下面仅从零件的结构特点、表达方案和尺寸标注等几个方面进行一些重点分析。

表 6-10　常见孔的尺寸标注

结构类型		标注方法	说　明
螺孔	螺孔	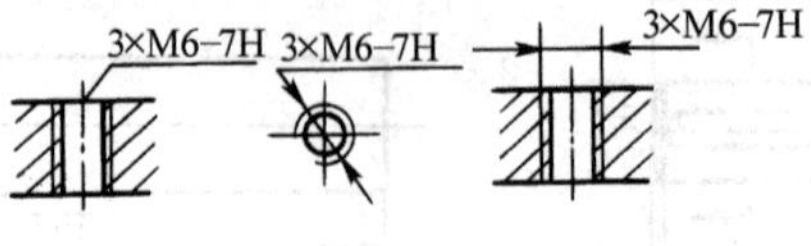	表示3个直径为6，螺纹中径、顶径公差带为7H，均匀分布的螺孔
	不通孔	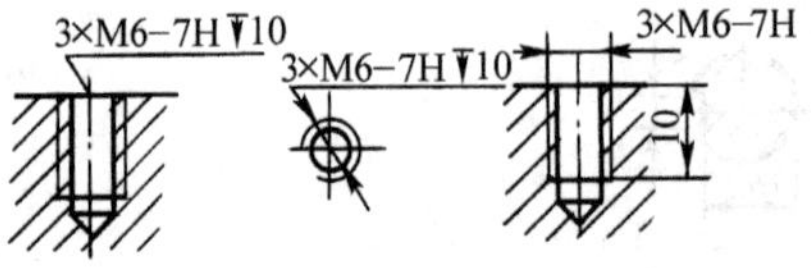	10是指螺孔的深度
	不通孔	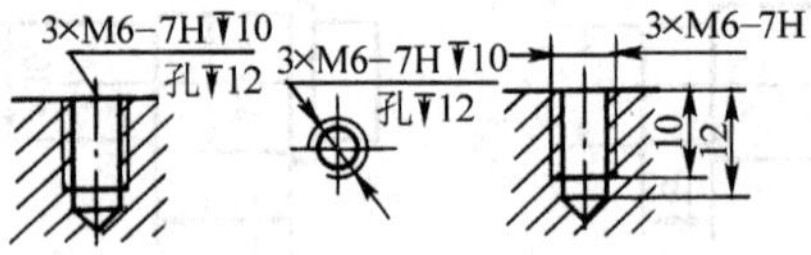	需要注出钻孔深度时，应明确标注孔深尺寸
孔	一般孔	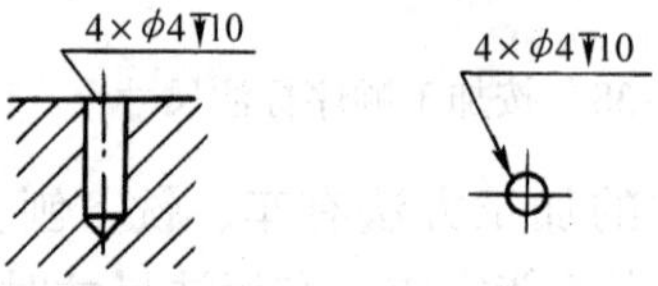	4×ϕ4表示4个直径为4均匀分布孔深为10的光孔
	锥形沉孔	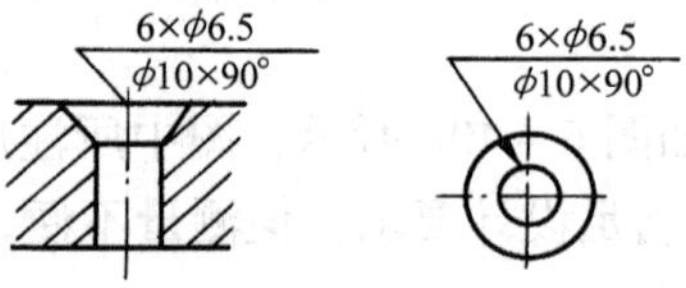	6×ϕ6.5表示6个直径为6.5均匀分布的孔，沉孔的直径为ϕ10，锥角为90°
	柱形沉孔	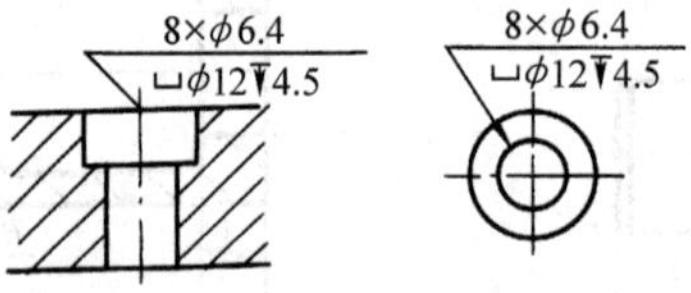	8×ϕ6.4表示8个直径为6.4均匀分布的孔，沉孔的直径为ϕ12，深度为4.5°
倒角	一端倒角	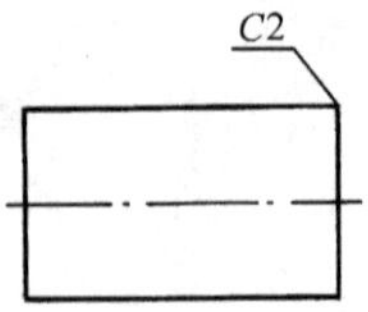	C2表示轴右端有2×45°
	两端倒角	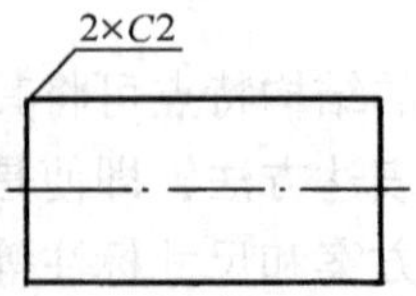	2×C2表示轴两端均有2×45°的倒角

1. 轴套类零件　轴套类零件包括各种转轴、销轴、衬套、轴套等。图 6－41 所示为泵轴的零件图。轴、套类零件的结构特点、主要加工方法、主视图选择、表达方法及尺寸标注如表6－11所示。

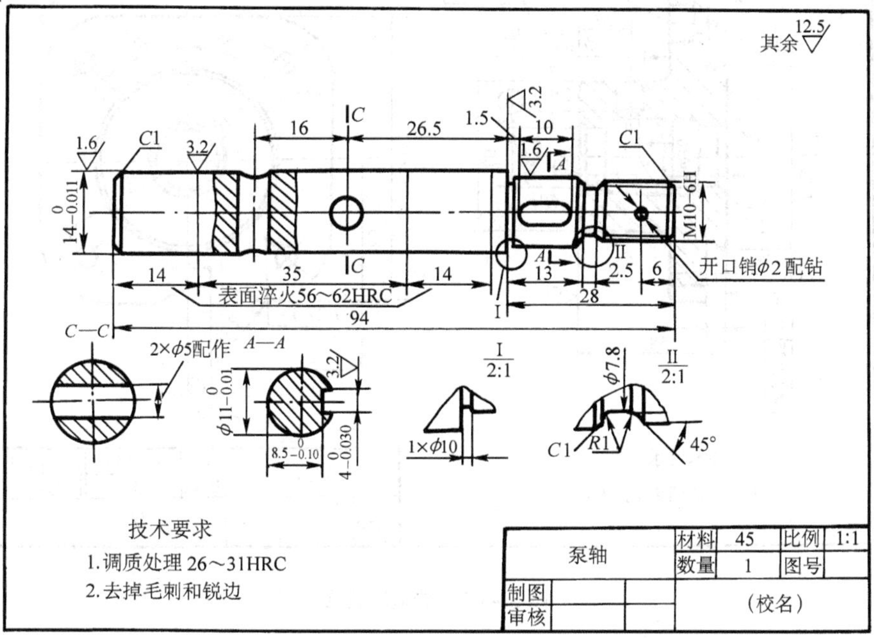

图 6－41　泵轴零件图

表 6－11　轴、套类零件的结构特点和表达方法

结构特点	零件各部分由共轴线的回转体所组成，常有轴肩、倒角、键槽、螺纹、退刀槽、砂轮越程槽、销孔和中心孔等结构，套类零件是中空的
加工方法	毛坯一般用棒料，主要加工方法是车削、镗削和磨削
主视图选择	按加工位置将轴线水平放置，并反映零件的形状特征
视图表达方法	一般常用主视图表达零件的主体结构，用断面、局部剖视、局部放大图来表达零件的某些局部结构，对于中空的轴套类零件，其主视图一般取剖视图
尺寸标注	以回转体轴线作为径向（高、宽方向）尺寸基准，轴向（长度方向）的主要尺寸基准是重要端面。主要尺寸直接注出，其余尺寸按加工顺序标注

2. 盘盖类零件　盘盖类零件包括各种齿轮、带轮、手轮、法兰盘、端盖和压盖等。图 6－42 所示为端盖零件图。这类零件的结构特点、主要加工方法、主视图选择、表达方法及尺寸标注如表 6－12 所示。

3. 叉架类零件　叉架类零件包括各种拔叉、连杆、支架、支座等。图 6－43 所示为支架的零件图。这类零件的结构特点、主要加工方法、主视图选择、表达方法及尺寸标注如表 6－13 所示。

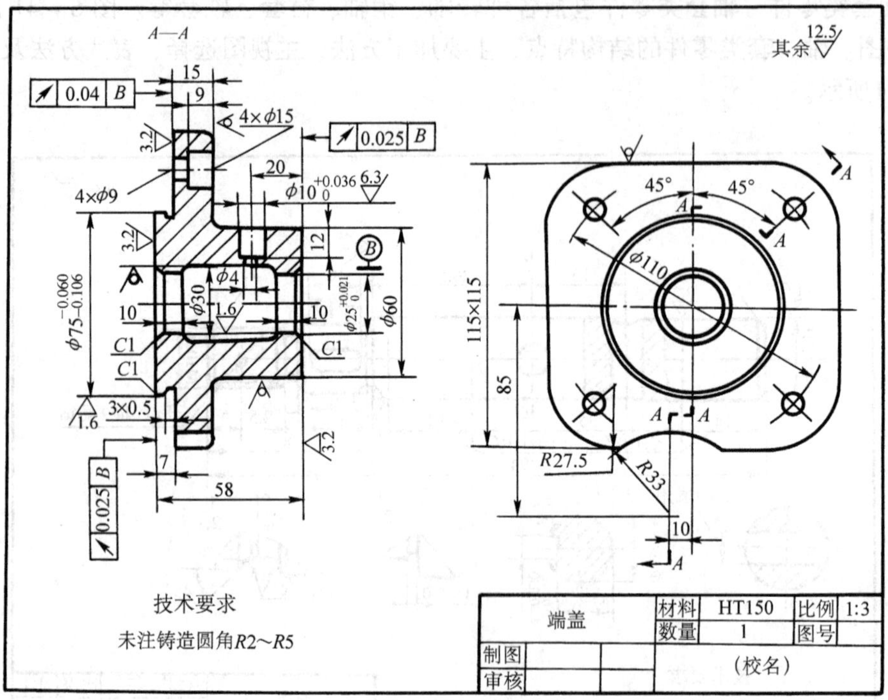

图 6－42　端盖零件图

表 6－12　盘盖类零件的结构特点和表达方法

结构特点	这类零件的主体部分常由共轴线的回转体所组成，有键槽、轮辐、均匀分布的孔等结构，往往有一个端面与其他零件接触
加工方法	毛坯多为铸件，主要在车床上加工，平盖板类用刨削或铣削加工
主视图选择	以车削加工为主的零件，按加工位置将轴线水平放置，不以车削加工为主的零件，按工作位置放置
视图表达方法	一般采用两个基本视图来表达，主视图常采用剖视图以表达内部结构；另一视图则表达其外形轮廓和各组成部分，如孔、肋、轮辐等的相对位置，并常采用简化画法
尺寸标注	以回转体轴线作为径向（高、宽方向）尺寸基准，轴向（长度方向）的主要尺寸基准是零件的主要结合面。对于圆或圆弧形盘盖类零件上均匀分布的孔，一般采用“$nx\phi m$ EQS”的形式标注，其角度定位尺寸可省略

4. 箱体类零件

箱体类零件包括各种箱体、壳体、阀体、泵体等。图 6－44 所示为缸体零件图。这类零件的结构特点、主要加工方法、主视图选择、表达方法及尺寸标注如表 6－14 所示。

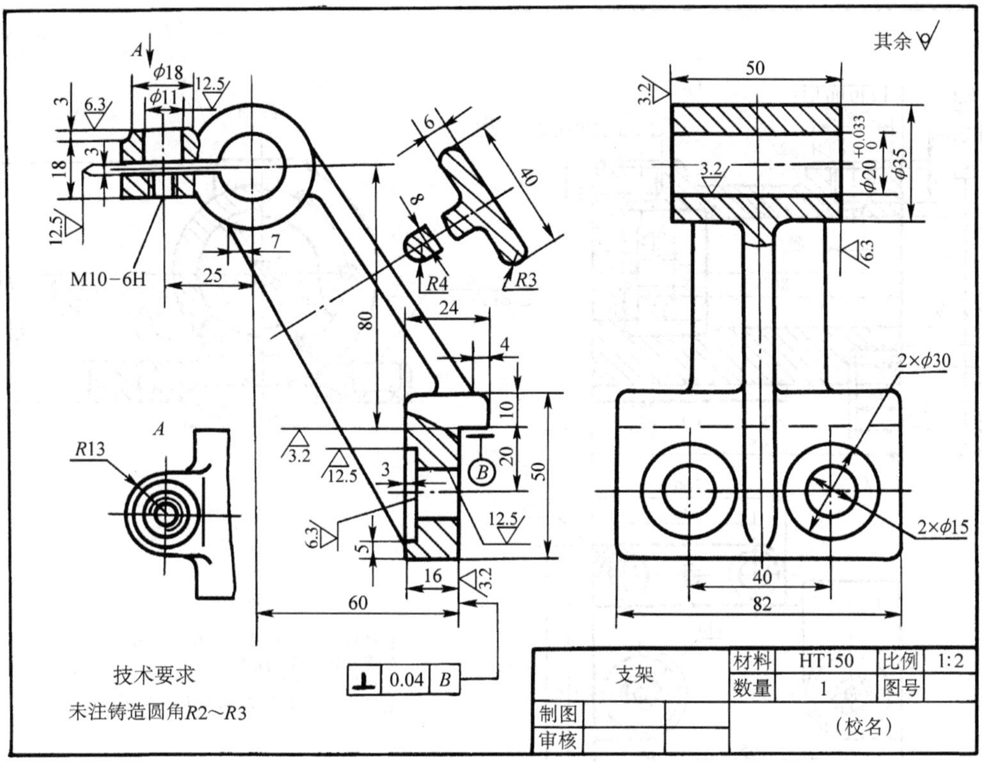

图 6-43　支架零件图

表 6-13　叉架类零件的结构特点和表达方法

结构特点	叉架类零件通常由工作部分、支承（或安装）部分及连接部分所组成，其上常有螺纹孔、肋、槽等结构
加工方法	毛坯一般为铸件或锻件，然后进行多种工序的加工
主视图选择	按零件的形状特征及工作位置来选择
视图表达方法	一般需要两个以上的视图来表达，零件的倾斜部分用斜视图或斜剖视图表达，常采用局部剖视图表达其内部结构，对于薄壁和肋板的断面形状常采用断面图来表达
尺寸标注	尺寸标注比较复杂。各部分的形状和相对位置的尺寸要直接标出。尺寸基准常选择安装基面、对称平面、孔的中心线和轴线

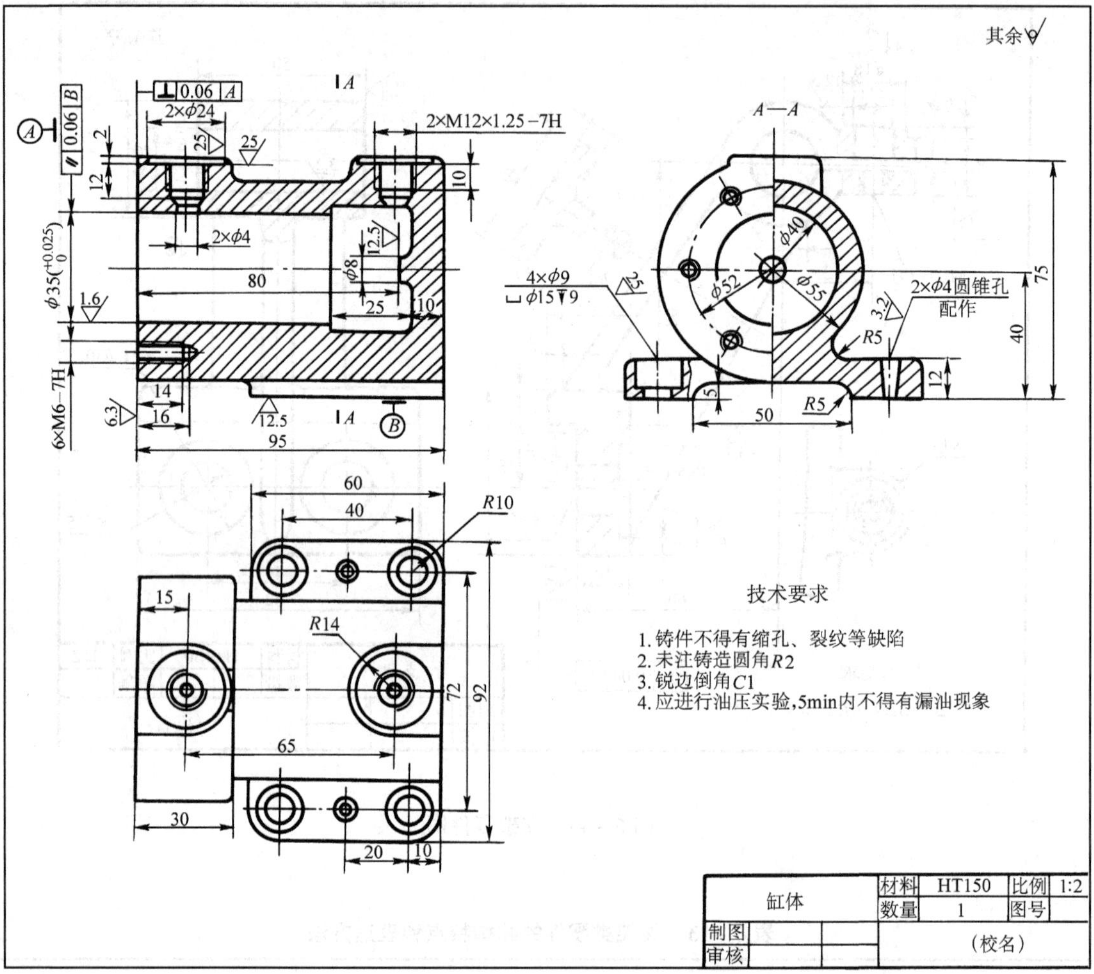

图 6-44 缸体零件图

表 6-14 箱体类零件的结构特点和表达方法

结构特点	箱体类零件主要起包容、支承其他零件的作用，常有内腔、轴承孔、凸台、肋、安装板、光孔、沉孔、螺纹孔等结构
加工方法	毛坯一般为铸件或焊接件，然后进行各种机械加工
主视图选择	主要按零件的形状特征和工作位置来选择
视图表达方法	一般需要两个以上的基本视图表达，采用通过主要支承孔轴线的剖视图表示其内部结构形状，一些局部结构常用局部视图、局部剖视图、断面图等表达
尺寸标注	长、宽、高三个方向的主要尺寸基准通常选用轴孔中心线、对称平面、结合面和较大的加工平面。定位尺寸较多，各孔的中心线（或轴线）之间的距离、轴承孔轴线与安装面的距离应直接注出

第四节　零件图的技术要求

一、概述

零件图是制造和检验零件的重要依据，零件图中除了图形和尺寸外，还需注明零件在制造和检验时应达到的技术要求，零件图上的技术要求的内容有：①零件表面粗糙度；②尺寸公差；③形状和位置公差；④热处理及表面镀涂层要求；⑤材料及零件加工、检测和测试要求；⑥其他特殊要求或说明。

技术要求在图样上注写的方式有三种：

1）尺寸公差、表面粗糙度、形位公差、热处理及材料应按有关技术要求标准的规定，用各种指定的代号、文字和字母注在图形上。

2）对无法注在图形上的内容，或需统一说明的内容，用文字逐条写在图纸下方的空白处。

3）对某些零件（如齿轮类传动件、弹簧）的重要参数，用表格形式写在图纸的右上角。

制订技术要求时应持慎重态度，应注意考虑经济性要求。

二、表面粗糙度

1. 表面粗糙度的概念及评定参数

（1）表面粗糙度的概念　表面粗糙度是指被加工的零件表面具有较小间距和峰谷所组成的微观几何形状特征。即经过机械加工后的零件表面，在微小区间内表面高低不平的程度。如图 6－45 所示。表面粗糙度是评定零件表面质量的重要指标之一，它对零件的配合质量、耐磨性、抗腐蚀性、抗疲劳度及密封性和外观都有影响。所以，应根据各表面的作用，恰当地选择表面粗糙度参数及其数值。

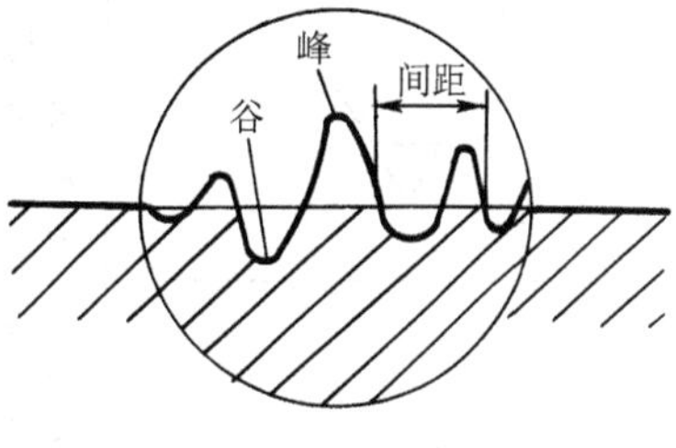

图 6－45　表面粗糙度

（2）表面粗糙度的评定参数

国家标准（GB/T 3505—2000）规定了评定表面粗糙度的主要参数有：轮廓算术平均偏差 R_a、微观不平度十点高度 R_z、轮廓最大高度 R_y。本节只介绍常用的轮廓算术平均偏差 R_a，表面粗糙度 R_a 数值与加工方法关系和应用举例，见表 6－15。

表 6－15　R_a 值与加工方法的关系及应用举例

R_a/μm	加工方法	应用举例
100 50 25 12.5	粗车、粗铣、粗刨、钻孔等	不重要的接触面，没有注出公差要求的非配合表面，如箱座底面、轴的端面、倒角、螺钉孔、键槽钉孔、键槽的非工作表面等
6.3 3.2 1.6	精车、精铣、精刨、粗磨、铰孔等	较重要的接触面和一般配合表面，如定心的轴肩、键和键槽的工作表面、轴套及齿轮的端面等

（续）

$R_a/\mu m$	加工方法	应用举例
0.8 0.4 0.2	精磨、精铰、抛光等	要求较高的接触面和配合面，如导轨表面、圆锥销孔、齿轮工作表面等
0.1 0.05 0.025 0.012	研磨、超精度、镜面磨等	高精度、高速运动零件的配合表面、重要的装饰面、精密量具的工作表面，高速滚动轴承的滚珠及滚柱表面等

2. 表面粗糙度代号、符号

（1）表面粗糙度符号　国标 GB/T 131—1993 规定了表面粗糙度代号及注法。图样上表示零件表面粗糙度的符号见表 6－16。

表 6－16　表面粗糙度的符号

符号	意义及说明	符号尺寸
	基本符号，表示表面可用任何方法获得，当不加注粗糙度参数值或有关说明（例如：表面处理、局部热处理状况等）时，仅适用于简化代号标注	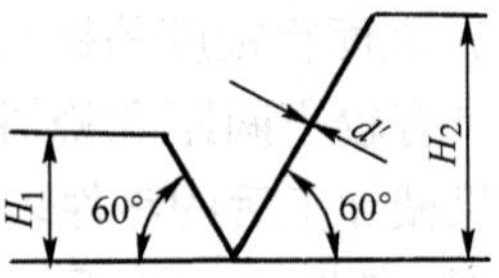 h：字体高度 $d'=h/16$ $H_1=1.4h$ $H_2=2H_1$ 常用 H_1、H_2 参数如下： H_1：3.5，5，7，10 H_2：8，11，15，21
	基本符号加一短划，表示表面是用去除材料的方法获得。例如：车、铣、钻、磨、剪切、抛光、腐蚀、电火花加工、气割等	
	基本符号加一小圆，表示表面是用不去除材料的方法获得。例如：铸、锻、冲压变形、热轧、冷轧、粉末冶金等；或者是用于保持原供应状况的表面（包括保持上道工序的状况）	
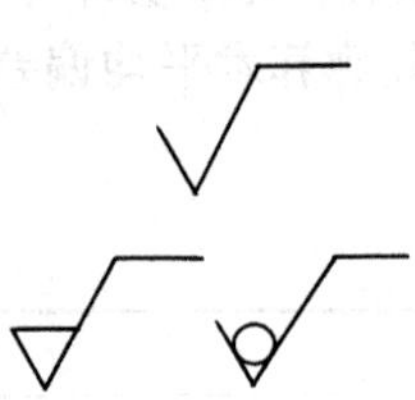	在上述三个符号的长边上均可加一横线，用于标注有关参数和说明	
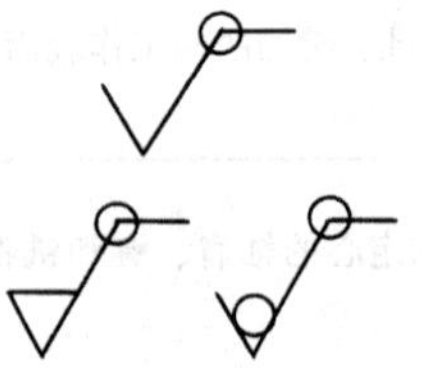	在上述三个符号上均可加一小圆，表示所有表面粗糙度要求	

H_1	3.5	5	7	10
H_2	8	11	15	21

（2）表面粗糙度代号　在表面粗糙度符号的基础上，注上表面特征及有关规定项目后即组成了表面粗糙度的代号，表面粗糙度的代号和表面粗糙度高度参数轮廓算术平均偏差 R_a 的标注见表 6－17。

表 6－17　表面粗糙度代号及 R_a 值的标注

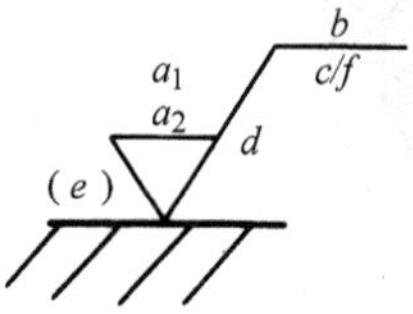

a_1、a_2—粗糙度高度参数代号及其数值（单位：μm）；
b—加工要求、镀覆、涂覆、表面处理或其他说明等；
c—取样长度（单位：mm）或波纹度（单位：μm）；
d—加工纹理方向符号；
e—加工余量（单位：mm）；
f—粗糙度间距参数值（单位：mm）或轮廓支撑长度率。

代　号	意　义	代　号	意　义
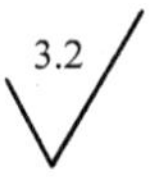	用任何方法获得的表面粗糙度，R_a 的上限值为 3.2μm	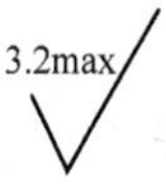	用任何方法获得的表面粗糙度，R_a 的最大值为 3.2μm
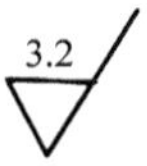	用去除材料方法获得的表面粗糙度，R_a 的上限值为 3.2μm		用去除材料方法获得的表面粗糙度，R_a 的最大值为 3.2μm
	用不去除材料方法获得的表面粗糙度，R_a 的上限值为 3.2μm		用不去除材料方法获得的表面粗糙度，R_a 的最大值为 3.2μm
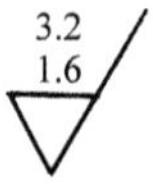	用去除材料方法获得的表面粗糙度，R_a 的上限值为 3.2μm，R_a 的下限值为 1.6μm	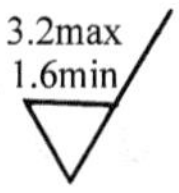	用去除材料方法获得的表面粗糙度，R_a 的最大值为 3.2μm，R_a 的最小值为 1.6μm

当然，图中的有关规定项目并不是在所有表面上都注出，如加工方法等只是在实际需要时才进行标注。

3. 表面粗糙度在图样上的标注

表面粗糙度在图样上的标注示例，见表 6－18。

表 6－18　表面粗糙度在图样上的标注示例

规　　定	图　　例
符号、代号一般注在可见轮廓线、尺寸界线、引出线或它们的延长线上，并尽可能靠近有关尺寸线	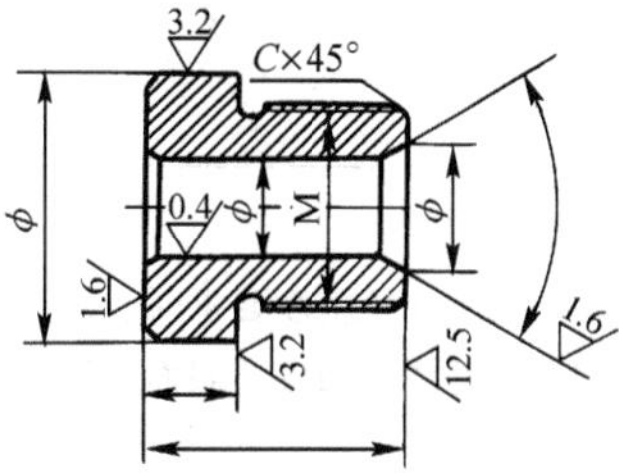
符号的尖端必须从材料外指向表面	
代号中数字方向应与尺寸数字的方向一致	

（续）

规　　定	图　　例
在倾斜轮廓线上标注代号时，应注意代号方向（无论任何角度的符号，在它旋转到水平位置时，应与基本符号一致）	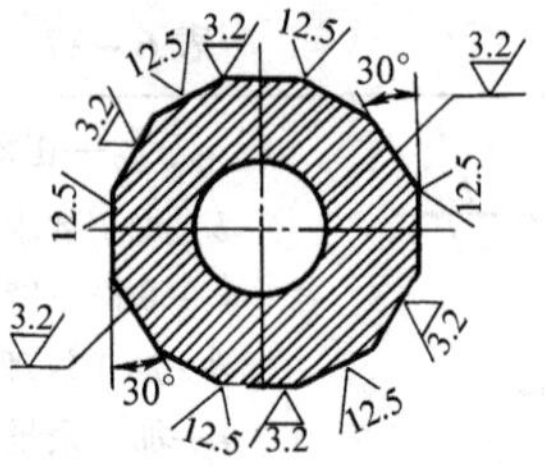
在指引线上的横线上标注有关参数，应与尺寸数字方向一致，符号可以引出标注	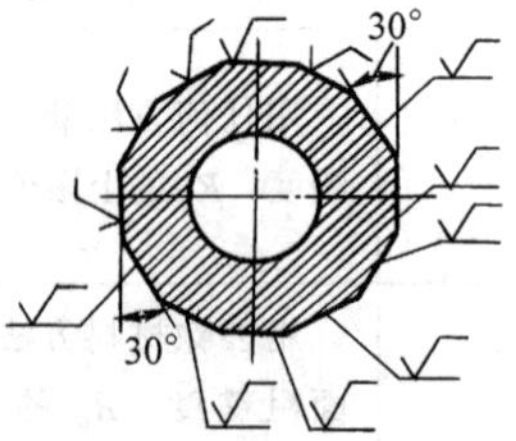
图上位置狭小或不便标注时，代号可以引出标注	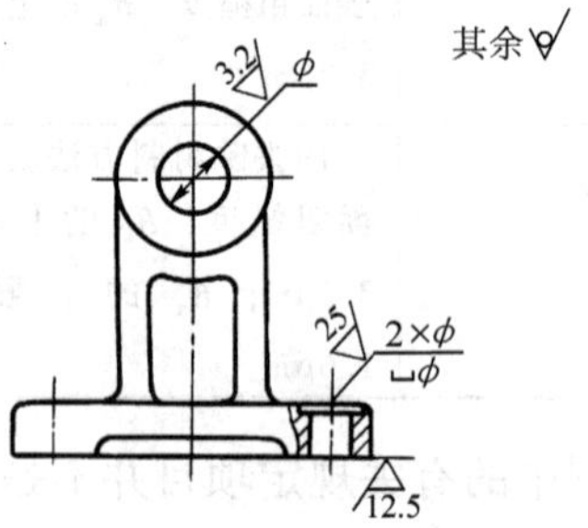
当零件的大部分表面具有相同的表面粗糙度要求时，对其中使用最多的一种符号、代号可以统一注在图样的右上角，并加注“其余”两字，代（符）号的大小应是图形上其他代号的 1.4 倍	
当零件所有表面具有相同的表面粗糙度要求时，其符号、代号可在图样的右上角统一标注	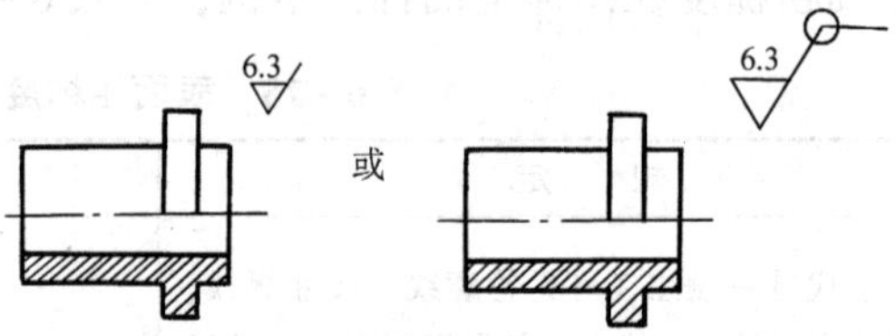
同一表面上有不同的表面粗糙度要求时，须用细实线画出其分界线，并注出相应的表面粗糙度代号和尺寸	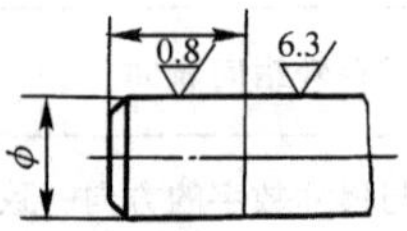

（续）

规　　定	图　　例
采用简化代号，并在标题栏附近说明简化代号的意义	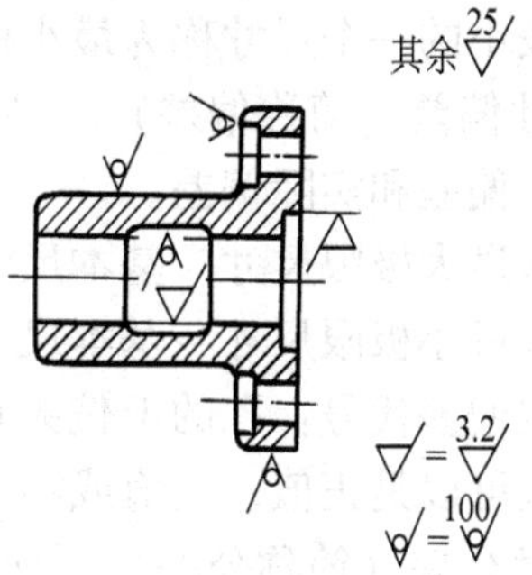 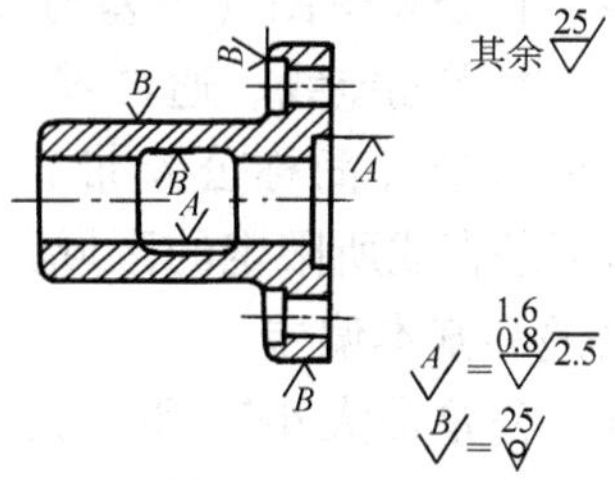

三、公差与配合

1. 互换性的概念

从一批规格大小相同的零件中，任取其中一件，不经选择和修配，就能顺利地装配成符合使用要求的产品，零件的这种特性称为互换性。互换性是现代化大量或成批生产的工业产品必备的基本性质。公差与配合制度是实现互换性的必要条件。

2. 公差与配合的定义及有关术语

零件在实际生产过程中由于受到机床、刀具、夹具、量具和操作者技术水平等诸多因素的影响，加工完一批零件的实际尺寸总存在一定的误差，为了保证零件能正确使用并具有互换性，必须将零件的尺寸控制在允许的变动范围内（允许零件尺寸有一个变动量），这个允许的尺寸变量称为尺寸公差（简称公差）。下面以图 6-46 为例，说明有关公差的术语及定义。

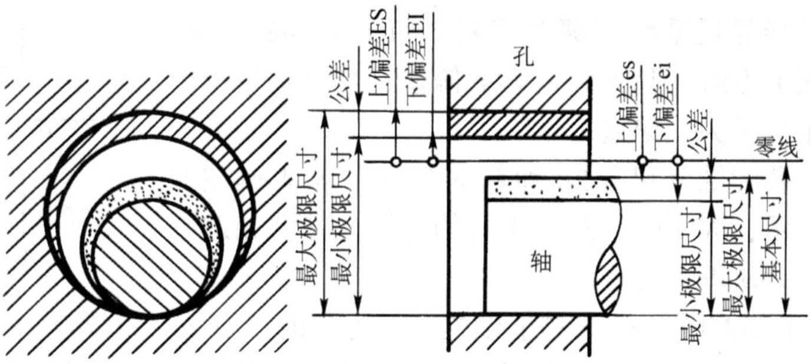

图 6-46　公差与配合的有关术语和定义

(1) 基本尺寸　设计给定的尺寸。即零件图上标注的尺寸。

(2) 实际尺寸　通过测量所得到的尺寸。

(3) 极限尺寸　允许零件实际尺寸变化的两个极限值。其中较大的一个尺寸称为最大极限尺寸，较小的一个尺寸称为最小极限尺寸。

(4) 尺寸偏差（简称偏差）　某一个极限尺寸减去基本尺寸所得的代数差。尺寸偏差有上偏差和下偏差和实际偏差。

上偏差 = 最大极限尺寸 - 基本尺寸

下偏差 = 最小极限尺寸 - 基本尺寸

国标规定偏差代号：孔的上偏差用 ES、下偏差用 EI 表示；轴的上、下偏差分别用 es、ei 表示。偏差可以是正值、负值或零。

(5) 尺寸公差（简称公差）　允许尺寸的变动量。公差始终是正值。

即：公差 = 最大极限尺寸 - 最小极限尺寸 = 上偏差 - 下偏差

(6) 零线　在公差带图（公差与配合图解）中，确定偏差的一条基准直线，即零偏差线。通常零线表示基本尺寸。

(7) 尺寸公差带（简称公差带）　在公差带图中，由代表上、下偏差的两条直线所限定的区域，如图 6 - 47 所示。

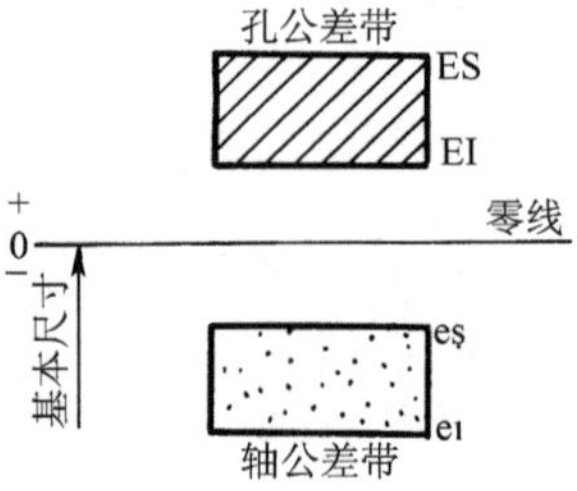

图 6 - 47　公差带图

3. 标准公差和基本偏差

公差带由“公差带大小”和“公差带位置”这两个要素组成。“公差带大小”由标准公差确定，“公差带位置”由基本偏差确定。

(1) 标准公差和公差等级　标准公差的数值由基本尺寸和公差等级来决定。其中公差等级确定尺寸的精确程度。国家标准将标准公差分为 20 个等级：IT01、IT0、IT1、IT2、……、IT18。IT 是标准公差的英文缩写，数字表示公差等级。从 IT01 至 IT18，公差等级依次降低，即尺寸精度依次降低，而相应的标准公差值则依次增大。

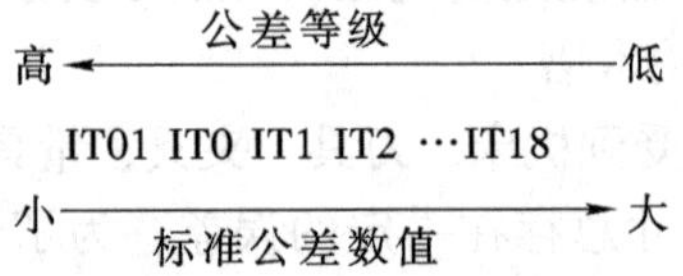

标准公差的具体数值见附表 V。

(2) 基本偏差　基本偏差是指两个极限偏差中距零线较近的那个偏差，一般指靠近零线的那个偏差。如图 6 - 48 所示，当公差带位于零线上方时，基本偏差为下偏差，当公差带位于零线下方时，基本偏差为上偏差。

国家标准规定孔和轴分别有 28 种基本偏差，基本偏差的代号用拉丁字母表示，大写的为孔，小写的为轴。基本偏差系列见图 6 - 49 所示。从图中可看出：

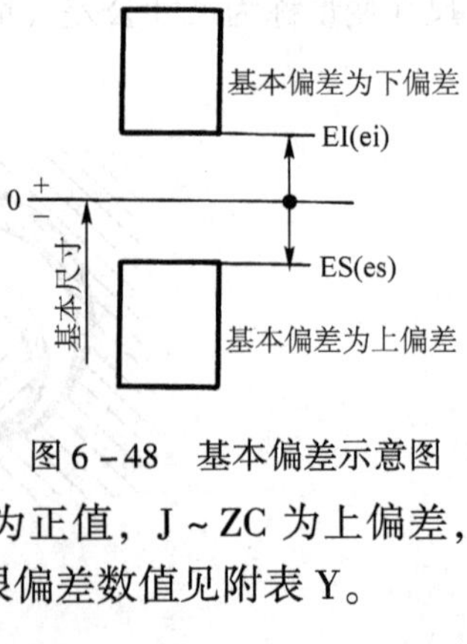

图 6 - 48　基本偏差示意图

1) 在轴的基本偏差中，a ~ h 是上偏差，且为负值，j ~ zc 为下偏差，且为正值；在孔的基本偏差中，A ~ H 为下偏差，且为正值，J ~ ZC 为上偏差，且为负值。常用轴的基本偏差数值见附表 U，优先配合中轴的极限偏差数值见附表 Y。

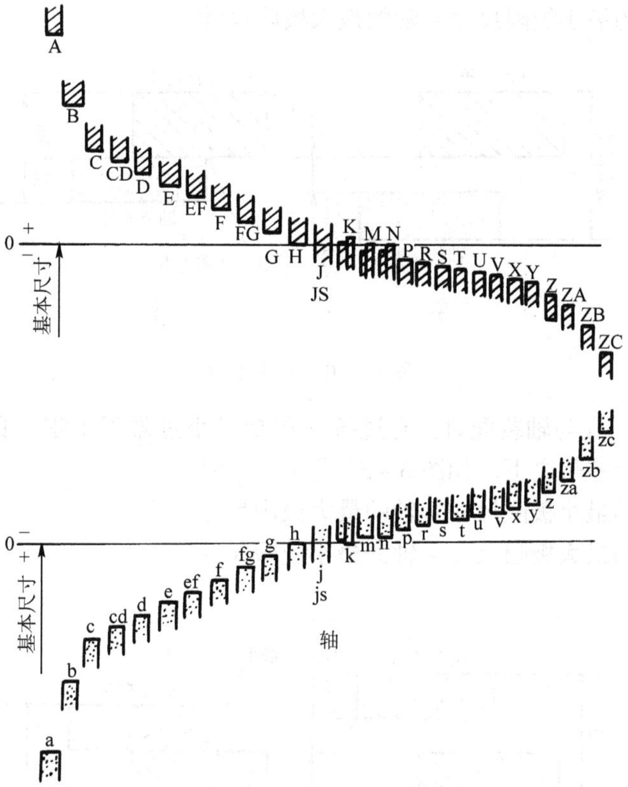

图 6－49　基本偏差系列

2）孔 JS 和轴 js 的公差带对称分布于零线的上下侧，其上、下偏差分别都是（＋IT/2）、（－IT/2）。常用孔的基本偏差数值见附表 V，优先配合中孔的极限偏差数值见附表 Z。

3）孔 H 和轴 h 的基本偏差均为 0。

基本偏差系列图只表示公差带的位置，而公差带的大小取决于各级标准公差的大小，所以另一端是开口的。

孔和轴的公差带代号用基本偏差代号与公差等级代号组成。例如：

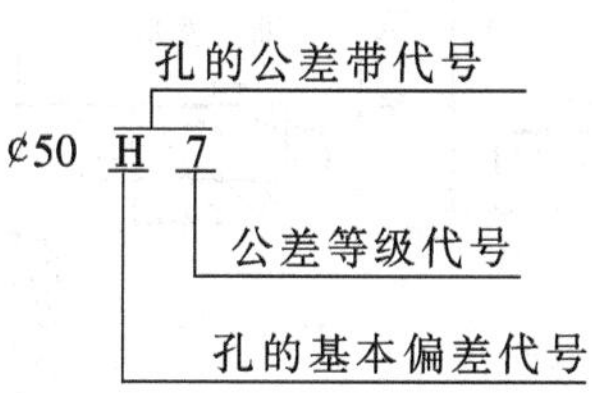

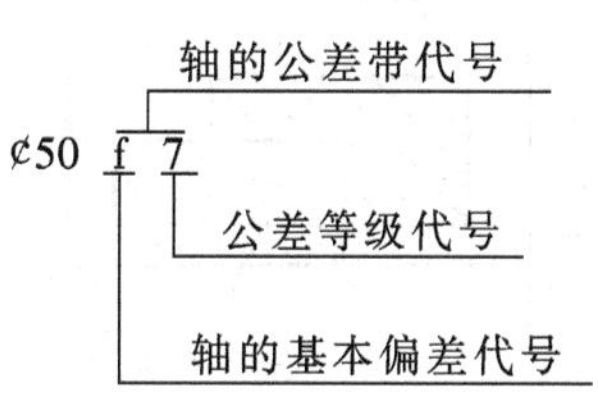

4. 配合

基本尺寸相同的、相互结合的孔和轴的公差带之间的关系称为配合。根据孔、轴之间使用的要求不同，孔与轴之间的配合有松有紧，因而国标规定：配合可分为间隙配合、过盈配合和过渡配合三种。

（1）间隙配合　孔与轴装配时，有间隙（包括最小间隙等于零）的配合。间隙配合中孔的公差带在轴的公差带之上。如图 6－50 所示，此时

最大间隙＝孔的最大极限尺寸－轴的最小极限尺寸

最小间隙 = 孔的最小极限尺寸 - 轴的最大极限尺寸

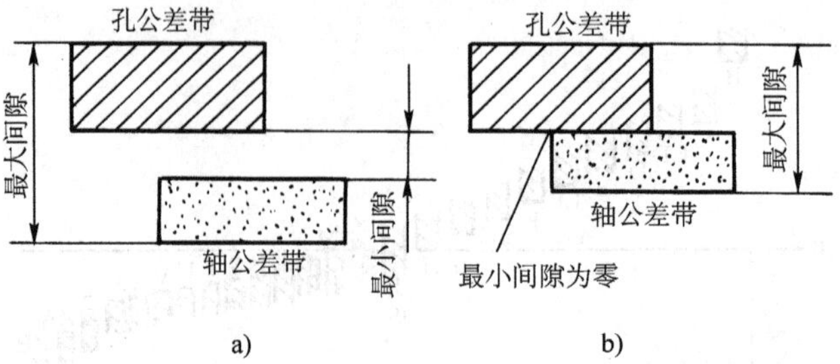

图 6 - 50　间隙配合

（2）过盈配合　孔与轴装配时，有过盈（包括最小过盈等于零）的配合。过盈配合中孔的公差带在轴的公差带之下。如图 6 - 51 所示，此时

最大过盈 = 孔的最小极限尺寸 - 轴的最大极限尺寸

最小过盈 = 孔的最大极限尺寸 - 轴的最小极限尺寸

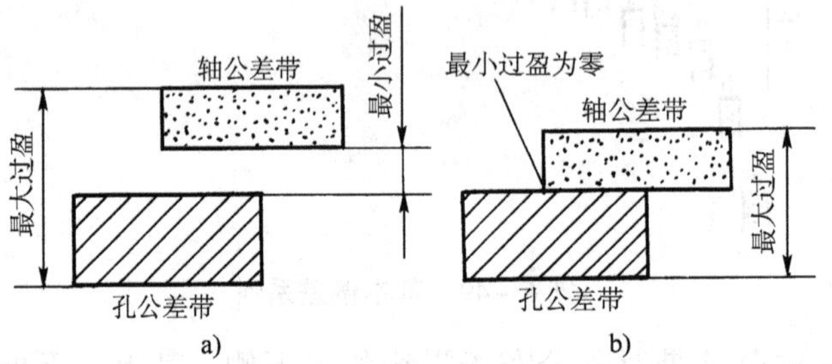

图 6 - 51　过盈配合

（3）过渡配合　孔与轴装配时，可能有间隙或过盈的配合。此时，孔的公差带与轴的公差带互相交叠，如图 6 - 52 所示。

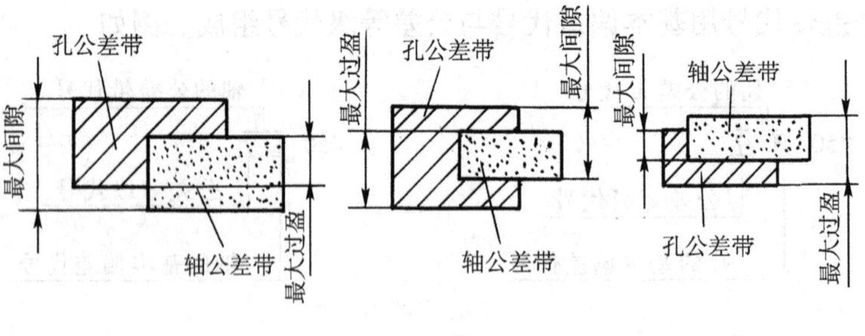

图 6 - 52　过渡配合

5. 基准制

国家标准规定了两种基准制。

（1）基孔制　基本偏差为一定的孔的公差带与不同基本偏差的轴的公差带形成各种配合

的一种制度，如图 6-53a 所示。基孔制中的孔称为基准孔，基本偏差代号为 H 下偏差为零。基孔制优先、常用配合见附表 W。

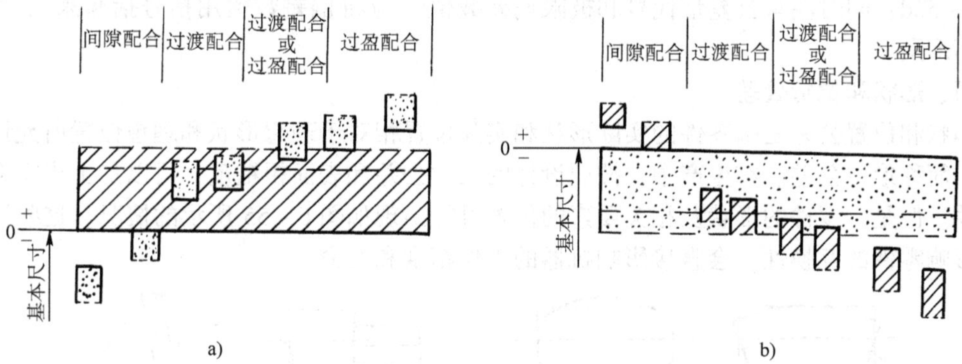

图 6-53　基孔制和基轴制

a）基孔制配合的公差带图　b）基轴制配合的公差带图

（2）基轴制　基本偏差为一定的轴的公差带与不同基本偏差的孔的公差带形成各种配合的一种制度，如图 6-53b 所示。基轴制中的轴称为基准轴，基本偏差代号为 H，上偏差为零。基轴制优先、常用配合见附表 X。

基孔制和基轴制都可以实现三种不同的配合。由于加工相同公差等级的孔比轴要困难，因此，一般情况下优先选用基孔制。

6. 公差与配合在图样上的标注

（1）在装配图上的标注　采用组合式注法，如图 6-54a、b 所示。

标注格式如下：

$$\text{基本尺寸}\frac{\text{孔公差带代号}}{\text{轴公差带代号}}\text{或基本尺寸孔公差带代号/轴公差带代号}$$

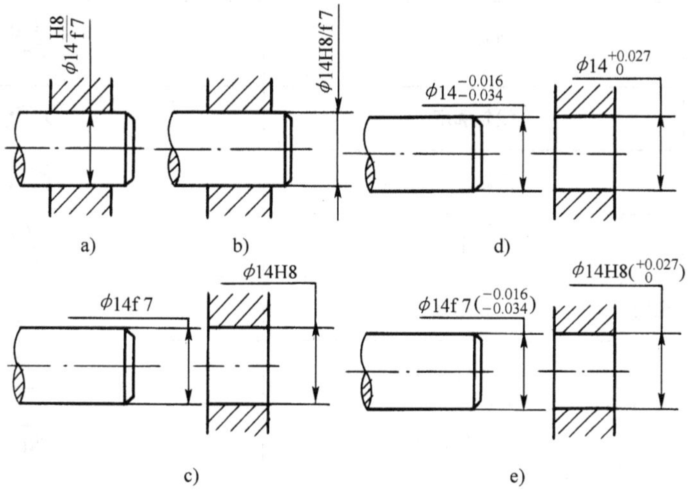

图 6-54　公差与配合在图样上的标注

a）在装配图上的注法之一　b）在装配图上的注法之二　c）在零件图上的注法之一

d）在零件图上的注法之二　e）在零件图上的注法之三

(2) 在零件图上的标注　在零件图上标注公差的方法有三种形式：只注公差带代号（适用于大批量生产），如图 6－54c 所示；只注极限偏差数值（适用于单件小批量生产），如图6－52d；同时注写公差带代号和极限偏差数值（应将偏差数值用括号括起来），如图 6－54e 所示。

四、形状和位置公差

形状和位置公差是指零件的实际形状和实际位置相对于理想形状和理想位置所允许的变动量，简称形位公差。在生产中，按照设计的尺寸公差和表面粗糙度，可以加工出符合要求的零件。但是，零件的形状及相关要素的位置可能出现如图 6－55 所示的情况。这些误差有时会影响零件的互换性，会直接影响机器的工作精度和寿命。

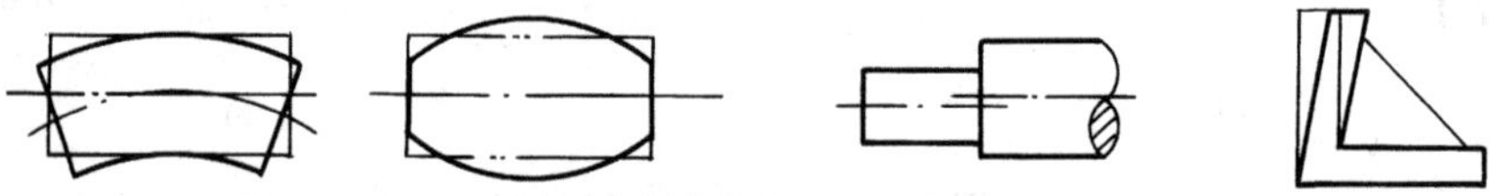

a)　　b)　　c)　　d)

图 6－55　形状误差与位置误差

a) 形状误差之一　b) 形状误差之二　c) 位置误差之一　d) 位置误差之二

1. 形位公差的项目、符号

国家标准 GB/T 1182—1996 规定：形位公差共分 14 项。其项目名称、符号见表 6－19。

表 6－19　形位公差项目和符号（摘自 GB/T 1182—1996）

类　别		项　　目	符　　号
形状公差		直线度	—
		平面度	⏥
		圆度	○
		圆柱度	⌭
形状或位置公差		线轮廓度	⌒
		面轮廓度	⌓
位置公差	定向	平行度	//
		垂直度	⊥
		倾斜度	∠
	定位	位置度	⌖
		同轴（同心）度	◎
		对称度	⌯

（续）

类别	项目		符号
位置公差	跳动	圆跳动	↗
		全跳动	⌰

2. 形状和位置公差的注法

根据国家标准（GB/T 1182—1996）规定，在图样上标注形位公差，必须采用代号进行标注，代号由公差项目符号、框格、指引线、公差数值及其他内容组成。当无法采用代号标注时，允许在技术要求中用文字说明。

（1）框格　框格用细实线画出，由两格或多格组成，一般将框格水平放置或垂直放置，水平放置时，从左至右，第一格是形位公差项目符号，第二格是形位公差数值和有关符号，第三格及以后各格是基准代号和字母。框格的高度是图样中字体高度的2倍，长度按需要确定，框格中的字母和数字高度与图样中的字体高度相同，如图6－56所示。

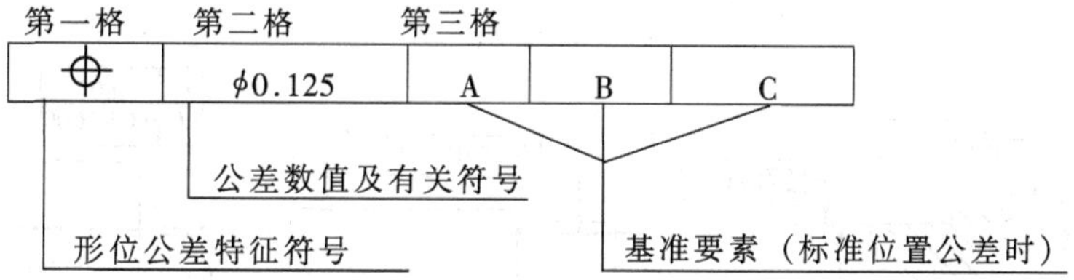

图6－56　公差框格

（2）被测要素　用带箭头的指引线，将框格与被测要素相连。指引线的箭头指向被测要素的公差带的宽度方向或直径方向。如果被测要素是表面或直线时，指引线的箭头应指向该要素的轮廓线或其延长线上，并与该要素的尺寸线错开，如图6－57a所示。如果被测要素是轴线、球心或对称中心面时，指引线的箭头应与对应的尺寸线对齐，如图6－57b所示。

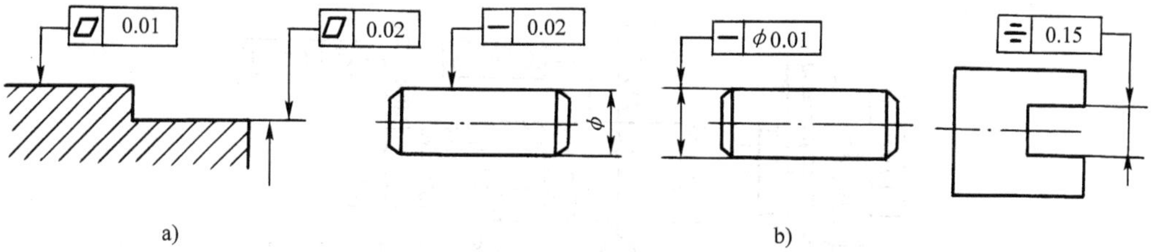

图6－57　被测要素的标注

（3）基准要素及基准的标注　基准要素由带小圆的大写字母（基准字母）用细实线和粗短画线（基准符号）相连组成，粗短画线宽度约为粗实线的2倍，长度为5～10mm。如图6－58所示。

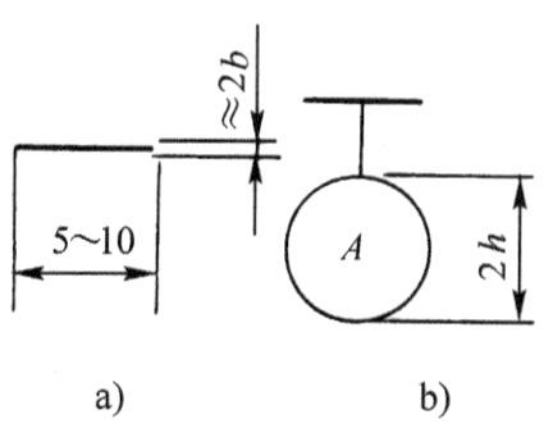

图6－58　基准要素

当基准要素为表面或直线时，基准符号应靠近该要素的轮廓线或延长线标注，并与该要素的尺寸线错开，如图6－59a所示。当基准要素为轴线、中心平面及球心时，基准符号应与该要素的尺寸线对齐，如图 6－59b 所示。

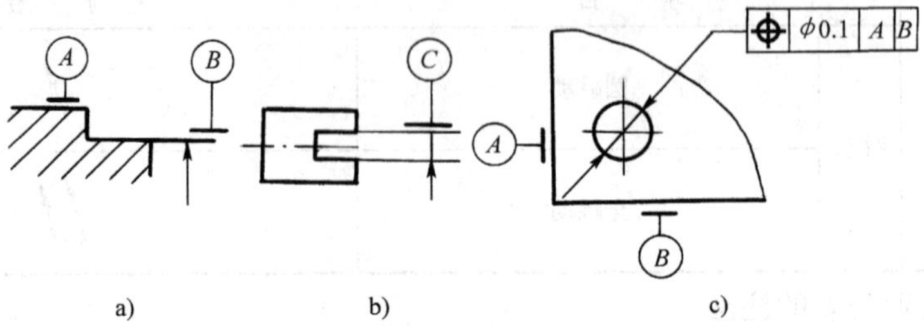

图 6－59　基准的标注

（4）公差数值　形位公差数值，如无特殊说明，一般指被测要素全长上的公差值。当被测部位仅为被测要素的某一部分时，应采用细实线画出被测量的范围，并注出范围的尺寸，如图 6－60a、b 所示。

当同一要素的公差值在全部被测要素内的任一部分有限制时，应采用分数形式标注，如图 6－60c 所示。分母表示任意限定长度上的公差要求（0.05/1000），分子表示全长上的公差值（0.07）。

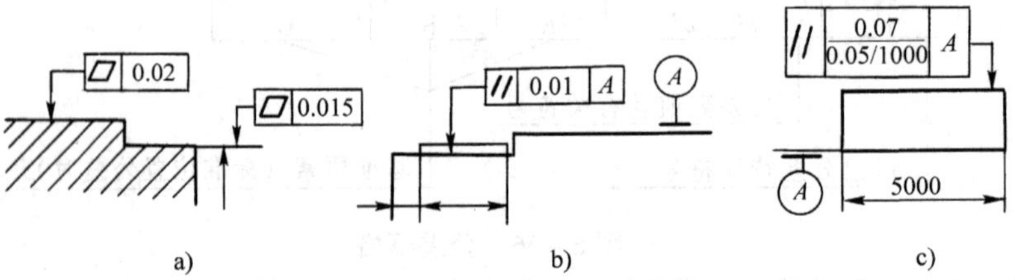

图 6－60　形位公差数值的标注

3. 形位公差标注实例

图 6－61 表示在零件图上标注形位公差的实例。

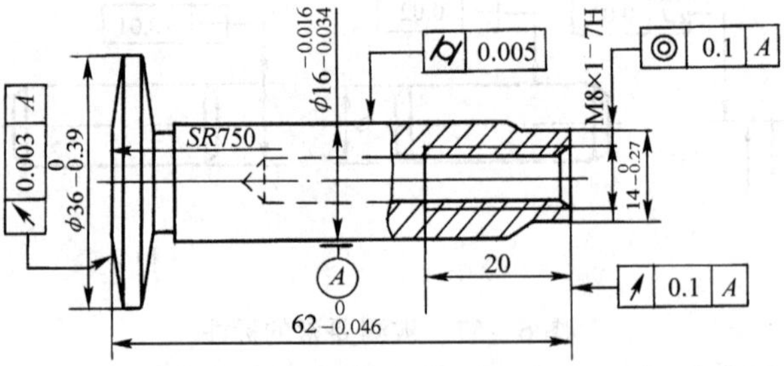

图 6－61　形位公差综合标注实例

第五节　读 零 件 图

根据零件图想像出零件的内外结构形状，搞清零件的全部尺寸和技术要求等，以便指导生产和解决生产实际中的有关技术问题，这就要求工程技术人员必须具有阅读零件图的能力。

一、读零件图的要求

1）了解零件的名称、材料及用途。

2）了解零件各部分的结构形状、功用，以及它们之间的相对位置及大小。

3）了解零件的制造方法和技术要求。

二、阅读零件图的方法与步骤

以图 6 - 62 所示的齿轮泵盖为例，说明阅读零件图的方法和步骤。

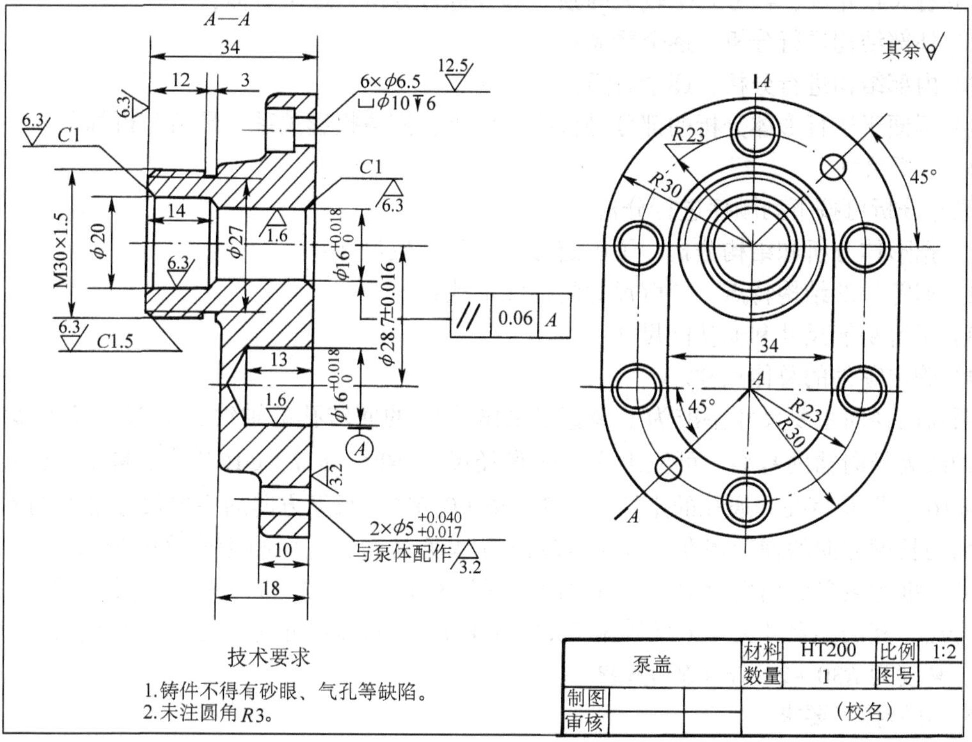

图 6 - 62　泵盖零件图

1. 看标题栏，概括了解

从标题栏可以了解零件的名称、材料、数量、图样的比例等，根据零件的类型，了解加工方法及作用。即：泵盖，由 HT200 材料制成，绘图的比例为 1∶1。

2. 分析视图

分析视图就是分析零件的具体表达方案，以弄懂零件各部分的形状和结构。

开始看图时，必须先找出主视图，然后看用多少个视图和用什么表达方法，以及各个视图间的关系，搞清楚表达方案，为进一步看懂零件图打好基础，可按下列顺序进行分析：

1）确定主视图；

2）确定其他视图、剖视图、断面图等的名称、相互位置和投影关系；

3）有剖视图、断面图的地方要找出剖切面的位置；

4）有局部视图、斜视图的地方，要找到投影部位的字母和表示投影方向的箭头；

5）有无局部放大图和简化画法。

泵盖零件由主视图和左视图组成。主视图采用旋转剖的全剖视图（*A—A*），剖切平面的位置见左视图；左视图表示泵盖上左边有六个均布的直径为 $\phi10$ 孔，两个直径为 $\phi5$ 的销孔，其具体位置见左视图。

3. 进行形体分析、线面分析和结构分析

进行形体分析和线面分析是为了更好地搞清楚投影关系和便于综合想象出整个零件的形状。可按下列顺序进行分析：

1）看大致轮廓，再分几个较大的独立部分进行分析，逐个看懂；

2）外部结构进行分析，逐个看懂；

3）内部结构进行分析，逐个看懂；

4）不便于进行形体分析的部分进行线面分析，搞清投影关系，最后分析细节。

4. 分析尺寸

尺寸分析可按下列顺序进行分析：

1）据形体分析和结构分析，了解定形尺寸和定位尺寸；

2）据零件的结构特点，了解尺寸的标注形式；

3）了解功能尺寸和非功能尺寸；

4）确定零件的总体尺寸。

泵盖的径向主要尺寸基准为上部直径 $\phi16^{+0.018}_{0}$ 的回转孔的轴线，下部直径为 $\phi16^{+0.018}_{0}$ 的孔轴线为径向辅助基准。可注出通孔的直径尺寸 $\phi20$、$\phi27$、$\phi16^{+0.018}_{0}$、M30×1.5、盲孔直径 $\phi16^{+0.018}_{0}$ 及盲孔和通孔的定位尺寸 28.76 ± 0.016。长度方向的主要尺寸基准为右端面，左端面为长度方向的辅助基准。可注出泵盖的厚度为 34，左面凸缘的厚度为 12。宽度方向的尺寸基准为泵盖的前后对称面，可注出定形尺寸 *R*30、*R*23、34 等。尺寸标注形式大部分用综合法。其功能尺寸为 $\phi16^{+0.018}_{0}$ 和 28.76 ± 0.016；总体尺寸为长度 34、宽度为 $R30+R30=60$，高度为 $R30+28.76+R30=98.76$。

5. 分析技术要求

根据图形内、外的符号和文字注解，对表面粗糙度、尺寸公差、形位公差、材料热处理及表面处理等技术要求进行分析。

泵盖零件图中只有通孔和盲孔定形尺寸 $\phi16$ 有尺寸公差及形位公差要求，故该内圆面的表面粗糙度要求较高，R_a 为 1.6μm，右端面起轴向定位作用，表面粗糙度 R_a 为 3.2μm。图中还有文字说明的圆角尺寸。为保证通道和盲孔两轴孔的距离，对其定位尺寸 28.76 ± 0.016 提出了公差及平行度公差要求。

通过上述五个方面的分析，对零件的作用、形状结构和大小、加工检验要求都有了较清楚的了解，最后作进一步的归纳、总结，即可得出零件的整体形状，达到看图的目的。

第七章　装　配　图

装配图是表达机器、部件或组件的结构形状、装配关系、工作原理和技术要求的图样。在产品的设计过程中，一般先绘制出装配图，然后再根据装配图画出零件图，在产品的装配、检验、使用和维修中，也要以装配图提供的技术资料为依据。可以说，装配图在产品设计及生产使用的整个过程中起着非常重要的作用。

第一节　装配图的内容及其表达方法

一、装配图的作用和内容

图 7－1 是球心阀的装配轴测图，图 7－2 是它的装配图，一张完整的装配图应具有下列基本内容：

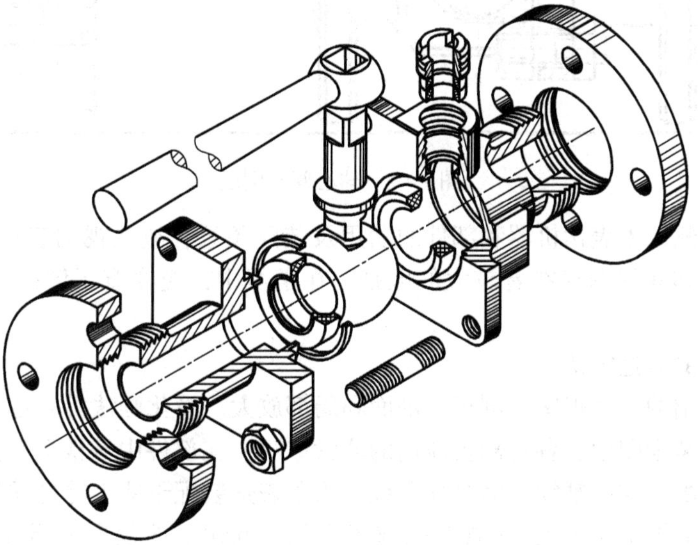

图 7－1　球心阀的组成

1）一组图形　用以表达机器或部件的工作原理、结构特征、各零件间的相对位置、装配和联接关系等。

2）必要的尺寸　用以表达机器或部件的规格、特性及装配、检验、安装时所需要的一些尺寸。

3）技术要求　用文字或符号说明机器或部件在装配、调试、检验、安装及维修、使用等方面的要求。

4）零件序号、明细栏和标题栏　说明机器或部件及其所包含的零件的名称、代号、材料、数量、图号、比例及设计、审核者的签名等。

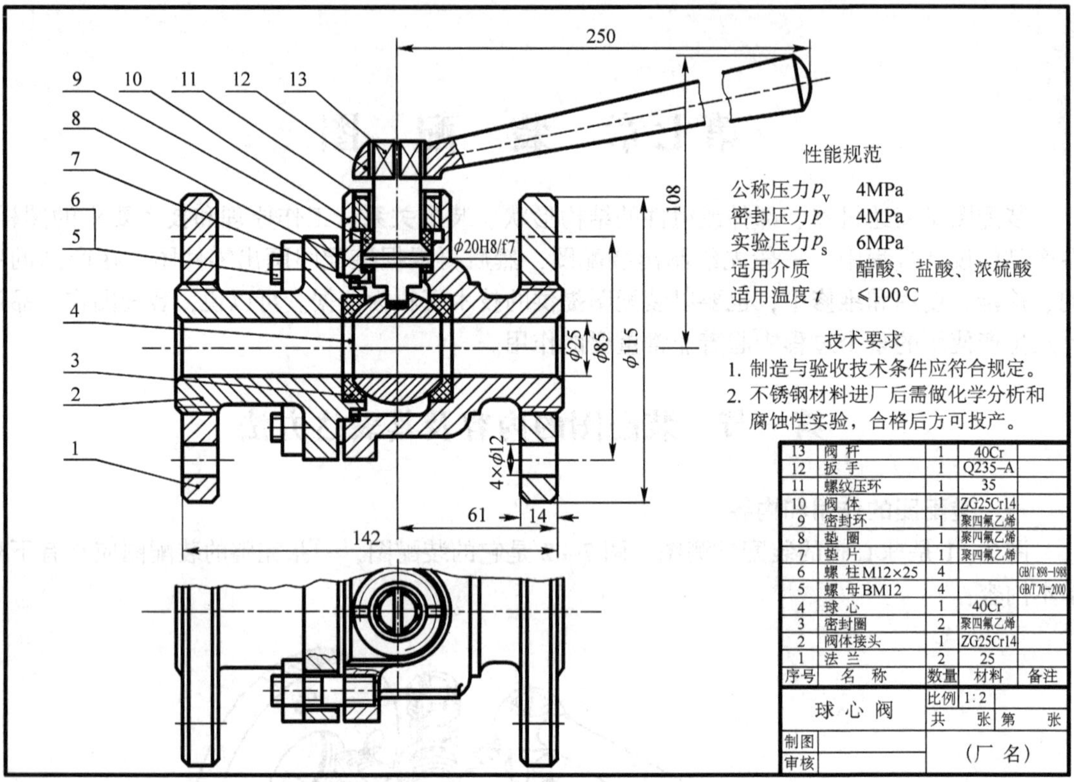

图7-2　球心阀装配图

由于装配图侧重于表达机器和部件的功用及装配关系，故在视图表达方法、尺寸标注、技术要求等方面和零件图存在着较大的区别，在学习中，应注意了解这两种图样的异同之处。

二、装配图的表达方法

第5章中介绍的各种视图、剖视、剖面和局部放大、简化画法等表达方法，都适用于装配图的表达。在装配图中，各种剖视应用的非常广泛。在部件中经常会有多个零件围绕着一条或几条轴线装配，这些轴线称为装配干线。为了表达装配干线上零件间的装配关系，通常采用剖视画法。如图7-2中，主视图采取了全剖，剖切平面包含了阀杆轴线，以及阀体、阀体接头、密封圈等零件的轴线。

因为装配图主要用来表达机器或部件的工作原理和装配、联接关系，所以除了前面所述的各种表达方法外，国家标准《机械制图》还对装配图提出了一些规定画法和特殊的表达方法。

1. 装配图的规定画法

（1）零件间接触面和配合面的画法　装配图中，零件间的接触面和两零件的配合面（如轴与轴承孔的配合面等）都只画一条线。不接触或不配合的表面（如相互不配合的螺钉与光孔等），即使间隙再小，也应画成两条线，如图7-3所示。

（2）剖面符号的画法

1）为了区别不同零件，在装配图中，相邻两金属零件的剖面线倾斜方向应相反。当三个零件相邻时，其中有两个零件的剖面线倾斜一致，但间隔不应相等，或使剖面线相互错开，如图 7－3 所示。

2）在整张装配图中，同一零件的剖面线倾斜方向和间隔应一致。

3）在图样中，宽度小于或等于 2mm 的狭小面积的剖面，允许将剖面涂黑来代替剖面线，如图 7－3 中垫片的画法。

(3) 剖视图中紧固件和实心零件的画法

在装配图中，对于紧固件和实心的轴、连杆、拉杆、球、钩子、键等零件，若按纵向剖切，且剖切平面通过其对称中心线或轴线时，这些零件按不剖绘制。如图 7－3 中的轴；当需要特别说明零件的构造，如凹槽、键槽、销孔等，则用局部剖视表示；如果剖切平面垂直于上述零件的轴线，则应在这些零件的断面上画剖面符号。

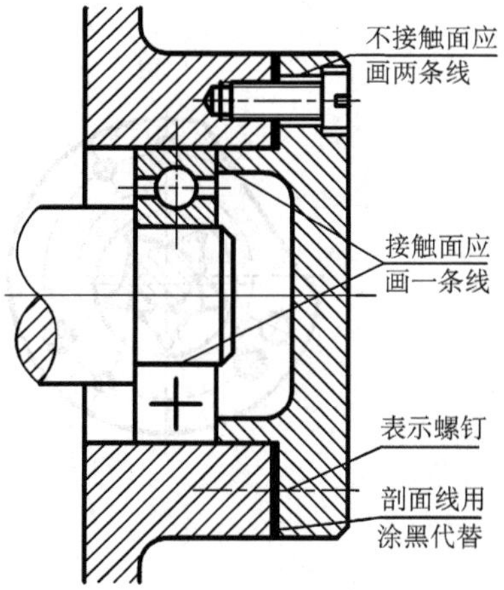

图 7－3　规定画法和简化画法

2. 装配图的特殊表达方法

(1) 沿结合面剖切和拆卸画法　为了清楚地表达部件的内部结构，可假想沿某些零件的结合面剖切，此时，零件的结合面不画剖面线，但被剖切的其它零件应画剖面线。如图 7－4 中 A－A 剖视图，就是沿着转子油泵泵体和泵盖的结合面剖切的，被剖切的螺栓和销则按规定画出剖面线。

当需要表达部件中被遮盖部分的结构，可假想拆去某一个或几个零件后再画图，在图 7－2 俯视图中即拆去了扳手，此处只拆不剖，不存在剖视问题。以上两种表达方法称为拆卸剖视和拆卸画法，拆卸画法中往往标注“拆去××等”。

(2) 简化画法

1）在装配图中，若干个相同的零件或零件组，如螺栓联接等，可详细地画出一处，其余的仅用细点画线表示其装配位置即可，如图 7－3 中的螺钉联接。

2）在装配图中，滚动轴承可以按简化画法或示意画法绘制，对油杯等标准产品，可以按不剖绘制。

3）在装配图中，零件的工艺结构、如拔模斜度、倒角、圆角等可以不画。

3. 夸大画法

装配图中的细小间隙，薄片等允许不按比例而适当地夸大画出，以明显表达这些结构。如图 7－3 中垫片的厚度，螺栓与螺栓孔之间的间隙，都采用了夸大画法。

4. 单独表示某个零件的视图

当某个零件的结构形状未表达清楚且对理解装配关系有影响时，可单独画出该零件的视图，但必须在视图上方注明该零件的名称或件号，在相应的视图附近用箭头指明投影方向，并注上同样的字母，如图 7－4 中的泵盖 *B* 向视图。

5. 假想画法

为了表达部件或机器的安装方法以及与其有装配关系的相邻零件，可将其相邻零部件的部分轮廓用双点画线画出，如图 7－4 所示，此时假想轮廓的剖面部分不画剖面线。对于部件或机器上的运动零件，在表达其运动范围或运动极限位置时，可用双点画线画出其另一极

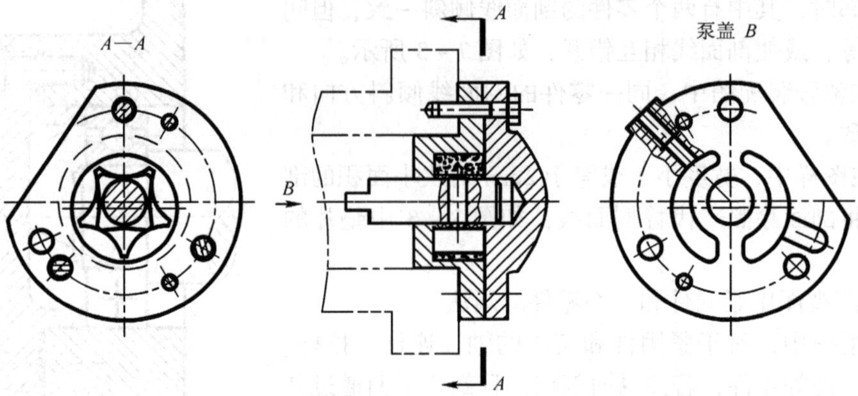

图 7－4　转子油泵

限位置的轮廓，如图 7－5 所示。

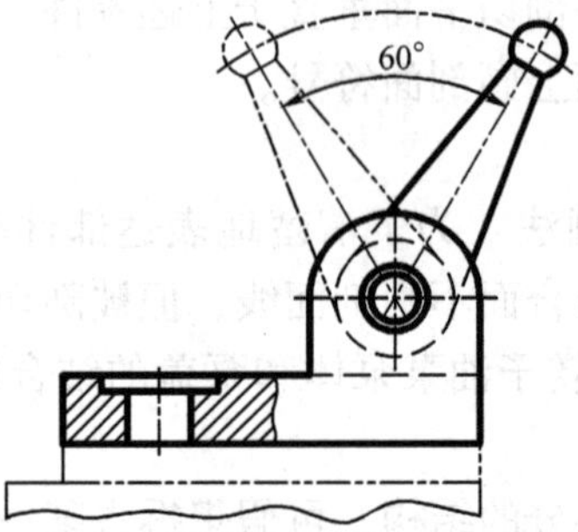

图 7－5　运动零件的极限位置

第二节　装配图的尺寸和技术要求

由于装配图不作为制造零件的直接依据，故在尺寸标注方面也不同于零件图，在装配图中不需要标注出零件的全部尺寸，只需标注下列几种必要的尺寸。

一、性能尺寸

说明机器或部件的性能或规格的尺寸，它是设计和选用产品的依据，如图 7－2 中阀孔的直径 $\phi 25$。

二、装配尺寸

表明机器或部件内部零件间装配关系的尺寸，主要包括配合尺寸、重要的相对位置尺寸、装配时需加工的尺寸等。如图 7－2 中的 $\phi 20\frac{H8}{f7}$、61、108 等。

三、安装尺寸

将机器或部件安装到基础上或其它工作位置时所需的尺寸，如图 7－2 中安装孔的孔径 $4\times\phi 12$ 及安装孔定位尺寸 $\phi 85$ 和 14 等。

四、外形尺寸

机器或部件的外形轮廓尺寸即总长、总宽和总高，其为产品在包装、运输和安装过程中所占据的空间大小提供了依据，如图 7－2 中 250、142、$\phi 115$ 等。

五、其他重要尺寸

它们是指此在设计时经过计算确定的尺寸。如运动零件的极限位置尺寸、主要零件的重要尺寸等。

应该指出的是，不一定每一张装配图都具有上述尺寸，有时同一尺寸可能具有多种作用，例如球阀中的尺寸 ϕ115，它既是外形尺寸，又与安装有关。因此，在实践中要根据具体情况进行分析，做到合理标注。

装配图中，对机器或部件在装配、检验、使用及维护等方面的技术要求，大多以文字的形式加以说明，注写在明细栏的上方或者左面。如图 7－2 中的“性能规范”和“技术要求”。

第三节　装配图中零部件的序号和明细表

为了便于看图以及图样管理和生产准备，在装配图中必须对每种零件或部件统一编写序号，并将其序号、名称等有关内容填写在明细栏内。

一、零部件序号

1. 一般规定

1）装配图中所有的零、部件都必须编写序号，但相同的零、部件只编写一个序号，且只标注一次，其数量在明细栏内注明。

2）装配图中零、部件的序号应与明细栏中的序号一致。

2. 零部件序号的编排方法

1）装配图中零、部件的序号由圆点、指引线、水平线或圆以及数字组成，其指引线、水平线和圆均用细实线绘制，表示序号的数字写在水平线上方或小圆内，其字高应比图中尺寸数字的高度大一号。

2）指引线应从所指零部件的可见轮廓内引出，并在其末端画一圆点，当所指部分不宜画出圆点时，可在指引线末端画出箭头以代替圆点，如图 7－6。

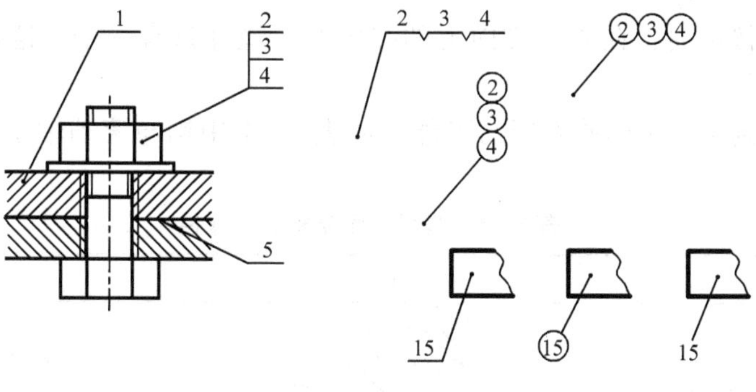

图 7－6　序号的编注形式

3）指引线应尽量均匀分布，相互之间不允许相交，且应避免和图中轮廓线或剖面线等图线重合或者平行，必要时可弯折一次。

4）对于一组紧固件釉及装配关系清楚的组件允许采用公共指引线，如图 7－6 所示。

5）图样中零部件的序号应按水平或垂直方向排列整齐，并按照顺时针方向或逆时针方向沿图形的外围顺次编号。

二、明细栏

明细栏是机器或部件中全部零件的详细目录，应画在标题栏上方并对齐，顺序地由下向上填写。如位置不够时，可在标题栏左方继续列表，若零件过多，在图中列不下明细栏时，也可另外用纸填写。制图作业中标题栏及明细栏的内容及格式见图 7－7。

对于标准件，应将其名称连同规格尺寸填写在名称栏内，在备注栏中写明标准代号，对于常用件应注明主要数据（如齿轮的模数、齿数等）。

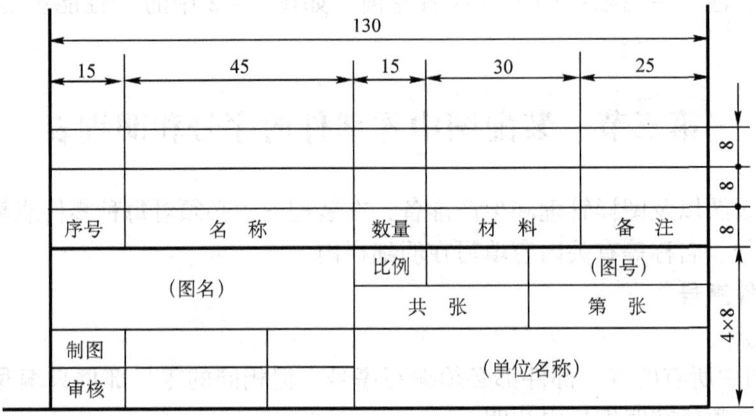

图 7－7　标题栏和明细表

第四节　装配结构的合理性简介

在设计和绘制装配图的过程中，应该考虑到装配结构的合理性，以保证机器和部件的性能，并给零件的加工和装拆带来方便，如表 7－1 图例所示。

1）当轴和孔配合时，要保证轴肩与孔的端面接触良好，应在孔的接触端面上制成倒角，或在轴肩根部切槽。

2）当两零件接触时，在同一方向上的接触面，最好只有一个，这样既可满足装配要求，制造也较方便。

3）必须考虑到零件装拆的方便与可能。如表 7－1 中销与滚动轴承的拆卸及螺钉的旋入。

表 7－1　常见装配结构的合理性

错　误	正　确	正　确
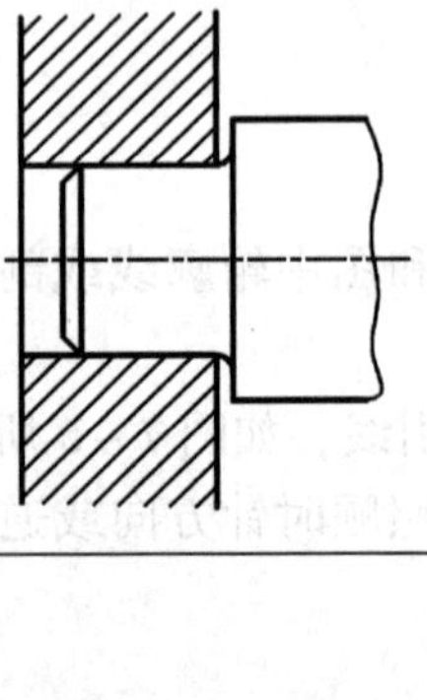	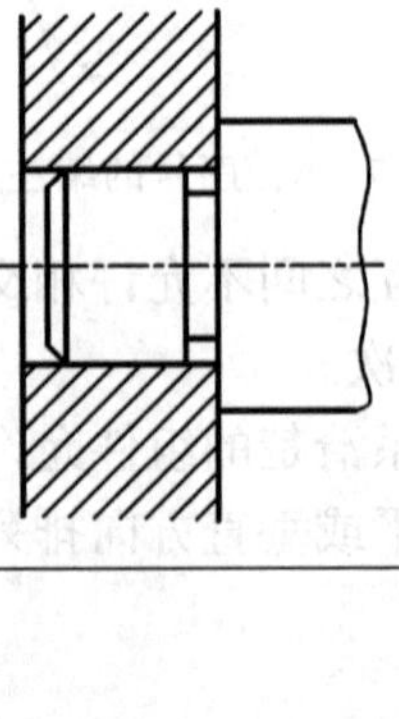	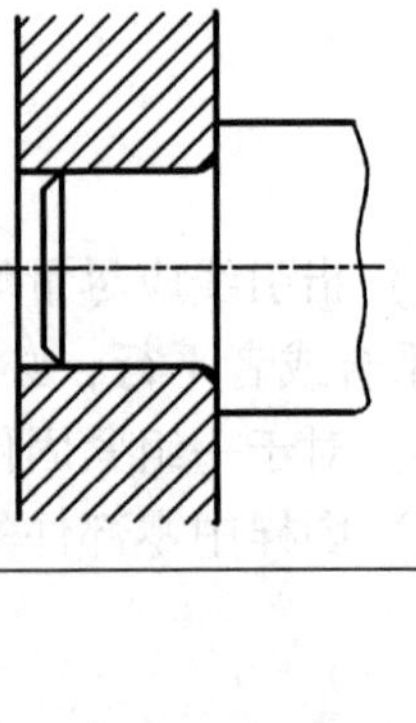

（续）

	错　误	正　确	正　确
错误	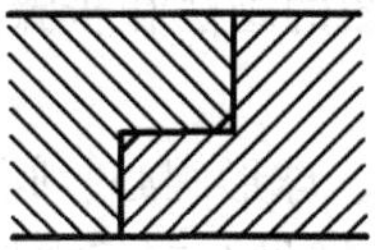	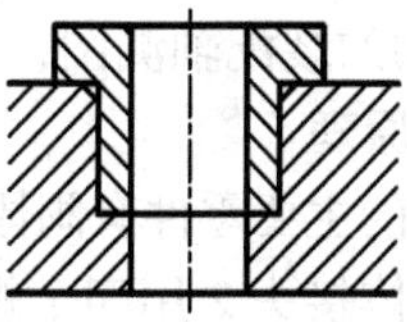	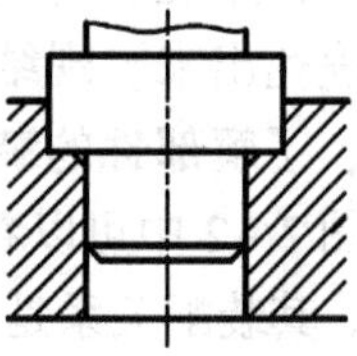
正确	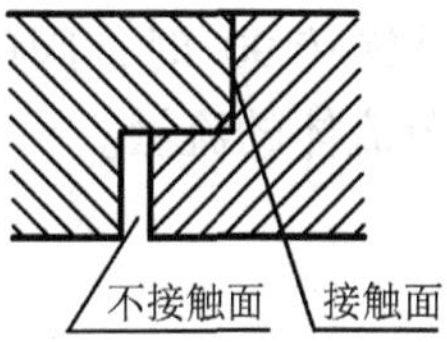	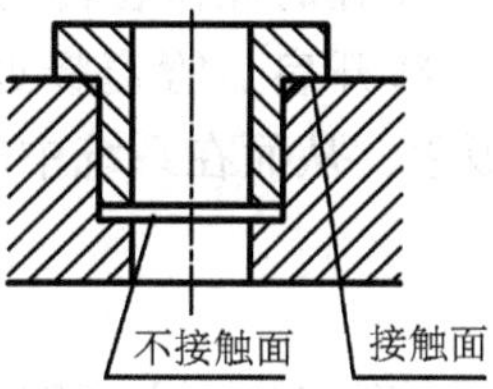	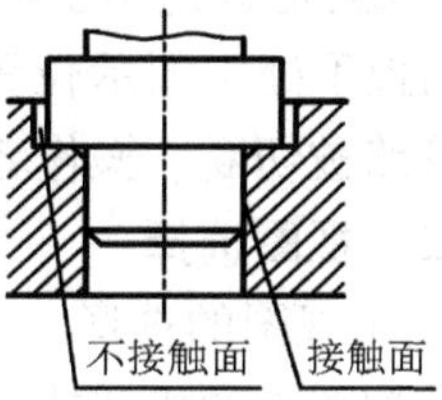
错误	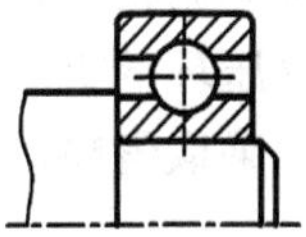	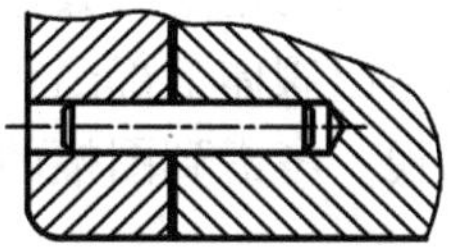	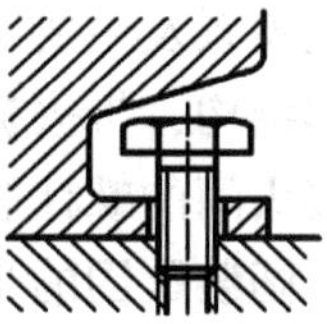
正确	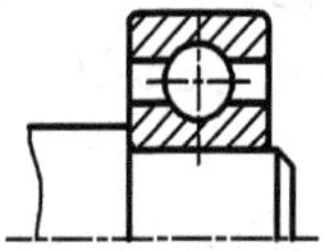	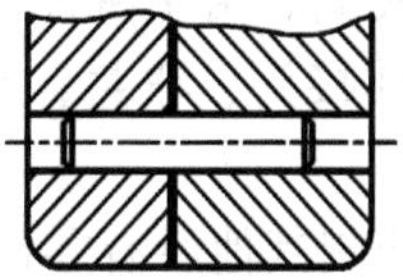	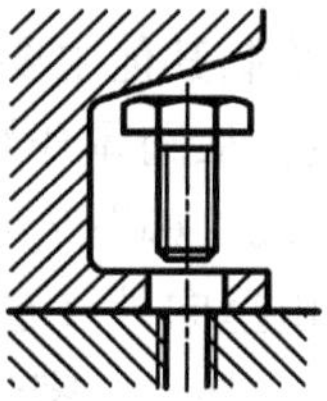

第五节　装配图的画法

根据装配图在工程实际中的作用，其应以尽可能少的视图，完整、清晰地表达出机器或部件的工作原理、传动路线和零件间的装配关系，对于机器或部件中一些主要零件的结构形状也要表达出来。现结合图 7 – 1 球阀的装配轴测图，分析其装配图的画法和步骤。

一、了解部件的装配关系和工作原理

由图 7 – 2 中可以看出，该球心阀的主要零件有阀体、阀体接头、球形阀心、阀杆、扳手、法兰等。其装配关系是：阀体 10 和阀体接头 2 用四个螺柱 6 和四个螺母 5 在其方形的凸缘部分联接起来，球形阀心 4 通过两个密封圈 3 定位于阀体内，垫片 7 用以调节球形阀心与密封圈之间的松紧。阀杆 13 上部的四棱柱穿入扳手 12 的方孔内，其下部的的凸块榫接球形阀心的凹槽中，阀体上部旋入螺纹压环 11，可紧固密封环 9 和阀杆。阀内各结合面间均配有密封件，用以防止阀内的流体外漏。阀的两端有螺纹联接的法兰，以便接入管路。通过阅读有关技术资料可知，该球心阀适用于耐酸化工管路，工作时操作者转动扳手 12，通过阀杆 13 带动球心 4 旋转，当扳手处于图示位置时，阀门全部开启，管道畅通；当扳手旋转 90°时，阀门全部关闭，管路被切断。操作者通过转动扳手，从而在系统中启闭和调节流体的流量。

二、视图选择

1. 主视图的选择

装配图中的机器或部件应以工作位置安放，主视图应清楚地反映出主要装配关系和重要的装配干线，并尽可能反映其工作原理。因此，该主视图采用全剖视图，阀杆按不剖绘制，扳手画成局部剖视，以清晰地表明球心阀的工作原理和装配关系。

2. 其他视图的选择

当主视图确定以后，应根据机器或部件的工作情况，对主视图中没有表达清楚的工作原理、装配关系及主要结构加以分析，有目的地配置其他视图。在此选择俯视图进一步表达部件的外形结构，拆去扳手可清楚地表示出阀体上部凸台的形状和螺纹压环的拆装方法，阀体与阀体接头间的螺柱联接采用局部剖视。考虑到图幅的限制，俯视图采取省略画法。

三、画装配图的步骤

1）布图。根据已确定的表达方案，选择绘图比例、确定图幅。注意留出注写零件序号、尺寸、标题栏、明细栏和技术要求的位置。

2）画图框、标题栏、明细栏。画出各视图的主要轴线（装配干线）、对称中心线和图形定位基准线；然后画出主要零件阀体的基本轮廓线，画图时注意要将几个视图联系起来画，如图 7 – 8 所示。

3）绘制其他主要零件的轮廓线底稿。由主视图入手，配合其他视图，按照联接关系、装配干线，从阀体开始，逐个画出阀体接头、法兰、及螺纹联接件等，完成这些主要零件的基本轮廓线。如图 7 – 9 所示。

4）由里向外（也可由外向里）绘制其他所有零件及细节结构，如球心、阀杆、螺纹压环、垫圈、垫片、密封环、扳手及螺纹等。完成图形底稿，如图 7 – 10 所示。

5）校核底稿，擦去多余线条，画剖面线，标注尺寸，给零件编序号，对图线进行加深。填写标题栏、明细表和技术要求，最后完成装配图。如图 7 – 2 所示。

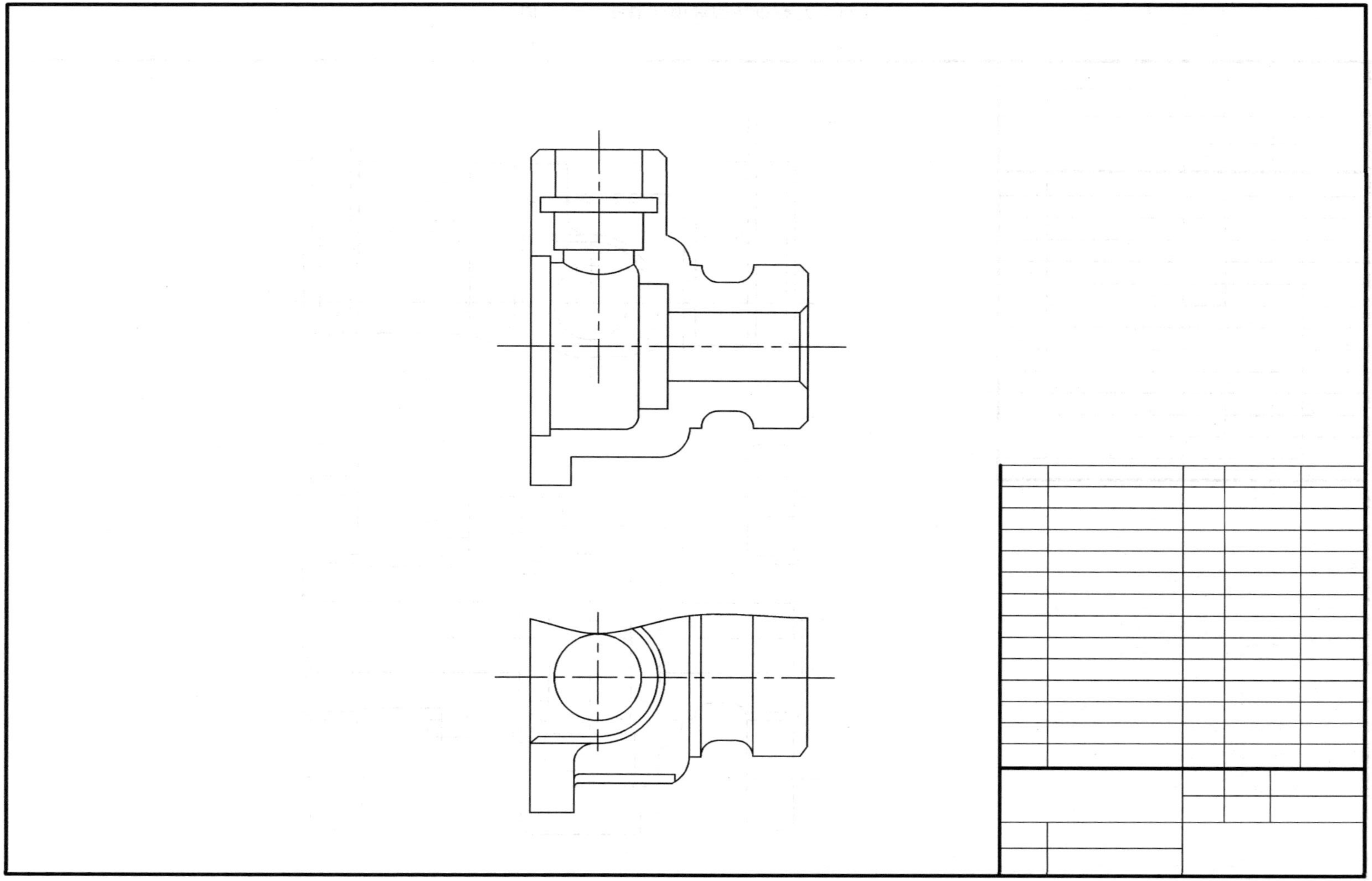

图 7-8　画球心阀装配图步骤（一）

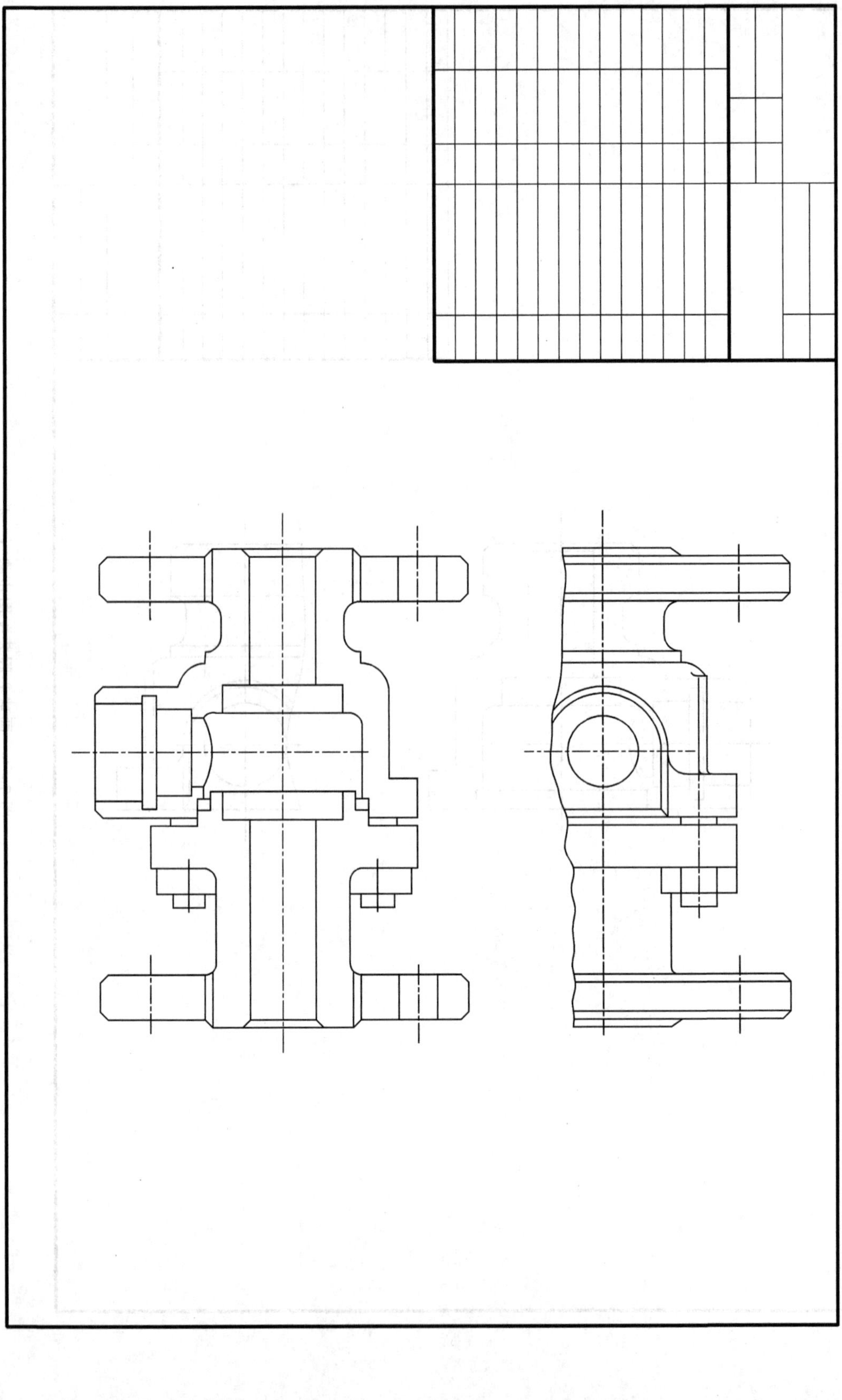

图 7-9　画球心阀装配图步骤（二）

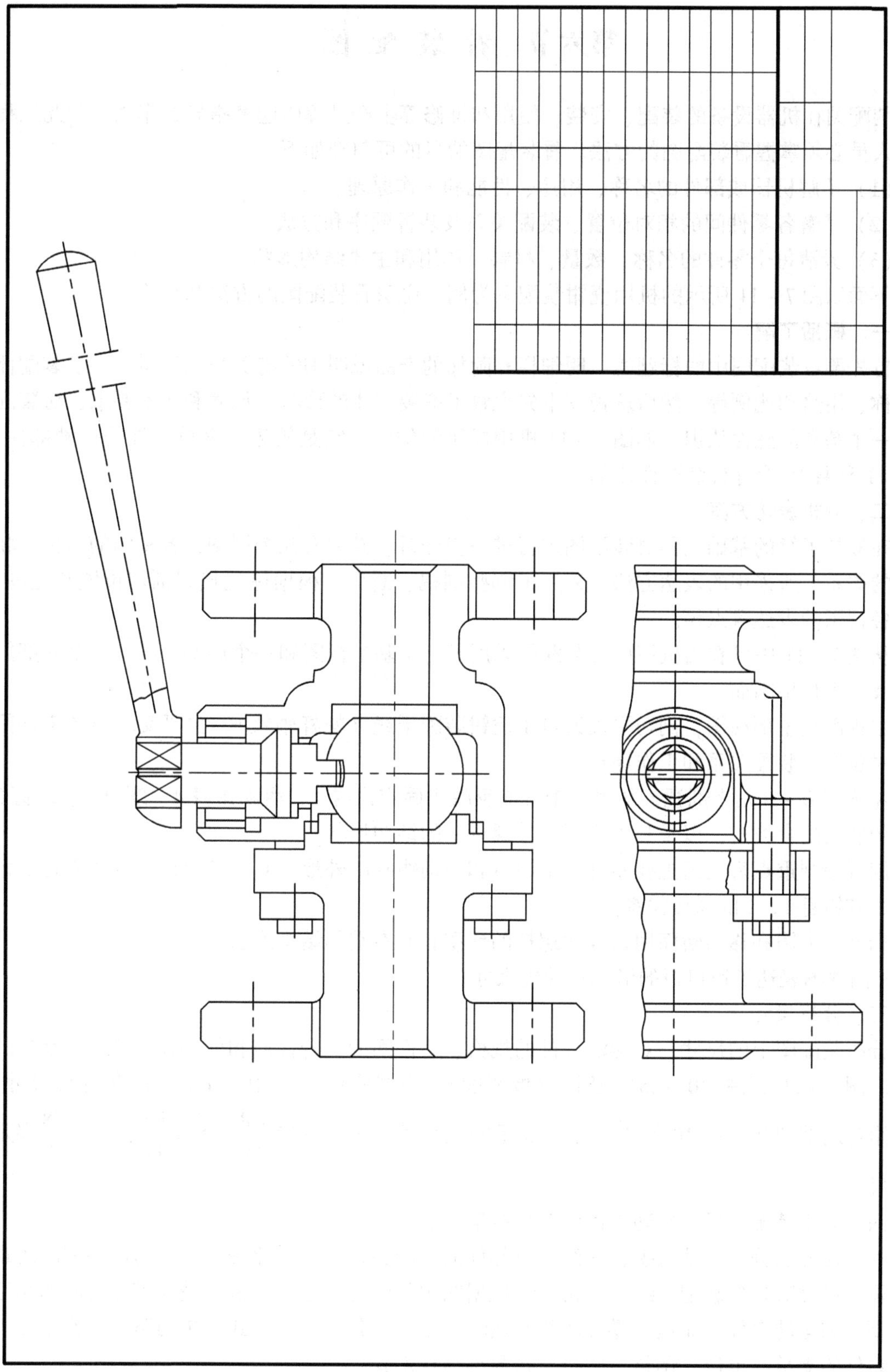

图 7-10　画球心阀装配图步骤（三）

第六节　看 装 配 图

装配图在机器设备的装配、安装、使用和维修等生产过程中起着指导的作用，因此工程技术人员必须掌握看装配图的方法。看装配图的目的可归纳如下：

(1) 了解机器或部件的名称、用途、性能和工作原理。

(2) 了解各零件间的相对位置、装配关系及装拆顺序和方法。

(3) 弄清每个零件的名称、数量、材料、作用和主要结构形状。

下面以图 7 – 11 所示的机用虎钳装配图为例，说明看装配图的方法和步骤。

一、概括了解

首先要看装配图中的标题栏、明细栏和附加的产品说明书等有关技术资料，了解装配体的名称、用途和比例等。然后从视图中先大致了解装配体的形状、尺寸和技术要求，对装配体有一个基本的感性认识。如图 7 – 11 机用虎钳装配图，它是机床上夹持工件的一种部件，是由 11 种共 15 个零件装配而成的。

二、分析表达方案

在概括了解的基础上再对装配图进行进一步分析。弄清有几个视图，各视图的名称、相互间的关系、所采用的表达方法；采用了哪些剖视、断面，根据标记找到剖切位置和范围；以及各视图的表达重点等。

从图 7 – 11 中可看出机用虎钳装配图采用了三个基本视图和一个局部视图、一个局部放大图及一个移出断面。

主视图是全剖视图，剖切平面通过了虎钳装配干线（螺杆轴线）。主要反映出各零件间的相对位置，装配关系和工作原理。

左视图 $B-B$ 是半剖视，从另一个方向反映出固定钳身 1、活动钳身 4、螺母 9、螺钉 3 之间的联接配合方式，以及其中主要零件螺母 9 的结构形状。

俯视图则重点表达出主要零件固定钳身和活动钳身的外形，其中的局部剖视图表达了钳口板 2 和钳身 1、4 的联接关系。

局部放大图和移出断面用以表达螺杆的牙型和其右端的结构形状。

A 向视图表达了钳口板的形状和装配尺寸。

三、分析尺寸

分析装配图上的尺寸，对弄清部件的规格、零件间的配合性质和外形大小等有着重要的作用。图 7 – 11 所注“0 ~ 65”及钳口板宽度 80 为规格尺寸，210、148、60 是外形尺寸。固定钳身底部的孔 $2\times\phi10$ 及中心距 116 是安装尺寸。另外 $\phi22\,\frac{H8}{f8}$、$\phi16\,\frac{H8}{f8}$、$\phi12\,\frac{H8}{f8}$都是配合尺寸。

四、分析装配关系、传动路线和工作原理

对照视图从分析传动入手，仔细研究部件的装配关系和工作原理等，是阅读装配图的重要阶段。通过对各条装配干线的分析，并根据图中的配合尺寸等，搞清楚各零件之间的相互配合要求和运动零件与非运动零件的相对运动关系，尤其是传动方式、传动路线、作用原理以及零件的支承、定位、调整、联接、密封等结构形式。

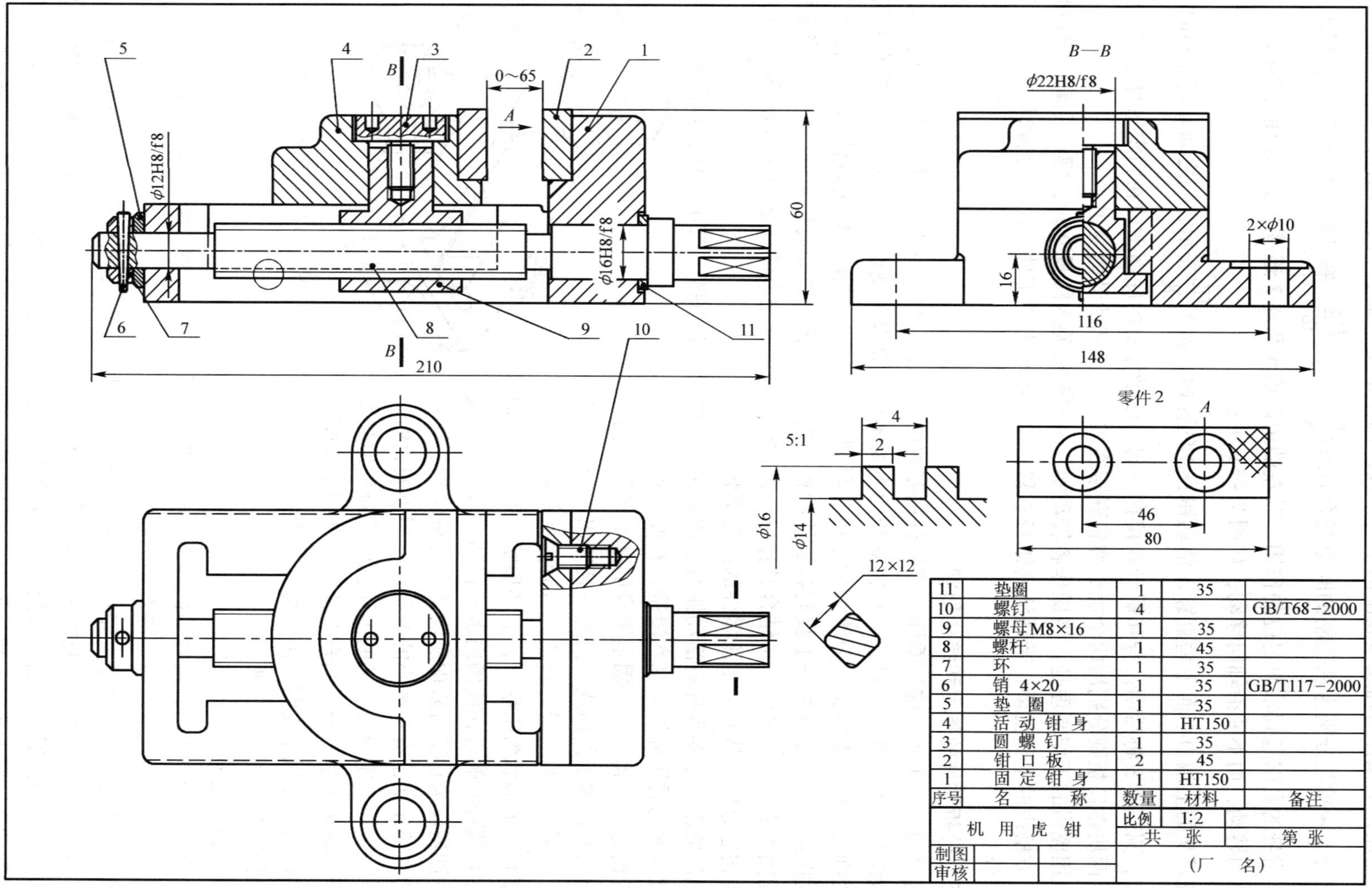

序号	名称	数量	材料	备注
11	垫圈	1	35	
10	螺钉	4		GB/T68-2000
9	螺母M8×16	1	35	
8	螺杆	1	45	
7	环	1	35	
6	销 4×20	1	35	GB/T117-2000
5	垫 圈	1	35	
4	活 动 钳 身	1	HT150	
3	圆 螺 钉	1	35	
2	钳 口 板	2	45	
1	固 定 钳 身	1	HT150	

机 用 虎 钳	比例	1:2	
	共 张		第 张
制图			（厂　名）
审核			

图 7-11　机用虎钳装配图

机用虎钳上螺杆的轴线是装配的主要干线。螺杆 8 旋入螺母 9 内，螺杆两端的圆柱面与固定钳身上两轴孔分别为基孔制的间隙配合 $\phi16\frac{H8}{f8}$和 $\phi12\frac{H8}{f8}$，螺杆右端的轴肩通过垫圈 11 在固定钳身的右端起到轴向定位的作用，其左端用锥销 6 和环 7 连接，使它只能在固定钳身的轴孔内转动，而不能沿轴向移动，如图 7－11 所示。

螺母 9 的上端由下而上垂直穿入活动钳身 4 的孔内，$\phi22\frac{H8}{f8}$表示它们之间是基孔制的间隙配合，圆螺钉 3 将活动钳身和螺母联接在一起。活动钳身的底面平放在固定钳身左端的台面上。两块钳口板则分别用两个沉头螺钉联接在固定钳身和活动钳身上。

机用虎钳的工作原理是：当操作者转动螺杆 8 顺时针旋入螺母 9 时，螺母沿着固定钳身底部长方槽内的平面滑动，带动活动钳身右移，钳口闭合夹紧工件。反向旋转时，钳口松开卸下工件。

五、分析零件的作用和结构形状

通过阅读装配图，应该看懂主要零件的基本结构形状。对于一些标准件、常用件，其形状已很清楚，不必细看。对于一些较复杂的主要零件，要以主视图为中心，结合其他视图，对照明细栏和图中编号，先分清大致范围，再利用“三等”规律和规定画法以及剖面线方向和间距的不同，在各视图上找到各零件的相应投影，并将零件分离出来进行分析。当零件在装配图中表达不完整时，可结合其作用，并在对有关的其它零件仔细观察和分析后，再进行结构构思分析，从而确定该零件的结构形状。

机用虎钳的主要零件有活动钳身、固定钳身、螺母、丝杆等，其中大部分零件的结构形状通过前面的看图分析可基本清楚，在此重点分析一下固定钳身的结构形状。固定钳身的基本形体是由带圆角的四棱柱体切割而成，其左端切割出一个低凹的台阶面为活动钳身的滑行轨道，台阶面上前后对称地垂直穿有上部形状为工字形，下部形状为四边形的通槽，旋转螺杆时螺母在此槽内水平移动。台阶面右端细小的凹槽应为加工台阶面所需的退刀槽结构。固定钳身的右部还切割有一窄小的台阶面，用以安放钳口板及定位。在固定钳身底部的中间，前后对称地分布了两个半圆头形的凸台，凸台上的台阶孔用于穿螺纹紧固件以便固定机用虎钳。由此可分析想象出固定钳身的结构形状如图 7－12 所示。

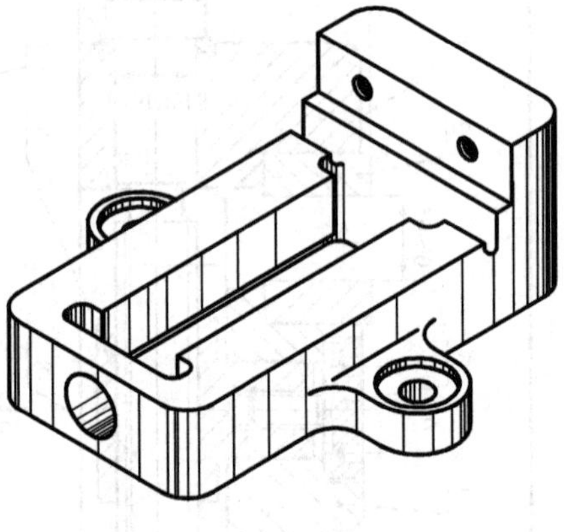

图 7－12　固定钳身立体图

六、归纳总结

综合对装配体视图、尺寸等内容的分析，进一步搞清工作原理、装拆顺序、视图表达特点、所注尺寸的意义等，以加深对整个装配体的全面认识。

机用虎钳的装配顺序是：先将两块钳口板 2 分别用沉头螺钉固定在两个钳身上。将活动钳身 4 放在固定钳身 1 上，将螺母 9 从固定钳身下方穿入活动钳身 4 的孔内，旋上圆螺钉 3。再把垫圈 11 套在螺杆 8 上，将螺杆自右端穿入固定钳身的轴孔并旋入螺母 9，再穿过固定钳身左端轴孔，套上垫圈 5 和环 7，插入圆锥销 6 加以联接。最后检查调整。其拆卸顺序与安装顺序相反。

通过如上分析，加以综合、想象，从而可以获得一个完整的装配体形象，图 7－13 为机用虎钳的立体图。

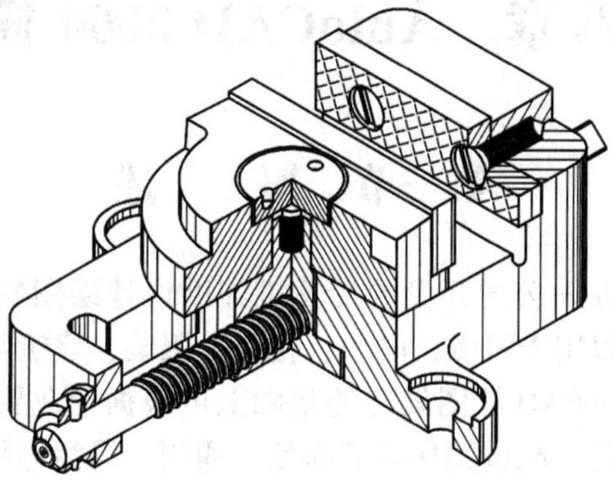

图 7－13　机用虎钳立体图

第八章　AutoCAD 2000 简介

第一节　概　　述

AutoCAD 是美国 Autodesk 公司开发的计算机辅助设计绘图软件包。它是一个通用的绘图软件，适应面很广，可以用于机械、电子、化工、服装、建筑等各个行业。另外，它也是一个开放型的软件，在 AutoCAD 绘图软件的基础上可根据专业要求进行二次开发，形成有专业特色的绘图软件。因此，AutoCAD 具有高效、通用、灵活等特点，是当今世界上最流行的绘图软件之一。

AutoCADR1.0 于 1982 年在美国首先推出，在其后的二十多年中，Autodesk 公司又相继推出其更新升级版本，从 AutoCADR1.0 至 AutoCAD 2004 共有近 20 个版本，目前比较流行的是 AutoCADR2000 和 AutoCAD 2004 两个版本。

由于该软件正日益受到我国广大用户的青睐，作为未来的工程技术人员，了解和掌握 AutoCAD 软件的功能、操作和应用是十分必要的。

本章简单介绍如何运用 AutoCAD 2000 软件绘制工程图样的方法，以培养运用绘图软件进行绘图的初步能力。有关 AutoCAD 2000 的详尽讲解，需查阅其他参考资料。

第二节　AutoCAD 2000 的基本操作及术语

一、AutoCAD 2000 的运行环境

AutoCAD 的运行需要安装有 PC 机的硬件平台，软件系统为 Windows NT4.0、Windows 95、Windows 98 等。AutoCAD2000 也支持 Windows 2000 专业版和 Windows 2000 Server。

AutoCAD 2000 对系统的基本要求是：Pentium 133，32M 内存，显示器的分辨率是 800 × 600，带 CD－ROM。因此 AutoCAD 2000 在安装和保存数据与文档时，需要足够多的硬盘空间。用户如果增加内存和提高处理器速度会直接提高 AutoCAD 2000 的性能。

二、AutoCAD 2000 的启动、工作界面和退出

1. AutoCAD 2000 的启动

正确安装 AutoCAD 2000 后，系统在 Windows 桌面上会自动建立如图 8－1 所示的快捷图标，读者可通过双击此图标来启动 AutoCAD 2000 进行绘图或编辑已有图形。

AutoCAD 2000

图 8－1　AutoCAD 2000 的快捷图标

启动 AutoCAD 2000 后，屏幕首先出现如图 8－2 所示的 AutoCAD 2000 初始对话框。

AutoCAD 2000 在该对话框界面上提供了 4 种进入 AutoCAD 2000 绘图环境的方式：

①Open a Drawing：打开原有的文件；②Start form Scratch：直接进入；③Use a Template：使用模板；④Use a Wizard：使用向导。

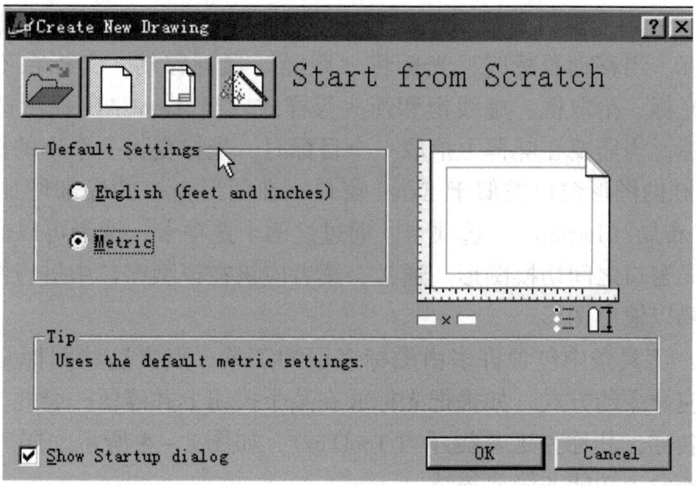

图 8-2 “初始”对话框

在该对话框的 Default. Settings（设置默认值）设置区中，有两种绘图单位供用户选择：Metric（米制）和 English（英制）。用户从中选取绘图单位后，单击 OK 按钮，就进入了 AutoCAD 2000 提供的绘图屏幕。

2. AutoCAD 2000 的工作界面

AutoCAD 2000 启动之后，将出现图 8-3 所示的 AutoCAD 2000 绘图界面。

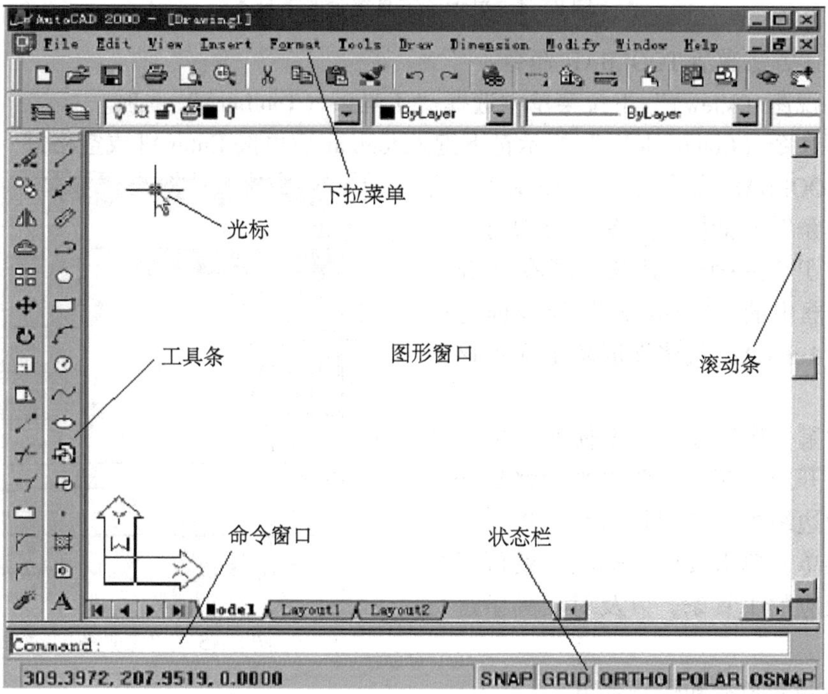

图 8-3 AutoCAD 2000 的绘图界面

（1）标题栏 标题栏显示当前应用程序的名称。如果图形窗口最大化，在标题栏中还将显示当前图形的名称。

（2）图形窗口　图形窗口是显示、编辑图形的区域。AutoCAD 将在此窗口中显示表示当前工作点的光标。当移动鼠标时，光标将“跟随”鼠标移动。光标在不同的状态下，将分别显示为十字光标、拾取框、虚线框和箭头等样式。当 AutoCAD 提示选择一个点时，光标便成为十字光标。当需要在屏幕上拾取一个目标时，光标变为一个小的拾取框。

AutoCAD 2000 的图形窗口类似于 Excel 窗口，在图形窗口的底部增加了“模型（Model)”选项卡和“布局（Layout)”选项卡。通过这两个选项卡，读者可以非常方便、快捷地在模型窗口和布局窗口之间切换图形。通常，读者应该在模型窗口中进行图形设计，而在布局窗口中创建布局以输出图形。

（3）工具条　工具条中包含许多由图标表示的工具。点击这些图标是绘图过程中最快捷、实用激活相应命令的方式。如果把光标放在某个按钮上并停留一会儿，屏幕上就会显示出该工具按钮的名称，其称为工具提示（ToolTip)，如图 8－4 所示。同时，AutoCAD 在命令行下部给出了该命令功能的简要描述。

AutoCAD 2000 提供了 24 个工具条，调用 TOOLBAR 或用快捷菜单均可打开或关闭任意一个工具条。

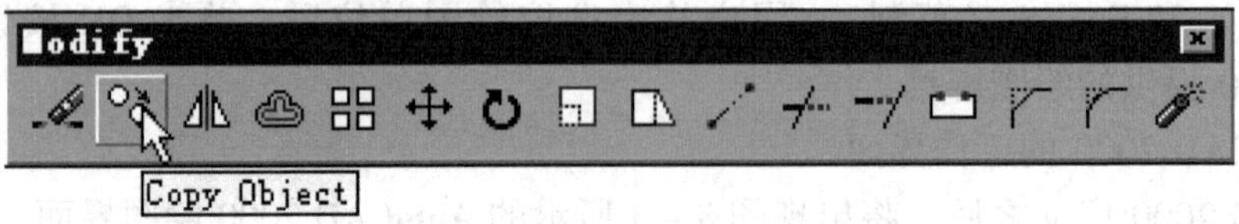

图 8－4　显示了工具提示的工具条

可按下述方法激活 TOOLBAR 命令：

①在“视窗（View)”下拉菜单中选择“工具条（Toolbar)”选项。

②在“命令（Commade)：”提示符下键入 toolbar 后再按 Enter 键或空格键。

激活 TOOLBAR 命令之后，AutoCAD 将显示“工具条”对话框，如图 8－5 所示。

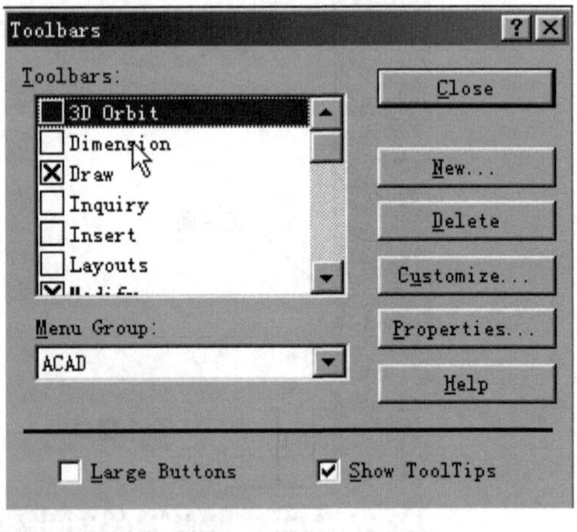

图 8－5　“工具条”对话框

如要打开某一个工具条，可在“Toolbars”对话框中的“Toolbars：”列表框选中该工具条，AutoCAD 就将在屏幕上显示该工具条。

③通过鼠标快捷菜单可方便快速地控制工具条的打开或关闭。只要将光标移到任一工具条上的边缘处单击鼠标右键，将出现工具条快捷菜单，单击其中的选项，就可以打开或关闭相应的工具条，以及对工具条进行自定义。

（4）下拉菜单栏和快捷菜单

1）下拉菜单　下拉菜单中包含绝大部分 AutoCAD 命令，用鼠标左键点击下拉菜单标题时，会在标题下出现菜单项列表。要选择某个菜单项，先将光标移到该菜单项上，使它醒目显示，然后用鼠标左键点击它。有时，某些菜单项是灰暗色，表明在当前特定的条件下，这些功能不能使用。

菜单项后面跟有（…）符号的，表示选中该菜单项时将会引出一个对话框。菜单项右边有一黑色小三角符号的，表示该菜单项有一个级联子菜单。把光标放在该菜单项上，然后按鼠标左键就可引出级联菜单。

2）快捷菜单　AutoCAD 2000 提供有快捷菜单功能，为使用者的快速操作提供了极大的方便。可以用单击鼠标右键的方法弹出快捷菜单。快捷菜单上显示的选择项是上下文相关的，其决定于当前的操作和右击鼠标时光标的位置。若操作内容不同，右击鼠标时光标的位置不同，弹出的快捷菜单的内容和位置也就不同。

AutoCAD 2000 规定可以右击鼠标弹出快捷菜单的位置有：绘图区域、命令行、对话框和窗口（如 AutoCAD 设计中心）、工具条、状态栏、模块标签和布局标签。

（5）命令窗口

命令窗口是用户输入命令和 AutoCAD 显示提示符和信息的地方，它可以是一个浮动窗口，可以将其移动到屏幕上的任何地方并可改变其大小。

命令窗口分为两个部分：AutoCAD 提示用户输入信息的单行命令区以及显示命令记录的区域，如图 8-6 所示。

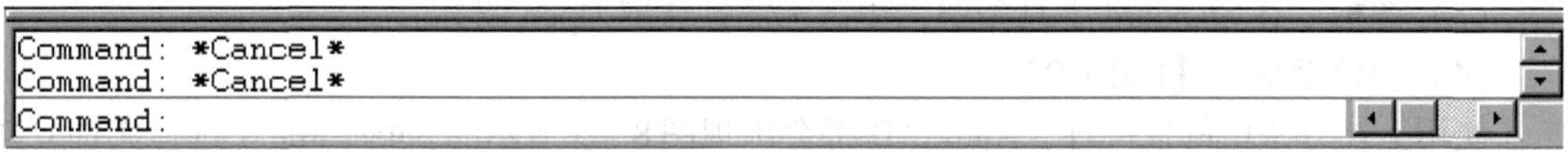

图 8-6　命令窗口

用鼠标左键拖动命令区域可放大该窗口，单击滚动条可翻看以前执行过的命令。

（6）状态栏

状态栏在屏幕的底部，左端显示绘图区中光标定位点的坐标 x、y、z，在右侧依次有“捕捉（SNAP）”、“栅格（GRID）”、“正交（ORTHO）”、“极轴（POLAR）”、“目标捕捉（OSNAP）”、“目标追踪（OTRACK）”、“线宽（LWT）”和“模型（MODEL）”八个功能开关按钮，如图 8-7 所示。

图 8-7　状态栏

3. 退出 AutoCAD

用 AutoCAD 作业结束后应正常地退出，退出的方法有：

（1）命令输入　QUIT。

（2）下拉菜单　File→Exit。

（3）图标　单击标题栏中“×”图标。

若对图形所做的修改尚未保存，则会出现图 8-8 所示的系统警告对话框。

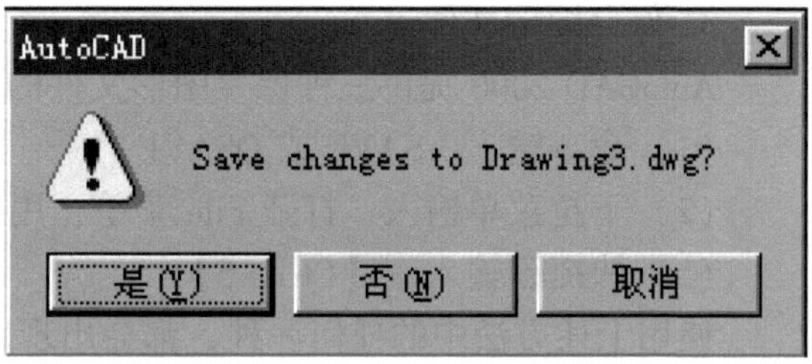

图 8-8　系统警告对话框

鼠标单击“是”按钮系统将保存文件后退出；单击“否”按钮系统将不保存文件而退出；单击“取消”按钮则不退出返回绘图

及等待命令状态。

三、图形文件操作

1. 建立新的图形文件

在 AutoCAD 2000 中，可以采用如下四种方式建立新的图形文件：

（1）命令输入　New。

（2）下拉菜单　打开 File 菜单，用鼠标左键单击 New 选项。

（3）图标　在 Standard 工具条中，用鼠标左键选取 New 图标。

（4）快捷键输入【Ctrl + N】。

使用上述方法中的任一种，AutoCAD 都会出现图 8 - 2 所示的对话框，可以利用该对话框建立一个新的图形文件。

2. 打开原有的图形

如果想在原有的图形文件基础上继续进行有关的操作，可以采用如下四种方式打开原有的图形文件：

（1）命令输入　Open。

（2）下拉菜单　打开 File 菜单，用鼠标左键单击 Open 选项。

（3）图标　在 Standard 工具条中，用鼠标左键选取 Open 图标。

（4）快捷键输入【Ctrl + O】。

使用上述方法中的任一种，AutoCAD 都会出现图 8 - 9 所示的 Select File（选择文件）对话框。在此对话框中，可以通过在输入框中直接输入要打开的图形文件的文件名来打开该图形文件，也可以通过在文本框中双击要打开的文件名打开已有的图形，也可用查找、预览等方式找到要打开的文件。

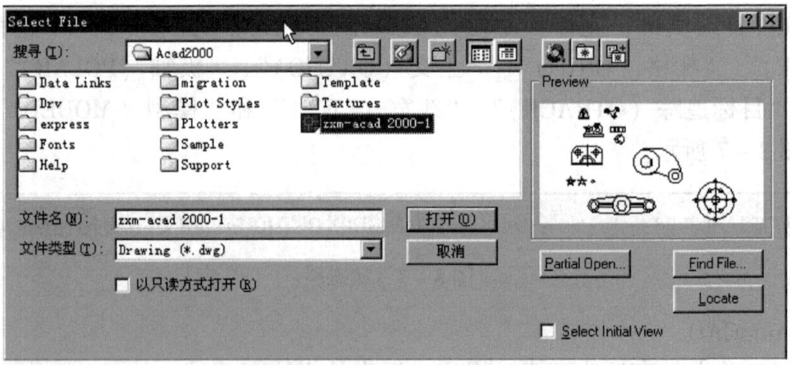

图 8 - 9　“选择文件”对话框

3. 保存图形文件

AutoCAD 2000 提供三种保存图形文件的方法：

（1）命令输入　SAVE 或 QSAVE。

（2）下拉菜单输入　打开 File 菜单，用鼠标左键单击 Save 或 Save as 选项。

（3）快捷键输入　【Ctrl + S】。

使用上述方法中的任何一种，都会出现图 8 - 10 所示的 Save Drawing As（保存图形）对话框。可利用“保存图形”对话框，将当前的文件以默认的名字或以另外的名字保存，保存的类型及所属目录也可同时设定。

注意：图形编辑过程中，常用鼠标左键单击标准工具条上的软盘状图标，以原名及时保存图形，此时不出现图 8－10 所示的对话框。

四、AutoCAD 2000 的命令调用

1. 命令调用

有多种方法可以调用 AutoCAD 命令（以画直线为例）：

（1）在命令行输入命令名　即在命令行的“命令（command）：”提示后键入命令的字符串，命令字符可不区分大小写，如：

Command：LINE

（2）在命令行输入命令缩写字　如 L（Line）、C（Circle）、A（Arc）、Z（Zoom）、R（Redraw）、M（Move）、CO（Copy）、PL（Pline）、E（Erase）等。

（3）单击下拉菜单中的菜单选项　如图 8－11 所示，单击“绘图（Draw）”，在状态栏中可以看到对应的命令说明及命令名。

（4）单击工具栏中的对应图标。

（5）单击屏幕菜单中的对应选项。

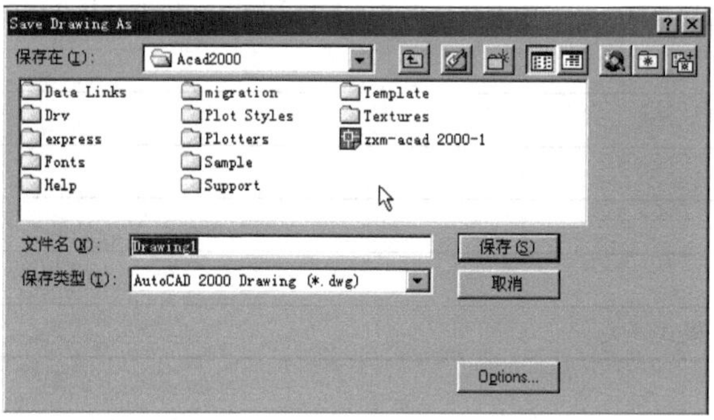

图 8－10　“保存图形”对话框

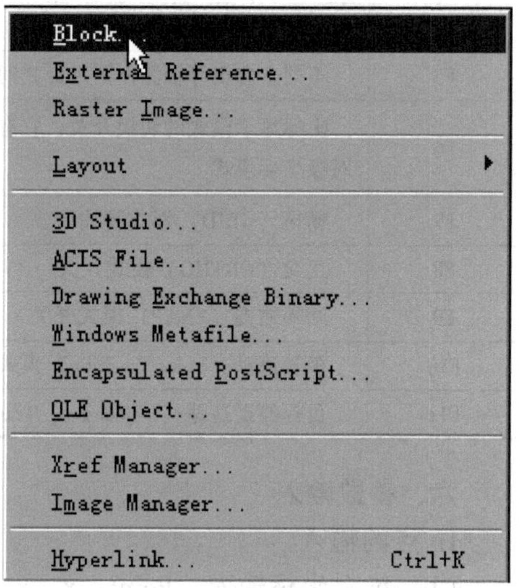

图 8－11　从下拉菜单调用 AutoCAD 命令

2. 命令的取消

在命令执行的任何时刻都可以用键盘上“ESC”键取消和终止命令的执行。

3. 命令的重复使用

单击键盘上“ENTER”键可重复调用上一个命令，不管上一个命令是否完成操作。

4. 命令选项

当输入命令后，AutoCAD 会出现对话框或命令行提示，在命令行提示中常会出现命令选项，如：

Command：ARC

指定圆弧的起点或［圆心（CE）］（Specify start point of arc or［center］）：

前面不带中括号的提示为默认选项，因此可直接输入起点坐标，若要选择其他选项，则应先输入该选项的标识字符，如圆心选项的 CE，然后按系统提示输入数据。若选项提示行的最后带有尖括号，则尖括号中的数值为默认值。

五、坐标系和功能键

1. AutoCAD 坐标系

在 AutoCAD 中，一般采用笛卡尔坐标系（CCS）、世界坐标系（WCS）以及用户坐标系（UCS）。在这些坐标系中，一般采用绝对坐标、相对坐标、绝对极坐标以及相对极坐标。

2. 功能键

AutoCAD 的某些命令，除了可以通过在命令窗口输入命令、单击工具条图标、单击菜单项或单击状态栏对应位置来完成外，还可以使用键盘上的一组功能键，见表 8－1。

表 8－1　功能键及其用途

功能键	用　途
F1	调用 AutoCAD 帮助对话框
F2	图形窗口与文本窗口的互相切换开关
F3	目标捕捉（OSNAP）开关
F4	校准数字化仪开关
F5	不同方向正等轴测作图平面之间的切换
F6	坐标显示模式的切换开关，它有三种显示模式，即动态直角坐标模式，静态直角坐标模式和动态相对极坐标模式
F7	栅格（GRID）模式开关
F8	正交（ORTHO）模式开关
F9	间隔捕捉（SNAP）模式开关
F10	极轴追踪（Polar Tracking）模式开关
F11	目标捕捉追踪（Object Snap Tracking）模式开关

六、参数输入

1. 点的输入

（1）绝对坐标输入　Point：x，y。

（2）相对坐标输入　Point：@ Δx，Δy。

“@”表示某点的相对坐标，例如当前点的坐标为（100，200），若输入相对坐标为@（100，－100），则所指点为（200，100）。

（3）极坐标输入法　Point：@距离<角度　例如：@50<60，指输入点距前点为 50，与前一点的连线和 x 轴正向的夹角为 60°。

（4）鼠标拾取　将光标移至所希望位置，点击左键，就输入了该点。

（5）捕捉特征点　利用目标捕捉功能捕捉当前图中的特征点，有实时弹出菜单选择、对话框设置和工具条图标捕捉三种方式。

（6）目标追踪捕捉　利用目标追踪捕捉可即时捕捉输入和现有点对齐或有特定角度要求的点。

2. 距离的输入

如 Height（高度）、Width（宽度）、Radius（半径）、Diameter（直径）、Colume/Row Distance（列距/行距）等有二种输入方法：

（1）数值方式　Radius：整数或实数。

（2）位移方式　采用位移方式输入距离时，AutoCAD 会在屏幕上显示一条由基点出发的橡皮筋，使输入距离直观可见；若无明显的基点时，将要求输入第二点，系统自动计算出两点间的距离为所需数据。

3. 角度的输入

角度以度为单位，且以 x 轴正向为基准零度，按逆时针方向计算角度；采用指定点方式输入角度时，角度值由输入两点的连线与 x 轴正向之间的夹角确定。

4. 文本和特殊字符的输入

尺寸标注和注写文本时，需输入尺寸值和字符串，如：

Dimension text：30（尺寸数值）。

Text：AutoCAD（字符串）。

键盘上无法直接输入的特殊字符，如：

%%d——度数符号“°”。

%%p——正负公差符号“±”。

%%c——直径尺寸符号“ϕ”等。

第三节　AutoCAD 绘图操作流程

一、设置绘图环境

1. 创建一张新图或打开一张原有的图形

2. 设置绘图环境（编辑一张原有的图形时此步骤无）

（1）图幅　如图 8-12，在下拉菜单“Fomat”中选择“Drawing Limits”，或者直接在命令行输入“Limits”命令，AutoCAD 提示是否设定范围检查或输入限定范围的左下、右上坐标，绘图者可根据所绘图形的具体尺寸输入合适的数值。设置后可执行“Zoom”命令并选择“All”选项，以使所设图幅在窗口范围内全屏显示。

（2）单位制　系统缺省的数值，角度单位是十进制，可不重新设置。若要改变可用“units”命令或点取“Fomat”下拉菜单中“Units Control”选项进行重新设置，激活命令后将出现如图 8-13 所示的对话框，利用它可进行单位制设置。

（3）图层　AutoCAD 提供的图层（Layer）功能是其一大特色。这些图层可以想象为一张张透明的薄片，可以指定每一图层的线型、颜色和状态，读者可将图形中的不同类型图形元素画在不同的透明薄片上，最后将它们对齐叠加在一起就是一张完整的图形。系统对每个图层所容纳的实体数量不加限制，各图层具有相同的坐标系、绘图界限和显示时的缩放倍数以保证各图层精确地相互对齐。可利用图层命令设置不同的图层、颜色和线型，并根据操作需要可对某些层进行打开或关闭、冻结或解冻、锁定或解锁等控制，以方便对图中某种类型图形元素进行编辑。

进入 AutoCAD 的初始环境时，系统自动设置当前图层为 0 层，其余图层由自己定义。绘图过程中，所绘制的图线被置于当前层上，并显示当前图层的颜色和线型，只有打开并解冻

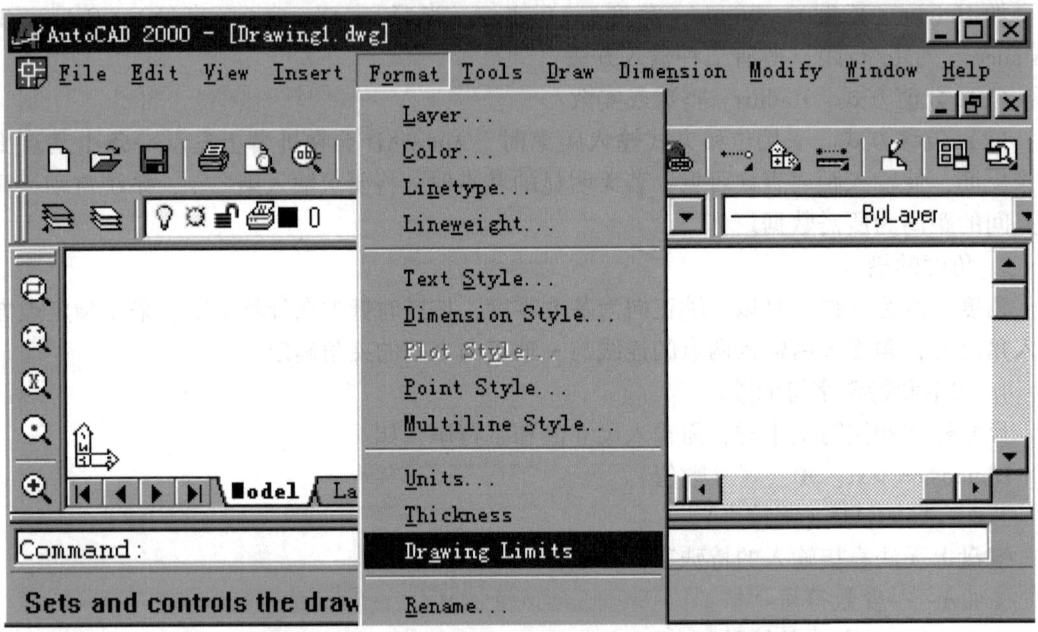

图 8－12 “格式”下拉菜单中“绘图界限”选项

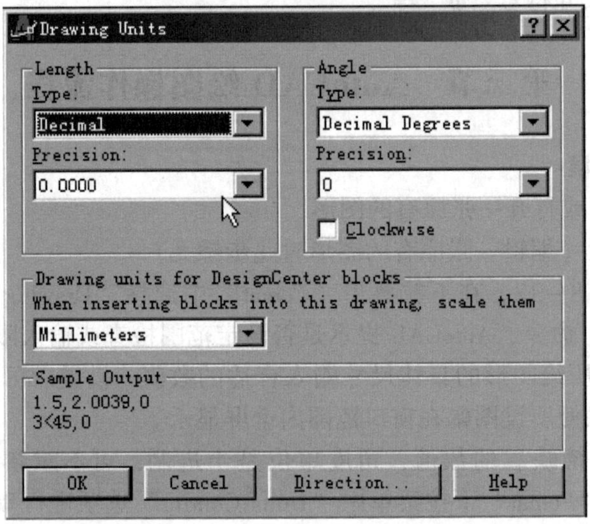

图 8－13 “单位”对话框

的图层才可置为当前层。一般情况下，同一图层上的图形元素应具有同一种颜色和线型，以便于图层管理。读者可以通过改变图层的设置来改变该层上所有图形元素的颜色和线型。

例如，画一张机械图时，可将轮廓线放在一个层名为“main”的图层上，设定其颜色为黄色（Yellow），线型为实线（Continuous）；将中心线、对称线放在层名为“Center”的图层上，设定其颜色为红色（Red），线型为点划线（Center）；将尺寸标注放在层名为“Dim”的图层上，设定其颜色为绿色（Green），线型为实线（Continuous）等；就可以将不同类型的图形元素放在不同图层上加以管理。

当开始绘新图时，系统只有一个名字为 0 的图层，该图层不能删除或更名。

设置图层可点击下拉菜单“Fomat”下的“Layer…”选项，或点击标准工具条中对应的图标，也可直接在命令行输入“Layer”命令。命令激活后，将会出现如图 8－14 所示对话框，在此对话框中可进行上述的有关操作。开始绘图时要将其中某一层设置为当前层，则以后画的图线就会以该层的线型、颜色和状态显示。

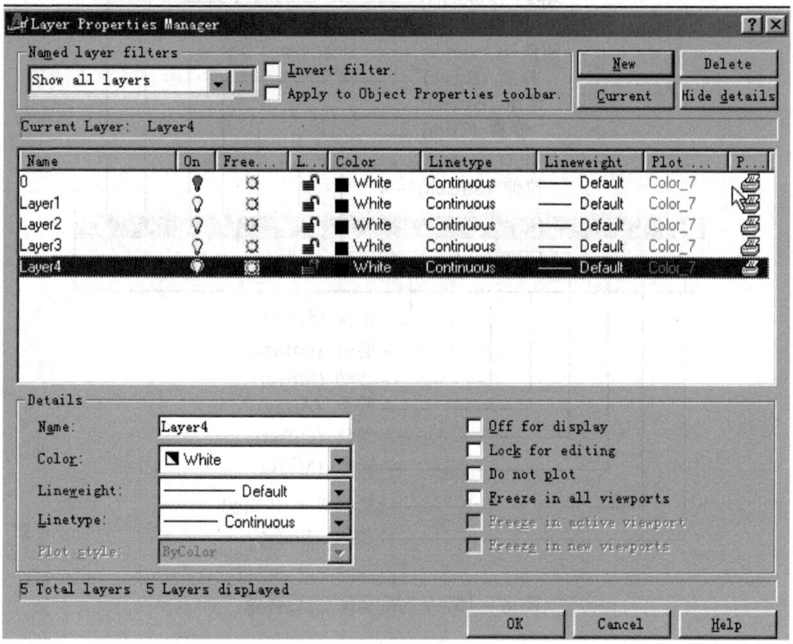

图 8－14　图层特性管理对话框

二、绘制、修改、目标捕捉及缩放

1. 绘制命令

大部分绘制命令可直接点击“Draw”工具条中的图标激活，如图 8－15 所示。

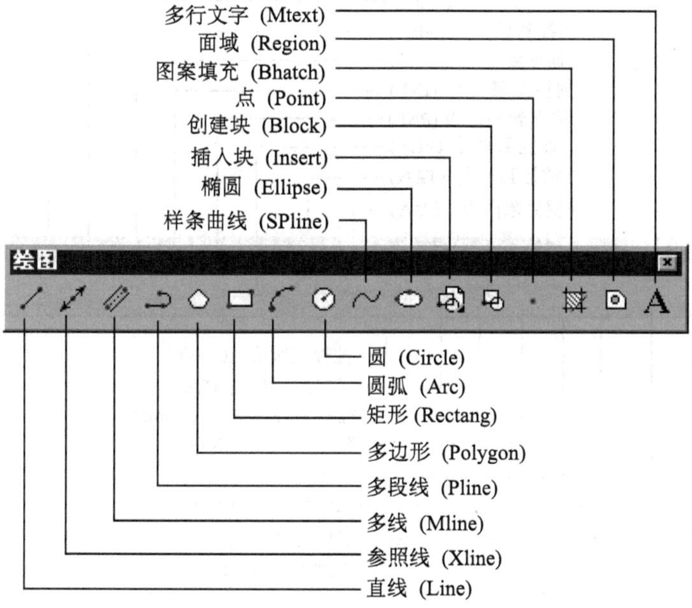

图 8－15　“Draw”工具条图

2. 修改命令

大部分修改命令可直接击点“Modify”工具条中的图标激活，如图 8－16 所示。

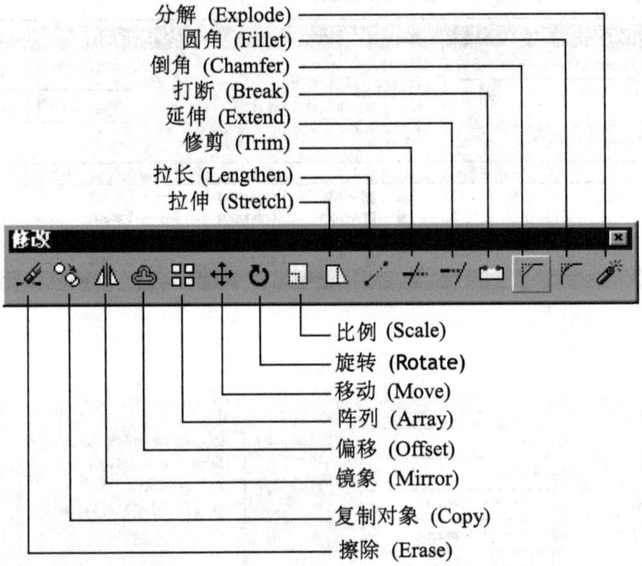

图 8－16 “Modify”工具条

3. 目标捕捉

在绘制和修改图形时，AutoCAD 提供的目标捕捉功能可以帮助绘图者精确定点。目标捕捉命令可通过点击的“Object Snap”工具条中的图标激活，如图 8－17 所示。

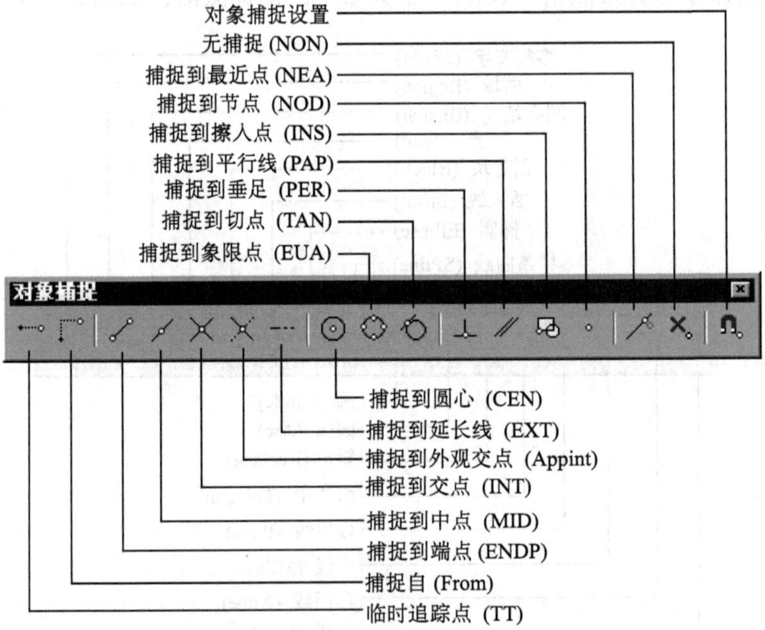

图 8－17 “Object Snap”工具条

4. 缩放命令

绘制和修改图形过程中，有时需要用缩放命令控制图形的显示。缩放命令可通过点击“Zoom”工具栏中的图标激活，如图 8－18 所示。

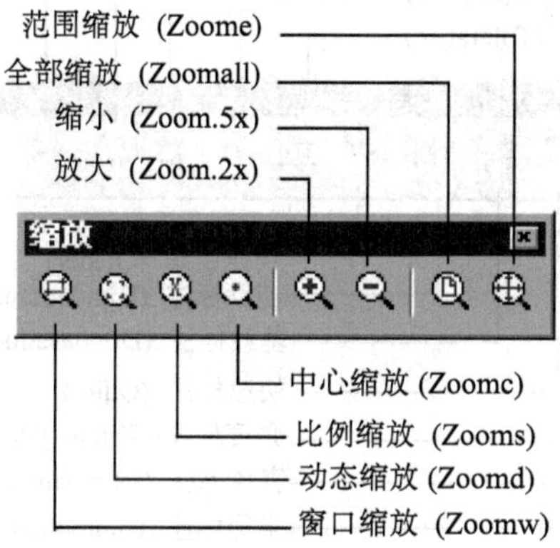

图 8－18 “Zoom”工具条

三、标注和编辑

1. 文本注写和编辑

当通过下拉菜单 Format（格式）→Text Style（文本格式）或命令行输入 Style 后，系统将显示如图 8－19 所示的 Text Style 对话框。此时用户既可使用已有格式，也可生成新格式。系统缺省格式为 SATANDARD，它使用的是基本字体，字体文件为 TXT. SHX。

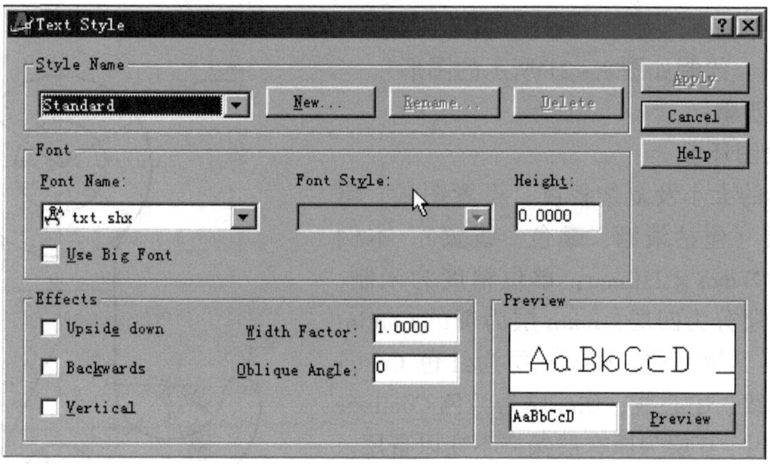

图 8－19 文本格式（Text Style）对话框

在此对话框中可设置文本格式，输入文本。结束输入后，点击对话框中“OK”按钮即可在所绘图形中显示要注写的文本。图中文本还可以通过“Modify”中的部分命令进行编辑。

2. 尺寸标注和编辑

尺寸标注是绘制工程图的重要内容之一，可通过点击的“Dimension”工具条中的图标激活尺寸标注和编辑命令，如图 8－20 所示。

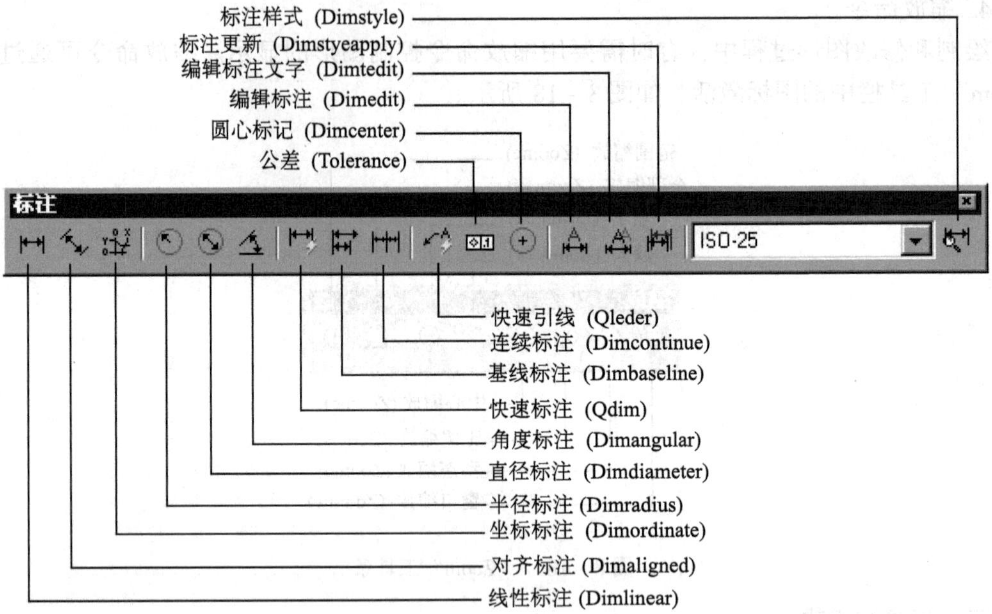

图 8－20　尺寸标注和编辑工具条

第四节　AutoCAD 绘图实例

一、绘制平面图形

【例 8－1】 绘制如图 8－21 所示的图形

推荐绘图步骤：

1. 设置绘图环境

根据图形的大小及复杂程度，设置图幅、单位精度及图层（包括线型、颜色、线宽）。本例设置图幅为 297mm × 210mm；单位精度为米制，无小数位；图层分为四层，main 层为黄色 Continue 线用于画可见轮廓线，Center 层为红色 Center 线用于画对称线、中心线，Dim 层为兰色 Continue 线用于标注尺寸，0 层为原有层保持不变以备用。

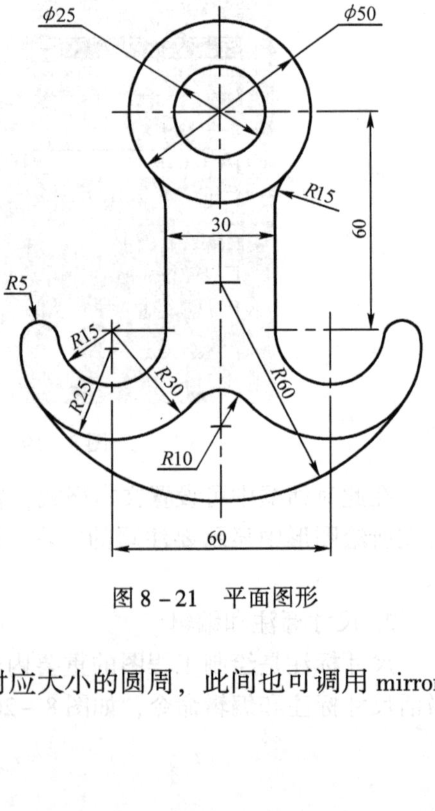

图 8－21　平面图形

2. 画中心线、对称线

调用 Center 层为当前层，用 Line 命令画主要对称线，用 Offset 命令画符合尺寸要求的其它点画线，确定绘制此平面图形的几个关键位置，如图 8－22a。

3. 运用绘图工具条图标绘制基本图线

用 Circle 命令和目标捕捉方式，确定圆心并画出对应大小的圆周，此间也可调用 mirror、copy 等命令，如图 8－22b。

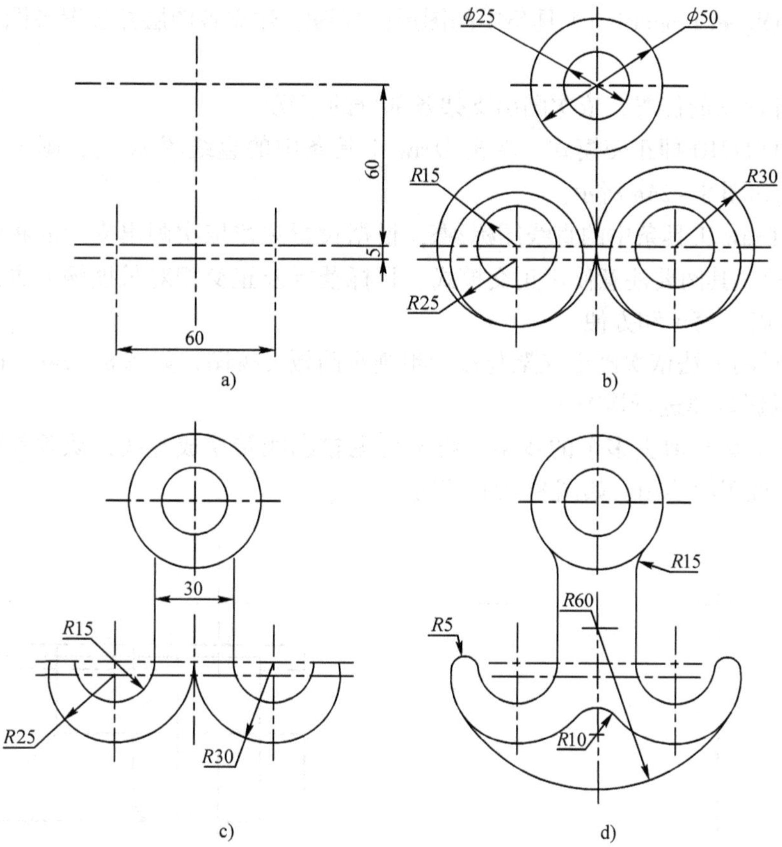

图 8－22 平面图形绘图步骤

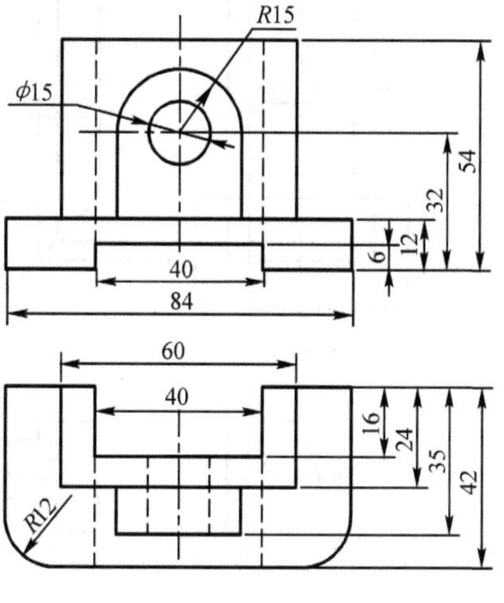

图 8－23 支架两视图

4. 运用编辑工具条图标编辑图形

用 Offset 命令画出距离为 30 的两条平行线，用 Trim、Break 等命令剪去多余的图线，如图 8－22c。

5. 整理、修饰、完善图形

运用 Fillet 命令画出对应尺寸的连接圆弧，整理、修饰、完善全图，如图 8－22d。

6. 标注尺寸

用对应的尺寸标注命令标注全图尺寸，如图 8－21。

二、绘制立体的三视图

【例 8－2】 根据如图 8－23 所示的支架两视图绘制其三视图。

推荐绘图步骤：

1. 设置绘图环境

1）根据支架的尺寸大小用 Limits 命令设置图形界限为 297mm × 210mm，用 Zoom All 命令全屏幕显示图幅范围。

2）单击 Object properties 工具条中的图层图标，建立各图层并设置各图层的颜色和线型。

2. 布置各视图的位置，依次画出支架各部分的三视图

1）打开 ORTHO 即正交模式，单击 Draw 工具条中的直线图标，画出各视图中的轴线和对称线，如图 8－24a 所示。

2）单击 Draw 工具条中的直线图标，根据投影规律依次画出支架底板的三视图，如图 8－24b 所示。其间要注意使用正交模式、目标捕捉及正交相对长度输入方式等功能，这样会使作图准确、简单和方便。

3）用同样的方法依次画出支架竖板和半圆头凸板三视图，如图 8－24c、d 所示。

3. 依据投影规律进行检查

使用修剪工具剪去多余的线条，将不可见轮廓线转换成虚线，擦除作图辅助线，初步完成支架三视图的绘制，如图 8－24e 所示。

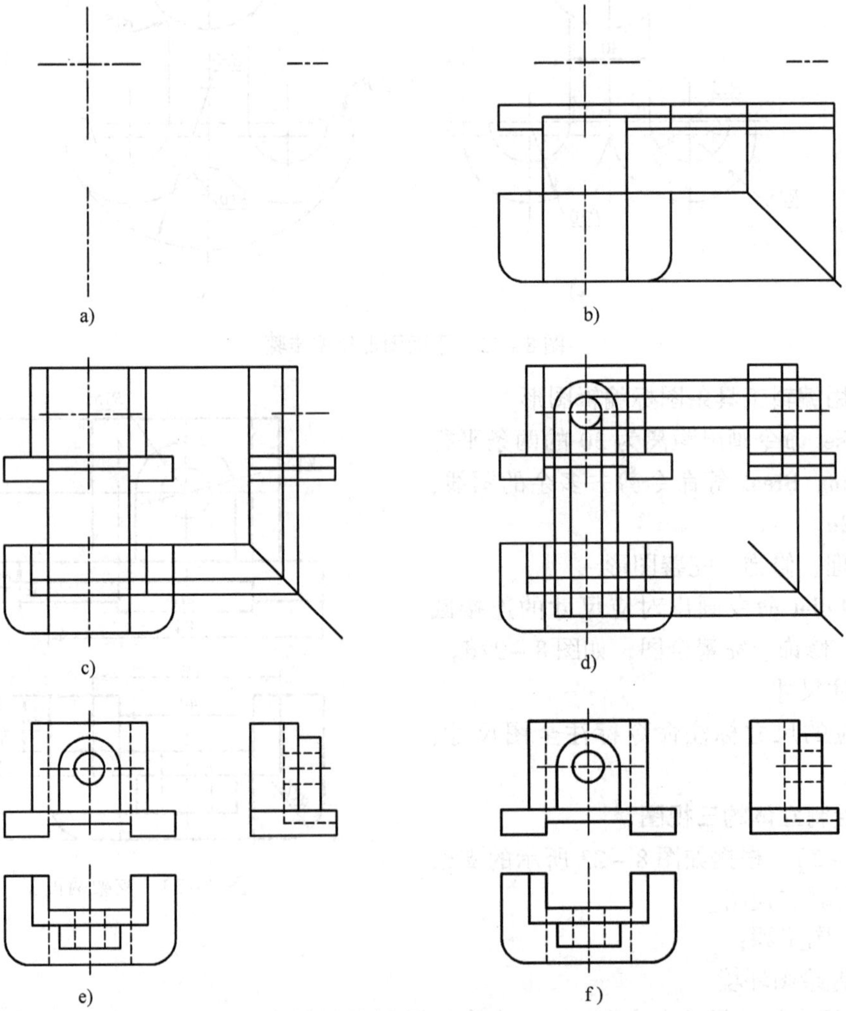

图 8－24　用 AutoCAD 绘制支架三视图的步骤

4. 确定线宽

单击 Object properties 工具条中的图层图标，设置可见轮廓线图层的线型宽度为 0.5，确认后打开状态栏中线宽开关，即得如图 8－23 所示的图形。如需标注尺寸可用相关的命令或工具继续完成。

三、绘制立体的正等轴测投影图

利用 AutoCAD 提供的轴测投影模式可以方便地绘制直线、圆和圆弧的正等轴测图，且 AutoCAD 的大多数命令并不受轴测投影模式的影响。当轴测投影模式被激活时，系统自动调整 Grid 栅格、Snap 捕捉和 Ortho 正交模式为正等轴测形式，即以正等轴测平面为参考坐标系并保持其原有的功能。

在 AutoCAD 中，轴测投影模式分别显示左平面（Left）、上平面（Top）、右平面（Right）三个坐标面的正等轴测投影（如图 8－25 所示），用户可利用 ISOPLANE 命令或者 F5 功能键实现上述各正等轴测平面状态间的切换。

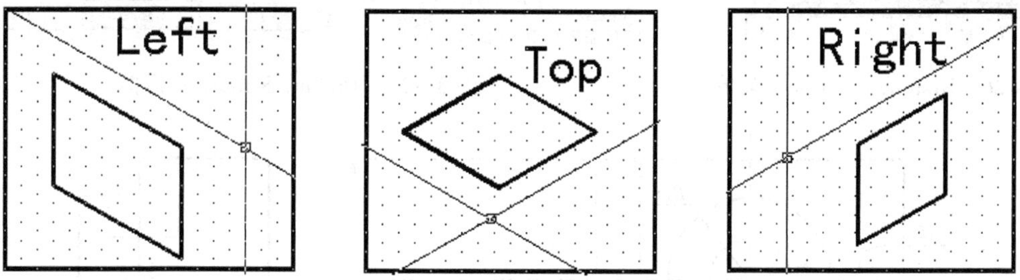

图 8－25　AutoCAD 的三种等轴测轴

在正等轴测平面状态下，打开系统的栅格捕捉和正交模式，用户可借助 AutoCAD 的定标设备方便地绘制出立体在指定坐标面上的正等轴测投影。

当图形要求精确绘制时，可采用极坐标的方式输入数据绘图，此时，应注意各轴测轴的角度。利用坐标输入图，不受正等轴测平面状态的限制，但在使用 Ellipse 命令的 Isocircle 选项绘制坐标面上圆的轴测投影时，必须切换至相应的正等轴测平面状态，否则绘制出的椭圆将不符合该圆的轴测投影。

如图 8－26 所示，在 Tools 菜单中选择 Drafting Settings，此时屏幕弹出如图 8－27 所示的 Drafting Settings 对话框，在此对话框的 Snap type & style 区域内选中 Isometric Snap 单选按钮即进入正等轴测投影模式，缺省状态下，系统处于 Left 轴测平面状态，也可以利用 Ctrl + E 组合键依次进行各正等轴测平面状态间的切换。当轴测图绘制完毕后，应选择 Drafting Settings 对话框中 Snap type & style 区域的 Rectangular Snap 单选按钮，恢复为 Standard 状态，以便于在图形中进行文本标注。

【例 8－3】 绘制图形 8－28 所示立体的正等轴测图

推荐绘图步骤：

（1）设置绘图环境　利用 Limits 命令设置图幅极限；用 Zoom All 命令全屏幕显示图幅范围；打开图层设置对话框，并根据需要设置轮廓线、中心线等不同图层的线型、颜色。

（2）绘制底板的轴测投影

①首先设置轮廓线层为当前层，画出底板上表面矩形的轴测投影。

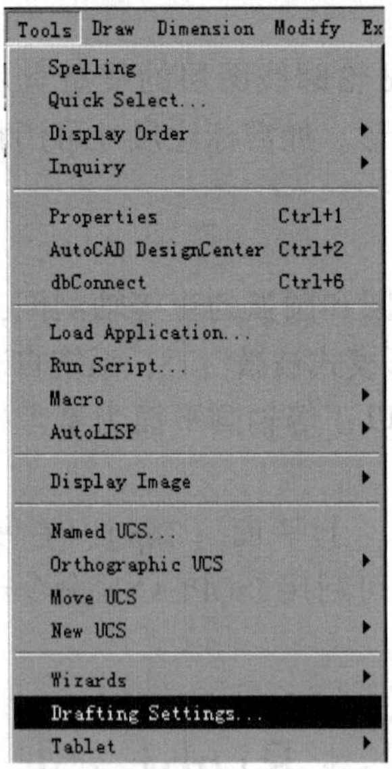

图 8－26　Drafting Settings 子菜单

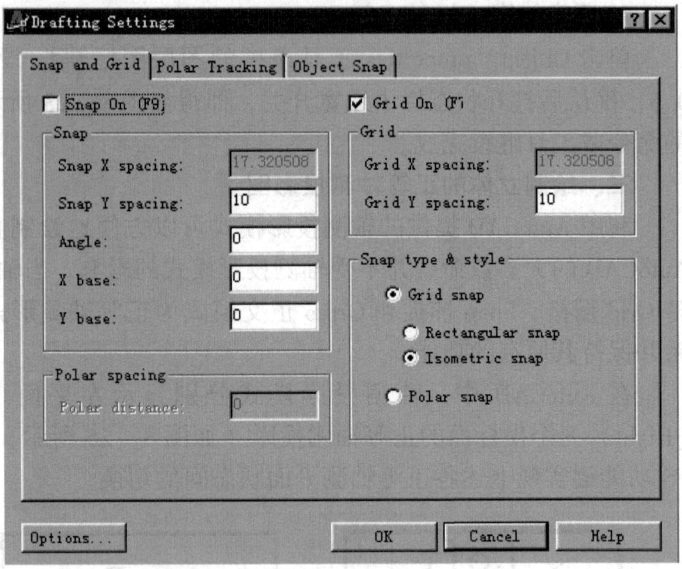

图 8－27　Drafting Settings 对话框

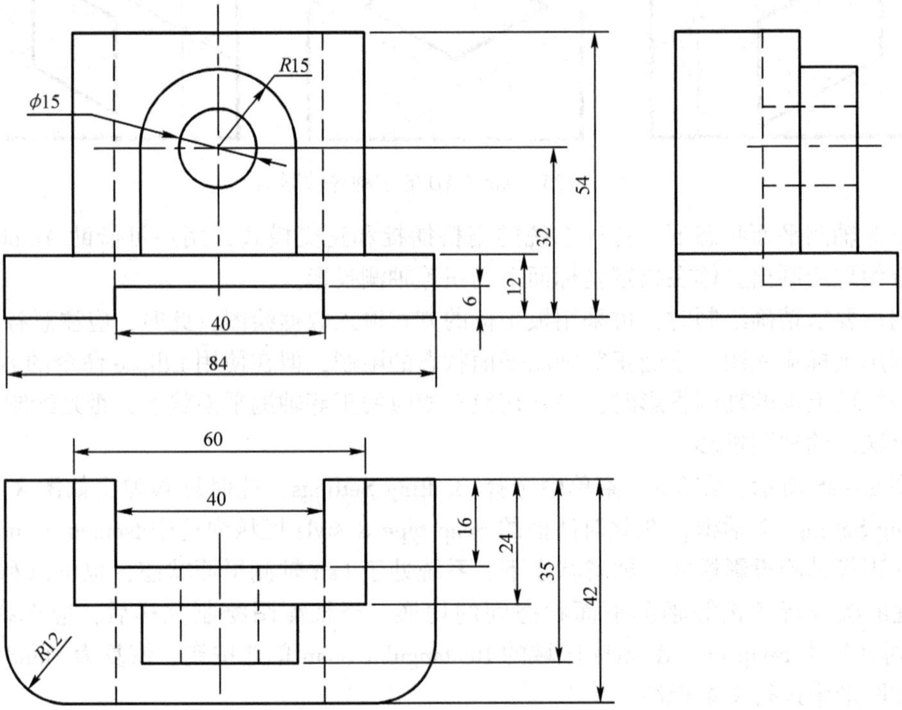

图 8－28　组合体两面视图

②打开 Format 菜单中的 Point Style 对话框，设置点的格式为 x。然后使用下拉菜单 Draw \ Point \ Measure 命令，由 B、C 点处测量出相邻两条边上圆角的切点。打开 Osnap 工具条，过各切点（单点捕捉）作相应边的垂线，并以相邻两垂线的交点 O_1、O_2 为圆心，O_1、O_2 到切点的距离为半径绘制出底板上圆角的投影，如图 8－29a。

③将图 8－29a 中绘制的底板上表面向下复制 12 个单位，并绘制底板高度的轮廓线如图

8－29b。

④修剪和擦除不可见及不需要的线段，如图 8－29c。

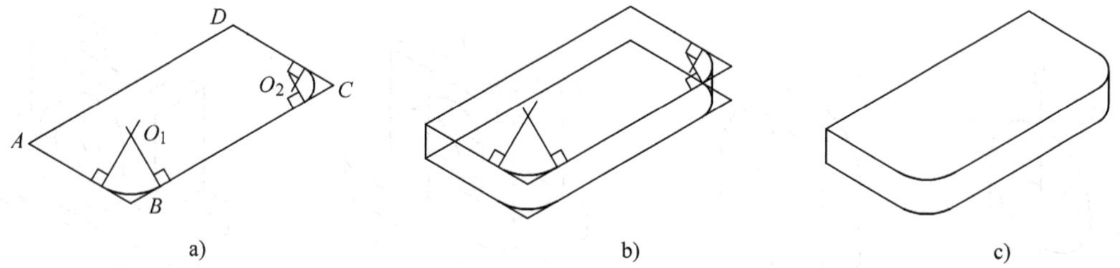

图 8－29　绘制底板的步骤

（3）绘制开槽四棱柱体的轴测投影

①首先在轮廓线层上画出顶面形状的外形轮廓 *ABCD*，再使用 Offset 命令偏移线段 *AB*、*BC*、*CD*，以确定槽口的位置及形状，如图 8－30a。

②选择 Trim 命令修剪掉图 8－30a 中不需要的线段，将画好的顶面向下复制一个高度，然后连接底面及棱面的可见轮廓线，如图 8－30b。

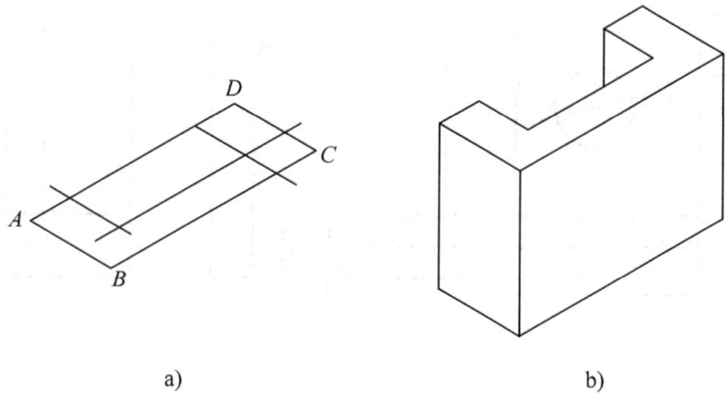

图 8－30　绘制开槽棱柱体的步骤

（4）绘制半圆头凸板的轴测投影

①按照图 8－26、图 8－27 所示方法激活轴测投影模式，（也可直接右键点击屏幕下方状态行中的 Snap 或者 Grid 按钮打开 Drafting Settings 对话框），并将 F5 功能键按两下，此时系统进入正等轴测右平面（Right）状态。然后选择中心线层为当前层，打开正交功能（Ortho）后，运用 Line 命令在适当位置处画出图 8－31a 所示 x_1、y_1 轴测轴。再将当前层重新设置为轮廓线层，绘制半圆头凸板外形轮廓线轴测投影，如图 8－31a。

②选择 Line 命令连接半圆头凸板前后表面的可见轮廓线，再利用 Trim 命令将图形中多余的线段修剪掉，最后得出半圆头凸板正等轴测图如图 8－31b。

（5）完成整个组合体正等轴测图的绘制

①选择 Move 命令分别平移所绘制的底板、棱柱和半圆头凸板，按照其在组合体中的相对位置将其叠加组合成图 8－32a 所示。

②选择 Ellipse \ Isocircle 命令绘制半圆头凸板上圆孔的轴测投影椭圆，再利用 Line 命令在底板底部开方槽。

③最后修剪擦除不必要的线段，并打开图层设置对话框，设置轮廓线图层的线宽为合适的宽度，以加深图线，最后完成全图，见图 8－32b。

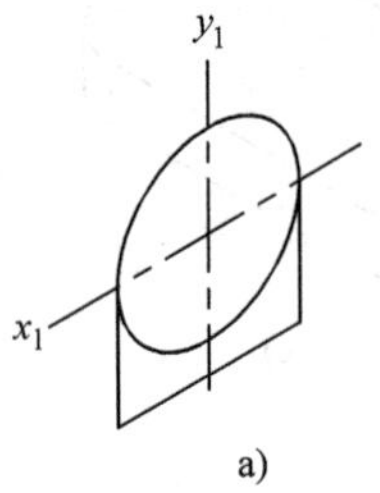

图 8－31　绘制半圆头凸板的步骤

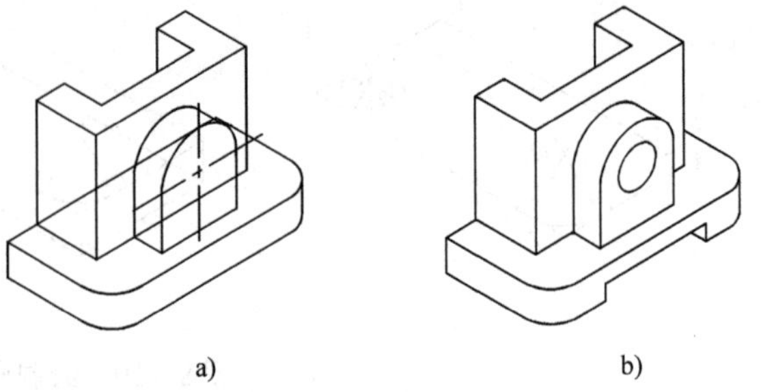

图 8－32　完成组合体轴测图的绘制

四、绘制机件的剖视图

【例 8－4】 绘制如图 8－33 所示支架的三视图，并将其俯视图改画为局部剖视图，左视图改画为全剖视图。

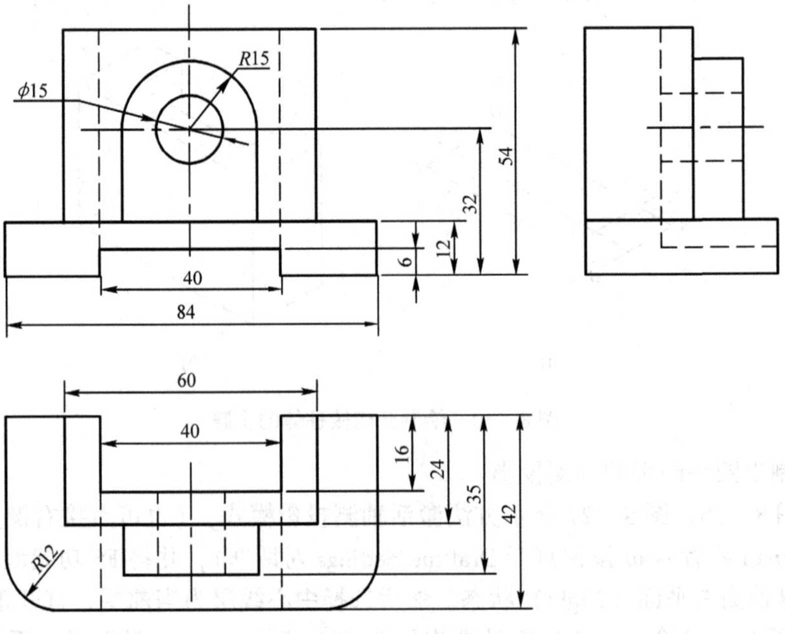

图 8－33　支架三视图

推荐绘图步骤：

（1）按照前面介绍的 AutoCAD 绘图方法，绘制出支架的三视图，如图 8－34a 所示。

（2）根据投影规律，将支架从左右对称面处作全剖，使用修剪命令或工具剪去左视图中多余的线条，将原来不可见轮廓线投影得到的虚线改为实线。在俯视图中前后通孔的上下对称处作局部剖视，绘制波浪线可用样条曲线进行绘制，即在 Draw 下拉菜单中选取 Spline 选项，然后根据提示绘出波浪线，如图 8－34b 所示。

（3）绘制剖面符号

1）在 Draw 下拉菜单中选取 Hatch... 选项，出现 Boundary Hatch（边界图案填充）对话框，

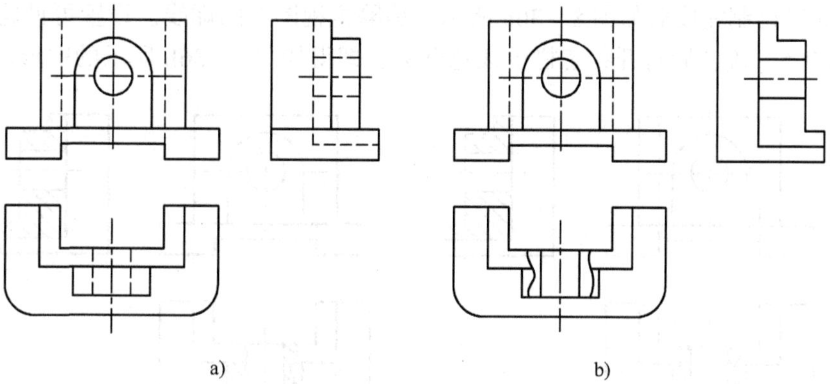

图 8-34　用 AutoCAD 绘制支架剖视图的步骤（一）

如图 8-35 所示。

2）在 Pattrn Type（图案类型）下选取 Pattern....（图案）按钮，则弹出填充图案调色板，显示出剖面线图案及名称列表，可从该表中选择需要的图案。对于金属材料剖面线为 45°平行线，名称为 ANS131。

也可在 Pattern Proprties（图案特性）下选取 Pattern：项中的列表，从表中直接选取 ANS131。

3）选取 Boundary（边界）下的 Pick Points（拾取点）按钮，则对话框暂时消失，出现所画图形。此时需分别在的视图剖面区域内拾取点，被选中的区域会以虚线显示外框。

4）回车，则返回 Boundary Hatch 对话框。

5）选取 Apply（应用）按钮，则在所选取剖面区域内画出剖面符号，如果剖面线效果不佳可通过图 8-35 所示对话框中的 Angle 和 Scale 进行调整。

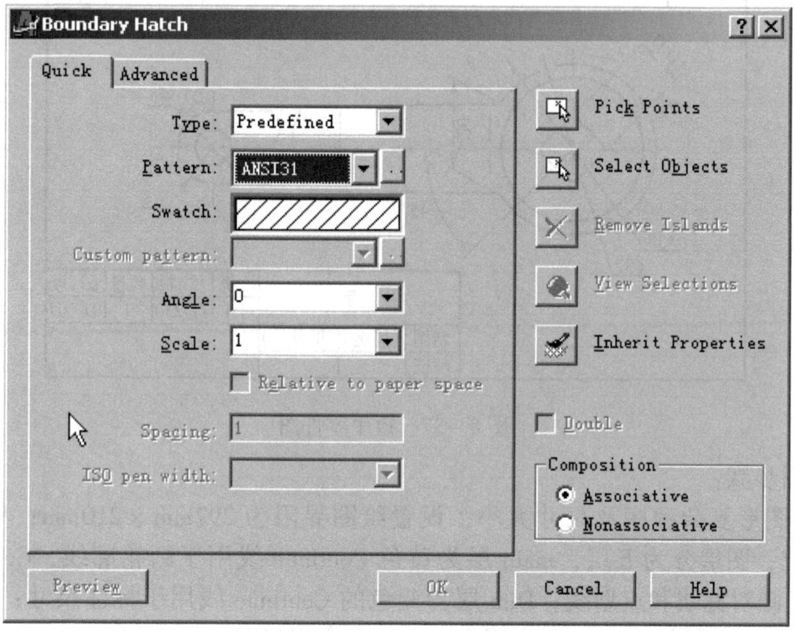

图 8-35　“Boundary Hatch”对话框

6）剖面线绘制完成后如图 8－36a 所示。擦除主视图上的虚线，设置可见轮廓线图层的线型宽度为 0.5，确认后打开状态栏中线宽开关，即得如图 8－36b 所示的图形。

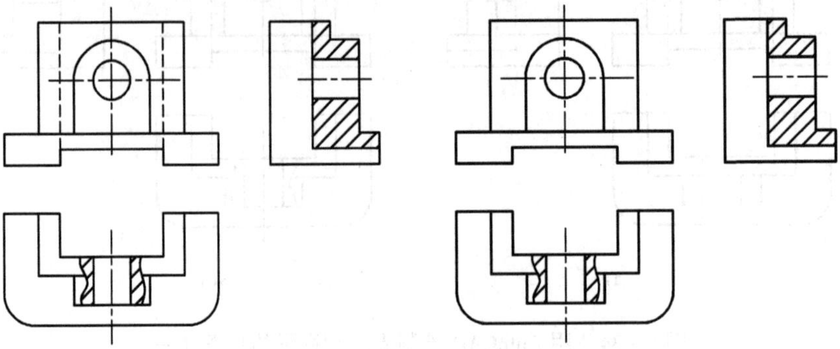

a) b)

图 8－36 用 AutoCAD 绘制支架剖视图的步骤（二）

五、绘制零件图

【例 8－5】 绘制如图 8－37 所示的零件图

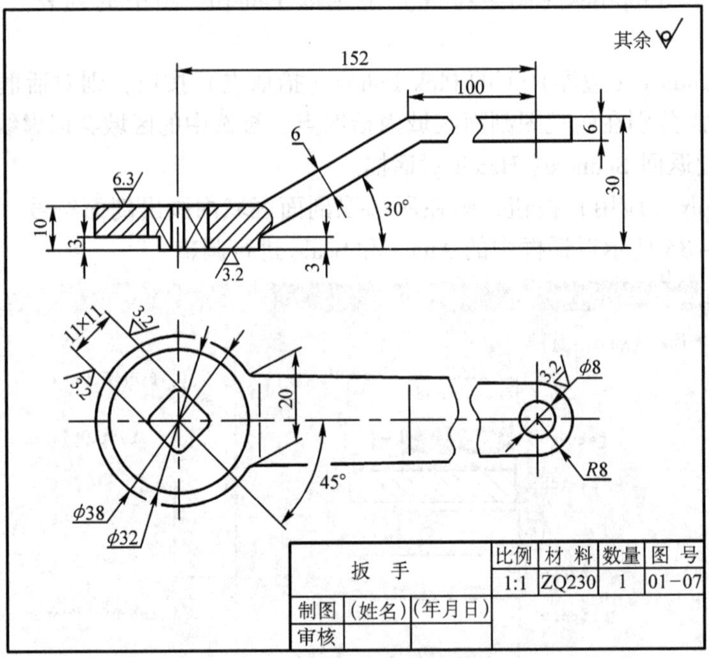

图 8－37 扳手零件图

推荐绘图步骤：

1）根据图形复杂程序及尺寸大小，设置绘图界限为 297mm × 210mm；单位精度为米制，无小数位；图层分为五层，main 层为黄色 Continue 线用于画轮廓线，Center 层为红色 Center 线用于画对称线和点划线；Dim 层为蓝色的 Continue 线用于标注尺寸；Hatch 层为绿色 Continue 线用于画剖面线；0 层为原有层保持不变用于图块的操作。

2）画对称线、点画线 调用 Center 层为当前层，用 Line 命令画出点划线，见图 8－38a。

3）画轮廓线　调用 main 层为当前层，用绘图命令画主要轮廓线，用编辑命令进行修改，见图 8－38b。

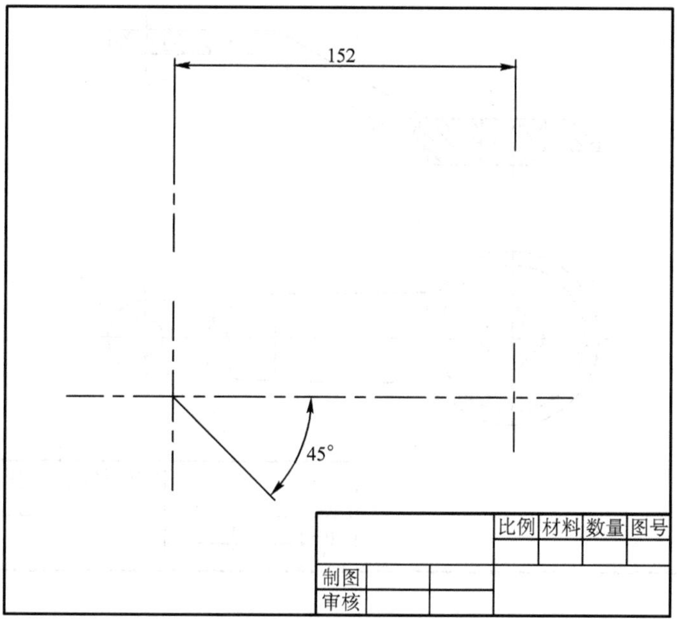

a)

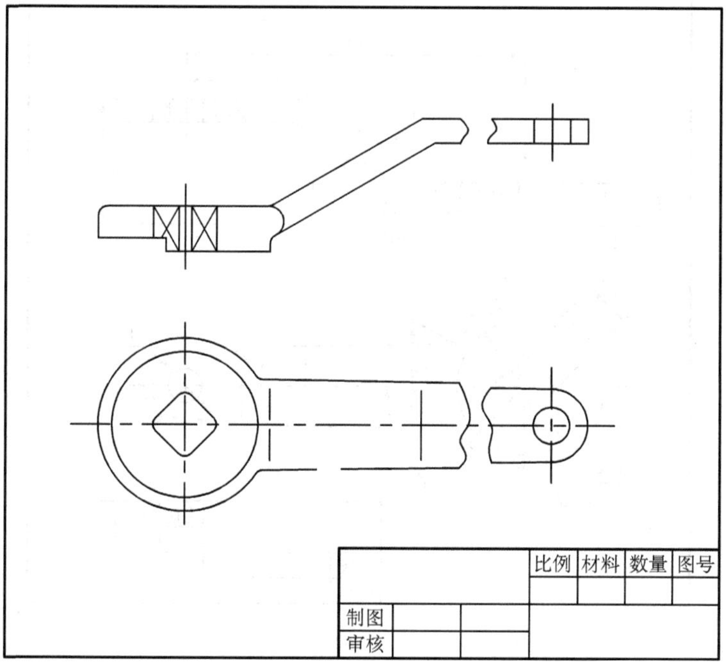

b)

图 8－38　用 AutoCAD 绘制零件图步骤（一）

a）画对称线、点划线　b）画轮廓线

4）调用 Hatch 层为当前层，用 Hatch 命令绘制剖面线，见图 8－39a。

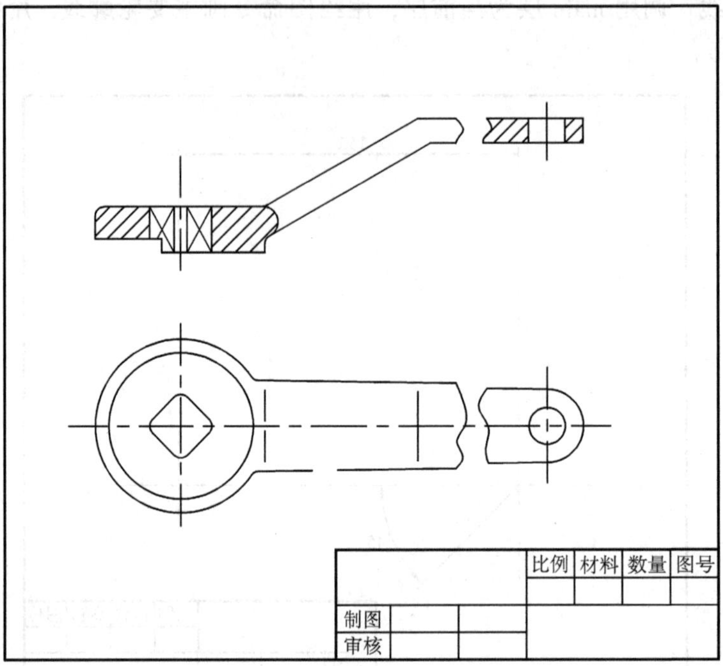

a)

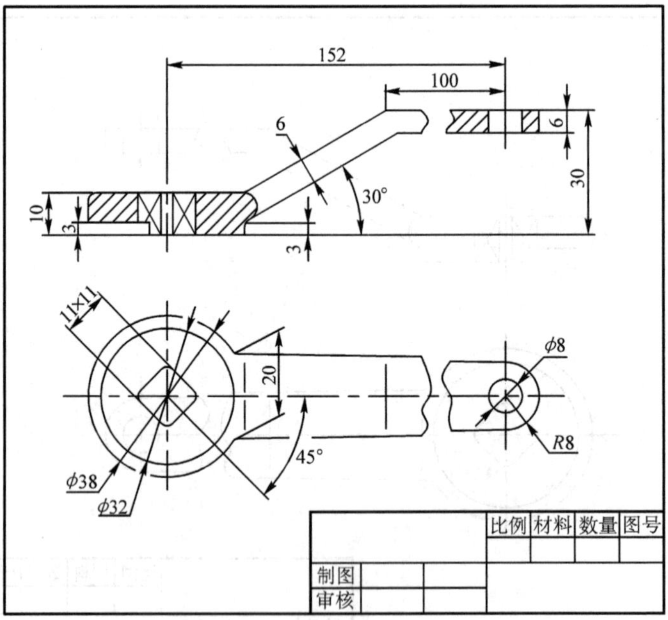

b)

图 8－39　用 AutoCAD 绘制零件图步骤（二）

a）绘制剖面线　b）标注尺寸

5）调用 Dim 层为当前层，标注相应的尺寸、尺寸公差及形位公差，见图 8－39b。

6）调用 Block 层为当前层，制作和应用属性图块进行图块插入，标注表面粗糙度，用

Text 命令填写技术要求及标题栏等，见图 8 -40。

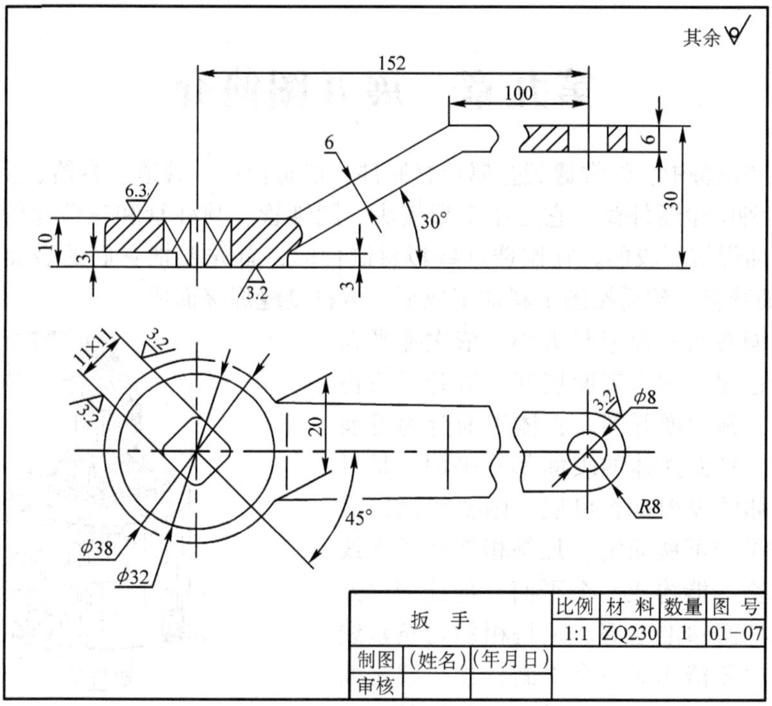

图 8 -40 用 AutoCAD 绘制零件图步骤（三）

7）检查、修饰，并利用图层特性管理器设置各图层的线宽，从而完成全图，见图 8 -37。

第九章　展开图简介

在工业生产设备中，经常遇到金属板材制件，如防护罩、管道、容器、反应塔等。如图9-1所示的某种除尘器外筒，它是由变形接头、圆锥管、圆柱管和三节弯管所组成，它们都是用板材卷曲焊接而成的。在制造这些板材制件时，首先要把它们的表面展开（俗称放样），画成平面图形，然后按图下料加工成形，再将接缝焊接而成。

将制件表面按其实际形状大小，依次摊平在同一平面上的过程，称为表面展开。展开后所得到的平面图形，称为展开图。立体表面分为可展与不可展两种。平面立体的表面都是平面，是可展的；曲面立体的表面是否可展，则要根据组成其表面的曲面是否可展而定。凡是相邻两条素线彼此平行或相交（能构成一个平面）的曲面，是可展曲面，如柱面和锥面等。凡是相邻两条素线成交叉两直线（不能构成一个平面）或母线是曲线的曲面，是不可展曲面，如球面、环面等。不可展表面可采用近似作图法展开。

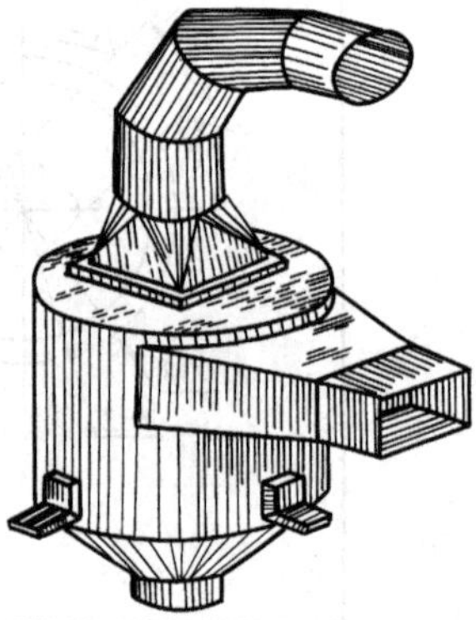

图9-1　金属薄板制件（除尘器外筒）

画展开图的方法有两种，即图解法和计算法。由于图解法具有作图简捷、直观等优点，故本章重点介绍这种方法。

第一节　平面立体的展开

一、棱柱管展开

棱柱管的各条棱线互相平行，如果从某棱线处切开，然后将棱面沿着与棱线垂直的方向打开并依次摊平在一个平面内，就得到了棱柱管的展开图。这种绘制展开图的方法称为平行线法。

作图时应当求出各条棱线之间的距离和棱线的各自实长，且展开后各棱线仍然保持互相平行的关系。

【例9-1】　斜口直立四棱柱管的展开

如图9-2所示，四棱柱的四条棱线为铅垂线，其正面投影和侧面投影反映了棱线的实长；下底面 $ABCD$ 为水平面，其水平投影反映了实形。因棱线垂直于下底面，则棱线必然垂直于底面的四条边，棱线之间的距离就是下底面四边形的边长，且展开后下底面的四条边成一直线。其作图过程如下：

1）以棱线 AE 为基准棱线，确定 AE 在展开图中的位置，使 $AE // a''e''$ 且取 $AE = a''e''$；

2）过 A 点作棱线 AE 的垂直线，且在该垂直线上截取线段 $AB = ab$、$BC = bc$、$CD = cd$、$DA = da$，得 B、C、D、A 点；

3）过 B、C、D、A 点分别作直线平行于棱线 AE，并分别截取线段 $BF=b''f''$、$CG=c''g''$、$DH=d''h''$、$AE=a''e''$，得 F、G、H、E 点；

4）依次连接 E、F、G、H、E 各点，即得斜口直立四棱柱管的展开图。

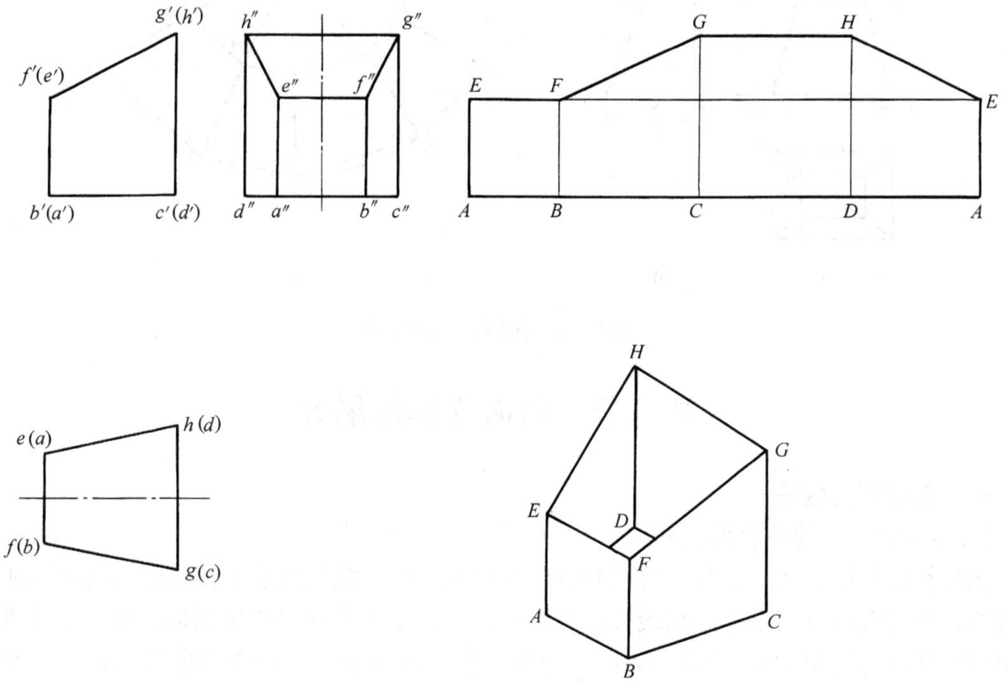

图 9－2　斜口直立四棱柱管的展开图

二、棱锥管展开

棱锥管的所有棱线汇交于锥顶。求作棱锥管的展开图时，首先应确定各条棱线的实长及其之间的夹角，或者求出底面多边形每边的实长，即得各棱面的实形，依次将其展开在一个平面内。由于各条棱线汇交于一点，这种求作展开图的方法称为放射线法。

【例 9－2】　四棱锥管的展开

如图 9－3a 所示，在四棱锥管的投影图上，将棱线延长后交于一点 S，形成一个四棱锥，由此可知矩形渐缩管是一个四棱锥台。四棱锥的四条棱线的实长相同，是一般位置直线；底口各边线分别为正垂线和侧垂线，它们的实长可在水平投影图中量得。其作图过程如下：

1）如图 9－3a、b 所示，用直角三角形求棱线实长。在 $a'd'$ 延线上量取 $OA_1=sa$，由 O 点作垂直线与过 s' 点的水平线交于 S_1，S_1A_1 即为四棱锥棱线的实长，再由 e' 作水平线交 S_1A_1 于 E_1，则 A_1E_1 即为矩形渐缩管棱线的实长。

2）如图 9－3c 所示，以 S 点为圆心、S_1A_1 长为半径画圆弧，在圆弧上量取弦长 $AB=ab$、$BC=bc$、$CD=cd$、$DA=da$，并将 A、B、C、D、A 各点与 S 点连线，得四棱锥的展开图。

3）再在各棱线上分别量取 A_1E_1 长，使 $AE=BF=CG=DH=AE=A_1E_1$，并将 E、F、G、H、E 各点连线，即得矩形渐缩管的展开图。

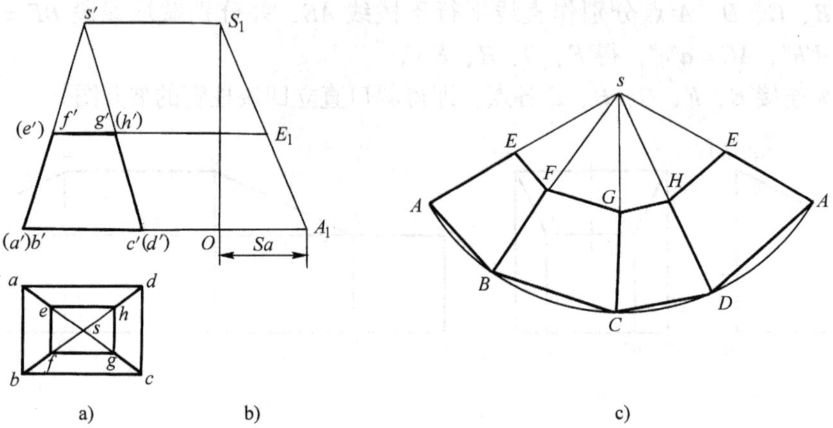

图 9－3　四棱锥管的展开

第二节　曲面立体的展开

一、圆柱管的展开

【例 9－3】　正圆柱管的展开

用计算法作展开图，就是在分析制件的基础上，建立起制件展开曲线的解析表达式，从而计算出展开图中点的坐标、线段长度等参数，最后由计算结果绘出图形，或由计算机直接绘出图形和进行切割下料，图 9－4 所示为圆柱管用计算法作出的表面展开图。由于篇幅所限，用计算法作展开图此处只作简单介绍。

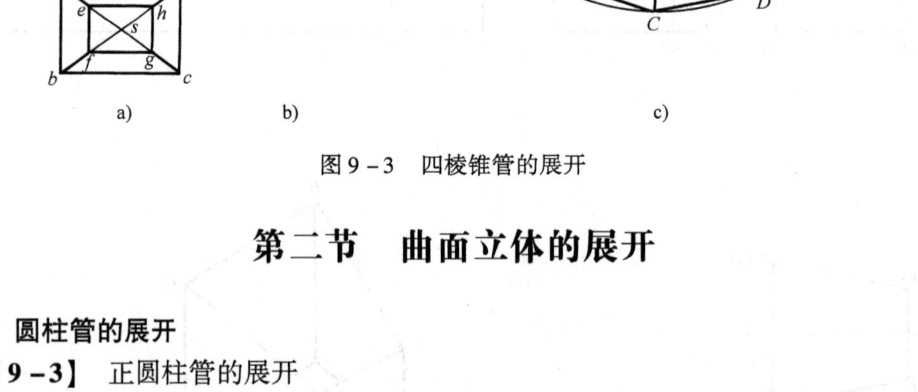

图 9－4　圆柱管及其表面展开

【例 9－4】　斜截正圆柱管的展开

正圆柱管斜截后，使得柱面上的各条素线的长度不相等。作展开图时应根据视图的投影关系求出若干素线的实长，然后光滑连接这些素线的端点，即可得展开图。其作图过程如图 9－5 所示：

1）将圆柱管的底圆周长分成若干等分（图中为 12 等分），得若干分点，例如点 2；求出等分点的正面投影，例如点 2′；过等分的正面投影作相应的素线，即得素线的实长，例如2′c′。

2）将底圆周长展成直线，其长度为 πD，并取同样的 12 等分，得 12 等分点，例如Ⅱ点；过这些等分点作该直线的垂线，得柱面展开后的各素线的位置线，例如ⅡC。

3）把斜截正圆柱管正面投影上各素线的实长移至展开图上，得相应素线的端点，例如素线ⅡC 的端点 C。

4）依次光滑连接各素线的端点，即得斜截正圆柱管的展开图。

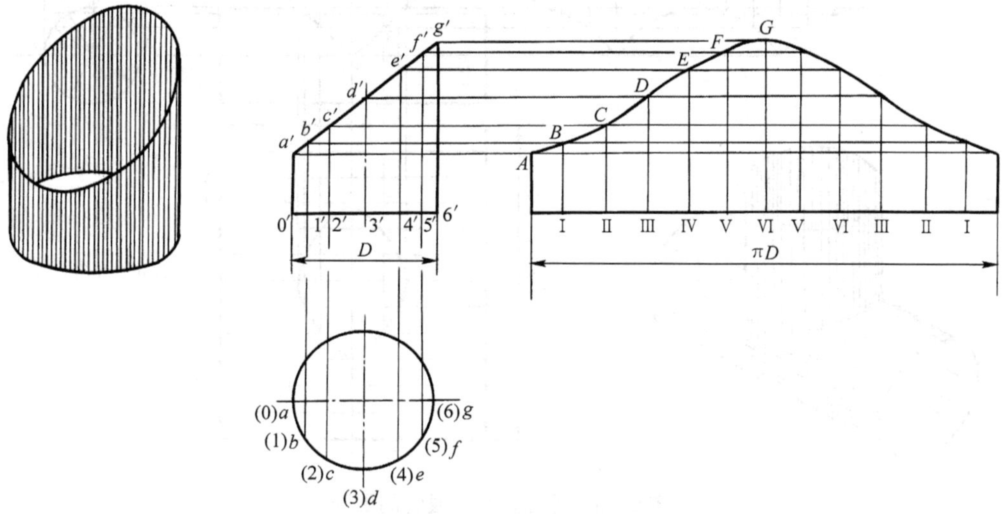

图 9－5　斜口正圆管的展开

二、等径正交三通管的展开

【例 9－5】 等径正交三通管展开

在管道施工中常遇到各种各样的叉管，从几何形体上看，这类叉管件实际为相贯体。因此，画相交管的展开图，应首先确定相贯线，然后以相贯线为界限，将叉管划分为若干基本体的切割体，再按基本体的展开法作出各自的展开图。其作图过程如图 9－6 所示。

1）求出相贯线的投影。两圆柱管垂直正交且等径，因此，相贯线的正面投影为互相垂直的两线段。

2）作正立圆柱管Ⅰ的展开图，方法同图 9－4 的作图原理。

3）作水平圆柱管Ⅱ的展开图，然后求出相贯线点的位置，依次光滑连线得到相贯线所围成的孔的展开图。

三、圆锥管的展开

【例 9－6】 斜截圆锥管的展开

斜截圆锥管的展开图为正圆锥展开图的一部分。因此，应首先作出正圆锥的展开图，然后求出切口平面与圆锥面各素线的交点，再确定这些点在相应素线实长上的起初位置，得到被截素线的实长，依次连接这些素线的端点，即得所要求作的展开图。其作图过程如图 9－7 所示。

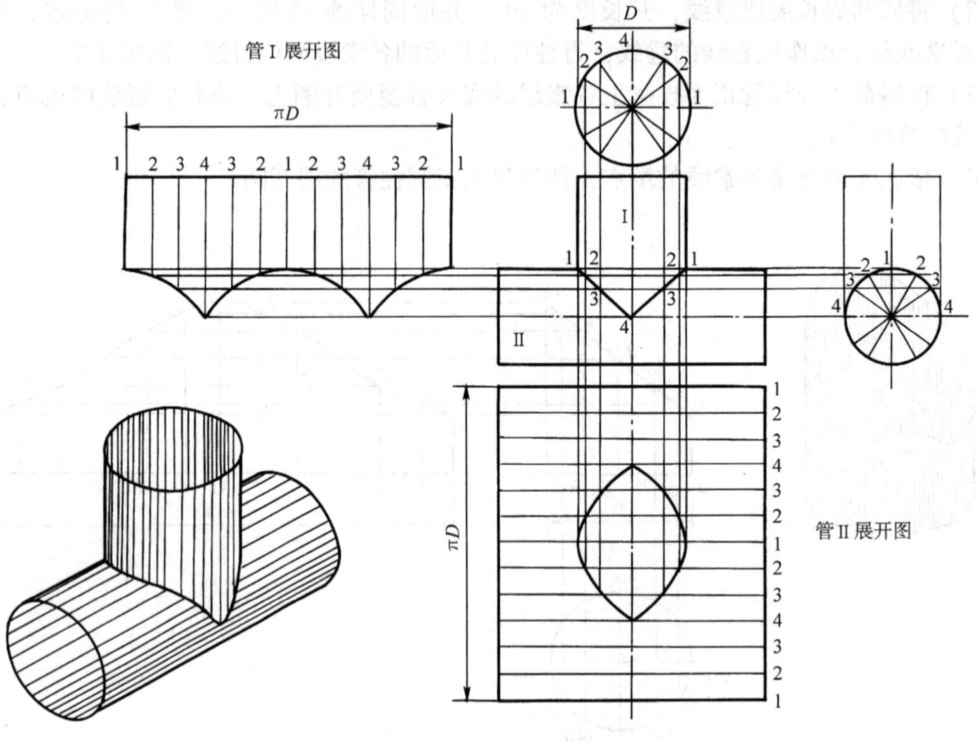

图 9-6　等径正交三通管的展开

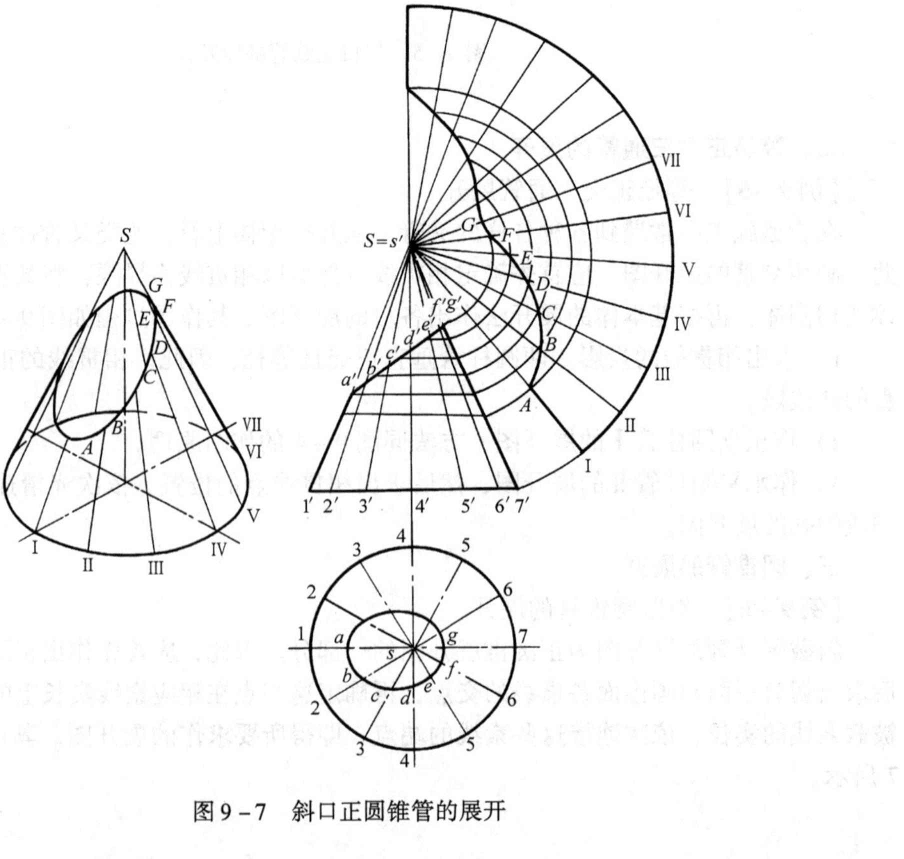

图 9-7　斜口正圆锥管的展开

*第十章　焊　接　图

焊接是一种不可拆连接，在造船、机械、电子、化工、建筑等工业部门中都得到广泛的应用。

零件在焊接时，常见的焊接接头有：对接接头、搭接接头、T型接头和角接接头等。焊缝型式主要有对接焊缝、点焊缝和角焊缝等，如图10-1所示。

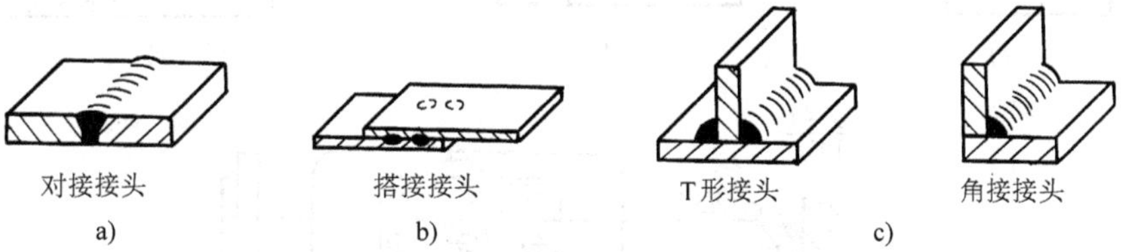

图10-1　常见的焊接接头和焊缝形式

a) 对接焊缝　b) 点焊缝　c) 角焊缝

第一节　焊缝的图示法和符号标注

焊缝通常可用焊缝符号和焊接方法的数字代号来表达各种焊缝的形状、结构、尺寸及要求。

一、焊缝的画法

(1) 一般情况下，用粗实线表示可见焊缝，如图10-2a所示。

(2) 在垂直于焊缝的剖视图和剖面图中，用涂黑表示焊缝的截面形状，如图10-2b所示。

(3) 在视图中，可用栅线表示可见焊缝（栅线段为细实线段，允许徒手绘制），如图10-2c所示；也可用加粗线（$2b\sim3b$，b为图样中轮廓线的宽度）表示可见焊缝，如图10-2d、e所示。但在同一图样中，只允许采用一种画法。

(4) 焊缝尺寸和焊缝符号可用局部放大图表示，如图10-2f所示。

二、焊缝符号

在GB/T 324—1988和GB/T 12210—1990“焊缝符号表示法”中，对焊缝符号作了规定。如需进一步了解焊缝坡口的基本形式与尺寸，可查阅标准（GB/T 985—1988和GB/T 986—1988）。

焊缝符号一般由基本符号与指引线组成，必要时还可以加上辅助符号、补充符号和焊缝尺寸符号。现分述如下：

1. 基本符号

表示横截面形状，用$0.7b$的粗实线绘制。常用焊缝的基本符号、图示法及标注方法示例，见表10-1，其它焊缝的基本符号可查阅GB/T 324—1988和GB/T 12210—1990。

2. 辅助符号

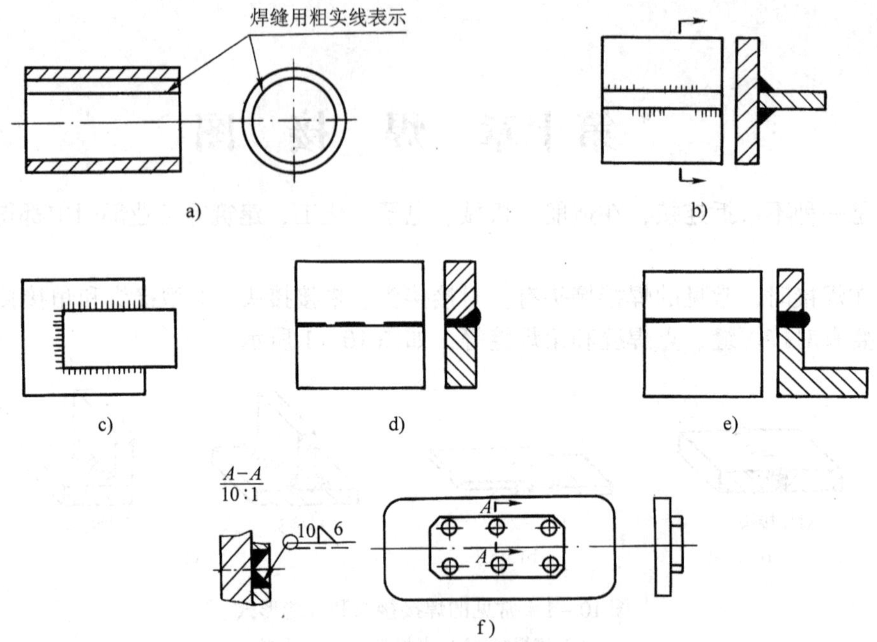

图 10-2 焊缝的画法示例

表示焊缝表面形状特征，用 0.7*b* 粗实线绘制，见表 10-2。不需要确切地说明焊缝的表面形状时，可以不用辅助符号。

表 10-1 常用焊接的基本符号、图示法及标注方法示例

名称	符 号	示意图（剖视）	图示法	标注方法
I 型焊缝	‖		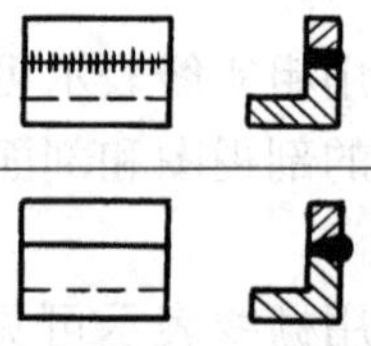	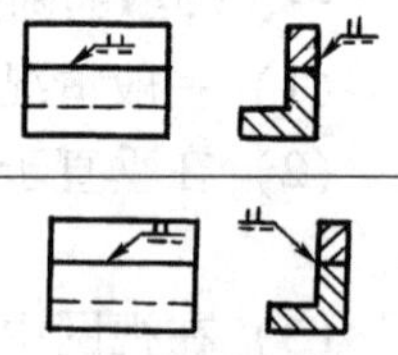
V 型焊缝	V		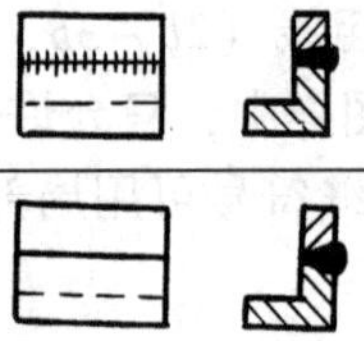	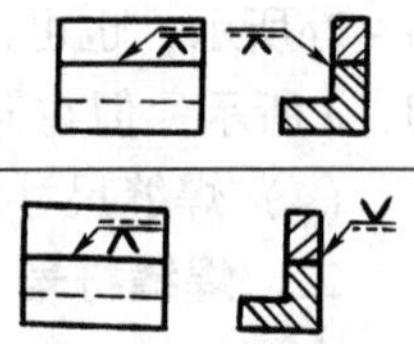
角焊缝	◺		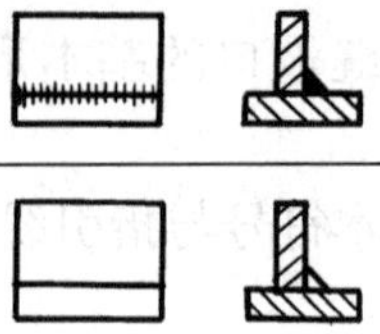	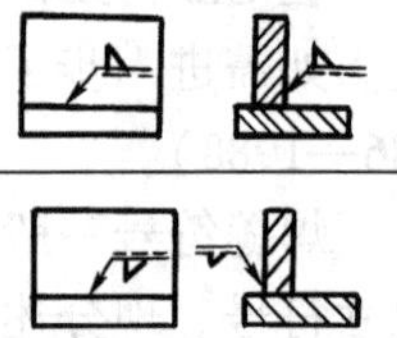
点焊缝	○	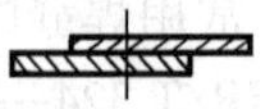	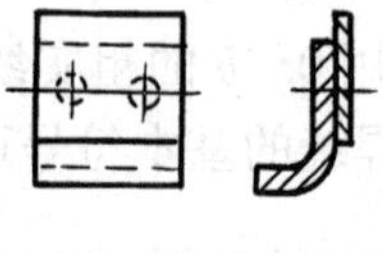	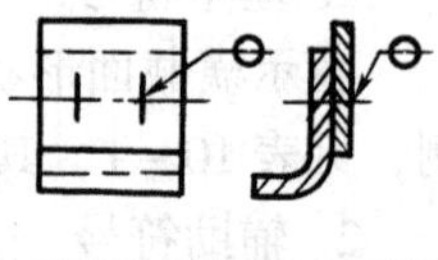

表 10－2　辅助符号及标注示例

名称	符　号	形式及标注示例	说　明
平面符号	—		表示 V 形对接焊缝表面对齐（一般通过加工）
凹面符号	⌣		表示角焊缝表面凹陷
凸面符号	⌒	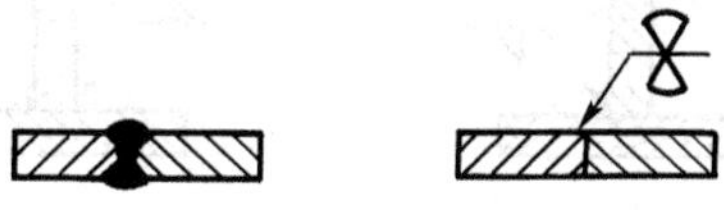	表示 X 形对接焊缝表面凸起

3. 补充符号

为了补充说明焊缝的某些特征，用 0.7b 的粗实线绘制补充符号，见表 10－3。

表　10－3

名称	符　号	形式及标注示例	说　明
带垫板符号	▭		表示 V 形焊缝的背面底部有垫板
三面焊缝符号	[	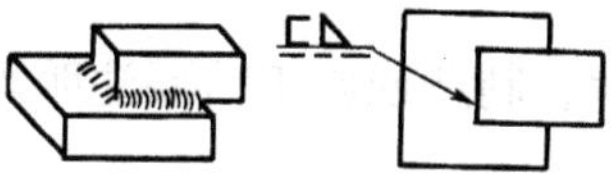	工件三面施焊，开口方向与实际方向一致
周围焊缝符号	○	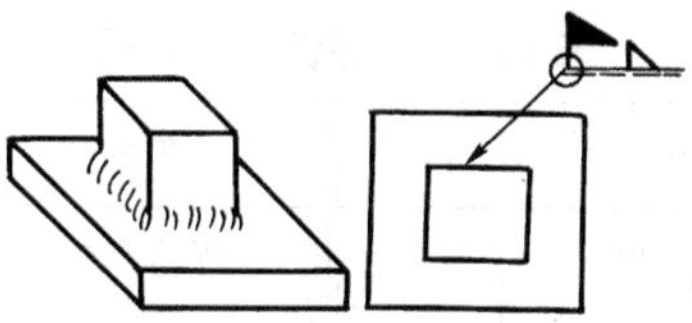	表示在现场沿工件周围施焊
现场符号			
尾部符号	<	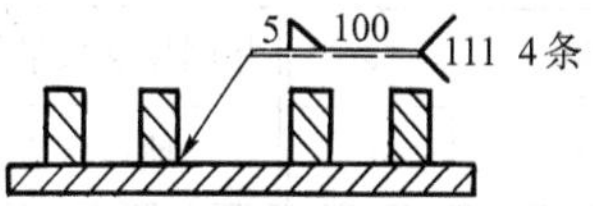	表示用手工电弧焊，有 4 条相同的角焊缝

4. 指引线

一般由带有箭头的指引线（简称箭头线）和两条基准线（一条为实线，另一条为虚线）两部分组成，用细线绘制，画法如图 10－3 所示。箭头线用来将整个焊缝符号指到图样上的有关焊缝处，必要时允许弯折一次（参见图 10－6 中所示）。基准线的上面和下面用来标注各种符号和尺寸，基准线的虚线可画在基准线的实线上侧或下侧。基准线一般应与图样的底边平行。

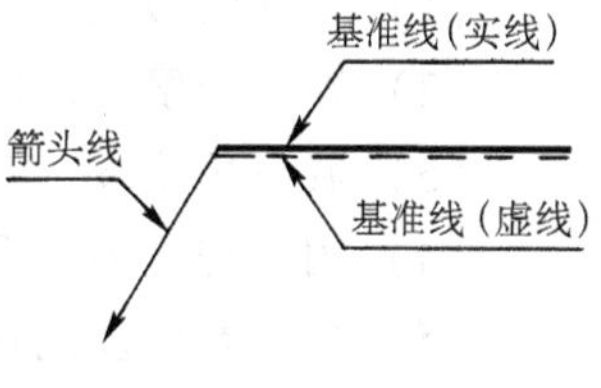

图 10－3　指引线的画法

为了能在图样上确切地表示焊缝的位置，GB/T 324—1988 将基本符号相对基准线的位置作了如下规定：

（1）如果焊缝在接头的箭头所指的一侧，基本符号标在基准线的实线一侧，如图 10－4a 所示。

（2）如果焊缝在接头的非箭头所指的一侧，基本符号标在基准线的虚线一侧，如图 10－4b 所示。

（3）标注对称焊缝及双面焊缝时，可不加虚线，对称焊缝如图 10－4c 左图所示，双面焊缝如图 10－4c 右图所示。

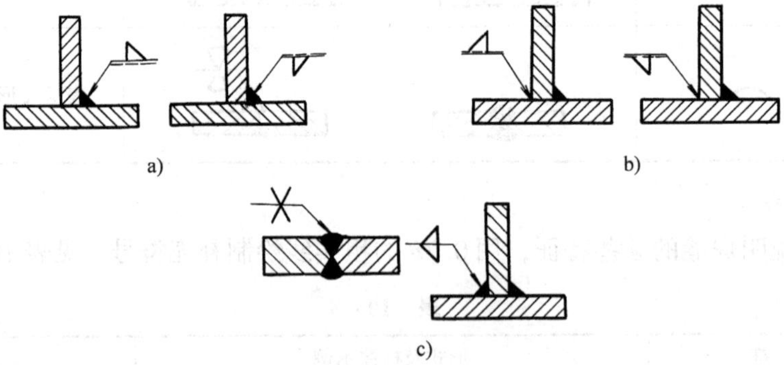

图 10－4　基本符号相对基准线的位置

a）焊缝在接头的箭头所指的一侧　b）焊缝在接头的非箭头所指的一侧

c）对称焊缝与双面焊缝

5. 焊缝尺寸符号

焊缝尺寸一般不标注，若设计、制造或施工需要注明焊缝尺寸时才标注。焊缝尺寸符号见表 10－4。

表 10－4　焊缝尺寸符号

名称	符号	名称	符号	名称	符号	名称	符号
工件厚度	δ	焊缝长度	l	焊缝宽度	c	熔核直径	d
坡口角度	α	焊缝段数	n	根部半径	R	焊缝有效厚度	S
根部间隙	b	焊缝间距	e	相同焊缝数量符号	N	余高	h
钝边	p	焊角尺寸	K	坡口深度	H	坡口面角度	β

焊缝尺寸的标注原则如图 10－5 所示：

（1）焊缝横截面上的尺寸，标在基本符号的左侧；

（2）焊缝长度方向的尺寸，标在基本符号的右侧；

（3）坡口角度 α、坡口面角度 β、根部间隙 b。标在基本符号的上侧或下侧；

（4）相同焊缝数量符号标在尾部；

（5）当需要标注的尺寸数据较多，又不易分辨时，可在数据前面增加相应的尺寸符号。

箭头线的方向与尺寸位置无关。当若干条焊缝相同时，可用公共基准线进行标注，如图 10－6 所示。

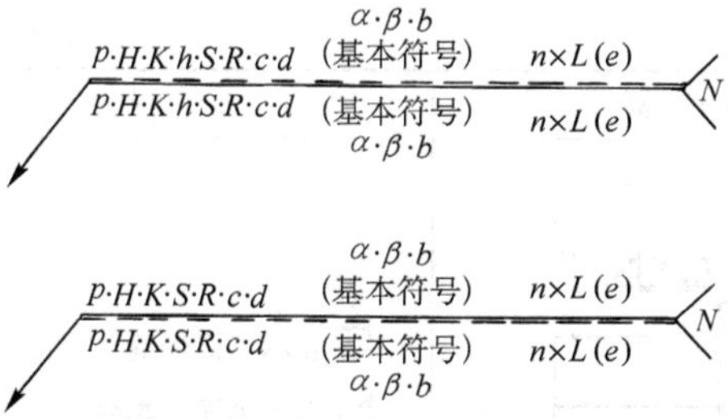

图 10－5　焊缝尺寸的标注原则

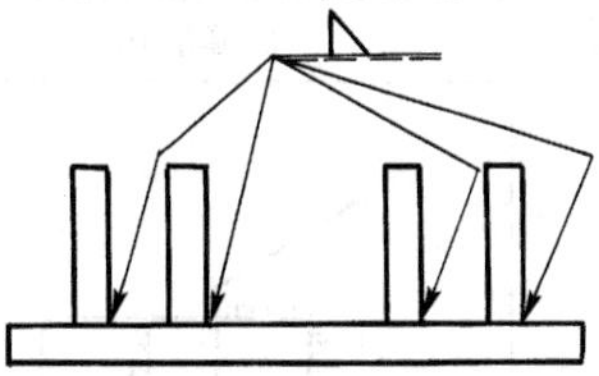

图 10－6　相同焊缝的标注

三、焊接方法的字母符号

焊接的方法很多，常用的有：电弧焊、接触焊、电渣焊、点焊和钎焊等，其中以电弧焊最为广泛。焊接方法可用文字在技术要求中注明，也可用数字代号直接注写在尾部符号中。常用的焊接方法及数字代号见表 10－5。

表 10－5　常用的焊接方法及数字代号

焊接方法	数字代号	焊接方法	数字代号
手工电弧焊	111	激光焊	751
埋弧焊	12	氧－乙炔焊	3
电渣焊	72	硬钎焊	91
电子束焊	76	点焊	21

四、焊缝的标注示例

焊缝的标注示例，见表 10－6。

表 10－6　焊缝的标注示例

接头形式	焊缝形式	标注示例	说　明
对接接头	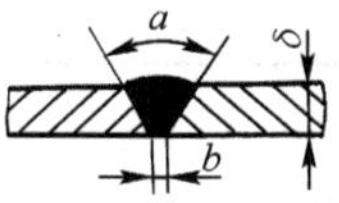	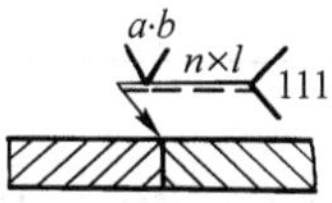	● 表示用手工电弧焊，V 形坡口，坡口角度 α，根部间隙为 b，有 n 段焊缝，焊缝长度为 l
	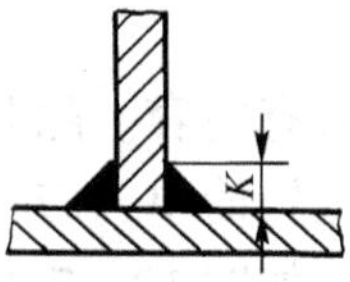	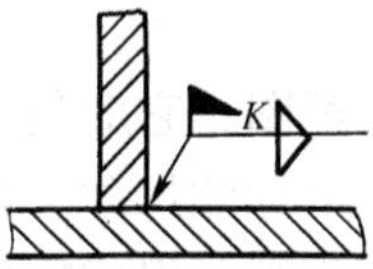	表示在现场装配时进行焊接 表示双面角焊缝，焊角尺寸为 K
T 形接头	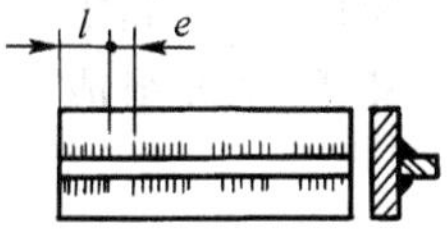	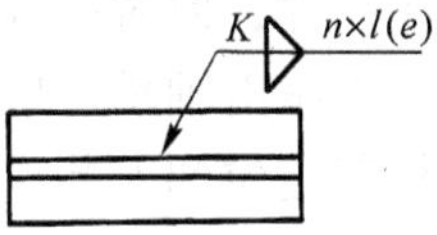	$n\times l(e)$ 表示有 n 段断续双面角焊缝，l 表示焊缝长度，e 表示断续焊缝的距离
	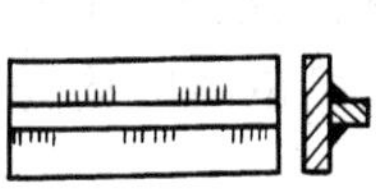	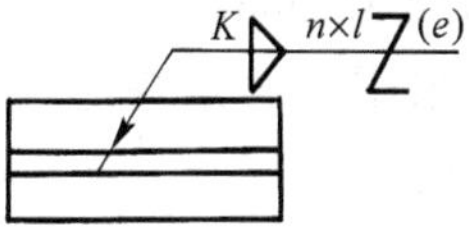	Z 表示交错断续角焊缝

（续）

接头形式	焊缝形式	标注示例	说　明
角接接头	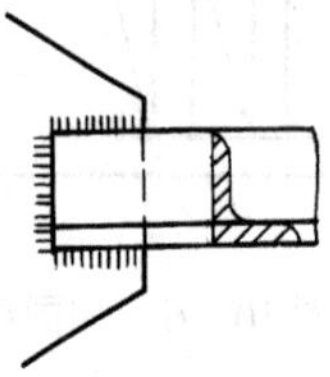	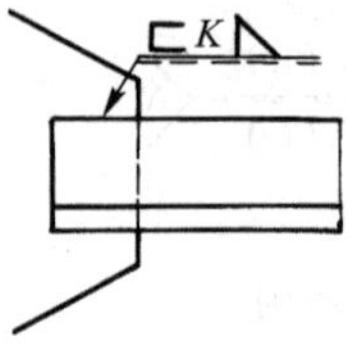	⊏ 表示三面焊缝 ⊿表示单面角焊缝
	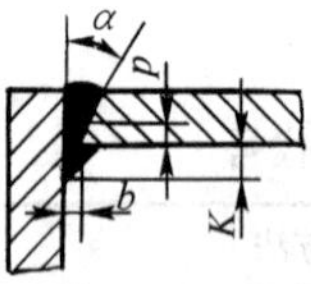	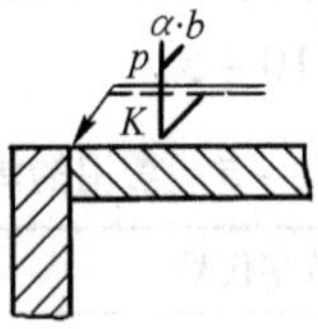	表示双面焊缝，上面为带钝边单边 V 形焊缝，下面为角焊缝
搭接接头	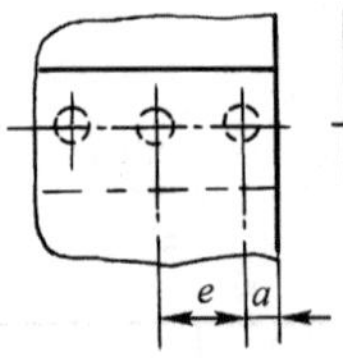	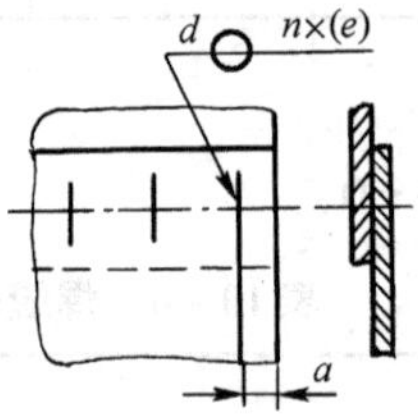	⊖表示点焊缝，*d* 表示焊点直径，*e* 表示焊点的间距，*a* 表示焊点至板边的间距

第二节　焊接图示例

焊接图实际上是焊接件的装配图，它应包含装配图的所有内容。除此之外，还应标注焊缝符号，并根据焊接件的复杂程度标注尺寸。如果焊接件比较简单，应将各组成构件的全部尺寸直接标注在焊接图中，从而不画各组成构件的零件图，如图 10－7 所示。如果焊接件比较复杂，则可按装配图要求标注尺寸，此时应画出各组成构件的零件图。

图 10－7 是支座的焊接图。支座由轴承、肋板、支承板和底板组成。轴承起支承作用，肋板和支承板起支撑作用，底板起定位和安装作用。

这些组成构件的连接都是焊接，据 GB/T 324—1988 和 GB/T 12210—1990，轴承和支承板之间采用 I 形焊缝，根部间隙为 2mm，支承板和底板之间采用单面角焊缝，焊角高度为 6mm，肋板与其他构件之间均采用双面角焊缝三面施焊，焊角高度均为 6mm。从技术要求看出，全部焊接采用手工电弧焊。

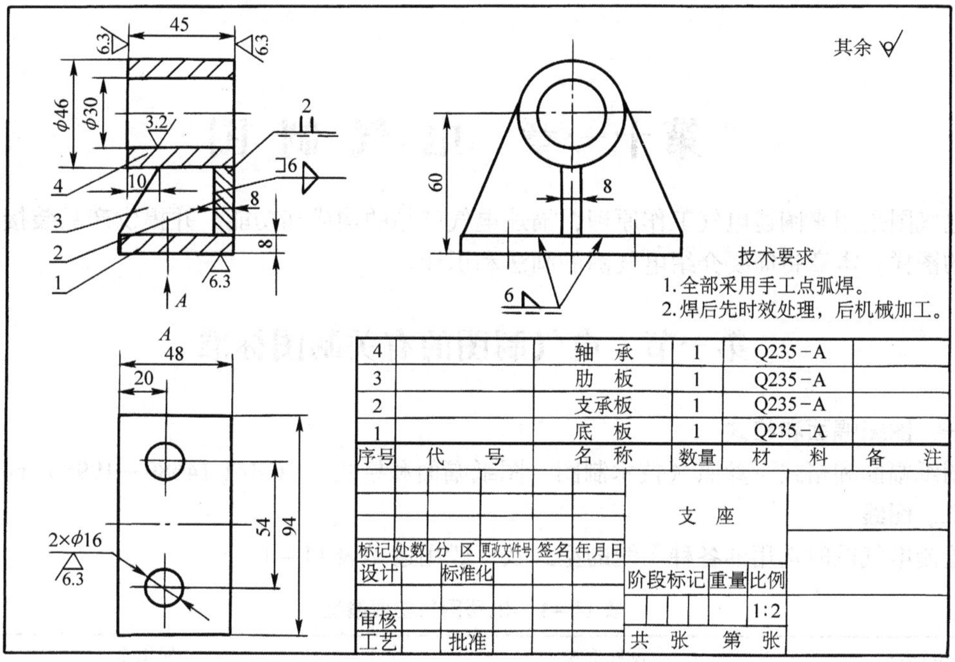
其余
45
6.3
6.3
ϕ46
ϕ30
3.2
2
6
10
8
8
4
3
2
1
6.3
A
60
8
6
技术要求
1.全部采用手工点弧焊。
2.焊后先时效处理，后机械加工。
A
48
20
54
94
2×ϕ16
6.3
4 轴承 1 Q235-A
3 肋板 1 Q235-A
2 支承板 1 Q235-A
1 底板 1 Q235-A
序号 代号 名称 数量 材料 备注
支座
标记 处数 分区 更改文件号 签名 年月日
设计 标准化
阶段标记 重量 比例
审核
1:2
工艺 批准
共 张 第 张

图 10-7 支座焊接图

*第十一章 电 气 制 图

电气图是用来阐述电气工作原理，描述电气产品的构成和功能，并提供产品装接和使用方法的图样。本章将简要介绍电气图的画法和识读。

第一节 电气制图的有关制图标准

一、图纸幅面和格式

图纸幅面和格式可参照《技术制图 图纸幅面和格式》（GB/T 14689—1998）选用。

二、图线

绘制电气图时选用的各种图线的型式及一般用途见表 11－1。

表 11－1 电路图用主要线型

图线名称	图线形式	一般用途
实线	————————	基本线、简图主要内容（图形符号及连线）用线、可见轮廓线、可见导线
虚线	— — — — —	辅助线、屏蔽线、机械（液压、气动等）连接线、不可见导线、不可见轮廓线
点画线	——·——·——	分界线（表示结构、功能分组用）、围框线、控制及信号线路（电力及照明用）
双点画线	——··——··——	辅助围框线 50V 及以下电力及照明线路

图线宽度的推荐系列为 0.13，0.18，0.25，0.35，0.5，0.7，1，1.4，2mm。绘制电气图时应根据图形大小和复杂程度，在 0.5～1.4mm 的范围内选择粗实线的宽度 d。通常只选用两种宽度的图线，粗线和细线的宽度为 2∶1。但在某些图中，可能需要两种以上宽度的图线，在这种情况下，线的宽度应以 2 的倍数依次递增。

三、字体

字体按《技术制图 字体》（GB/T 14691—1998）的规定书写。为了适应缩微的要求，推荐的字体最小高度如表 11－2 所示。

表 11－2 推荐字体的最小高度（摘录 GB/T 6988.1—1997）

基本图纸幅面	A0	A1	A2	A3	A4
字体最小高度（mm）	3.5	3.5	2.5	2.5	2.5

四、比例

如果需要按比例制图，可从《技术制图 比例》（GB/T 14690—1998）中选取。在画位置图时，可以从下列比例系列 1∶10，1∶20，1∶50，1∶100，1∶200，1∶500 中选取。

图 11 - 1　信号线和连接线上的箭头

五、箭头（摘自 GB/T 6988.1—1997）

信号线和连接线上的箭头应是开口的，如图 11 - 1 所示；指引线上的箭头应是实心的，如图 11 - 2a 所示。

六、指引线（摘自 GB/T 6988.1—1997）

指引线应是细实线，指向被注释处，并在其末端加注如下的标记：如末端在轮廓线上，用一箭头，如图 11 - 2a；如末端在轮廓线内，用一黑点，如图 11 - 2b；如末端在电路线上，用一短斜线，如图 11 - 2c。

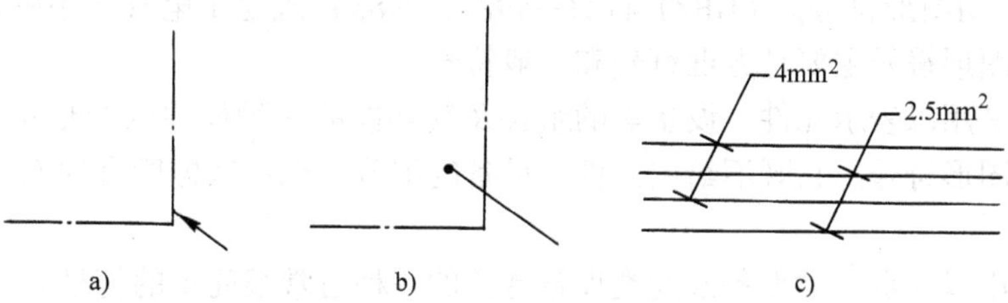

图 11 - 2　指引线

七、连接线（摘自 GB/T 6988.1—1997）

连接线用实线表示，计划扩展的内容用虚线表示。

一条连接线不应在与另一条线交叉处改变方向，也不应穿过其他连接线的连接点。为了突出或区分某些电路、功能等，导线符号、信号通路、连接线等可采用不同粗细的图线来表示。如图 11 - 3 所示，一个三相电力变压器以及与之有关的开关装置和控制装置的一部分，其中电源电路用粗实线表示。

如果有多条平行连接线，为便于看图，应按功能进行分组。不能按功能分组时，可以任意分组，每组不多于三条。组间距离应大于线间距离，如图 11 - 4 所示。

如果有单根导线汇入用单线表示的一组连线（干线），为便于看图，单根导线用细实线绘制，干线用粗实线绘制。绘接处要用斜线表示，其方向应易于识别导线进入或离开干线的方向。通常，还需要在每根导线的末端注上标记符号，如图 11 - 5 所示。

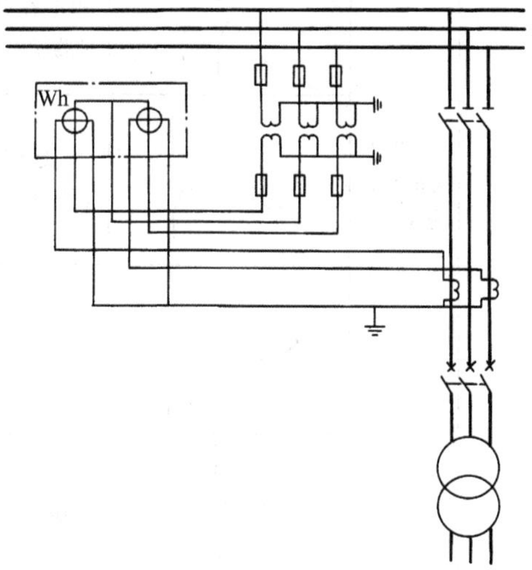

图 11 - 3　连接线用不同粗细的图线表示

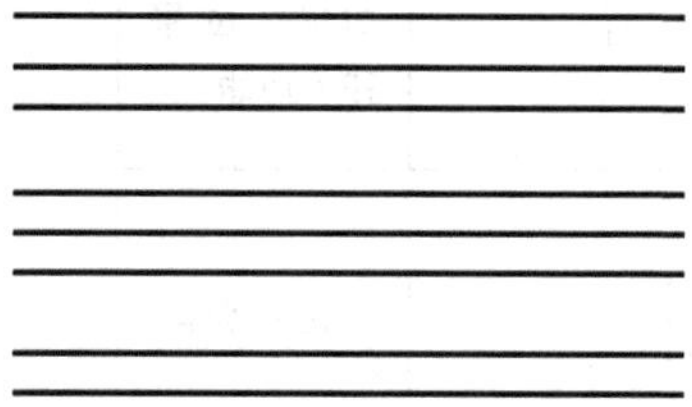

图 11 - 4　平行连接线分组

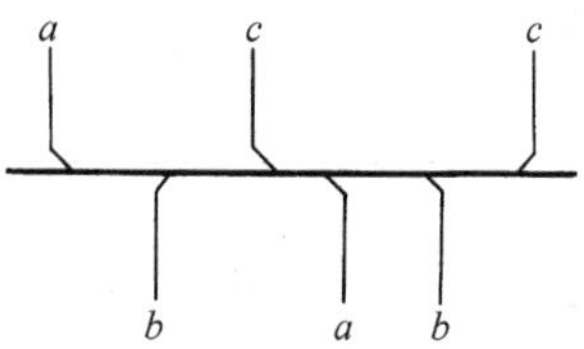

图 11 - 5　单根导线汇入一组连线

八、图形符号

构成电气工程的元件、设备和连接线很多，结构类型千差万别，安装方式多种多样。因此，在主要以简图形式表示的电气工程图中，为了描述和区分这些元件和电气设备的名称、功能、状态、特征、相互关系、安装位置以及连接等等，没有必要也不可能一一画出它们的外形结构，一般是用一些简单的符号表示，这些符号就是图形符号。图形符号是用于电气图中表示一个设备（如电动机）、元器件（如开关）或一个概念（如接地）的图形、标记或字符。

《电气简图用图形符号》（GB/T 4728—1984、1985）规定了电气图中图形符号的画法，用于电气图的图形符号主要是方框符号和一般符号。

方框符号是用以表示元件、设备等的组合及其功能的一种简单的图形符号，如正方形、长方形、圆形图形符号。它既不给出元件、设备的细节，也不考虑所有的连接，通常用在接线电气图中。

一般符号用以表示一类设备或此类设备特性的一种通常很简单的符号。一般符号由各种符号要素和限定符号组成。符号要素是一种具有确定意义的简单图形，必须同其他图形组合以构成一个设备或概念的完整符号；限定符号是用以提供附加信号的一种加在其他符号上的符号。表 11－3 是各限定符号与符号要素（动合触点、开关）组合成一般符号（某些类型触点和开关）的例子。

表 11－3　限定符号与符号要素组合成一般符号

限定符号		符号要素		一般符号	
图形符号	说明	图形符号	说明	图形符号	说明
	接触器功能		动合（常开）触点		位置开关，动合触点；限制开关，动合触点
	限制开关功能、位置开关功能				接触器（在非动作位置触点断开）
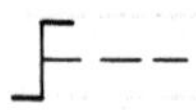	旋转操作			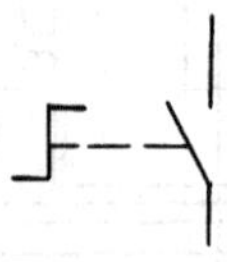	旋钮开关（闭锁）
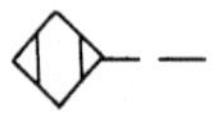	接近效应操作			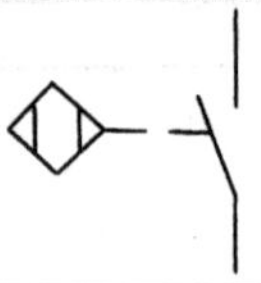	接近开关，动合触点
	隔离开关功能				隔离开关

常用元、器件图形符号见表 11－4。

表 11－4　常用元、器件图形符号

1		14		27	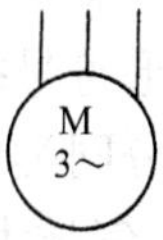
2	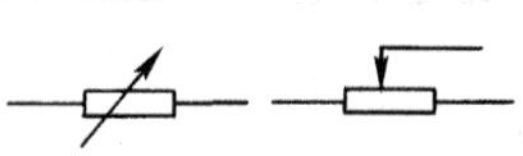	15		28	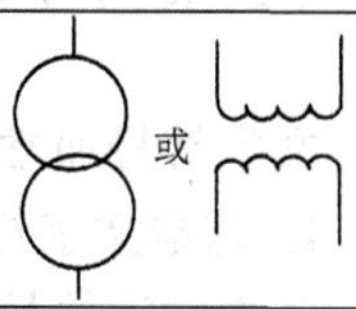
3		16		29	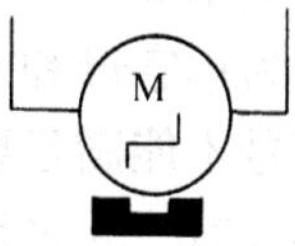
4		17		30	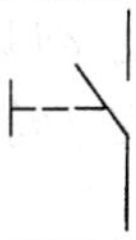
5	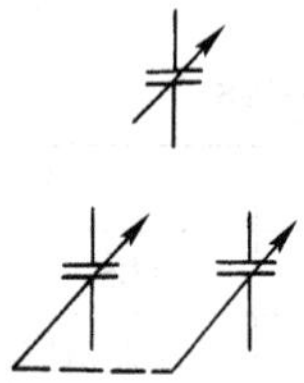 单调 双调	18		31	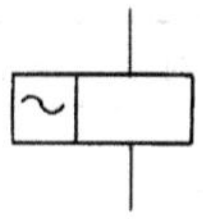
6		19		32	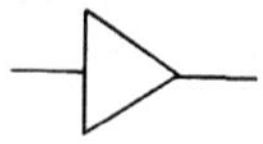
7		20	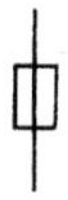	33	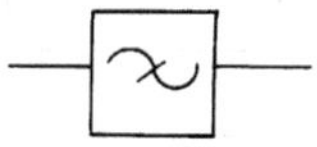
8		21		34	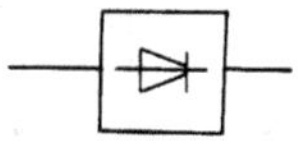
9		22		35	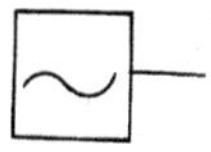
10	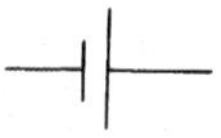	23		36	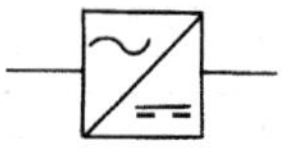
11		24	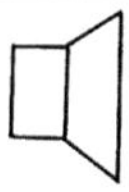	37	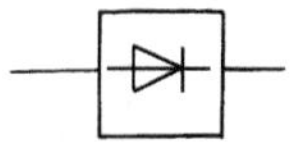
12	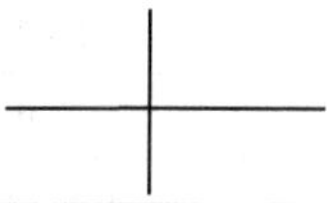	25	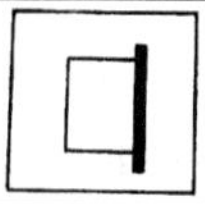	38	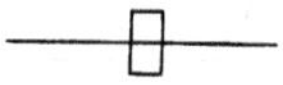
13		26		39	

实际使用图形符号时，可查阅相关标准《电气简图用图形符号》（GB/T 4728.1—1985、GB/T 4728.2～.13—1996～2000）。

九、文字符号

图形符号提供了一类设备或元件的共同符号，为了更明确地区分不同的设备、元件，尤其是区分同类设备或元件中不同功能的设备或元件，还必须在图形符号旁标注相应的文字符号。《电气技术中的文字符号制订通则》（GB/T 7159—1987）规定了电气工程图中的文字符号。

文字符号通常由基本文字符号、辅助文字符号和数字组成。

1. 基本文字符号

基本文字符号用以表示电气设备、装置、元件以及线路的基本名称、特性。基本文字符号分为单字母和双字母符号两种。单字母符号表示电气设备、装置和元器件的大类。当单字母符号不能满足要求，需要进一步划分大类，以便更详细、更具体地表述电气设备、装置和元器件时，才采用双字母符号。双字母符号由一个表示大类的单字母后跟另一表示该器件某些特性的字母表示。如：“KA”表示继电器、接触器类器件中的交流继电器。电气设备中常用基本文字符号见表11－5。

表11－5　电气设备中常用基本文字符号（摘录GB/T 7159—1987）

单字母符号	双字母符号	设备、装置和元器件种类	名　称
A	AB	组件、部件	电桥
A	AP		印制电路板
B		非电量到电量变换器或电量到非电量变换器	扬声器
C		电容器	电容器
E	EL	其他元器件	照明灯
F		保护器件	避雷器
F	FR		具有延时动作的限流保护器件
F	FU		熔断器
H	HL	信号器件	指示灯
K	KA	继电器	瞬时接触继电器
K	KA		瞬时有或无继电器
K	KA		交流继电器
K	KM	接触器	接触器
L		电感器	感应线圈
L			电抗器
M		电动机	电动机
Q	QF	电力电路的开关器件	断路器
Q	QS		隔离开关
R		电阻器	电阻器
S	SB	控制、记忆、信号电路的开关器件选择器	按钮开关

（续）

单字母符号	双字母符号	设备、装置和元器件种类	名 称
T	TC	变压器	控制电路电源用变压器
W		传输通道	导线
W			电缆
W			母线
X		端子	连接插头和插座
X		插头	插头
X		插座	插座

2. 辅助文字符号

辅助文字符号是用以进一步表示电气设备、装置、元器件以及线路的功能、状态和特性，通常用英文字母的前两个字母表示，如“ON”表示闭合，“AC”表示交流。电气图中常用辅助文字符号见表 11 -6。

表 11 -6　电气图中常用辅助文字符号（摘录 GB/T 7159—1987）

文字符号	名称	文字符号	名称
A	电流	OUT	输出
AC	交流	P	压力、保护
B	制动	PE	保护接地
C	控制	R	记录、右、反
D	数字、延时、差动	R，RST	复位
DC	直流	RD	红色
E	接地	S	信号
F	快速	ST	起动

3. 文字符号的组合

文字符号组合形式一般为基本符号（或辅助符号）加数字符号，如“KT_1”表示第一个时间继电器；“FU_2”表示第二组熔断器。

4. 特殊用途文字符号

电气工程图中一些特殊用途的接线端子、导线等，通常采用一些专用文字符号。如“L_1、L_2、L_3、N”表示三相交流电源第一相、第二相、第三相及中性线；“U、V、W”表示交流系统设备第一相、第二相、第三相；“PE”表示保护接地。

常用的一些特殊用途文字符号可查阅相关标准。

十、接线端子标记

电气图中各电器接线端子用字母数字符号标记。按国家标准《电器接线端子的识别和用字母数字符号标志接线端子的通则》（GB/T 4026—1983）规定：三相交流电源引入用 L_1、L_2、L_3、N、PE 标记，直流系统的电源正、负、中间线分别用 L_+、L_- 与 M 标记；三相动力电器引出线分别按 U、V、W 顺序标记。

三相异步电动机的绕组首端分别用 U_1、V_1、W_1 标记，绕组尾端用 U_2、V_2、W_2 标记，电动机绕组中间抽头分别用：U_3、V_3、W_3 标记。

对于数台电动机，在字母前冠以数字加以区别。如：对 M1 电动机其三相绕组接线端标以 1U、1V、1W，对 M2 电动机其三相绕组接线端则标以 2U、2V、2W。两三相供电系统的导线与三相负载之间有中间单元时，其相互连接线用字母 U、V、W 后面加数字来表示，且用从上至下、从小至大的数字来表示。

控制电路各线号采用数字编号，标注方法按“等电位”原则进行，其顺序一般为从左到右、从上至下，凡是被线圈、触点、电阻、电容等元件所隔离的接线端子，都应标以不同的线号。

第二节　几种常用的电气图

电气图是电气技术领域中各种图的总称，常用的有：框图、电路图、位置图、接线图和印制板图。下面分别予以介绍：

一、框图

框图是电气设备在设计、生产、安装、使用和维修的过程中经常使用的电气图。它是用符号或带注释的框，概略表示设备的基本组成、相互关系及其主要特征的一种简图。图 11－6是某稳压电源的框图。

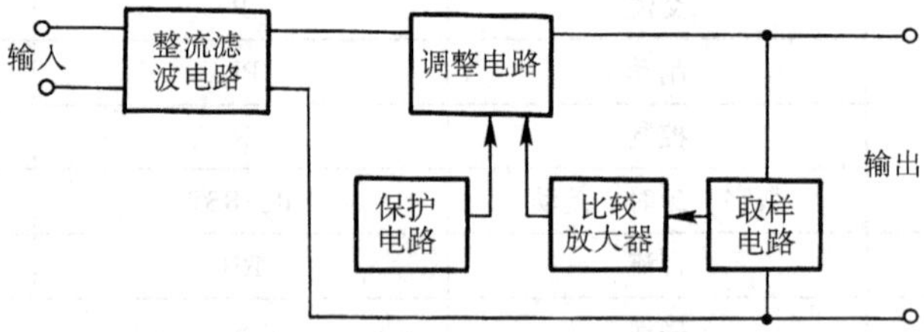

图 11－6　某稳压电源的框图

绘制框图，可参照《电气制图　系统图和框图》（GB/T 6988.3—1997）中规定的绘制规则，具体做到：

1. 每个单元电路用正方形或长方形方框表示，在方框内注写出该单元电路的名称。
2. 方框之间用实线和箭头将他们连接起来，以说明各组成部分之间的相互作用关系。

二、电路图

电路图是用图形符号、文字符号并按工作顺序排列，详细表示电路、设备控制系统的基本组成和连接关系，而不考虑其实际位置的一种简图。电路图主要表示电气控制系统的工作原理，故原称为电气原理图。电路图是编制接线图的重要依据，也为安装和维修提供必需的技术信息。

图 11－7 为某稳压电源的电路图。

图 11－8 为 CW6132 型车床的电路图。

绘制电路图，可参照《电气制图 电路图》（GB/T 6988.4—1997）中规定的绘制规则，具体做到：

1. 电路图在布局上按功能分开画出（即按主电路、控制电路、照明电路及信号电路分

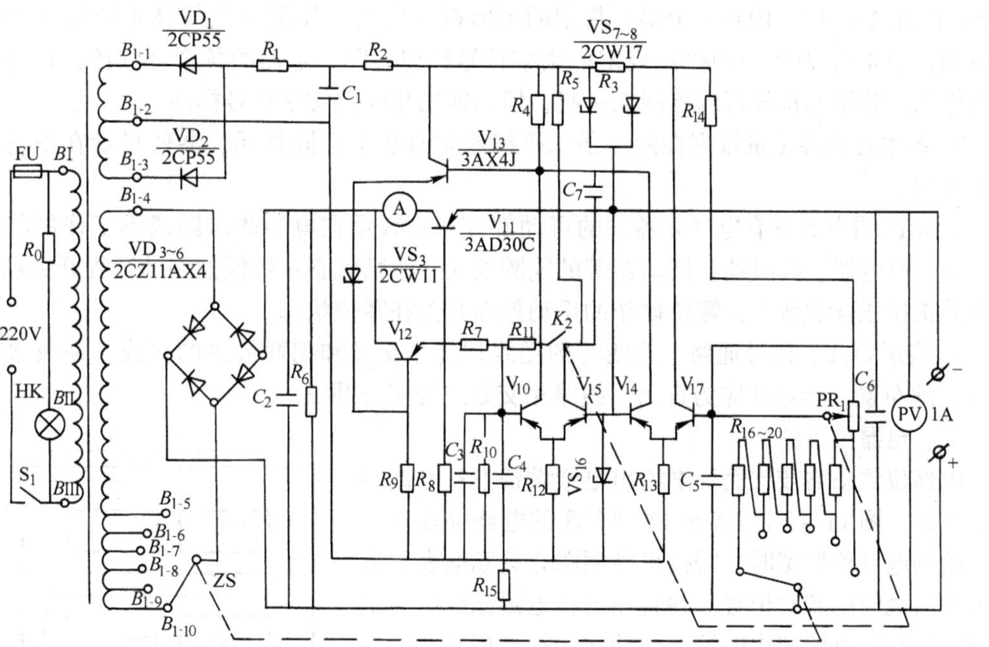

图 11－7　某稳压电源的电路图

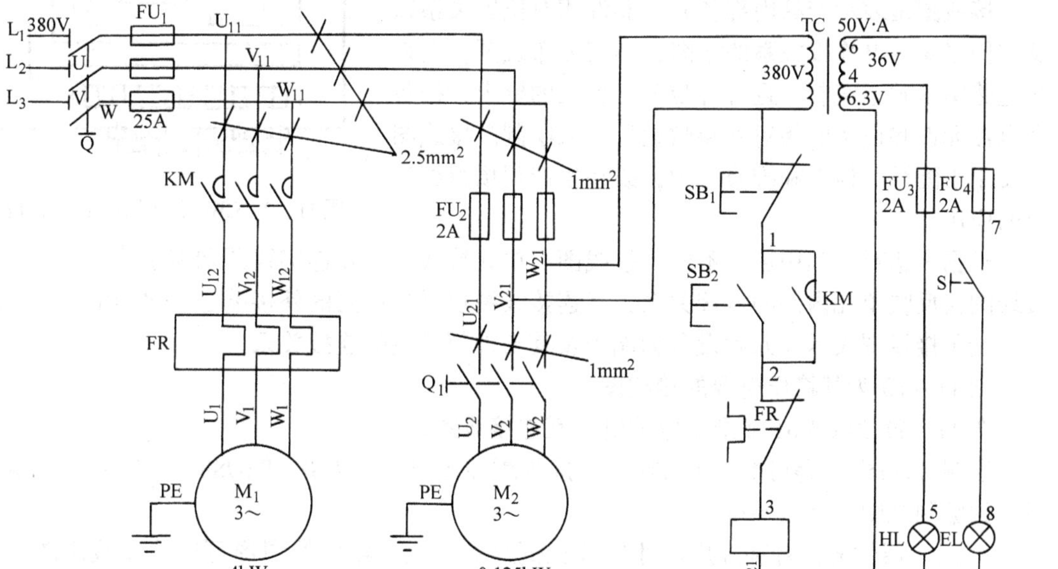

图 11－8　CW6132 型车床的电路图

开绘制），且按因果关系从左到右或从上到下布置，并尽可能按工作顺序排列。电路图的电路可水平布置或者垂直布置。水平布置时电源垂直画，其他电路水平画，控制电路中的耗能元件画在电路的最右端；垂直布置时，电源线水平画，其他电路垂直画，控制电路中的耗能元件画在电路的最下端。

2. 电路图中各电气元器件，一律采用《电气简图用图形符号》（GB/T 4728.1—1985、

GB/T 4728.2～.13—1996～2000）规定的图形符号绘出，并用《电气技术中的文字符号制订通则》（GB/T 7159—1987）规定的文字符号标记。同一电器的各个部件按其在电路中所起的作用，其图形符号可以不画在一起，但必须用相同的文字符号标注。

3. 各主要元件尽量排列在同一条水平线或垂直线上；同类元、器件尽量在横向上或纵向上对齐。

4. 电路图中的所有电气元器件的可动部分通常表示在电器非激励或不工作的状态和位置。如：继电器、接触器、制动器等的线圈处在非激励状态；机械控制的行程开关和按钮在其未受机械压合的状态；零位操作的手动控制开关在零位状态。

5. 表示导线、信号通路、连线等的图线都应是交叉和拐弯最少的直线，并应水平（或垂直）地布置。转弯处应为直角，线路相交处应为实心圆点。

三、电器位置图

电器位置图需按比例详细绘出电气设备中各电器的相对位置。图 11－9 是 CW6132 型车床的电器位置图。

绘制电气位置图时，需按机械制图有关标准表示清楚各电器之间的相对位置。并且图中各电器元件的文字符号应与有关电路图中电器元件的文字符号相同。

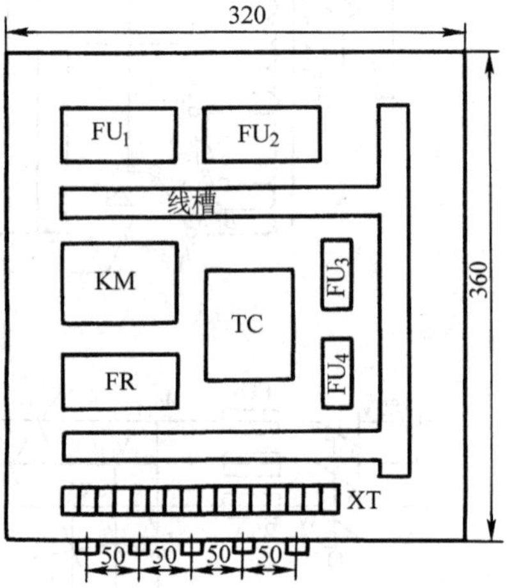

图 11－9　CW6132 型车床的电器位置图

四、接线图

接线图是表示产品内部各元、器件相对位置关系以及它们之间的电连接关系的略图，即实体布线图。它是在电路图基础上编制，且符合装配、施工的要求，按各个电器元件和设备的相对安装敷设位置来绘制。接线图主要用于配线、检查和维修之中，故在生产现场得到广泛的应用。

根据表达对象和用途的不同，接线图有单元接线图、互连接线图和端子接线图等。单元接线图仅反映单元内部的连接关系；互连接线图仅反映单元的外接端子板之间的连接接线关系；端子接线图表示单元和设备的端子及其与外部导线的连接关系。

图 11－10 为某稳压电源的接线图。

图 11－11 为 CW6132 型车床的电气互连接线图。

绘制接线图，可参照《电气制图　接线图和接线表》（GB/T 6988.5—1997）规定的接线图的编制规则，其主要有：

1. 元、器件的位置和外形尺寸应按比例绘制，元、器件的图形可以简化或用图形符号代替。图中各元、器件图形符号、文字符号以及它们之间的连线编号均应以电路图为准，并保持一致。与接线无关的固定件或元件不予画出。

2. 在接线图中，一般都应标出项目的相对位置，项目代号；端子间的电连线关系，端子号、导线号、导线类型、截面积等。或者在接线图中附一接线表，填写与接线图中的项目代号、端子、导线等一致的内容。

3. 导线通常均用细实线绘制，但由若干根导线组成的线扎部分（干线）用粗实线绘制。在导线与干线交接处应画成小圆弧或45°斜线，以表示导线走向。

4. 互连接线图中，各个单元项目的外形轮廓围框用点画线表示。

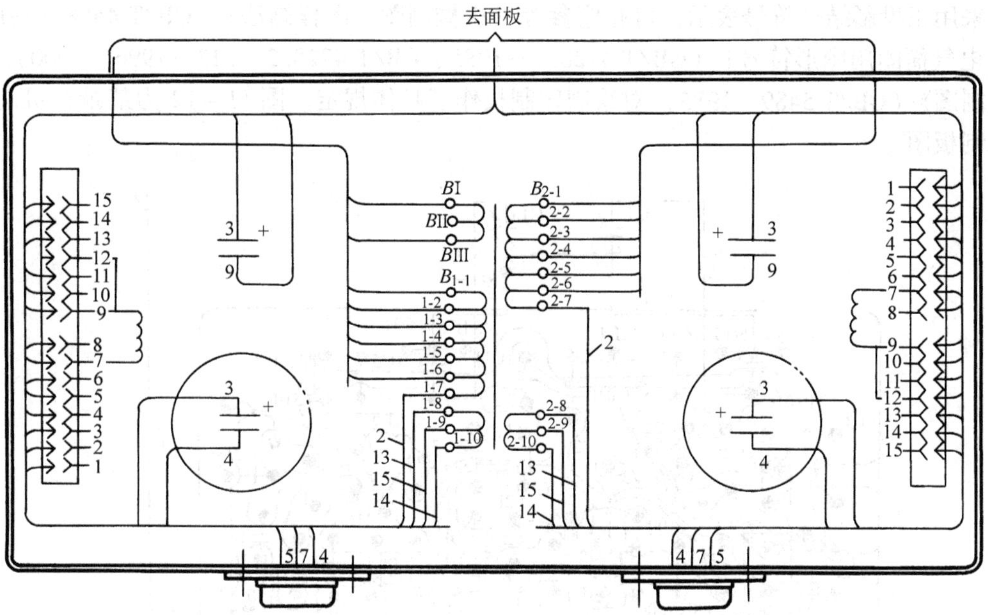

图 11－10　某稳压电源的接线图

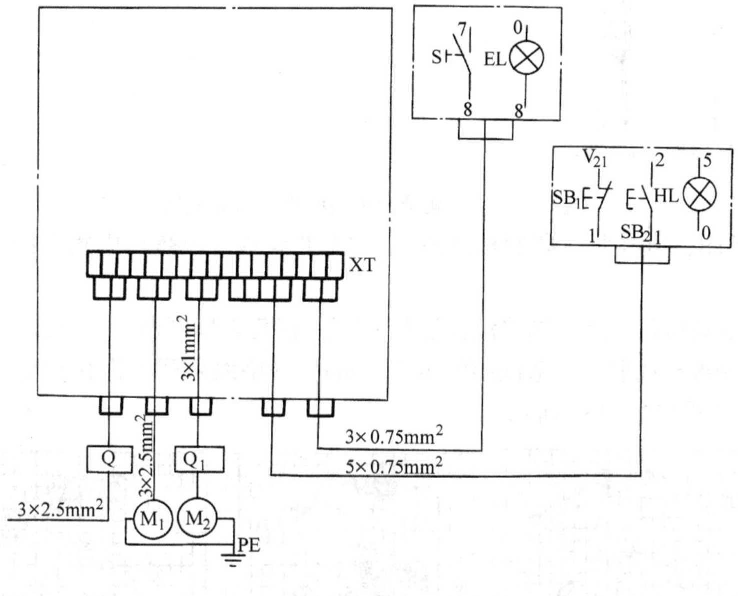

图 11－11　CW6132 型车床的电气互连接线图

5. 同一控制箱或控制屏的各电器元件直接相连，而箱（或屏）内与外部电器元件连接时必须经接线端子排。

线图上所有表示的电气连接，一般并不表示实际走线的路径。在配线时，由电工师傅根据经验选择最佳路径。

五、印制板图

印制板是由覆有铜箔的层压环氧塑料基板制成。它将电路图中各有关图形符号之间的电气连接转变成所对应的实际元、器件之间的电气连接，同时也起着结构支撑的作用。其画法也是采用正投影结合符号表示，可相应参考《机械制图　图样画法》（GB/T 4458.1—1984）和《电气简图用图形符号》（GB/T 4728.1—1985、GB/T 4728.2～.13—1996～2000）。《印制板制图》（GB/T 5489—1985）对绘制印制板作了具体规定。图 11－12 为某录音机高频板的印制板图。

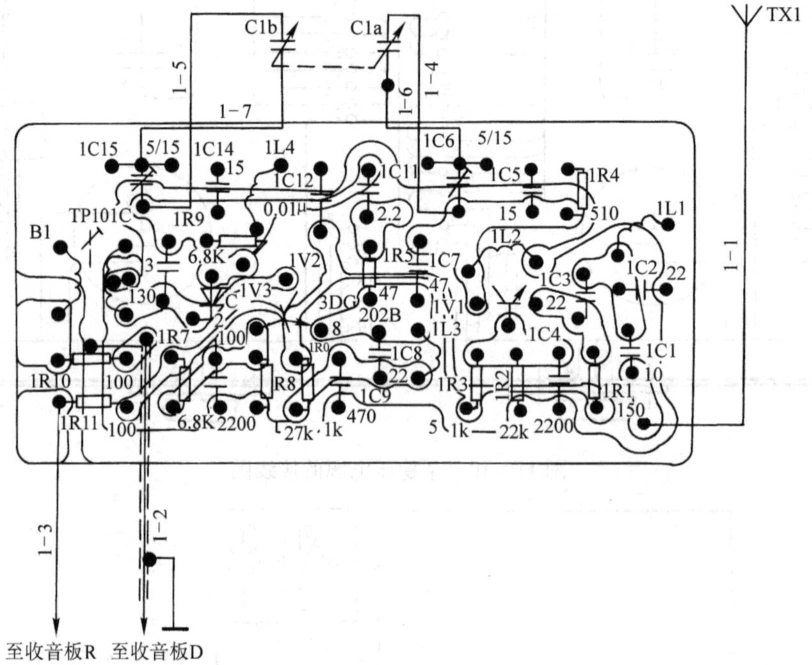

图 11－12　某录音机高频板的印制板图

绘制印制板图，可参照《印制板制图》（GB/T 5489—1985）中规定的绘制规则，具体做到：

1. 采用直角坐标系的坐标网格法标注尺寸时，直角坐标网格的间距按《印制电路网格》（GB/T 1360—1998）选取，一般间距常取 2.5mm。网格线数码间距由设计者根据图形的密度和比例确定，如图 11－13a 所示。

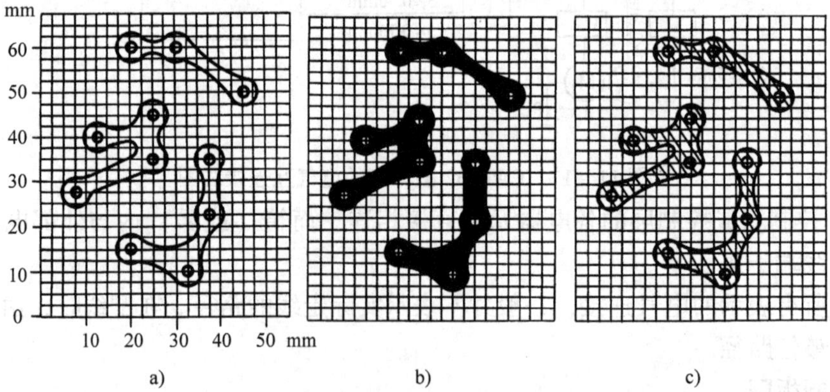

图 11－13　直角坐标网格和导电图形

2. 导电图形一般用双线轮廓绘制，如图 11－13a；也可在双线轮廓内涂色，如图 11－

13b；或在双线轮廓内画剖面线，如图 11－13c。当印制导线宽度小于 1mm 或宽度基本一致时，导电图形可用单线绘制，此时应注明导线宽度、最小间距和连接盘的尺寸数值。

3. 绘制单孔时，孔的中心必须在坐标网格线的交点上；绘制孔组时，作圆形排列的孔组的公共中心点必须在坐标网格线的交点上，并且其他孔至少有一个孔的中心位于上述交点的同一坐标网格线上，如图 11－14a；作非圆形排列的孔组中的孔，至少有一个孔的中心必须在坐标网格线的交点上，其他孔至少有一个孔的中心位于上述交点的同一坐标网格线上如图 11－14b。

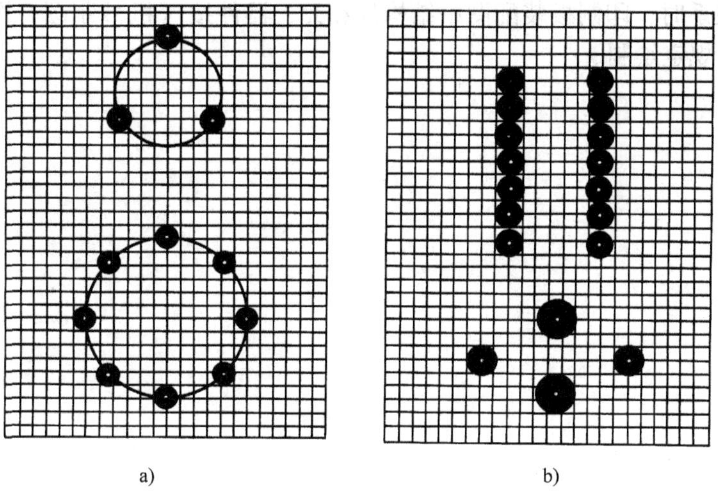

图 11－14　孔组的排列

4. 标记符号图（图 11－15）中的元、器件的图形符号、简化外形和位号等均应和电路图相一致，且符合相应的国家标准。位号一般标注在靠近该元、器件图形符号或外形图的左方或下方，如图 11－15 所示。

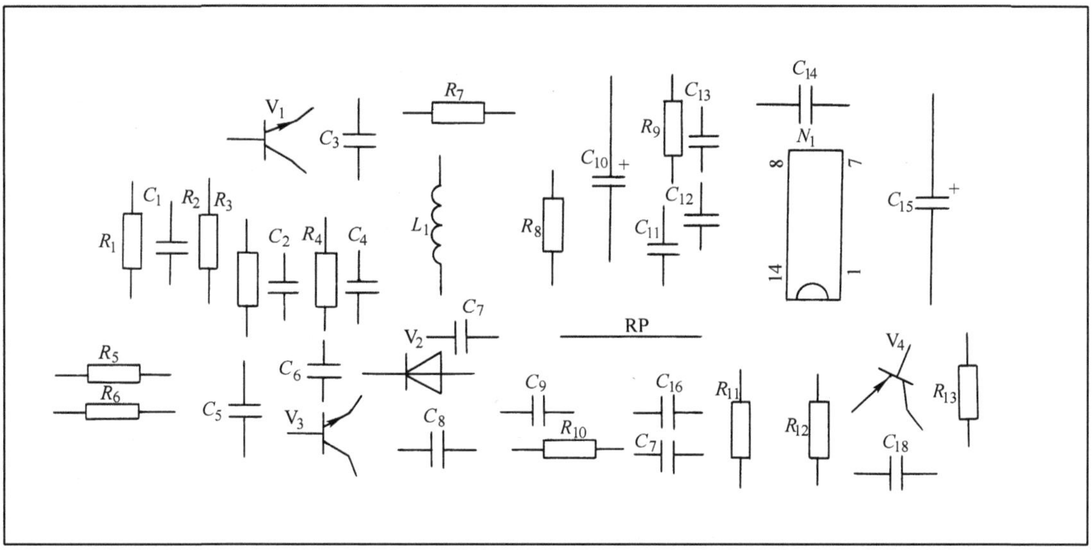

图 11－15　标记符号图

5. 单面印制板的图样一般用一个视图表示；双面印制板的图样一般用两个视图（主视、后视图）表示，当后视图上的导电图形能在主视图中表示清楚时，也可绘一个视图；多层印制板的每一导线层应绘制一个视图，视图上应标出层次序号。其编号方法为：从元件面开始，依次序对每一导线层进行编号。当视图为后视图时，应在视图上方标注“后视”字样。

6. 在清楚地表示装配关系的前提下，印制板装配图中的元、器件一般采用简化外形或按《电气简图用图形符号》（GB/T 4728. 1—1985、GB/T 4728. 2 ~. 13—1996 ~ 2000）绘制图形符号。当元、器件在装配图中有方向要求时，必须标出定位特征标志。在需要完整、详细地表示装配关系时，印制板装配图中结构件和元、器件按《机械制图　图样画法》（GB/T 4458—1984）规定绘制。

* 第十二章　化 工 制 图

化工制图的研究内容是化工图样的绘制和阅读。化工制图和机械制图不仅有着紧密的联系，也有自己的专业特征。化工图样主要包括化工设备图和化工工艺图两大类。

第一节　化工设备图

化工设备的设计、制造、安装、使用和维修都需要图样。用来表达化工设备的结构形状、大小、性能和制造、装配等技术要求的图样称为化工设备装配图，简称化工设备图。

一套完整的化工设备图一般包括设备装配图、部件装配图和零件图，有时还附有设备安装图等。本节简要介绍化工设备图的表达方法，绘制和阅读化工设备图的方法和步骤。

一、化工设备图的内容

(1) 一组视图　用一组视图（工程制图中所讲述的视图、剖视图、断面图和局部放大图等）完整、清晰地表达出设备的整体结构、工作状况、各零、部件间的装配关系及主要零件的结构形状，如图 12 - 1 所示。

(2) 必要的尺寸　根据装配和使用要求，标注出反映设备性能、规格、形状大小的尺寸和各零、部件间的相对位置尺寸及安装、配合尺寸。

(3) 技术数据和要求　制造、安装及检修设备所需要的主要技术特征、管口表、技术要求及其他文字说明。

(4) 零部件的编号及明细表　根据生产和管理的需要，按一定的方法和格式将零部件编号并列成表格，用来说明各零部件的名称、数量、规格等内容。

(5) 标题栏　说明设备的名称、规格及该图的作图比例、图号和设计、校核、审核人员签名等。

二、化工设备图的表达方法

1. 基本视图的选择及其配置

由于化工设备的基本形体以回转体居多，因此一般采用两个基本视图来表达设备的主体。即立式通常采用主、俯两个基本视图，卧式通常采用主、左（或右）两个基本视图来表达设备的主体结构。

为了布图合理，可将俯（左或右）视图放在图幅内的其他空白处，并注明视图名称，也可将俯（左或右）视图画在另一张图纸上，但必须注明“俯（左或右）视图在第二张图纸上”，而在第二张图纸的视图上方或标题栏中注明“××设备之俯（左或右）视图”。在各张图样上采用的符号及编号等应在第一张图样中顺次标注。不得重复，以免混乱。

对于结构简单的设备所采用的少量非标准零部件，其零件图可与设备基本视图配置在同一张图纸上，且不需分栏，但设备的基本视图应布置在图幅的主要部位上。对于用板、棒、块以及管材或型材组成的简单的零件，均可不画零件图，而在装配图的明细表中注明其材料、直径、厚度、长度等特征尺寸。

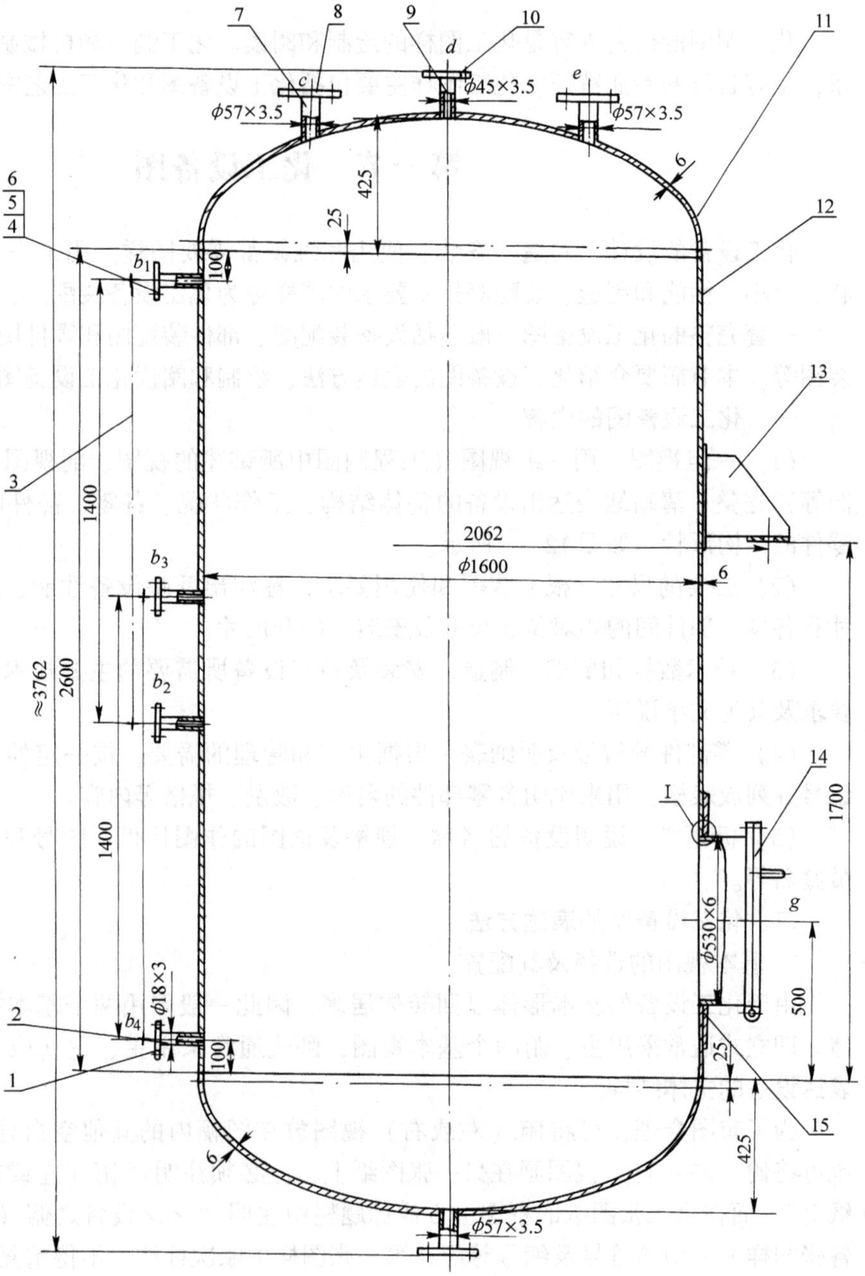
7
8
9
10
11
12
13
14
15
1
2
3
4
5
6
a
b_1
b_2
b_3
b_4
c
d
e
g
I
ϕ45×3.5
ϕ57×3.5
ϕ57×3.5
ϕ57×3.5
ϕ1600
ϕ18×3
ϕ530×6
2062
≈3762
2600
1400
1400
1700
500
425
425
100
100
25
25
6
6
6
6

图 12-1　贮槽

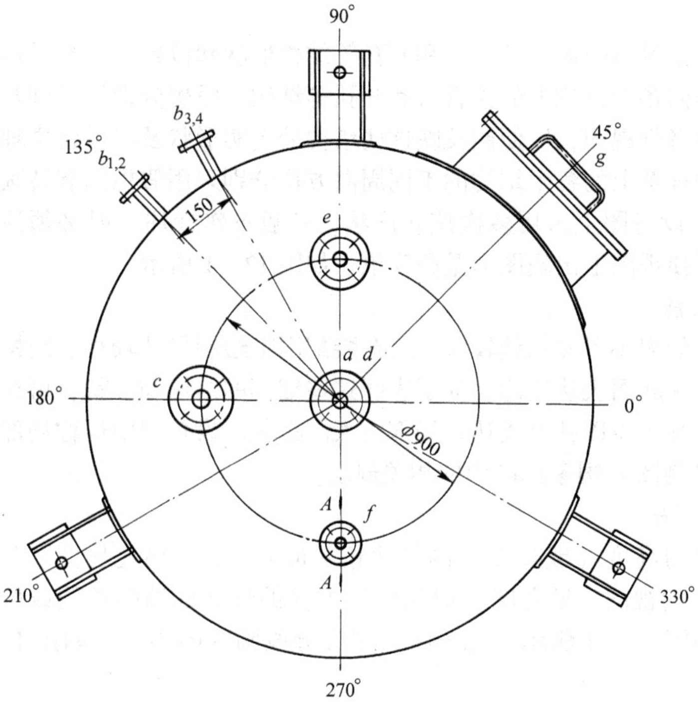

A—A
不按比例

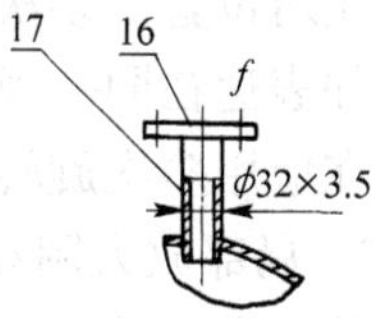

I
不按比例

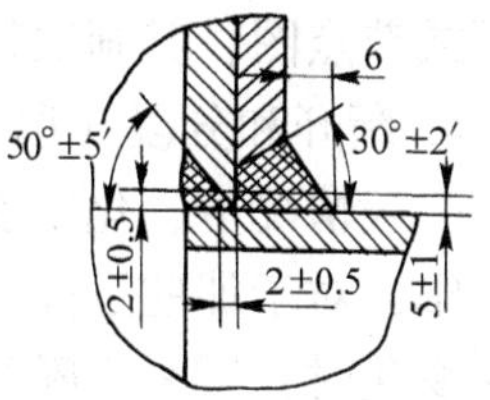

件号	图号或标准号	名　称	数量	材　料	单	总	备注
17	GB 8163—1987	接管 ϕ32×3.5	1	20		0.41	
16	HGJ 45—1991	法兰 25－1.0	1 付	Q235－A		2.2	
15	JB/T 4736—1992	补强圈 Dn500×6－D	1	Q235－A		15.6	
14	JB 580—1979	人孔 DN500	1	组合件		54.0	
13	JB/T 4725—1992	耳座 B4	3	Q235－AF/Q235－A	15.7	47.1	
12		筒体 DM1600×6H＝2600	1	Q235－A		616	
11	JB/T 4737—1992	椭圆封头 DN1600×6	2	Q235－A	137	274	
10	HGJ 45—1991	法兰 40－1.0	1 付	Q235－A		3.54	
9	JB 8163—1987	接管 ϕ45×3.5	1	20		0.54	
8	HGJ 45—1991	法兰 50－1.0	3 付	Q235－A	4.76	14.28	
7	JB 8163—1987	接管 ϕ57×3.5	3	20	0.71	2.13	
6	HGJ 69—1991	石棉橡胶垫 RF15－0.25	4	石棉橡胶板			
5	GB/T 6170—1999	螺母 M12	16	Q235－B	0.016	0.40	
4	GB/T 5782—1999	螺栓 M12×45	16	Q235－A	0.054	1.00	
3	HG 5－227—1980	液面计 *DA*1，*L*＝1400	2	组合件	8	16	
2	GB 8163—1987	接管 ϕ18×3	4	20	0.20	0.80	
1	HG 5010—1958	法兰 PN16*Dg*15	4	20	0.711	2.84	
件号	图号或标准号	名　称	数量	材　料	单	总	备注
					重量（kg）		

×××大学				工程名称	
制图			贮槽 $V=6.3\text{m}^3$ 装配图	项目名称	
设计				专业	施工图
校核				图号	修改标记
审核					
20××年			比例 1:10		

装配图

2. 多次旋转的表达方法

为了在视图上能清楚地表达化工设备壳体上接管口和开孔等结构形状和位置，通常采用多次旋转的表达方式，即将设备周向各个方位上的接管口和开孔等结构，假想分别旋转到与投影面平行的位置，画出其视图或者剖视图，以便能反映这些结构的真实形状及与设备主轴线的相对位置。多次旋转画法是按设备上的各个结构的不同周向方位分别采用假想的旋转画法，并表达在同一视图上。在化工设备图上采用多次旋转画法，一般不作标注，但必须注意，在应用多次旋转画法时，不可使视图上出现图形重叠现象。如图 12－1 所示。

3. 局部放大图和夸大的表达方法

化工设备总体与某些零、部件的大小尺寸相差较大，若在装配图上绘制尺寸较小、结构复杂的零、部件，会使线条密集在一起而表达不清，为了表明这些细部的结构和形状，可在图纸的空白处用局部放大或夸大的画法予以补充表达。局部放大图在化工设备图中也称局部详图或节点图，其画法符合《机械制图》国家标准中的相关规定。

4. 断开和分段（层）的表达方法

一般情况下，化工设备的直径与高度（或长度）的尺寸相差很大，为了简化作图、节约图幅，对于那些过高（或过长）的视图，沿高度（或长度）方向的形状或结构相同或按规律变化时，可采用断开画法，如图 12－2 所示。也可将其图形分段画在图幅上，如图 12－3 所示。

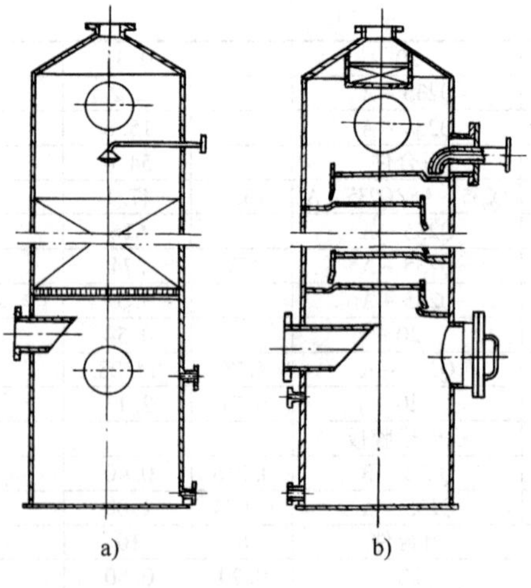

图 12－2　断开表达方法

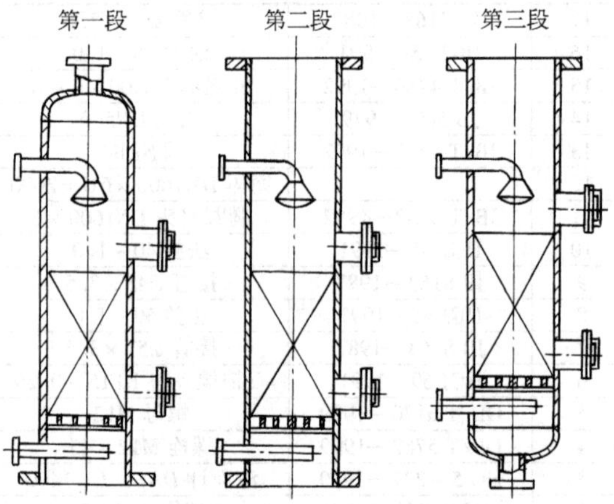

图 12－3　分段（层）表达方法

5. 简化画法

在化工设备图中，除采用《机械制图》国家标准中规定的简化画法外，还广泛采用下列简化画法：

（1）零、部件的简化画法　对有标准图或外购的零、部件，只需根据主要尺寸、按比例用粗实线画出表示其特征的外形轮廓。如图 12－4a 所示。对液面计的简化画法，如图 12－4b所示，液面用粗“＋”字线画出，玻璃管用细点画线表示。

（2）管法兰的简化画法　管法兰均可按图 12－5 所示的画法绘制。法兰的规格、密封面形式等内容可在明细栏和管口表中说明。

（3）重复结构的简化画法

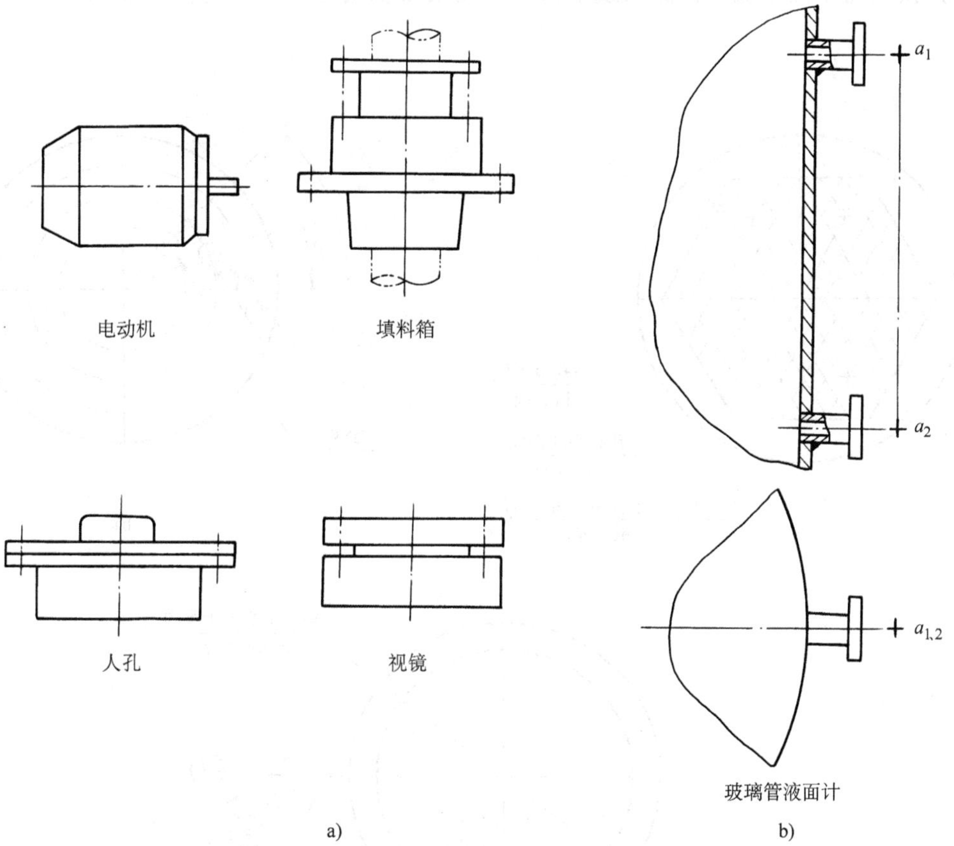

图 12-4　零、部件简化画法

1）螺栓孔可省略圆孔的投影，只画中心线和轴线，如图 12-6a 所示。螺栓联接可简化如图 12-6b 所示的画法，其中符号“+”和“×”均用粗实线画出。均匀分布且数量较多的螺栓孔或螺栓联接，可只画出几个（至少画两个），以表示对中的分布方位。

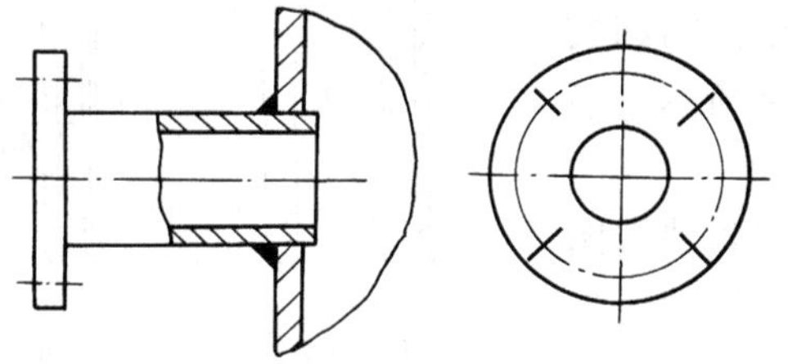

图 12-5　管法兰的简化画法

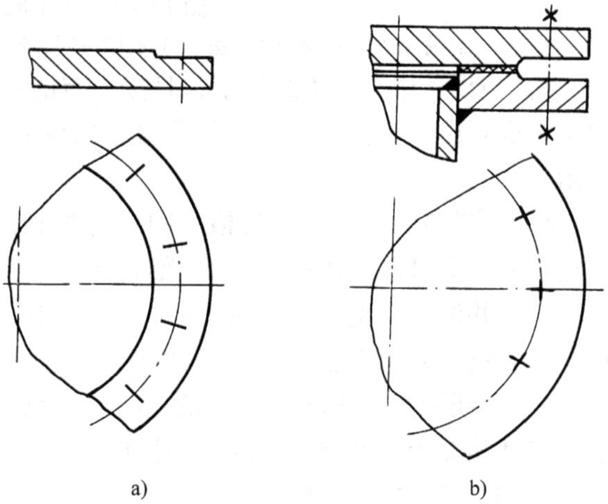

图 12-6　螺栓孔及其联接画法

2）换热器中的管板、折流板或塔板上的孔眼按规则排列时可简化为如图 12－7 所示的画法。

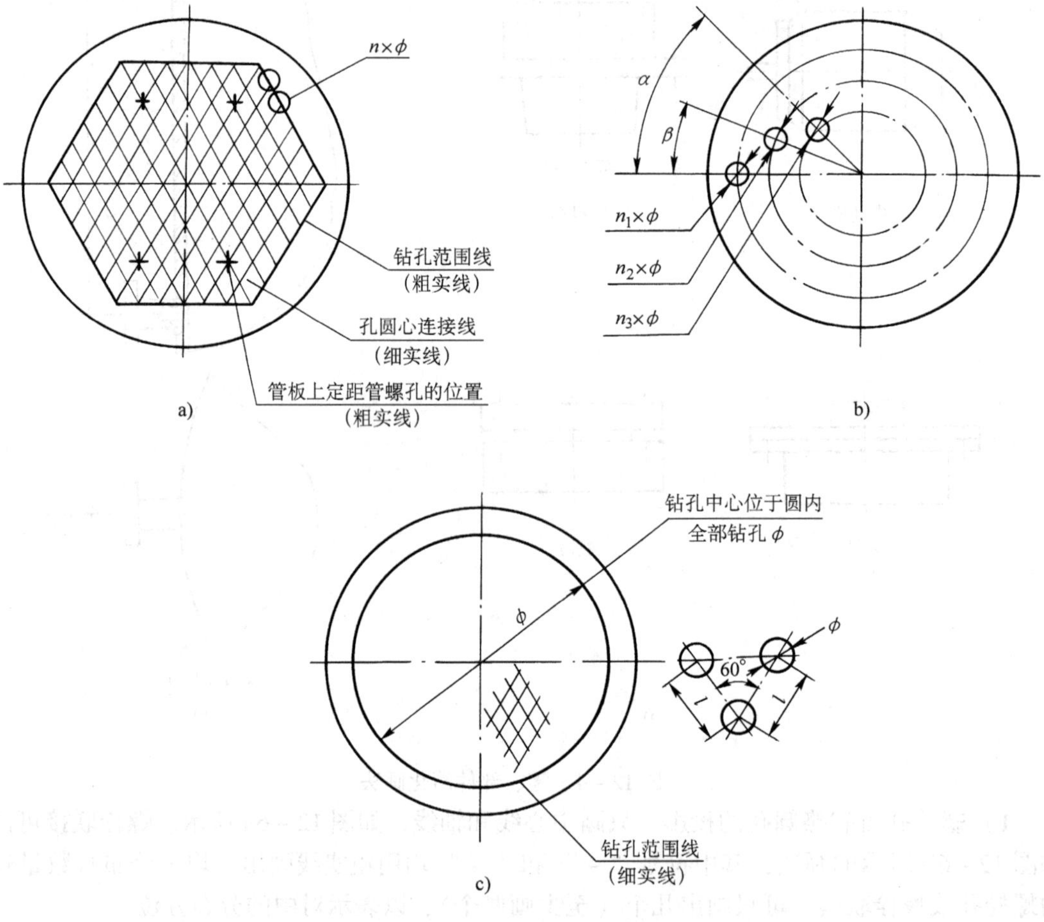

图 12－7　多孔板上孔的简化画法

a）孔眼的一般排列的画法　b）孔眼按同心圆排列时的画法　c）对孔眼数要求较低的画法

3）当设备中有密集的管子，且按一定的规律排列成管束，图中至少画出一根管子，其余管子用点画线表示，如图 12－8 所示。

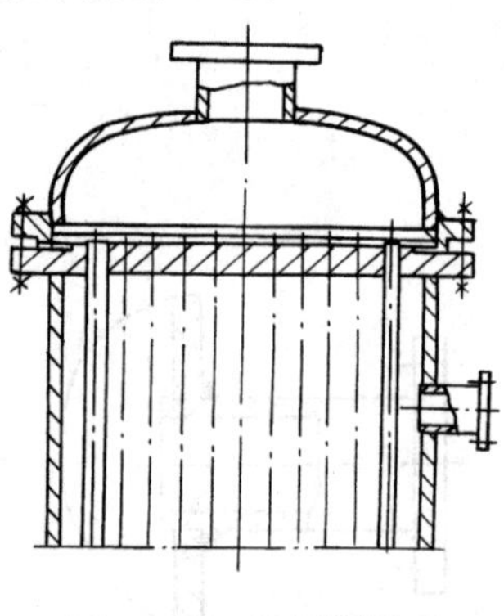

图 12－8　按规则排列的管子简化画法

4）当设备中装有同一规格、同一材料和同一堆放方式的填充物时（如瓷环、砂砾等），在剖视图中，可用相交的细实线画出，并注写有关的尺寸和文字说明，如图 12－9 所示。填料箱中填料的表示方法如图 12－10 所示。

5）单线示意简化画法　设备上的某些结构，在其他视图上已表达清楚时，设备图上允许用单线（粗实线）表示。如图 12－11～图 12－13 所示。

6. 焊缝的表达方式

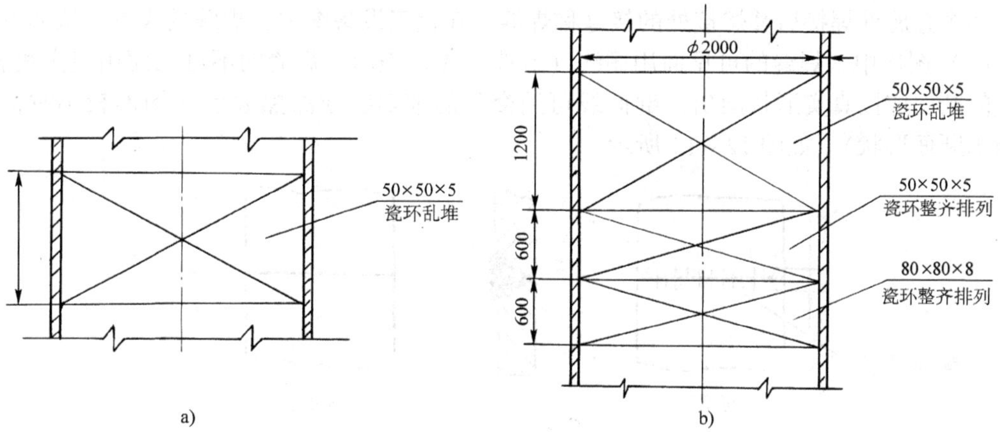

图 12－9　填充物的简化画法

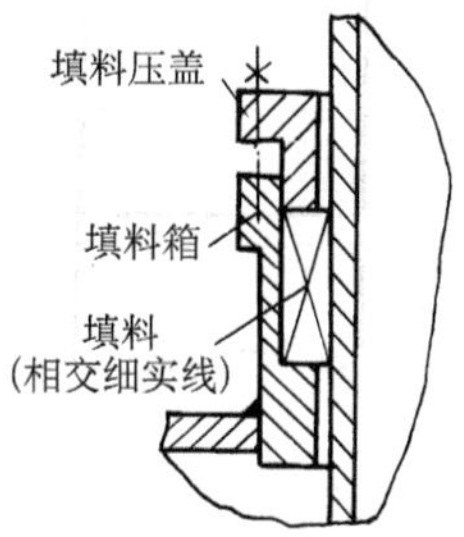

图 12－10　填料箱填料的简化画法

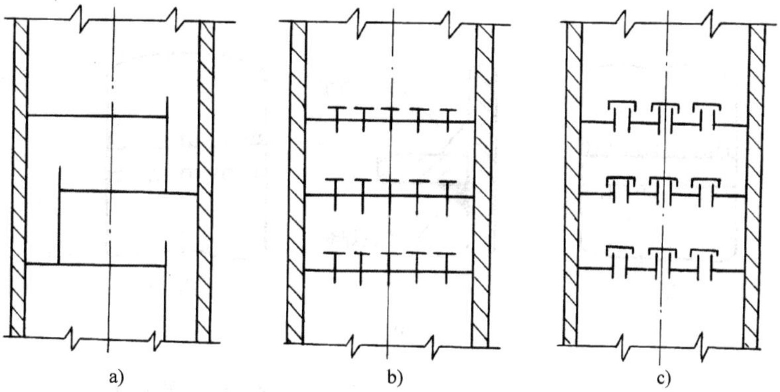

图 12－11　塔盘的单线示意画法

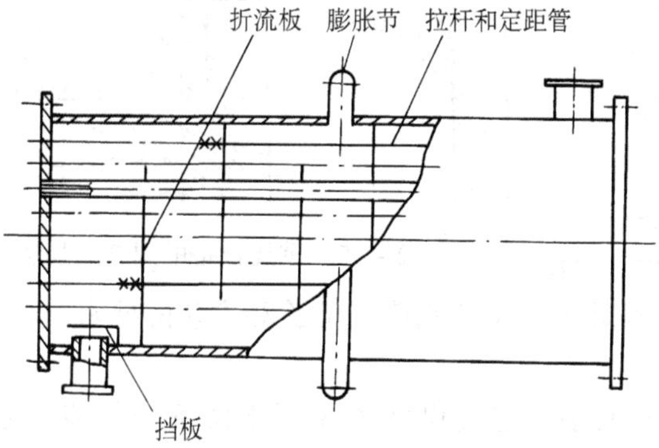

图 12－12　折流板等的单线画法

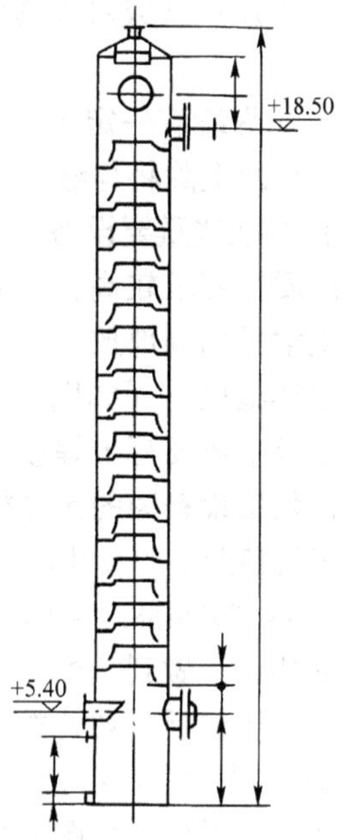

图 12－13　整体单线示意画法

两个金属件焊接后其熔接处的接缝称焊缝。在化工设备图中，焊缝的表示方法如下：

（1）图样中，焊缝的可见面用栅线（或波浪线）表示，焊缝的不可见面用粗实线表示。焊缝的断面应按真实形状画出，剖面线可用交叉的细实线或涂黑表示（图形较小时，可不必画出断面形状），如图 12－14 所示。

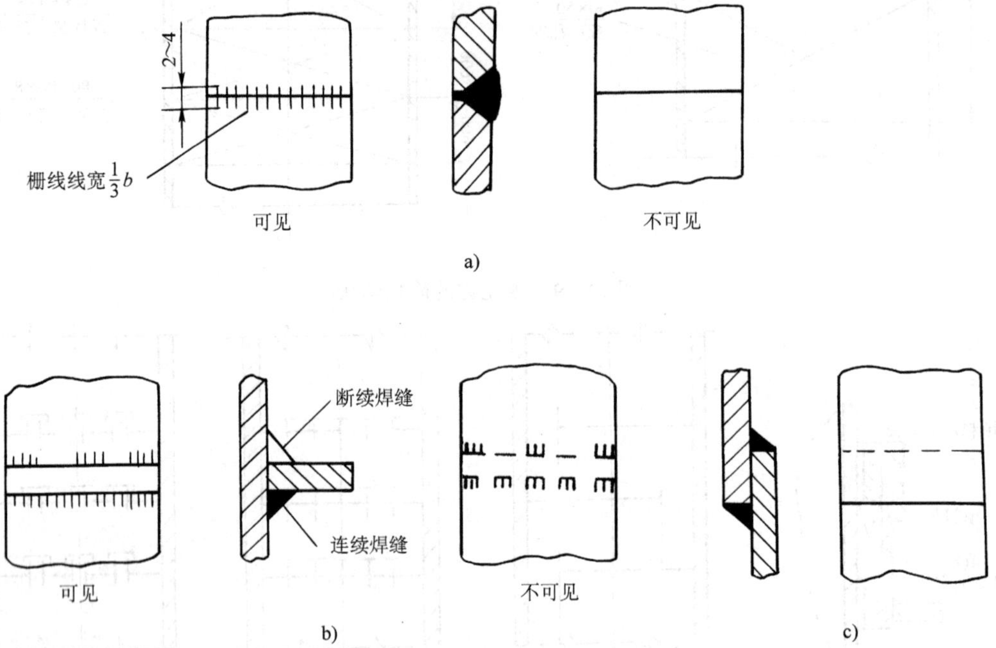

图 12－14　焊缝的画法

a）对接焊缝　b）角接焊缝　c）搭接焊缝

（2）常压设备或对焊缝要求不高的地方，在图上焊缝剖面可用涂黑表示，不必再作任何标注。

（3）对焊缝有一定要求的设备，焊缝的表示方法应遵照焊缝代号（GB/T 324—1988）的规定，在图上除将焊缝涂黑外，应在焊缝处画出引出线并标注焊缝代号。

（4）对某些重要设备（如高压容器等）的焊缝，因质量要求较高，并必须保证某些尺寸时，图上常采用局部放大图画出焊缝的细部结构并注出详细尺寸（如图 12－15 所示），通常在技术要求中还要写出焊接方法等有关说明。

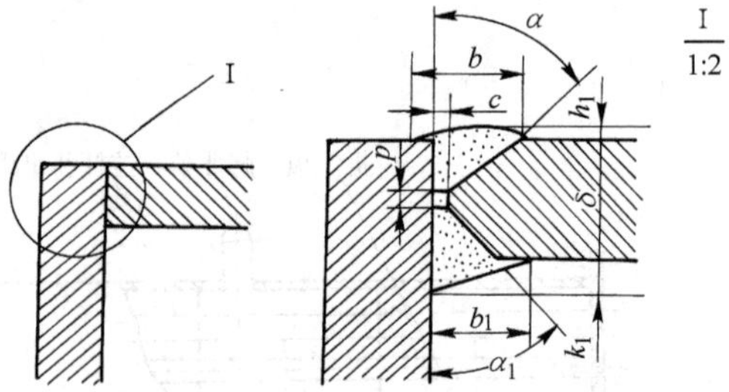

图 12－15　重要设备的焊缝的画法

三、化工设备图的尺寸标注

化工设备图上的尺寸标注，除应遵守标准《机械制图》GB4458.4－84 的规定外，还应结合化工设备的特点，做到完整、清晰、合理，以满足化工设备制造、检验和安装的要求。化工设备的尺寸主要包括下列几类：

1. 外形尺寸　表示整个设备所占空间的大小，这类尺寸主要用于设备的包装、运输、安装以及厂房设计，如图 12－1 中的总高“～3762”。

2. 特性尺寸　表示设备的主要特征、性能、规格和生产能力等的尺寸。如图 12－1 中的“ϕ1600”和“2600”。

3. 安装和装配尺寸　表示设备与地基（楼板或建筑物的其他构件）或与其他设备安装时需要确定的有关尺寸，如图 12－1 中的“2062”。

装配尺寸是指设备本身各部分之间装配关系的尺寸，如图 12－1 中的管口 c、e、f 的定位尺寸“ϕ900”。

4. 其他重要尺寸

（1）零、部件的规格尺寸，如图 12－1 中的“ϕ57×3.5”。

（2）由设计计算确定的尺寸，如图 12－1 中筒子体壁厚“6”等。

（3）不另行绘制图样的零、部件的结构尺寸，如图 12－1 中的人孔接管外径“ϕ530×6”。

（4）焊缝的结构形式尺寸，如图 12－1 中焊缝结构局部放大图上标注的尺寸。

5. 其他规定注法

（1）在一般情况下，化工设备尺寸数值较大，精确度要求较低，切削加工较少（特除外），因而在标注同一方向尺寸时，以链状注法较多，且允许注成封闭链式。这样有利于安装检验。外形尺寸常在数字前加“～”，表示近似的含义。

（2）设备壳体的直径与壁厚尺寸的标注。如采用无缝钢管，则标注其外径与壁厚——ϕ273×8，即表示外径为 273mm，壁厚为 8mm；如采用钢板卷制而成，则要注出内径和壁厚。

（3）个别尺寸若不按比例绘制时，应在图中尺寸数字的下方加画细实线，如图 12－16 所示。

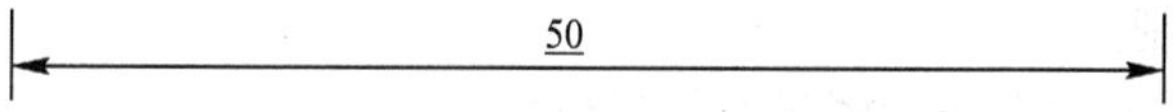

图 12－16　尺寸未按比例绘制的注法

四、化工设备图的技术数据和技术要求

1. 技术数据表

其所填写的内容随设备种类的不同而有所区别，主要有如下五个基本栏目：

（1）基本数据栏　表明化工设备的主要技术特性。填写通用特性（如设计和工作压力、温度、物料的名称等）以及设计所依据的标准、规范和法规。本栏中不需填写试验压力、各类容积的容器类别等。对于不同的设备，需增补填写有关的内容。

（2）设计数据栏　填写根据不同设备的工艺要求和用途等因素，对设计、制造和使用提出的特殊要求或专用措施，如壁厚的腐蚀裕度、焊缝系数、保温及防腐措施等。

（3）制造检验及验收栏　填写设备在制造、检验及验收过程中所采用的标准和规范，以及对制造、检验、包装及运输等要求。对于管口及支座方位，必须填写，如“按左视图”。本栏中的其他要求的内容，可按实际情况填写。

（4）焊条表栏　填写焊接的方法，焊条的牌号，焊缝的坡口形式和尺寸所遵循的标准等内容。

（5）管口表栏　填写各管口和开孔的有关数据和用途等内容，供备料、制造、检验和操作。栏中管口符号应与图中管口符号相一致。

2. 技术特性表、管口表、技术要求

（1）技术特性表　将反映设备基本特性的一些数据列成技术特性表，其推荐格式见表12－1所示。不同种类的设备具有不同的内容。填写的内容类似于前述的技术数据表中的“基本数据”栏和“设计数据”栏。

表12－1　技术特性表

	管　　程	壳　　程
工作压力/MPa		
工作温度/℃		
设计压力/MPa		
设计温度/℃		
物料名称		
换热面积/m^2		
焊缝系数 ϕ		
腐蚀裕度/mm		
容器类别		

（2）管口表　将各管口和开孔的有关数据和用途等内容列成表格，其推荐格式见表12－2所示。填写时应注意：

1）公称规格　按接管的公称压力、公称直径填写。无公称直径的管口，则按管口的实际内径填写。

2）联接法兰标准　填写所采用的管法兰的标准号。不对外连接管口（如人孔、视镜等）一般用细斜线绘制。

3）密封面形式　填写管法兰密封面形式或代号。

4）管子尺寸　无缝钢管填写“外径×壁厚”，卷焊钢管填写“内径×壁厚”。

5）伸出长度　填写管法兰端面至筒体外壁面间的长度尺寸。

表12－2　管口表

符号	公称尺寸	联接尺寸　标准	联接面形式	用途或名称
a	250	PN0.25 *DN*25 HGJ45－91	突面	××气进口
b_{1-2}	400×300			人孔
c	150	PN0.25 *DN*25 HGJ45－91	突面	水进口
d	20	G3/4	螺纹	放净口

（3）技术要求　设备在图样中没有表达清楚的有关内容，用文字简明地表示对材料、制造、装配、验收、表面处理、润滑、包装和运输等的特殊要求，以及设备在制造、检验时应遵循的标准和规定。

技术要求的内容一般以容器类设备的技术要求为基本内容，再按各类设备特点作适当补充。详见《化工设备技术图样要求》。

五、化工设备图的零、部件编号及明细表

1. 零、部件编号

化工设备图上所有零、部件均需编号，件号的编写格式与机械制图相同。但对标准化的部件，如人孔、填料箱、视镜、液面计等，虽由若干个零件组成，但可以视为一体，只编写一个序号。而那些非标准化的部件，如果另有部件装配图，可在设备总图上只编一个序号。

2. 明细表格式

明细表的填写与机械制图基本相同，即按所编的件号的次序自下而上的逐一将零部件有关资料填入，其格式如表 12－3 所示。

表 12－3　化工设备图的明细表

<table>
<tr><td></td><td></td><td></td><td></td><td></td><td colspan="2"></td><td></td></tr>
<tr><td></td><td></td><td></td><td></td><td></td><td colspan="2"></td><td></td></tr>
<tr><td></td><td></td><td></td><td></td><td></td><td colspan="2"></td><td></td></tr>
<tr><td rowspan="2">件号</td><td rowspan="2">图号或标准号</td><td rowspan="2">名　称</td><td rowspan="2">数量</td><td rowspan="2">材　料</td><td>单</td><td>总</td><td rowspan="2">备注</td></tr>
<tr><td colspan="2">重量（kg）</td></tr>
</table>

六、化工设备图的标题栏

化工设备图的标题栏的内容和格式尚未统一，但内容类同，推荐如表 12－4 所示的一种格式。

表 12－4　化工设备图的标题栏

<table>
<tr><td colspan="5">设 计 单 位</td><td colspan="2">工 程 名 称</td></tr>
<tr><td>制图</td><td></td><td></td><td colspan="2" rowspan="5">图　名</td><td colspan="2">项目名称</td></tr>
<tr><td>设计</td><td></td><td></td><td>专业</td><td>设计阶段</td></tr>
<tr><td>校核</td><td></td><td></td><td rowspan="3">图号</td><td rowspan="3">修改
标记</td></tr>
<tr><td>审核</td><td></td><td></td></tr>
<tr><td></td><td></td><td></td></tr>
<tr><td colspan="3">20××年</td><td>比例</td><td></td><td></td><td></td></tr>
</table>

七、化工设备图的绘制

1. 提供“设备设计条件单”

“条件单”包括以下内容：

（1）设备简图　表示工艺设计所需的设备结构型式、尺寸、设备上的管口及初步方位等内容。

（2）技术特性指标　列表给出工艺要求，如工作压力和温度、介质名称、容积、材质以及传热面积、搅拌器形式、功率、转速、安装、保温等各项要求。

（3）管口表　列表注明各管口符号、用途、公称尺寸和连接面形式等。

设备上的管口一律用汉语拼音字母小写编写管口符号，同一接管在主、左（俯）视图上应重复注写。规格、用途及连接面形式完全相同的管口编为同一号，但须在符号的右下角加注阿拉伯数字，以示区别，如 a_1、a_2…。

2. 进行机械设计

设备设计人员依据“设备设计条件单”提出的工艺要求，进行必要的强度计算和零部件选型设计等工作，为绘制设备图做好准备。

3. 化工设备图的视图选择

在选择化工设备图的视图表达方案时，应考虑化工设备结构特点和图示特点。

（1）选择主视图　拟定表达方案，确定主视图。按设备的工作位置选择主视图，并使主视图充分表达其工作原理、主要装配关系及主要零部件的形状结构。

(2) 确定其他视图　用来补充表达设备的主要装配关系、形状和结构。

4. 化工设备图的绘制方法及步骤

(1) 确定绘图比例、选择图幅

(2) 绘制视图　绘制视图应从主视图画起，左（俯）视图配合一起画，一般是沿着装配干线，先画主体、后画部件；先画外件、后画内件；先定位、后定形。

(3) 标注尺寸

(4) 标注焊缝符号

(5) 编注零、部件序号和管口符号

(6) 填写明细栏和管口表

(7) 填写技术特性表、编写图样技术要求和附注（或填写技术数据表）。

(8) 填写标题栏，校核、修改、审定等内容。

(9) 其他下级部件图　化工设备图常常有多个下级部件图，尽管各部件的内容和形式大不相同，但其绘图的方法和步骤大致相同。

八、化工设备图的阅读

1. 基本要求：了解设备的用途、技术特性和工作原理，了解零、部件的装配连接关系以及主要零、部件的结构、形状和作用，弄清设备上的管口数量和方位，了解设备在制造、检验、安装等方面的技术要求等内容。

2. 阅读化工设备图的步骤：

(1) 概括了解

从标题栏中了解设备的名称、规格、材料、重量和绘图比例等腰三角形内容。从明细栏、接管表、技术特性表及技术要求中了解各零、部件和接管的名称、数量，对照零件序号和管口符号查找其所在位置，了解设备在设计、施工方面的要求。

(2) 视图分析

了解表达设备所采用的视图数量和表达方法，找出各视图、剖视图等的位置及各自的表达重点。详细了解设备的装配关系、形状、结构、各接管及零部件方位。

(3) 零部件分析

按明细表中的序号，将零部件从视图中分离，了解其主要结构、形状、尺寸以及与主体或其他零部件的装配关系等。

(4) 设备分析

通过对视图和零部件的分析，对设备的总体结构全面了解，并结合有关的技术资料，进一步了解设备的结构特点、工作原理和操作过程等内容。

第二节　化工工艺图

化工工艺图是表达化工生产工艺过程的图样。通常包括工艺流程图、设备布置图和管道布置图。其中工艺流程图分为方案流程图和施工流程图。化工工艺图是化工工艺设计的主要内容，也是进行施工和生产的重要技术资料。本节简要介绍化工工艺图的表达方法，绘制和阅读化工工艺图的方法和步骤。

一、方案流程图

（一）方案流程图的作用与内容

方案流程图又称流程示意图或称流程简图，他表达整个工厂或车间流程，用于初步设计阶段，便于工艺方案的讨论，为下一步设计施工流程图提供依据，如图 12－17 所示。

方案流程图一般包括以下内容：

（1）生产过程中所采用的各种机器、设备。

（2）物料由原料转变为半成品或成品的运行程序——工艺流程线。

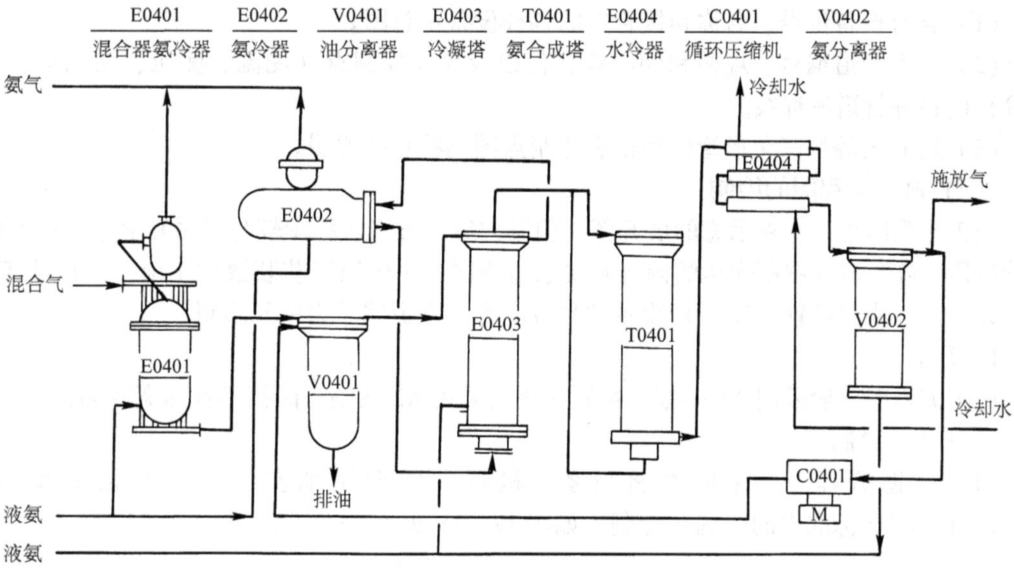

图 12－17　合成氨的工艺流程图

（二）方案流程图的绘制

方案流程图是一种示意性的展开图，并加上必要的标注和说明。

1. 设备的绘制

（1）用细实线画出设备的大致轮廓线，一般不按比例绘制，但应保持它们的相对大小。

（2）各设备之间的高低位置及设备上的重要接管口的位置，应大致符合实际情况。设备之间应保留适当的距离，便于布置流程图。

（3）在方案流程图中，同样的设备可只画一套；备用设备可省略不画。

2. 工艺流程线的绘制

（1）用粗实线绘制出主要物料的工艺流程线，用箭头标明物料流向，并在流程线的起始和终了位置注明物料的名称、来源或去向。

（2）若流程线之间、流程线与设备之间交错或重叠，而实际并不相连时，应将其中一条断开或曲折绕过，使各设备间流程线的表达清晰明了、排列整齐。

（3）在方案流程图中一般只画出主要工艺流程线，其他辅助流程线不必一一画出。

3. 位号与名称注写

在流程图的上方和靠近设备图形的显著位置列出设备的位号及名称，如图 12－17 所示。也可将设备依次编号，并在图纸空白处按编号顺序集中列出设备名称。对于流程简单、设备较少的方案流程图也可不编号，而将名称直接注写在设备的图形上。

二、施工流程图

(一) 施工流程图的作用和内容

施工流程图又称工艺管道及仪表流程图或称带控制点管道安装流程图。它是在方案流程图的基础上设计绘制的、内容较详细的工艺流程图，是用图示法把化工生产的工艺流程和所需的设备、管道、阀门、管件、管道附件及仪表控制点表示出来的一种图样。它是设备布置和管道布置设计的依据，也是施工、操作、运行及检修的指南。

施工表流程图一般包括以下内容：

(1) 含有设备位号、名称和接管口的各种设备示意图。

(2) 含有管道编号、规格和阀门等管件以及仪表控制点（测温、测压、测流量、分析点等）的各种管道流程线。

(3) 对阀门等腰三角形管件和仪表控制点图例符号的说明。

(二) 施工流程图的绘制

施工流程图也是一种示意的展开图，但其内容比方案流程图较为详尽和复杂，按不同的设计阶段，施工流程图所表达的内容和要求也不同。一般以工艺装置的主项（工段或工序）为单元绘制，或以装置（车间）设备位号及名称、管道编号为单元绘制。

1. 图幅

施工流程图一般采用 A1 图幅。特别简单的采用 A2 图幅。图幅不宜加宽或加长。

2. 设备的绘制

(1) 根据流程，自左向右将设备、机器的图形用细实线（按原化工部 HG/T 20519.34—1992 标准中的图例）绘制。如图 12－18 所示。

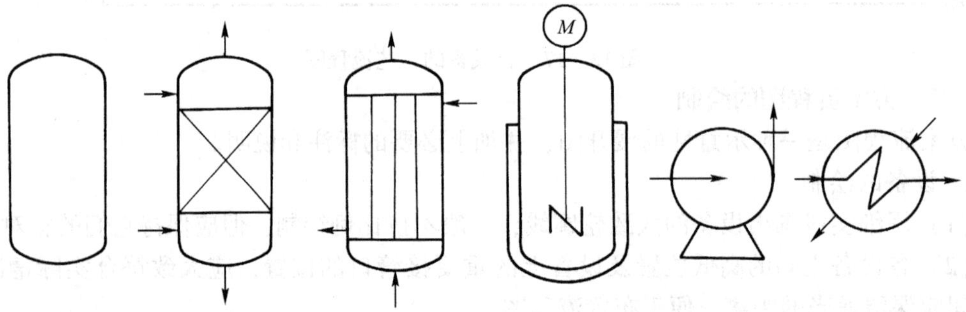

图 12－18　设备示意画法

(2) 设备、机器上的全部接口（包括人孔、手孔、卸料口等）尽可能画出。其中与配管有关以及与外界有关的管口（如直连阀门的排液口、排气口、放空口及仪表接口等）则必须画出，如图 12－19 所示。

(3) 图中各设备、机器的位置要便于连接管线和标注，其相互间物料关系密切者（如高位槽液体自流入贮槽，液体由泵送入塔顶等）的高低相对位置要与设备实际布置相吻合。

3. 设备的标注

每个工艺设备都应编写设备位号，注写设备名称。一般在两个地方标注设备位号：一是在设备的上方或下方，（在位号线的下方标注设备名称）。二是在设备内或其近旁（此处仅注位号，不注名称）。

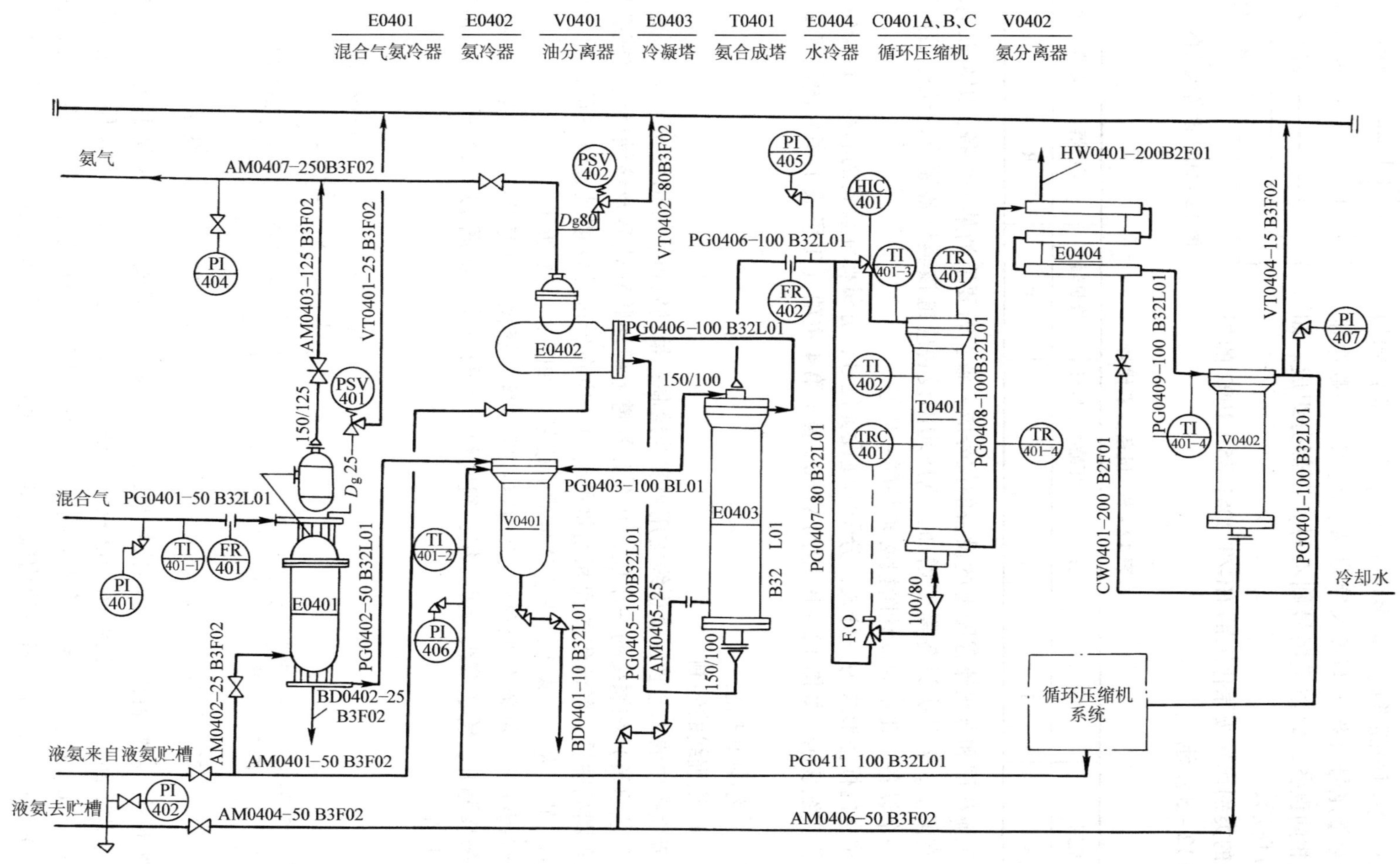

图 12-19 氨合成工段管道及仪表流程图

设备位号由设备类别代号、设备所在主项的编号（以2位数表示）、主项内同类设备顺序号（以2位数表示）和相同设备的数量尾号（按大写英文字母A、B、C、…顺序排列，若无相同设备，此数量尾号则不写）四部分组成。如图12－20所示。

设备的类别代号按原化工部HG/T 2051.35—1992的规定，如表12－5所示。

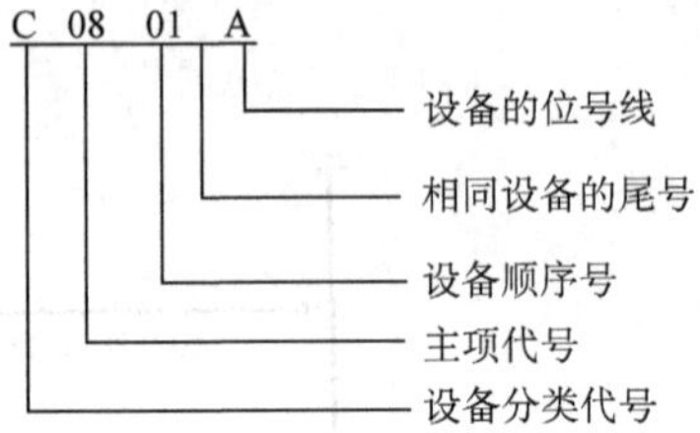

图12－20　设备位号的编法

表12－5　设备类别代号

设备类别	塔	泵	压缩机、风机	换热器	反应器	容器（槽、罐）
代号	T	P	C	E	R	V

在施工流程图和方案流程图上的设备的位号应一致，若要取消某一设备，则被取消的设备的位号应留空。若某类设备需要增加，则所增的设备应继该类设备原有的位号后顺序编号。对于一个设备，在不同设计阶段必须是同一位号。

设备位号的标注形式为一分式，分子标注设备位号，分母标注设备的名称，设备位号线用水平的粗实线表示，如图12－19中的V0402表示第4主项（工段或工序）内的第2序号的容器。

4. 管道的绘制和标注

（1）管道流程线的绘制

施工流程图中的工艺管道流程线均用粗实线绘制；辅助管道、公用系统管道，只绘出与设备（或工艺管道）相联接的一小段，并在此管道上标注物料代号及该辅助管道或公用系统所在流程图的图号。各流程图间相衔接的管道，应在始末端注明其连续图的图号（写在30mm×6mm的框内）及来去的设备位号或管段号，如图12－21所示。

管道流程线上对每条管道标注三个内容：即管号、管径和管道等级。前两部分为一组，其间用一短横隔开；管道等级为另一组，组间留适当的空隙，如图12－22所示。一般标注在管道的上方。

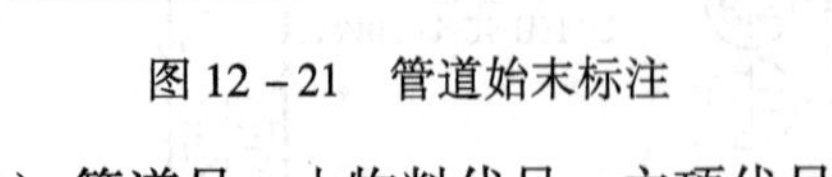

图12－21　管道始末标注

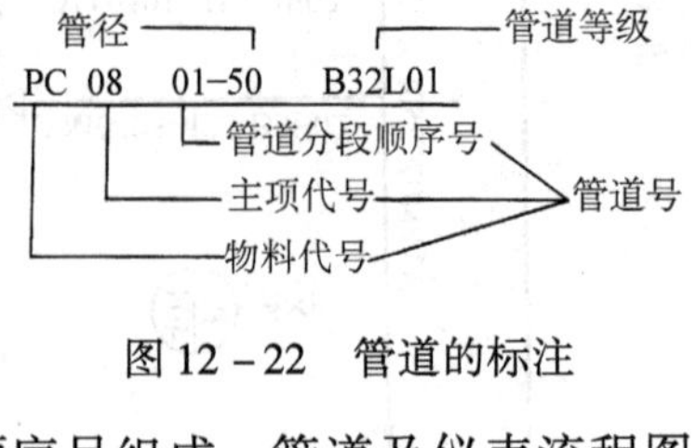

图12－22　管道的标注

1）管道号　由物料代号、主项代号和管道分段顺序号组成。管道及仪表流程图上的物料代号按原化工部HG/T 20519.36—92标准的规定，如表12－6所示。主项代号用二位数字01、02、…、10、11、…表示。管道分段顺序号按工艺生产流向依次编号，用二位数字01、02、…、10、11、…表示。各主项均独立编号。管道等级代号和隔热隔声代号可分别参见原化工部HG/T 20519.30—1992和HG/T 20519.38—1992标准。

表 12-6　物料代号示例

名称	工艺空气	工艺气体	工艺液体	工艺固体	工艺水	压缩空气	仪表空气	高压蒸汽	中压蒸汽
代号	PA	PG	PL	PS	PW	CA	IA	HS	MS
名称	低压蒸汽	蒸汽冷凝水	循环冷却水回水	循环冷却水上水	热水回水	热水上水	原水	燃料气	燃料油
代号	LS	SC	CWR	CWS	HWR	HWS	RW	FG	FO
名称	天然气	液氨	冷冻盐水回水	冷冻盐水上水	排液	真空排放气	放空	惰性气体	火炬排放气
代号	NG	AL	RWR	RWS	DR	VE	VT	IG	FV

2）管径　一律标注公称直径。公制管径，只注数字不注单位（mm），如 80、120、150、…。英制管径需标注英寸符号，如 1/2″、1″、2″、…。英制加厚管应在公称直径后另注“×S”，如 4″×S、6″×S。

3）管道等级　在管道等级与材料选用表尚未实施前，标注公制管径时必须标注外径×厚度，如 PG0801—50×2.5。管道等级代号和隔热隔声代号可分别参见原化工部 HG/T 20519.30—1992 和 HG/T 20519.38—1992 标准。

4）对于工艺流程简单，管道品种不多时，管道组合号的管道等级和隔热或隔声代号这两单元可省略，管子尺寸可直接填写外径×壁厚，并标注工程规定的管道材料代号，如表 12-7 所示。

表 12-7　管道材料代号

材料类别	铸铁	碳钢	普通低合金钢	合金钢	不锈钢	有色金属	非金属	衬里及内防腐
代号	A	B	C	D	E	F	G	H

（2）管道的绘制

1）一般应画出全部工艺管道及与工艺有关的一段辅助管道。工艺管道包括：正常操作所用的物料管道；工艺排放系统管道；开、停车和必要的临时管道。管道的图例、线型及线宽按原化工部 HG/T 20519.28—1992 和 HG/T 20519.32—1992 标准规定，如表 12-8 所示。

表 12-8　管道图例、线型及线宽

名　称	图　例	线型及线宽（mm）
主物料管道		粗实线 $b=0.9\sim1.2$
辅助物料管道		中粗线 $b=0.5\sim0.7$
仪表管		细实线 $b=0.15\sim0.3$
伴热（冷）管道		虚线 $b=0.5\sim0.7$
电伴热管道		点画线 $b=0.15\sim0.3$
管道隔热层	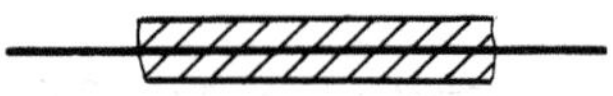	除管道外其他线为细实线
夹套管	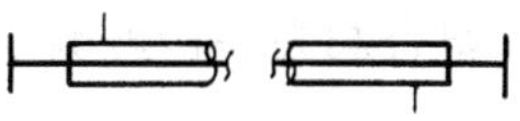	

2）每根管道都要以箭头表示其物料流向（箭头画在管道上）。图上的管道与其他图纸有关时，一般将其端点绘制在图的左方或右方，以空心箭头标出物料的流向（入或出），空心箭头内注明其接续图纸图号的序号，在其附近注明来或去的设备位号或管道号，如图 12－19 所示。空心箭头的画法如图 12－23 所示。

3）绘制管道时，应尽量画成水平或垂直。管道相交和转弯均画成直角。管道交叉时，应将一根管道断开，如图 12－24 所示。应尽量避免管道穿过设备。

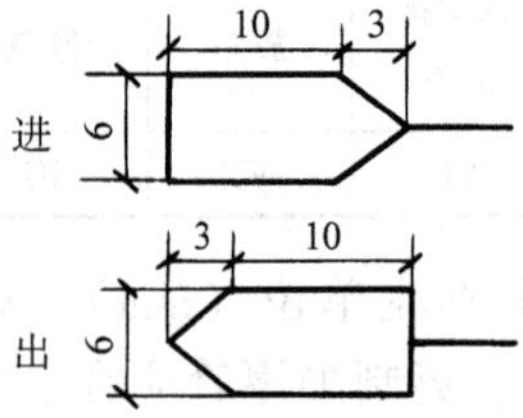

图 12－23　空心箭头的画法

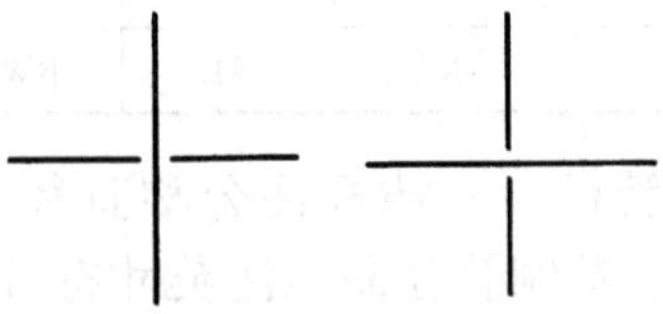

图 12－24　管道交叉表示法

5. 阀门、管件和管道附件的绘制

（1）用细实线按标准所规定的符号全部绘制出管道上的阀门、管件和管道附件，并标注其规格代号。

（2）阀门、管件和管道附件的绘制，按原化工部 HG/T 20519. 32～33—1992 标准，如表 12－9 所示。

（3）管道上的阀门、管件和管道附件，按需要进行标注。异径管道标注大端公称直径×小端公称直径。

表 12－9　常用阀门、管件和管道附件的图形符号示例

名称	闸阀	截止阀	节流阀	球阀	疏水阀	角式弹簧安全阀
符号						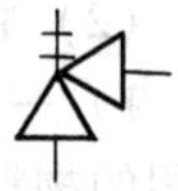
名称	偏心异径管		弯头	三通	四通	阻火器
	底平	顶平				
符号	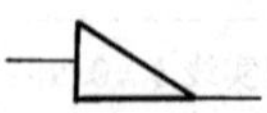	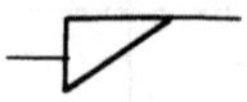	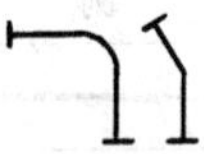	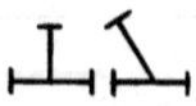	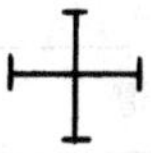	
名称	管端法兰	管帽	放空帽	放空管	同心异径管	视镜
符号		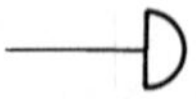				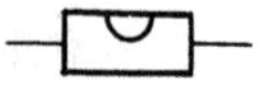

6. 仪表控制点的绘制

在带控制点的工艺流程图中，仪表控制点用细实线在相应的管道上用规定的符号画出。符号包括图形符号和字母代号，它们组合起来表达被测变量和功能，或表示仪表、设备、元件和管线的名称。

（1）图形符号　仪表的图形符号是直径为12mm（或10mm）的细实线圆圈，圆圈中注上仪表位号。必要时允许将圆圈断开，也可用象形或图形符号表示。图形符号参见HGJ 7—1987。

（2）字母代号　表示被测变量和仪表功能的字母代号，第一个字母表示被测变量，第二个字母表示仪表的功能。

（3）仪表位号　由字母代号和回路编号两部分组成。回路编号由工序号和顺序号组成，一般用3～4位阿拉伯数字表示。字母代号填写在仪表圆圈的上半个圆中，回路编号填写在下半个圆中，如图12－25所示。

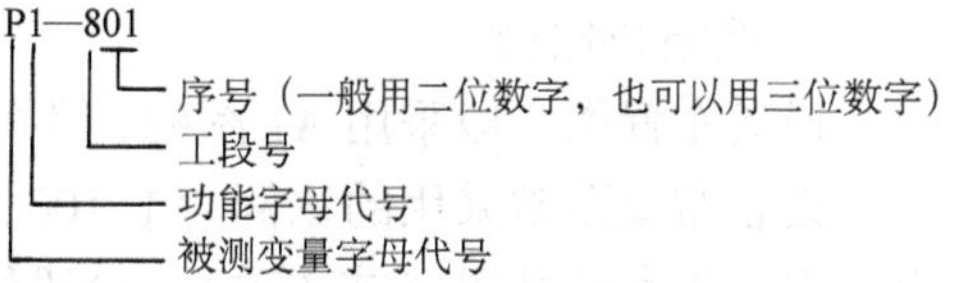

图12－25　仪表位号示例

（4）常用被测变量及仪表功能代号按原化工部HG/T 20505—1992标准，如表12－10所示。

表12－10　被测变量及仪表功能代号

被测变量		功能	
T	温度	I	指示
P	压力	R	记录
F	流量	C	控制
L	物位	A	报警

（5）仪表安装位置的图形符号如表12－11为表示（摘自原化工部HG/T 20505—1992标准）。表中主要位置是指仪表引向控制室集中安装，辅助位置是指仪表现场集中安装。

表12－11　表示仪表安装位置的图形符号

	主要位置 （操作员监视用）	现场安装 （正常情况下操作员不监视）	辅助位置 （操作员监视用）
离散仪表			
共用显示 共用控制	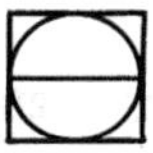	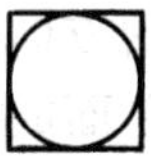	

三、设备布置图

设备布置图是表示车间或工段内外的设备之间、设备与建筑物之间的相对位置的图样，即是简化了的建筑图加上设备布置的内容。图中建筑部分按房屋建筑统一标准GBJ1—1986等有关标准的规定绘制。

设备布置设计中提供下列图样：设备布置图、首页图、设备安装详图、管口方位图等。其中设备布置图是设备布置设计的主要图样。一般包括以下内容：

（1）一组视图　表达厂房建筑的基本结构及设备在其内外的布置情况。

（2）必要的尺寸　表示设备布置的相关尺寸、建筑定位轴线编号、设备位号及名称等。

（3）安装方位标　表示安装方位基准的图标。

（4）设备统一览表　表示设备的位号、名称、技术规格及有关参数的列表说明。

(5) 标题栏　填写图名、图号、比例、设计者等内容。

(一) 设备布置图的表达方法

1. 分区

设备布置图是按工艺主项绘制的。当装置尺寸较大、其中需布置的设备较多时，设备布置图可分成若干个小区绘制。各区的相对位置在装置总图中表明，分区范围用双点画线表示。

2. 图幅与比例

设备布置图一般采用 A1 图幅，不宜加长或加宽，特殊情况也可采用其他图幅。

设备布置图常采用的比例为 1:100，也可采用 1:200 或 1:50，视设备布置的疏密情况而定。但对于大的装置（或主项），分段绘制设备布置图时，必须采用同一比例。

3. 视图的配置

设备布置图常用一组平面图和立面剖视图等表达方法。

(1) 平面图　设备布置图一般只画平面图，即假想掀去厂房的屋顶或上层楼板的俯视图，表达某层厂房设备布置情况的水平剖视图。当厂房为多层建筑时，应依次分层绘制各层的设备布置图。可绘制在一张图纸上，也可绘制在不同的图纸上。如在同一张图纸上绘制几层平面图时，应从最底层平面开始，在图纸上由下向上或由左向右按层次顺序排列，并在图形的下方用字母和数字注明相应的标高，如 EL100.00，4.00 平面等。"EL"（Elevation）表示标高。

(2) 立面剖视图　当平面图不能表达清楚设备布置状况时，可绘制立面方向的剖视图或局部视图，来表达设备沿高度方向的布置安装情况。规定设备按不剖绘制，其剖切位置及投影方向应按《机械制图》标准或《建筑制图》标准在图样上标注清楚，在剖视图的下方标注相应的字母，如图 12-26 所示。

4. 视图的表达方法

设备布置图的主要表达内容有设备和建筑物及其构件。在设备布置图上，长、宽定位尺寸的单位为 mm，高度尺寸的单位为 m（取小数点后三位至 mm 为止），在图上均不注尺寸单位。化工部 HG20519—92 标准规定：室内地面设计标高为 100m，即 EL100.000。

(1) 设备的表达方法　用粗实线绘制设备的外形轮廓及其安装基础。外形复杂的设备，只画其基本外形，同一位号的设备多于 3 台时，在平面图上只画首末两台设备的外形，中间的仅画出基础，或用双点画线的方框表示。

当某一平面图上还有局部平面或操作、维修平台时，平面图上只表示上层的设备外形轮廓，下层的设备外形可用虚线或局部剖视图来表达。若下层的设备图形复杂时，应单独绘制出局部的平面图。一台设备穿越多层时，在每一层平面图上均要画出该项设备的平面位置。

(2) 建筑物及其构件的表达方法　用细实线绘制建筑物及其构件的轮廓。墙、柱、地面、楼板、平台、栏杆、安装孔洞、地坑、吊车梁及设备基础等按应采用规定的比例画法。与设备布置关系不大的门、窗等构件，一般只在平面图上画出它们的位置及门的开启方向，在剖视图上一般不画。对于承重墙、柱等结构，用细点画线绘制出其建筑定位轴线，用作建筑物、构件和设备的定位基准。

(二) 设备布置图的标注

1. 设备的标注

设备布置图中只标注设备的定位尺寸，如设备与设备、设备与建筑物之间的定位尺寸。一般以建筑物及其构件的轴线作为基准，尺寸界线可用细斜线绘制。

高度方向的定位尺寸，一般选择厂房室内地面为基准，确定设备基础或设备中心线的高度尺寸。高度尺寸用标高表示，注写时与设备位号的注写相结合，如图 12－26 所示。设备标高的表示方法如下：

（1）卧式换热器、卧式槽罐用中心线标高表示。

（2）立式换热器、板式换热器用支承点标高表示。

（3）反应器、塔和立式槽罐用支承点标高表示，或下封头切线焊缝标高表示。

（4）泵和压缩机用底板高，即基础顶面标高表示。

（5）特殊设备，若有支耳的用支承点标高表示；若无支耳的卧式设备用中心线标高表示，如无支耳的立式设备用某一管口的中心标高表示。

设备标注中的位号应与工艺管道流程图相一致。若绘有立面图，可在设备的上方、下方或设备内注写设备位号，一般不再标注标高。

2. 建筑物及其构件的标注

在平面图上，厂房建筑及其构件用定位轴线作为基准，标注出厂房建筑的长、宽尺寸，柱、墙轴线间的间距，为安装设备预留的孔洞以及沟、坑等的定位尺寸。尺寸界线可用细斜线绘制，标注如图 12－26 所示。

高度尺寸用注写标高的形式标注。需标注尺寸的高度的界线用水平的细实线绘制，在该线的上方注写 EL×××.×××，如图 12－26 所示的 A－A 剖面图。平面图上出现的地坑、地沟等结构，也应在相应部位注明标高，如地沟标高 EL99.600，表示沟底在室内地面下 0.4m。

在平面或立面剖视图上，应对承重墙、柱等定位轴线进行编号，且与建筑图上的轴线编号相一致。在图形与尺寸线之外的明显位置，于各轴线的端部画直径为 8～10mm 的一个细实线圆圈，水平或垂直方向排列。水平方向编号采用阿拉伯数字，从左向右顺序编写；垂直方向编号采用大写拉丁字母（I、O、Z 三个字母不推荐使用，以免与数字混淆—），自下而上顺序编写。在两轴线之间如需附加分轴线时，则编号可用分数表示，分子表示附加轴线的编号（用阿拉伯数字顺序编写），如“1/A”表示 A 号轴线后附加的第一根分轴线。

3. 安装方位标

安装方位标又称方向标，是确定设备安装方位基准的符号，一般画在设备布置图的右上方，如图 12－27 所示。图中直径为 20mm 的圆用粗实线绘制。方向标的北向（N）应与总图的设计北向（N）相一致。

4. 设备一览表

将设备的位号、名称、规格、图号等在标题栏的上方列表说明。当平面图绘制在几张图纸上时，该项表应附在标高为“0.00”的平面图上或附在设备较多的平面图上，也可单独制表在设计文件中附出。

（三）设备安装详图及管口方位图

1. 管口方位图

管口方位图是确定各管口方位、管口与支座及地脚螺栓等相对位置的图样，如图 12－28 所示。

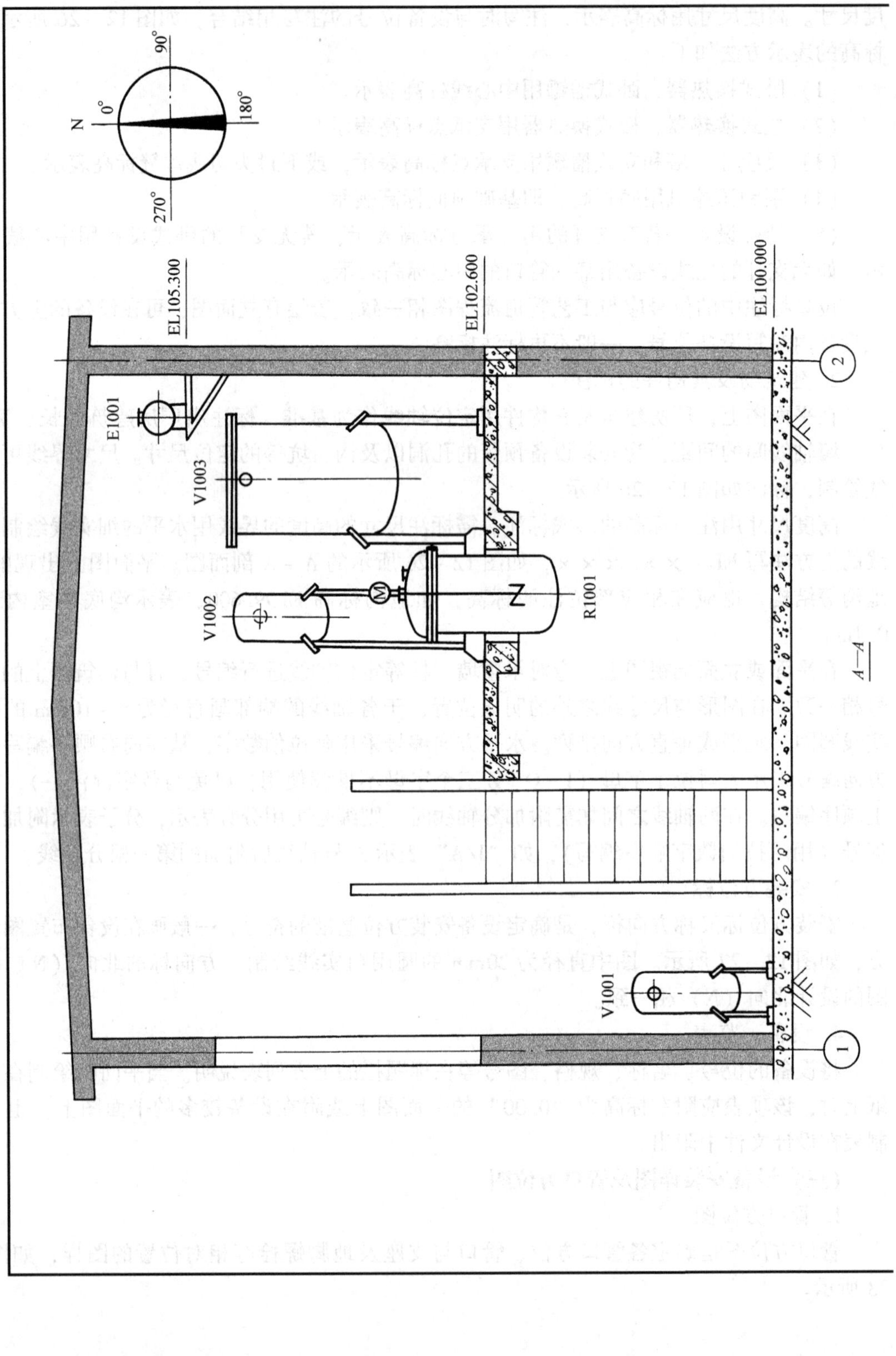

N
0°
90°
180°
270°
EL105.300
EL102.600
EL100.000
E1001
V1003
V1002
R1001
M
V1001
1
2
A—A

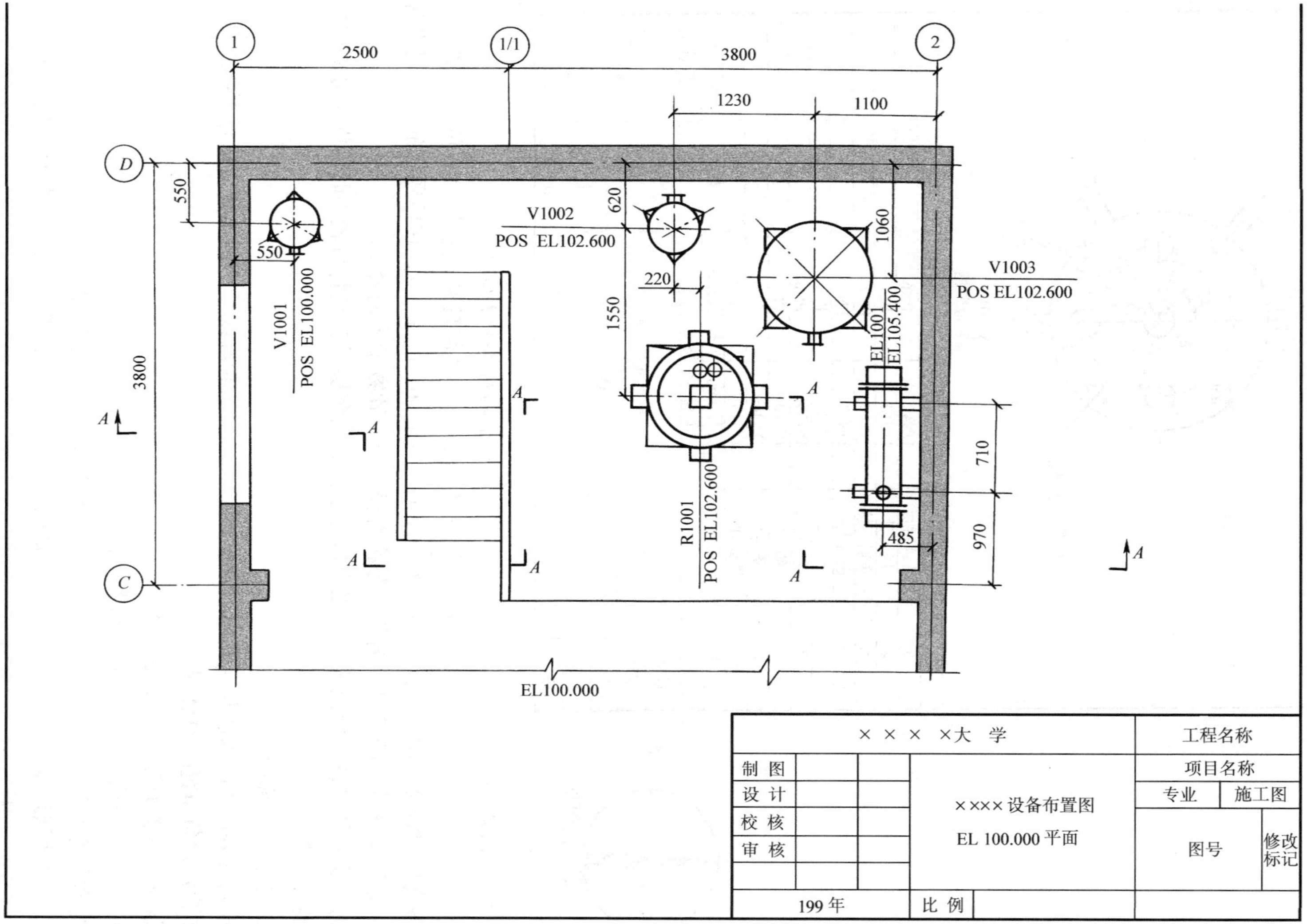
1
1/1
2
2500
3800
1230
1100
D
C
550
3800
V1001
POS EL100.000
550
V1002
POS EL102.600
620
220
1550
1060
V1003
POS EL102.600
EL1001
EL105.400
R1001
POS EL102.600
710
970
485
A
EL100.000
× × × ×大 学
工程名称
制 图
设 计
校 核
审 核
××××设备布置图
EL 100.000 平面
项目名称
专业
施工图
图号
修改标记
199 年
比 例

图 12 - 26 设备布置图

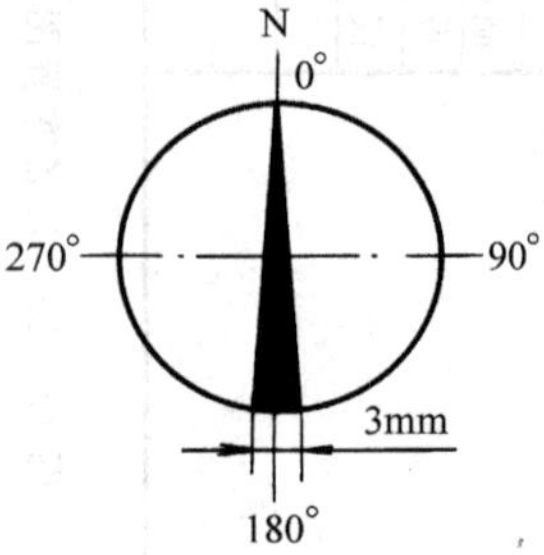

图 12－27　方向标的画法

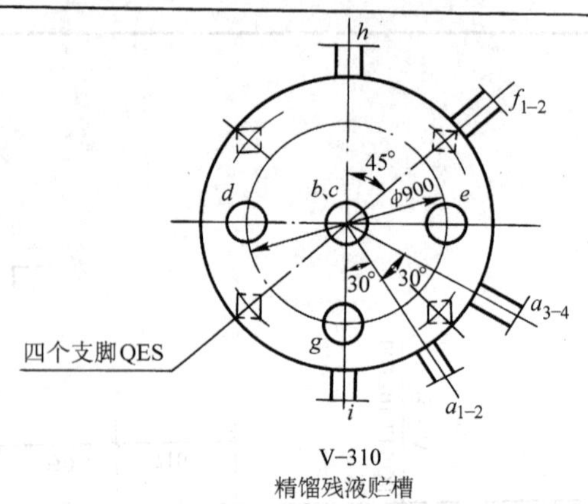

管口号	名称	公称直径/mm	公称压力/MPa	数量	备　注
i	残液出口	DN40	PN6	1	
h	残液进口	DN40	PN6	1	
g	压力计	DN10	PN6	1	
f_2	变送器下接口	DN80	PN25	1	
f_1	变送器上接口	DN10	PN25	1	
e	放空口	DN25	PN6	1	
d	氯气进口	DN25	PN6	1	
c	备用口	DN40	PN6	1	
b	备用口	DN40	PN6	1	
$a_{1\sim4}$	液面计口	DN15	PN16	4	

单 位 名 称					工程名称
设计		精馏残液贮槽 (V-310) 管口方位图		设计项目	
制图				设计阶段	施工图
描图				图　号	
校对					
审核				第　张	共　张

图 12－28　管口方位图

管口方位图中只简化画出一个能反映设备管口方位的视图，并注明各管口的符号，用小写拉丁字母按顺序编写（a、b、c、d…）。在标题栏的上方列出管口表用来注明各管口的符号、名称、公称直径、压力和数量等内容。

每个位号的设备一般只绘制一张管口方位图。当多层设备且管口较多时，则应分层画出管口的方位图。

2. 设备安装详图

设备安装详图的画法与《机械制图》相近，次要的轮廓线可用细实线或双点画线绘制。

(四) 设备布置图的绘制

设备布置图的绘图方法及步骤：

1. 选择绘图比例、确定图幅和表达方案。

2. 绘制平面图　设备布置图的平面图从底层平面起逐层绘制。

（1）先用细点画线画出建筑的定位轴线，再用细实线画出与设备布置有关的厂房建筑的基本结构，如柱、墙、门、窗、楼梯等。

（2）布置设备　用点画线画出设备的中心线，用粗实线画出设备、支架、基础、操作平台等腰三角形的基本轮廓。

（3）标注尺寸　标注出厂房的定位轴线尺寸和设备的定位尺寸，标注出设备基础的定型定位尺寸。

（4）标注定位轴线编号、设备位号及名称，要求所标注的内容与工艺流程图保持一致。

3. 绘制剖视图　选定剖视图的数目，逐个画出各剖视图。

（1）用细实线绘出厂房剖面图。

（2）用粗实线绘出设备的立面图，并标注出设备的位号及名称。

（3）标注出厂房的定位轴线尺寸和标高尺寸。

（4）标注设备基础标高。

（5）绘制方向标。

（6）绘制设备一览表。

（7）填写有关说明及标题栏。

（8）检查、校核、完成全图。

（五）设备布置图的阅读

阅读设备布置图的主要目的是要了解主掌握设备在厂房内外的布置情况。在概括了解的基础上可按厂房、设备布置、尺寸等顺序详细阅读。

1. 明确视图关系

明确各平面图和立面图的配置，分析各立面剖视图在平面上的剖切位置，弄清各视图之间的关系。

2. 看懂建筑结构

通过阅读平面图、立面图，分析建筑物的层次，了解各层厂房建筑的标高，每层中的楼板、墙、操作平台等结构及其相互位置。由厂房的定位轴线间距可得厂房的大小。从平面图中可看出墙柱、楼梯等的分布情况。在立面图中查阅设备的高度方向的定位尺寸。在阅读过程中，还可参阅有关的建筑施工图、工艺施工流程图、管路布置图以及其他的设备布置图，以确保读图的准确性。

四、管道布置图

管道布置图又称配管图，是表达设备、机器间的管道连接及阀门、管件、管道附件、仪表控制点等安装位置的图样。是管道安装施工的重要依据。

管道布置图一般包含下列内容：

（1）一组视图　按正投影原理，用一组平面图、立面图表示整个车间的建筑物的基本结构、设备图形以及管道、管件、管道附件、阀门、仪表控制点的布置及安装情况。按比例标明一定区域的所有容器、换热器、与设备相连接的管道、平台、容器支座以及钢结构的位置。

（2）尺寸和标注　标注管道、部分管件和控制点的平面位置尺寸和标高，标注出建筑物的轴线编号、设备位号、管段序号、控制点代号等。

（3）方位标与标题栏　方向标是表示管道安装方位基准的图标，一般画在管道布置图的右上角。标题栏主要填写图名、图号、比例等内容。

（一）管道布置图的表达方法

1. 分区

当绘图区域较大而图幅有限时，管道布置图可采用竖向剖割法平分部画图，多层建筑一律采用竖向剖分横向切割法来分层绘制。

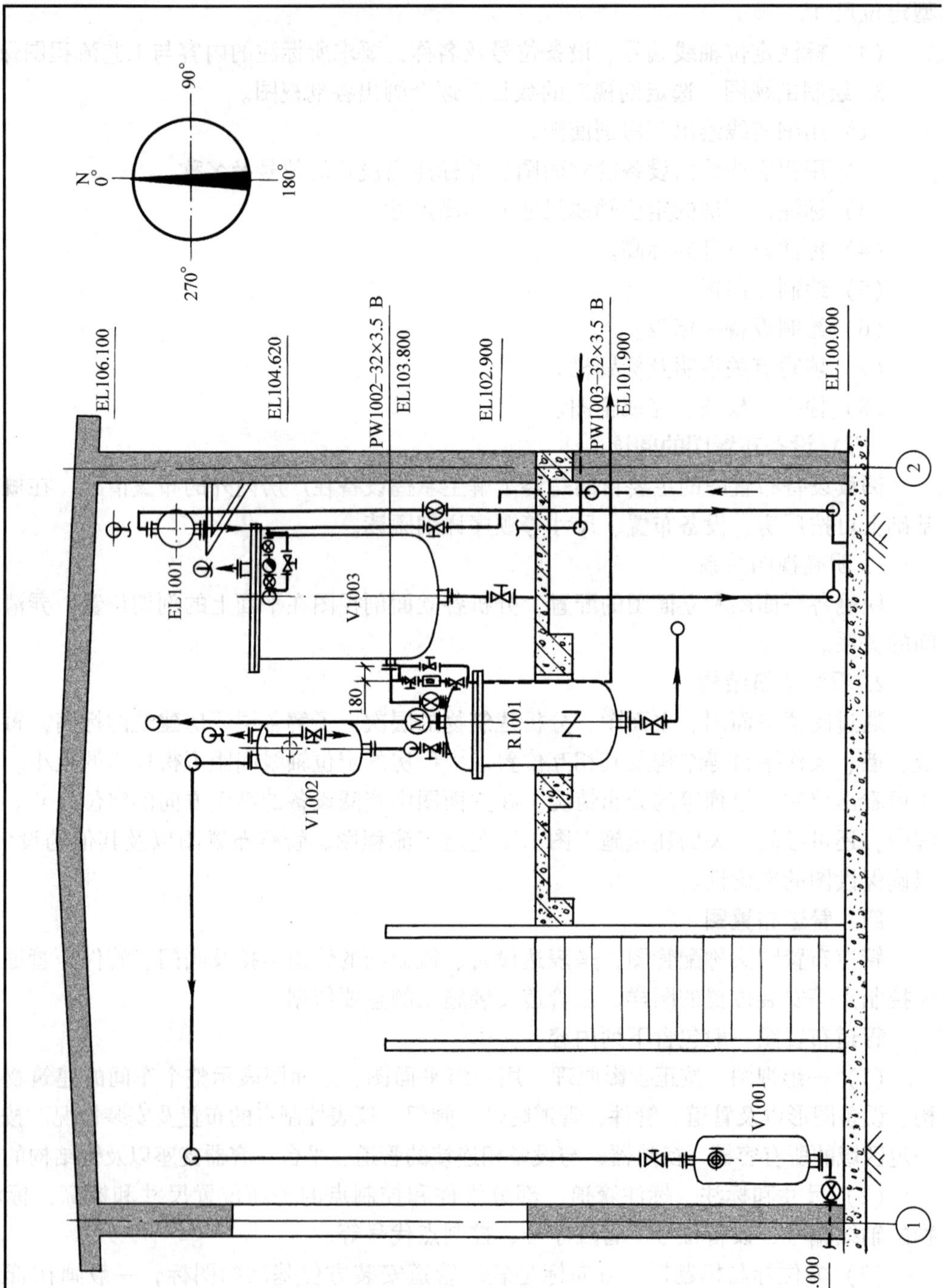
N
0°
90°
180°
270°
EL106.100
EL104.620
PW1002−32×3.5 B
EL103.800
EL102.900
PW1003−32×3.5 B
EL101.900
EL100.000
EL1001
V1003
180
R1001
V1002
V1001
2
1
EL100.000

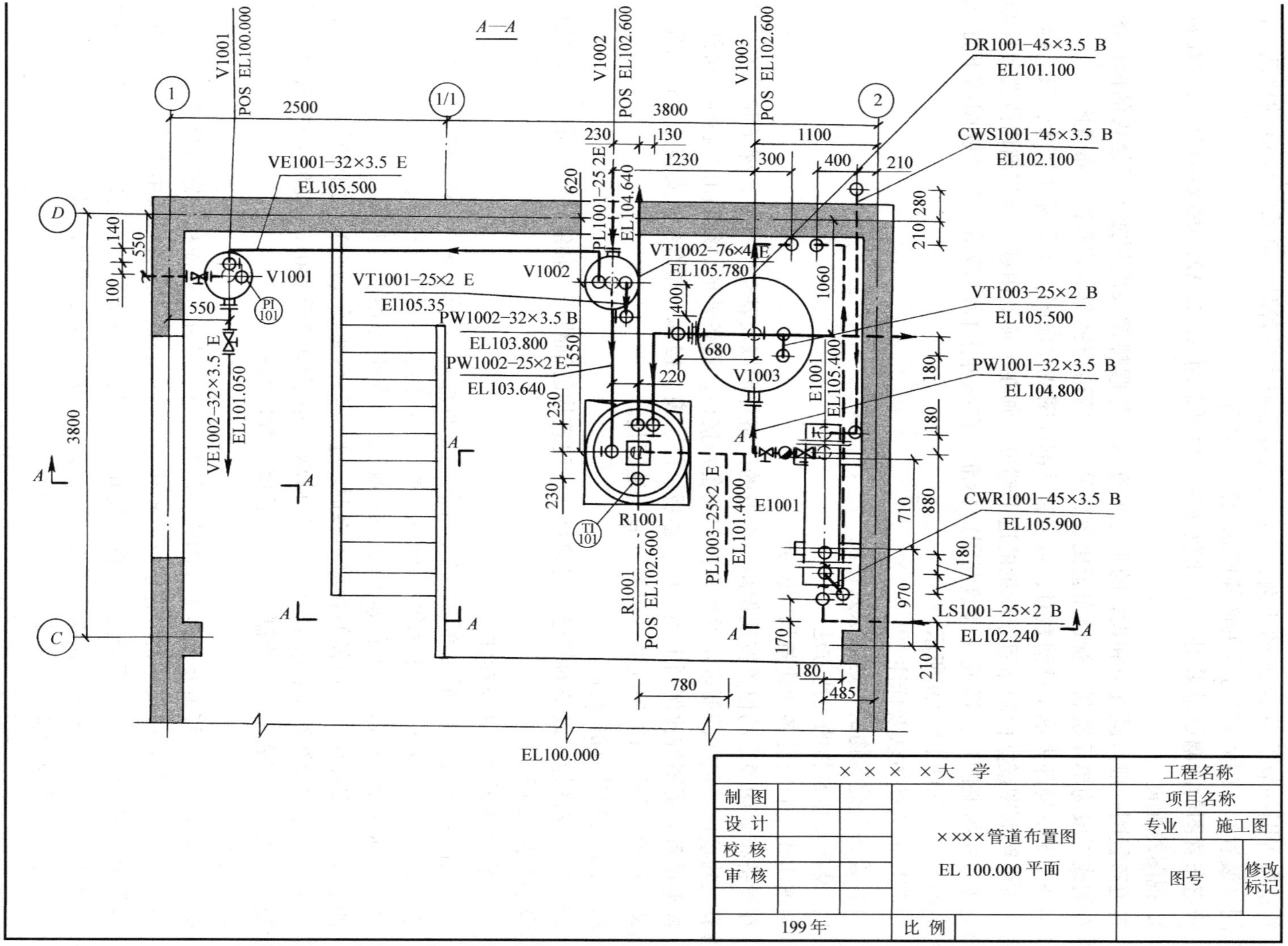
A—A
V1001
POS EL100.000
V1002
POS EL102.600
V1003
POS EL102.600
DR1001–45×3.5 B
EL101.100
CWS1001–45×3.5 B
EL102.100
VE1001–32×3.5 E
EL105.500
PL1001–25 2E
EL104.640
VT1002–76×4 E
EL105.780
VT1001–25×2 E
El105.35
PW1002–32×3.5 B
EL103.800
PW1002–25×2 E
EL103.640
VT1003–25×2 B
EL105.500
PW1001–32×3.5 B
EL104.800
EL105.400
E1001
V1003
R1001
POS EL102.600
PL1003–25×2 E
EL101.4000
VE1002–32×3.5 E
EL101.050
CWR1001–45×3.5 B
EL105.900
LS1001–25×2 B
EL102.240
EL100.000
PI 101
TI 101
2500
3800
1100
230
130
1230
300
400
210
620
140
550
100
550
280
210
1060
400
680
220
1550
230
230
180
180
710
880
180
970
170
210
180
485
780
× × × ×大 学
制 图
设 计
校 核
审 核
199年
××××管道布置图
EL 100.000 平面
比 例
工程名称
项目名称
专业
施工图
图号
修改标记

图 12 – 29　管道布置图

2. 比例与图幅

管道布置图一般采用1∶25的比例，当仅有大管道或大设备时，可采用1∶50的比例。同一车间（装置）、工段或各分层的图样应采用同一比例。

管道布置图的图幅尽量采用A0，比较简单的也可采用A1或A2。图幅不宜加长或加宽。

3. 视图的配置

管道布置图一般只画管道和设备的平面布置图，是假想揿去屋顶或上层楼板的俯视图，常以车间或工段为单元绘制。管道布置比较简单时，管道布置图可兼作设备布置图。

当平面图中局部表示不够清楚时，可绘制其剖面图或立面图，不需标注尺寸，只需标注标高。应将剖面图或立面图布置于图纸的适当部位或画在单独的图纸上。其剖切位置及投影方向应按《机械制图》标准或《建筑制图》标准，在图样上标注清楚，在剖视图的下方标注相应的字母，如图12-29所示。

4. 视图的表达方法及标注

（1）设备及建筑物的表达方法及标注

1）设备及建筑物的表达方法

用细实线绘制出设备和建筑物的轮廓。

在设备布置图确定的位置按比例画出设备的简略外形以及基础、平台、梯子和设备上与配管有关的接口，包括需要表示的仪表接口及备用接口。设备外形必须画出中心线或轴线。

根据设备布置图按比例画出梁、柱、楼板、门、窗、楼梯、操作台、安装孔、管孔等建筑物及其构件，与管道布置无关的内容可适当地简化。

2）设备及建筑物的标注

按设备布置图标注设备的位号和定位尺寸。建筑物的轴线号、轴线间的尺寸和标高的标注与设备布置图相同。

（2）管道的表达方法及标注

1）管道的表达方法　管道布置图中，不同的公称通径（*DN*）采用不同的线型绘制。

①当公称通径（*DN*）大于和等于400mm或16feet的管道用双线表示；

②当公称通径（*DN*）小于和等于350mm或14feet的管道用单线表示。

如果管道布置图中，大口径的管道不多时，①当公称通径（*DN*）大于和等于250mm.或10feet的管道用双线绘制；②当公称通径（*DN*）小于和等于200mm或8feet的管道用单线绘制。单线线宽按表12-8绘制。管段的长度应按比例画出。

2）管道的标注

管道除标注与工艺管道及仪表流程图相同的管道组合号外，还应标注定位尺寸。

在平面图上，其定位尺寸常以建筑物的轴线、设备中心线、设备管口中心线、法兰的一端面等作为基准进行标注。管子高度方向的定位尺寸以标高来表示，标高以管道中心线为基准时，标注EL×××.×××；以管底为基准时，加注管底代号BOP，如BOP EL×××.×××。标注的形式与设备布置图上设备的标注类同。

单根管道也可用指引线引出标注，如图12-19所示。

（3）管架的表达方法及标注

管道安装在各种型式的管架上。采用图例在管道布置图中表示，并在图旁标注管架序号。

管架的类型：固定架（代号A）、导向架（代号G）、滑动架（代号R）等几种。

管架生根在下列结构上：混凝土结构（代号 C）、地面基础（代号 F）、钢结构（代号 S）、设备（代号 V）、墙（代号 W）等。

对于通用型管架，其管架编号中，以两位数表示管架序号。图例、管架序号和标注如图 12－30 所示。图中圆圈直径为 5mm。

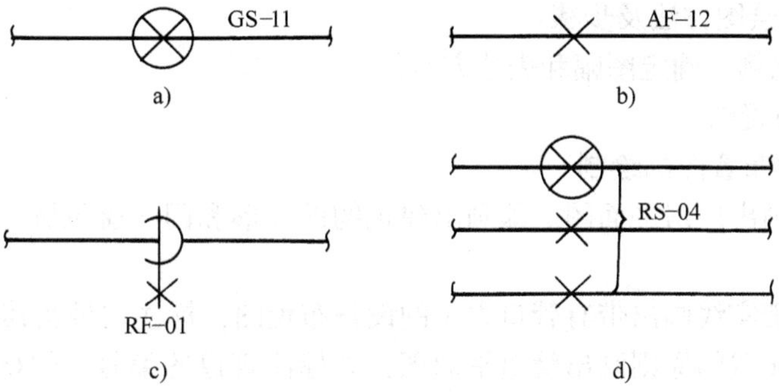

图 12－30　管架图例及其标注

（4）阀门、管件、管道附件、仪表控制点的表达方法和标注

按规定的图形符号用细实线绘制管道上的阀门、管件、管道附件，图形符号参见表 12－9。其他一些规定的图形符号详见原化工部 HG/T20519－1992 标准。

一般绘制出阀门的控制手轮及安装方位，如图 12－31 所示。图中的阀门是与法兰连接的截止阀。

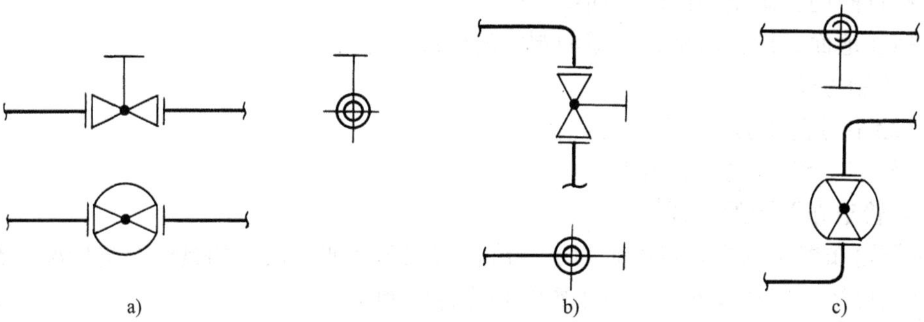

图 12－31　阀门及安装方位

管道、阀门、管件、管道附件间的连接形式可按图 12－32 所示绘制。

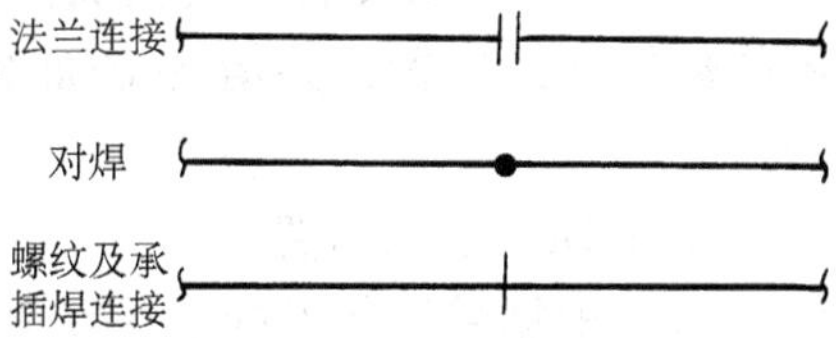

图 12－32　管道连接形式

管道布置图上还应画出所有仪表控制点的符号。每个控制点一般仅在能清楚地表达其安装位置的一个视图上画出，其图示符号与工艺管道及仪表流程图相同。管道上的检测仪表（如压力表、温度表等）在平面图上用 $\phi10$ 的圆圈表示，将指引线一端指向接管口，另一端同圆圈相接触，圆圈内所注写的代号如图 12－19 所示。

管道布置图上，一般不标注管段的长度尺寸，而阀门、管件、管道附件的定位尺寸可按需注出。

（5）方向标

方向标是表示管道安装方位基准的图标，一般画在管道布置图的右上角，与设备布置图设计北向（N）相一致，如图 12－27 所示。

（二）管道布置图的绘制

管道布置图的绘图方法及步骤：

1. 选择绘图比例、确定图幅和表达方案。

2. 绘制管道布置图

（1）管道平面布置图的绘制

1）用细实线画出厂房平面图。即画出建筑物的外形和门、窗位置，标注出定位轴线的编号和柱距尺寸。

2）按比例用细实线画出带有管口方位的设备布置图，标注位号及其名称。

3）根据管道布置的原则画出管道平面图，并标注管道的编号、规格、物料及其流向箭头。

4）根据设计所要求的部位在管道布置图上画出管件、管架、阀门以及仪表控制点等。

5）标注厂房的定位轴线、设备的定位尺寸、管道的定位尺寸，有时也注出标高尺寸。

（2）管道立面剖视图的绘制

1）画出地平线和设备基础。

2）按比例用细实线画出设备及其管口并标注位号和名称。

3）布置管道、画出管道的立面剖视图，并标注管道的编号、规格、物料及其流向箭头。

4）布置阀门，画出阀门的立面图。

5）标注地面、设备基础、管道和阀门的标高尺寸。

（3）绘制方位标

（4）绘制附表及填写说明和标题栏

（5）检查、校核、完成全图

（三）管道布置图的阅读

阅读管道布置图的主要目的是为了弄清管道在车间或工段中的具体布置情况。在概括了解的基础上可按厂房和设备、管道布置等顺序详细阅读。

1. 明确视图关系

阅读管道布置图首先要明确视图关系，了解平面图的分区情况，了解平面图、立面剖视图的数量及其配置，弄清各立面剖视图在平面图上的剖切位置，弄清各视图之间的关系等。

2. 看懂管道的布置

（1）根据带控制点的工艺流程图，找出起点设备和终点设备，看清设备的位号及管口。

（2）从起点设备开始，按管道编号逐条辨明管道的走向、转弯和分支情况，并根据管道上标注的物料代号、管径、标高等，对照平面图和立面剖视图的投影关系逐条弄清。

（3）找出管件、阀门、控制点和管架等的位置，明确从起点设备到终点设备的管口，中间是如何用管道连接起来形成一个管道布置的整体。

3. 分析管道位置

由于管道中连接的许多管件一般不标注定位尺寸，因此，在看懂管道走向的基础上，进一步分析定位尺寸。读图时，一般选择建筑定位轴线或地面、设备中心线、设备管口法兰作为尺寸基准，在平面图或立面剖视图上查阅管道的水平定位尺寸以及安装标高。

在读图过程中，应参考设备布置图、带控制点的工艺流程图等腰三角形，全面了解设备、管道、阀门等管件、控制点的布置情况，确保读图的准确性。

*第十三章　房屋建筑图

第一节　概　　述

房屋建筑图是设计人员根据房屋的用途，将拟建房屋的内外形状、大小，以及各部分的结构、构造、装修、设备等内容，按照国家标准的规定，用正投影的方法，详细、准确地画出的图样。它是建造房屋的技术依据。

房屋建筑按用途可分为三类：民用建筑（如住宅、宿舍、办公楼、旅馆、图书馆等）、工业建筑（如厂房、仓库、动力车间等）和农业建筑（如谷仓、拖拉机站、饲养场等）。

房屋的建造一般需经设计和施工两个过程，而设计一般分为三个阶段：初步设计、技术设计、施工图设计。初步设计阶段根据拟建房屋的性质及特定功能提出方案，详细说明该建筑的平面布置、立面处理和结构造型等内容。

技术设计阶段是解决各种主要技术问题、协调各工种矛盾的阶段。对于一些技术上比较简单的工程，常将前两个设计阶段合二为一，称为扩大初步设计阶段。

施工图设计阶段是为了修改和完善初步设计，在初步设计的基础上使建筑、结构、设备等各工种相互配合、协调，并把满足工程施工的各项具体要求反映在图纸上，以符合施工的要求。建筑施工图是直接用作施工的图样，是建造房屋的技术依据，必须做到整套图纸完整统一、尺寸齐全、准确无误。

一套完整的施工图包含如下内容：图纸目录、设计总说明、建筑施工图、结构施工图和设备施工图。后三项又称为房屋建筑图。

一、房屋建筑图的分类

1. 建筑施工图（简称“建施”）　主要反映房屋的内外形状、大小、平面布局，各节点的构造、所采用的材料以及细部构造和施工要求等内容。它包括总平面图、建筑平面图、建筑立面图、建筑剖面图以及墙身、楼梯、门窗详图等。

2. 结构施工图（简称“结施”）　反映房屋的承重构件的布置、构件的形状、大小、材料、构造以及施工要求等情况。包括结构计算说明书、基础图、结构布置平面图以及基础、梁、板、柱、屋架等构件的详图等。

3. 设备施工图（简称“设施”）　反映各种设备、管道、线路的布置和走向、安装要求等。设备施工图包括给水排水（简称“水施”）、采暖通风与空调（简称“暖通”）、电气照明（简称“电施”）等设备的平面布置图、系统图，以及各种设备详图等。

二、房屋建筑图的图示特点

房屋建筑图与机械图虽然都是采用正投影的方法绘制，但由于两者表达对象在形状、大小、结构以及材料上存在着很大差别，所以房屋建筑图在表达方法上，如图的名称、比例、线型、尺寸标注和图例等方面，均与机械图有所区别。

（一）图名

房屋建筑图与机械图的图样名称的区别见表 13 –1。

表 13 –1　房屋建筑图与机械图的图样名称对照

房屋建筑图	正立面图	平面图	侧立面图	背立面图	剖面图	断面图
机械图	主视图	俯视方向的全剖视图	左视图或右视图	后视图	剖视图	断面图

房屋建筑图的每一个图都应标注图名，图名标在图样下方或一侧，并在图名下画一粗横线。

（二）比例

由于建筑物的形体庞大，一般图纸不易太大，因此房屋建筑图大都采用较小的比例。比例应注写在图名的右侧，比例的字高应比图名的字高小一号或二号。房屋建筑图常用比例见表 13 –2。

表 13 –2　房屋建筑图常用比例

图名	常用比例
总平面图	1:500　1:1000　1:2000
平面图、立面图、剖面图	1:50　1:100　1:150　1:200　1:300
详图	1:1　1:2　1:5　1:10　1:15　1:20　1:25　1:30　1:50

（三）图线

房屋建筑图所采用的线型、线宽和用途如表 13 –3 所示。在绘制房屋建筑图时，必须使用不同的线型和不同线宽表示图中不同的内容。图线线型和线宽 b 应根据形体的复杂程度和所采用的比例大小从推荐线宽系列（0.18、0.25、0.35、0.5、0.7、1.0、1.4、2.0mm）中选取。每个图样应先确定基本线宽 b，再根据所选的线宽 b 按线宽比 b:0.5b:0.35b 选用一个线宽组。例如线宽 b 为 1.4mm，则该线宽组的线宽应为 1.4mm、0.7mm、0.5mm。

表 13 –3　建筑图的线型

名　称	线　型	线宽	用　　途
粗实线		b	平面图、剖面图中被剖切的主要建筑构造（包括构配件）的轮廓线 建筑立面图的外轮廓线 建筑构造详图中被剖切的主要部分的轮廓线 建筑构配件详图中构配件的外轮廓线
中实线		0.5b	平面图、剖面图中被剖切的次要建筑构造（包括构配件）的轮廓线 建筑平、立、剖面图中建筑构配件的轮廓线 建筑构造详图及建筑构配件详图中的一般轮廓线
细实线		0.35b	小于 0.5b 的图形线、尺寸线、尺寸界线、图例线、索引符号、标高符号等
中虚线		0.5b	建筑构造及建筑构配件不可见的轮廓线 平面图中的起重机（吊车）轮廓线 拟扩建的建筑物轮廓线

（续）

名　称	线　型	线宽	用　　途
细虚线	— — — — — — —	0.35b	图例线，小于0.5b的不可见轮廓线
粗点划线	━━ ‐ ━━━━ ‐ ━━	b	起重机（吊车）轨道线
细点划线	——·——·——	0.35b	中心线、对称线、定位轴线
折断线	——∿——	0.35b	不需画全的断开界线
波浪线	～～～	0.35b	不需画全的断开界线，构造层次的断开界线

（四）尺寸

房屋建筑图上的尺寸由四部分组成：尺寸界线、尺寸线、尺寸起止符号和尺寸数字。见图13－1。

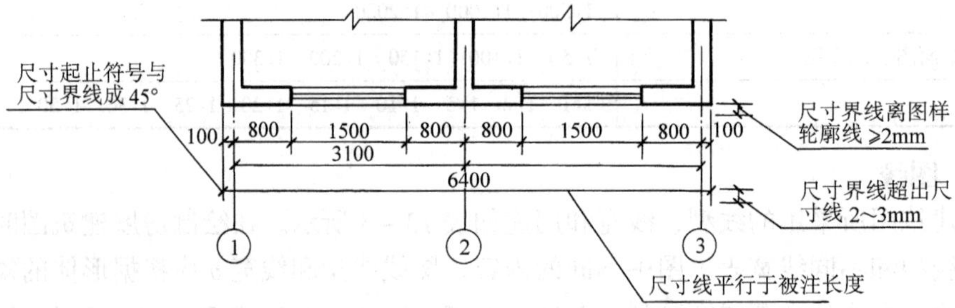

图13－1　尺寸标注

尺寸界线和尺寸线用细实线绘制，尺寸界线靠近图样轮廓线的一端应离开轮廓线不小于2mm，另一端应超出尺寸线2～3mm；尺寸线应与被标注图样中长度图线平行，其两端不应超出尺寸界线；尺寸起止符号用中粗斜短线绘制，长度为2～3mm，其倾斜方向应与尺寸界线成顺时针45°角。尺寸数字应写在尺寸线上、左方的中部。同一张图纸内所注写的尺寸数字大小应一致；房屋建筑图除标高及总平面图以“米”为尺寸单位外，其他均以“毫米”为单位，且不须在数字后面标注单位。

（五）房屋建筑图中常用的符号和图例

1. 定位轴线

在施工图中通常将房屋的基础、墙、柱、屋架等承重构件的轴线画出，并进行编号，在施工时用其定位放线和查阅图纸，这些轴线称为“定位轴线”。

定位轴线用细点划线绘制，轴线末端画细实线圆，圆的直径为8～10mm。圆心应在定位轴线的延长线上或延长线的折线上，并在圆内注明编号。在平面图上水平方向以阿拉伯数字从左至右顺序编写；垂直方向以大写拉丁字母，从下向上编写。拉丁字母中的I、O、Z不能用作轴线编号，以免与数字1、0、2混淆。在较简单或对称的房屋中，平面图的轴线编号，一般标注在图形的下方及左侧，如图13－2所示。较复杂或不对称的房屋，图形上方和右侧也可标注。对于一些与主要承重构件相联系的承重构件，它的定位轴线一般作为附加轴

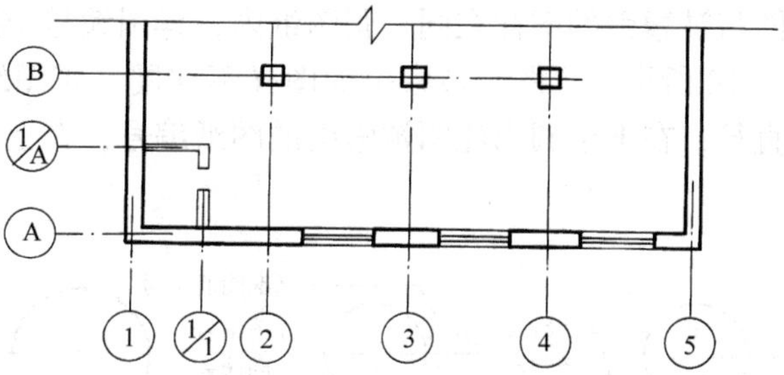

图 13-2　定位轴线编号

线。编号可用分数表示，⅟Ⓐ表示Ⓐ号轴线后附加的第一根轴线。在画详图时，如一个详图适用于几个轴线时，应将各有关轴线的编号都注明。

2. 标高符号

标高是标注建筑物高度的一种尺寸形式。房屋建筑图中一般以首层室内地面标高作为相对零点标高。在总平面图、平面图、立面图和剖面图上，常用标高符号表示建筑物各平面的高度，标高符号应按图 13-3a 所示形式，以细实线绘制。

标高数值以“米”为单位，注写到小数点后三位。零点标高写作“±0.000”，正数标高不注“+”，负数标高加注“-”。

图 13-3b、c 为标高符号注法示例。在同一张图纸上的标高符号应上下对正、大小相等，如图 13-3d 所示。

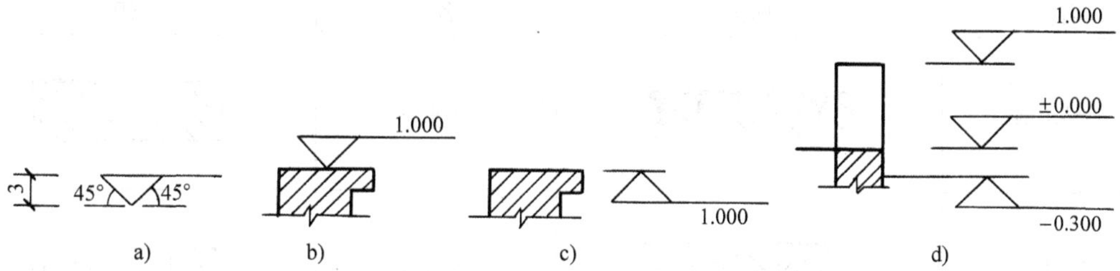

图 13-3　标高符号

3. 索引符号与详图符号

图样中的某一局部或某一构件和构件间的构造如果需要另见详图时，就要通过索引符号表明详图所在位置。即在需要另画详图的部位编上索引符号，并在所画的详图上编上详图符号，两者必须对应一致，以便看图时能方便地找到相关的图纸。

（1）索引符号　用一引出线指出要画详图的位置，在线的另一端画一直径为 10mm 细实线圆及水平直径。引出线应对准圆心，一般与水平线成 30°、45°、60°和 90°的角。索引出的详图如与被索引的图样不在同一张图纸内，则应在索引符号的下半圆中用阿拉伯数字注明该详图所在图纸的编号，如图 13-4a 所示；索引出的详图如与被索引的图样在同一张图纸内，应在索引符号的下半圆中画一段水平细实线，在上半圆中用阿拉伯数字注明该详图的编号，如图 13-4b 所示；索引的详图如采用标准图集，应在索引符号水平直径的延长线上加注所在图集的编号，如图 13-4c 所示；

（2）详图符号　详图符号是用粗实线绘制的直径为 14mm 的圆，详图编号要与相应的详图索引符号一致，详图与被索引的图样在同一张图纸内，详图编号用阿拉伯数字直接标注在详图符号内，如图 13－4d 所示。详图与被索引的图样不在同一张图纸内，则应在详图符号内用细实线画一水平直径，在下半圆内注明被索引的图纸编号，在上半圆内注详图编号，如图 13－4e 所示。

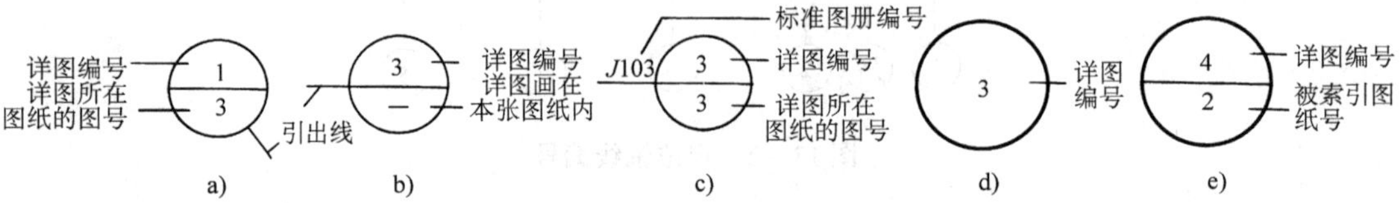

图 13－4　索引与详图符号

4. 指北针

指北针用直径为 24mm 的细实线圆绘制，箭头尾部的宽度为 3mm，指针头部应注“北”或“N”字，如图 13－5 所示。

图 13－5　指北针

5. 图例

图例是房屋建筑图上用图形表示的一种符号，它具有一定的形象性。

（1）常用建筑材料图例见表 13－4。

表 13－4　常用建筑材料图例

名称	图例	名称	图例
自然土壤		普通砖	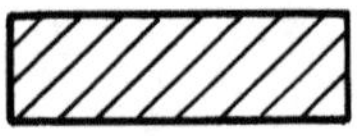
夯实土壤		饰面砖	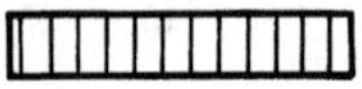
砂、灰土		天然石材	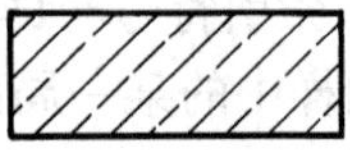
混凝土	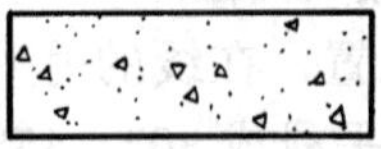	金属	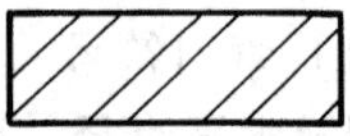
钢筋混凝土		防水材料	

（2）常用建筑构造及配件图例见表 13－5。

表 13－5　常用建筑构造及配件图例

名称	图例	名称	图例
土墙		检查孔	
烟道	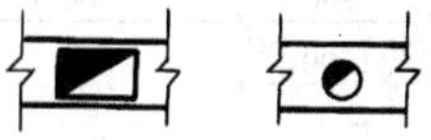	孔洞	
通风道	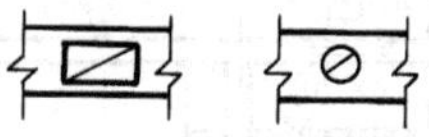	坑槽	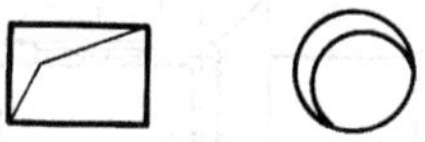
底层楼梯	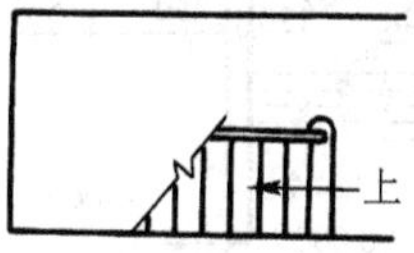	墙预留洞	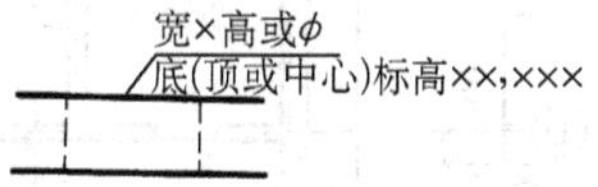
中间层楼梯	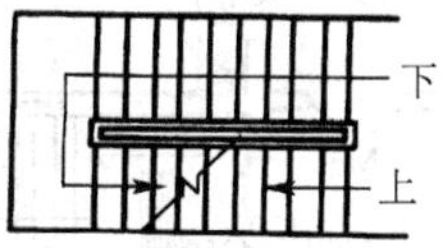	墙预留槽	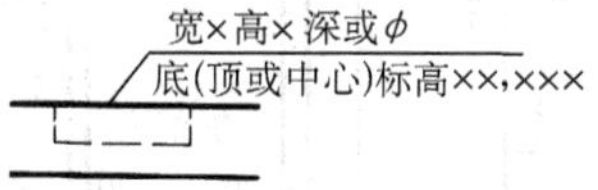
顶层楼梯	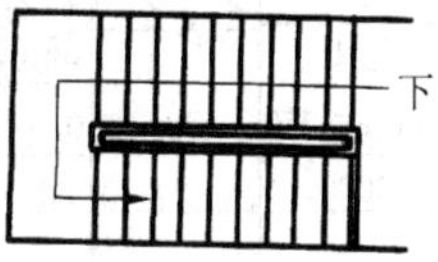	新开的洞	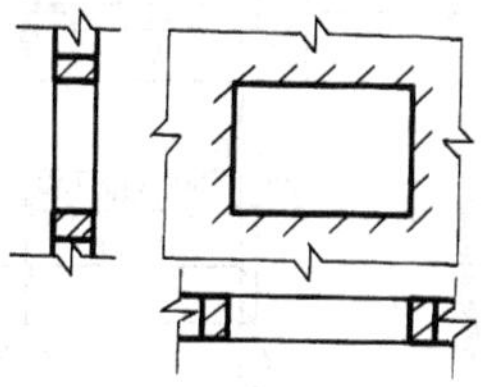
新建的墙和窗	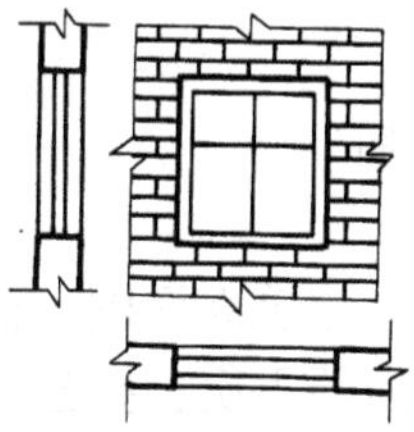	单扇门	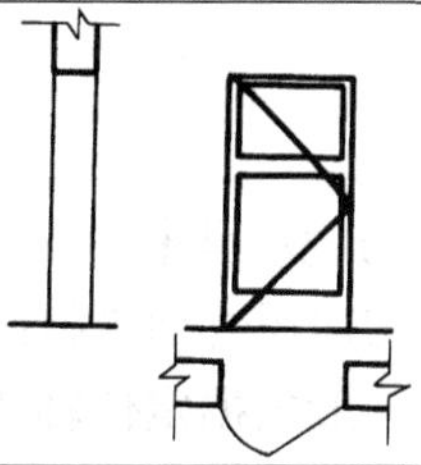
百叶窗	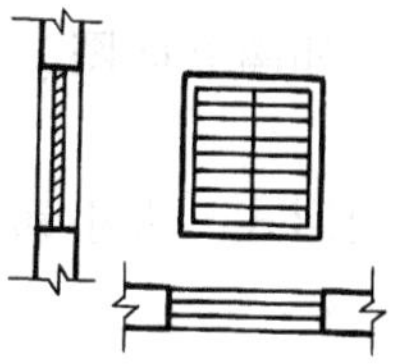	卷门	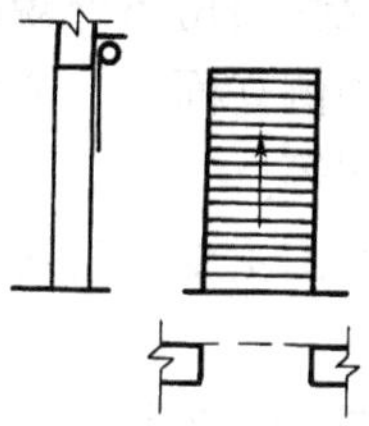

三、房屋建筑图的基本表达形式

（一）平面图

用一假想水平面经门窗洞的位置将房屋切开，移去上部，由上向下投射所得到的水平剖面图称为建筑平面图，简称平面图。对于楼房，沿底层剖开所得到的剖面图也称底层平面图，沿二层、三层、……剖开所得到的剖面图则相应称为二层平面图、三层平面图、……。一般房屋有几层就应绘制几个平面图，并在图的下方注明图名和比例，但如有若干层相同时，则可用一个平面图表示，称之为标准层平面图。房屋顶面的水平投影称为顶层平面图。

平面图表示房屋的平面布局；各房间的分隔、朝向、大小、用途；门、窗、墙（柱）以及其它主要构配件和设施的位置等内容。如果是楼房，还应表示楼梯的位置、形式和走向。

如图 13－6 所示，为某校办公楼的一层平面图。

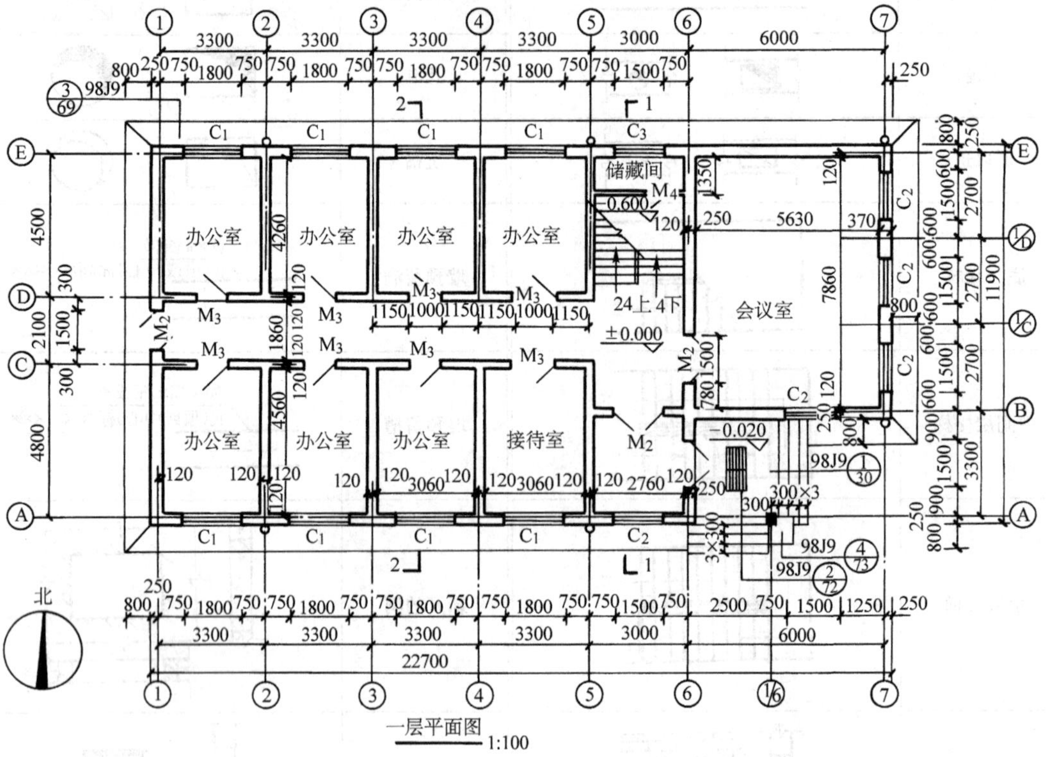

图 13－6　一层平面图

（二）立面图

在与房屋立面平行的投影面上所作的正投影图称为建筑立面图，简称立面图。立面图的名称，一般根据定位轴线编号确定；也可按建筑物立面的主次，把建筑物主要出入口或比较显著地反映出房屋外貌特征的那一面的立面图，称为正立面图。其余的立面图相应地称为背立面图和侧立面图。或可按建筑物立面的朝向来命名，如南立面图、北立面图、东立面图和西立面图等。

立面图主要反映房屋的外貌、房屋的高度、门窗的形式、大小和位置和立面装修的做法等内容。

如图 13－7 所示，为某校办公楼的Ⓐ～Ⓔ立面图。

（三）剖面图

假想用侧平面（或正平面）将房屋剖开，移去处于观察者和剖切面之间的部分，把余下部分向投影面投射所得的剖视图，称为建筑剖面图，简称剖面图。

剖面图的剖切位置应选在房屋内部构造较复杂和典型的部位，应尽量多地通过门窗洞口。若为多层房屋，应选在楼梯间或层高不同、层数不同的部位。需要时也可用两个平行的剖切面的形式剖切画出剖面图。剖面图的数量应根据房屋的复杂程度和完整表达建筑的实际需要而定。

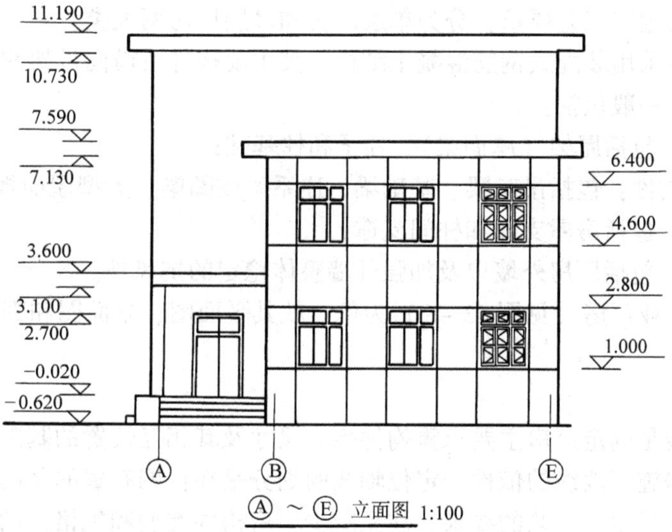

图 13－7　Ⓐ～Ⓔ立面图

建筑剖面图用来表达建筑物内部主要构配件之间的相互关系；地面、门窗、屋面的高度；楼层分层情况及结构型式等内容。

如图 13－8 所示，为某校办公楼的 1—1 剖面图。

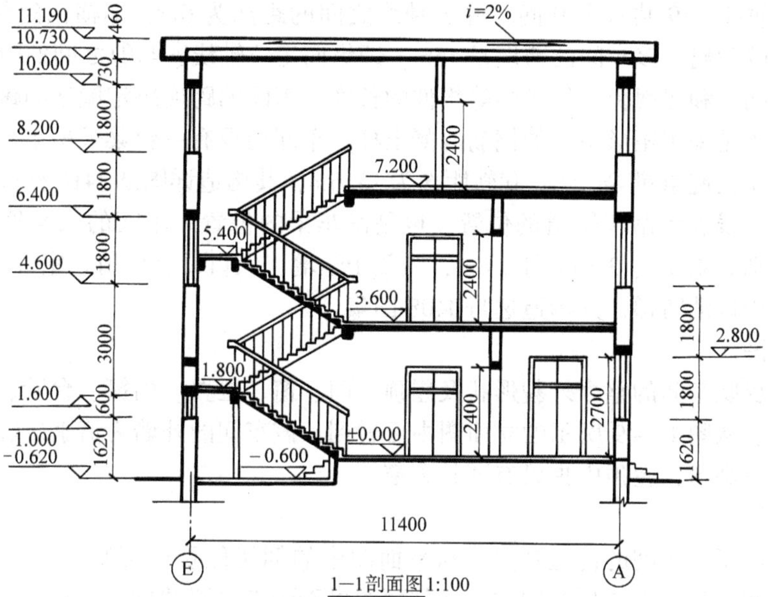

图 13－8　1—1 剖面图

平面图、立面图和剖面图是房屋建筑图中最基本的图样。它们各自有其表达的重点。在识读房屋建筑图时，必须通过平、立、剖面图仔细对照，才能完整地了解一幢建筑的全貌。

第二节　读厂房建筑图

工业厂房主要指各类工厂为工业生产需要而建造的各种不同用途的建筑物和构筑物。工业厂房根据不同的生产工艺要求，分为单层厂房和多层厂房两大类。

单层厂房大多采用装配式钢筋混凝土结构，其主要构件由横向排架和纵向连系构件以及支撑所组成。它们一般包括：

1. 横向排架：包括屋架（屋面梁）、柱子和柱基础；
2. 纵向连系构件：包括吊车梁、基础梁、连系梁或圈梁、大型屋面板；
3. 支撑系统：包括房屋支撑和柱间支撑；
4. 围护结构：包括厂房外墙以及加强外墙整体稳定的抗风柱。

现以某单层工业厂房（见图13－9）为例，就其平面图、立面图和剖面图，说明其主要内容。

一、平面图

厂房定位轴线是确定厂房主要承重构件标志尺寸及其相互位置的基准线，同时也是设备定位、安装及厂房施工放线的依据。定位轴线的划分是在柱网布置的基础上进行，与柱网布置相一致，并应满足生产工艺的要求、注意减少厂房构件类型和规格，同时使不同厂房结构形式所采用的构件能最大限度地互换和通用，有利于提高厂房建筑工业化水平。

通常把与厂房横向排架平面相平行（与厂房跨度纵向相垂直）的轴线称为横向定位轴线，如图13－9中①、②、③、……轴线。把与横向排架平面相垂直（与厂房跨度纵向相平行）的轴线称为纵向定位轴线，如图13－9中Ⓐ、Ⓑ、Ⓒ、Ⓓ轴线。图中车间平面为一矩形，其横向轴①～⑨共八个开间，柱子轴线之间的距离为6m，即横向定位轴线①、②、③、……之间的距离。该车间的跨度是15m，即纵向定位轴线Ⓐ与Ⓓ之间的距离。厂房的柱距决定屋架的间距和屋面板、吊车梁等构件的长度；车间的跨度决定屋架的跨度和起重机的轨距。车间柱子是采用矩形截面的钢筋混凝土柱。车间内设有一台梁式吊车。吊车用虚线框表示，注明吊车的起重量 *Gn* 为5t和轨距 *S* 为13.5m，其构造详图从J410标准图集选用。室内两侧的粗点划线表示吊车轨道的位置，也是吊车梁的位置。车间的三面外墙各设大门一个，其宽度分别为4.5m、3.9m和2.8m，为便于运输，入口设有坡道。室外四周设有散水，山墙一端设有检修消防梯，其构造选自J408图集。

二、立面图

立面图可反映车间的整个外貌形状及屋顶、门、窗、位置。雨篷、台阶、雨水管等细部的形式和位置。从图13－9所示的立面图中可看到，该车间的外墙为清水砖墙，每个开间均开了窗，并设有高窗，屋顶中央设有通长天窗。

三、剖面图

剖面图突出了该车间的构造特点。从平面图中的剖切位置线可知，1—1剖面位于定位轴线⑧－⑨之间，剖视方向自右向左。从剖面图可看到带牛腿的柱子，T形吊车梁架立在柱子牛腿上，吊车则架在吊车梁的轨道上。柱子的上柱架立着屋面梁，其上架设有门式天窗架，其上铺设大型屋面板，构成车间和天窗屋面。

四、节点详图

图13－9中的两个节点详图表示出了柱子①、⑨及②～⑧与外墙的连接关系。

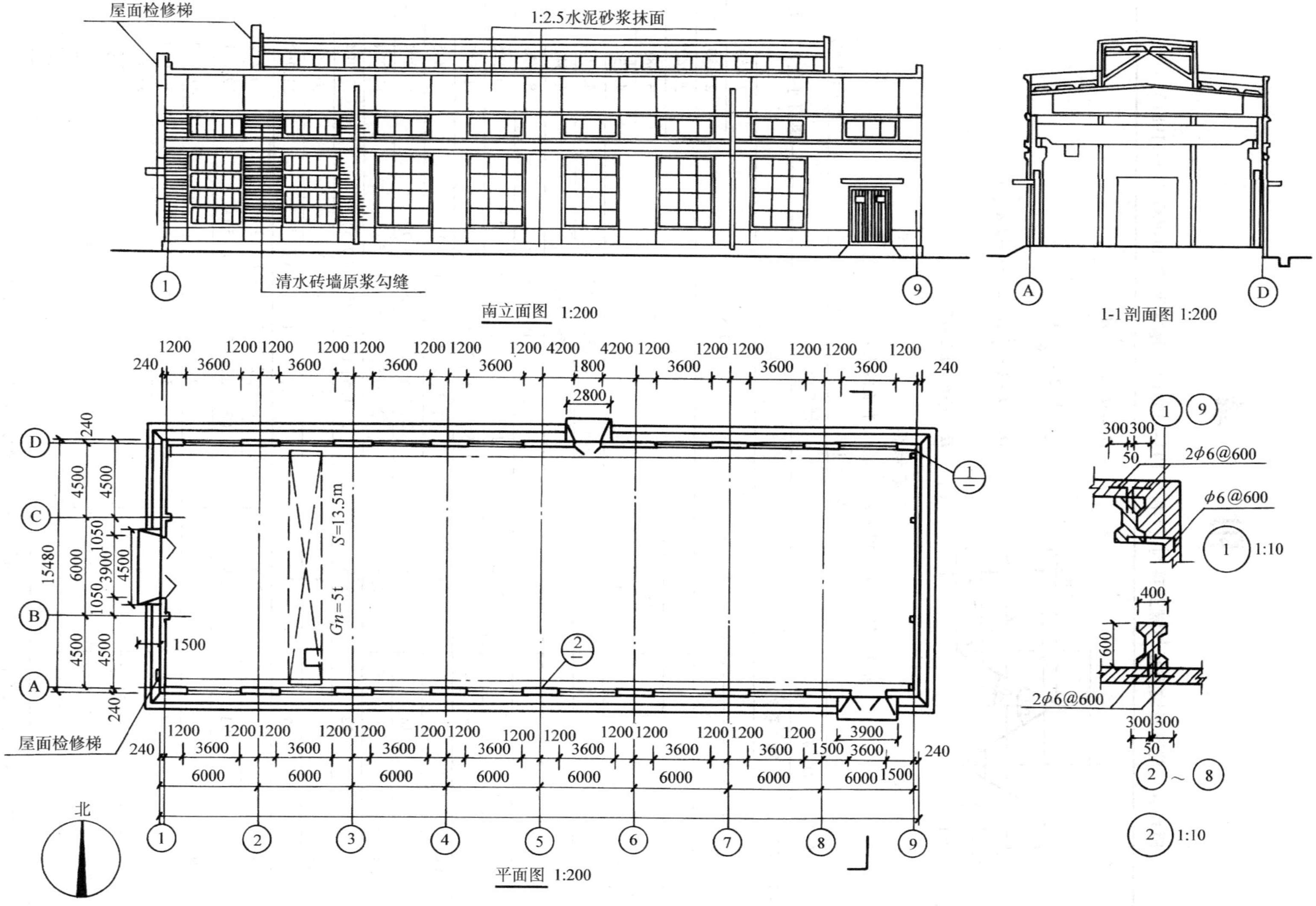

图 13-9 铸造车间平面图、立面图和剖面图

附　　录

附表A　普通螺纹直径与螺距系列（GB/T 193—1981）、基本尺寸（GB/T 196—1981）

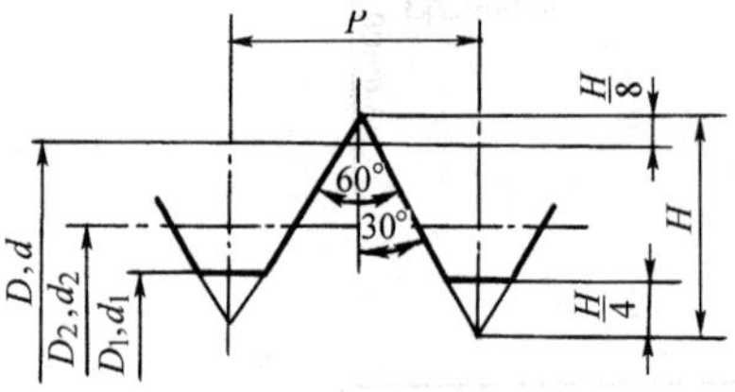

$$D_2 = D - 2 \times \frac{3}{8}H$$

$$d_2 = d - 2 \times \frac{3}{8}H$$

$$D_1 = D - 2 \times \frac{5}{8}H \quad d_1 = d - 2 \times \frac{5}{8}H$$

$$H = \frac{\sqrt{3}}{2}P = 0.866P$$

标 记 示 例

公称直径24mm、螺距为1.5mm、右旋的细牙普通螺纹：

M24 × 1.5

（单位：mm）

公称直径 D、d		螺距 P		粗牙小径 D_1、d_1
第一系列	第二系列	粗牙	细　牙	
3		0.5	0.35	2.459
	3.5	(0.6)		2.850
4		0.7	0.5	3.242
	4.5	(0.75)		3.688
5		0.8		4.134
6		1	0.75, (0.5)	4.917
8		1.25	1, 0.75, (0.5)	6.647
10		1.5	1.25, 1, 0.75, (0.5)	8.376
12		1.75	1.5, 1.25, 1, (0.75), (0.5)	10.106
	14	2	1.5, (1.25)*, 1, (0.75), (0.5)	11.835
16		2	1.5, 1, (0.75), (0.5)	13.835
	18	2.5	2, 1.5, 1, (0.75), (0.5)	15.294
20		2.5	2, 1.5, (0.75), (0.5)	17.294
	22	2.5	2, 1.5, 1, (0.75), (0.5)	19.294
24		3	2, 1.5, 1, (0.75)	20.752
	27	3	2, 1.5, 1, (0.75)	23.752
30		3.5	(3), 2, 1.5, 1, (0.75)	26.211
	33	3.5	(3), 2, 1.5, (1), (0.75)	29.211
36		4	3, 2, 1.5, (1),	31.670
	39	4	3, 2, 1.5, (1),	34.670
42		4.5	(4), (3), 2, 1.5, (1)	37.129
	45	4.5		40.129
48		5		42.587
	52	5		46.587

注：1. 优先选用第一系列，括号内尺寸尽可能不用；2. 公称直径 D、d 第三系列未列入；

3. ＊M14 × 1.25 仅用于火花塞；4. 中径 D_2、d_2 未列入。

附表 B　六角头螺栓 - A 和 B 级（GB/T 5782—2000）

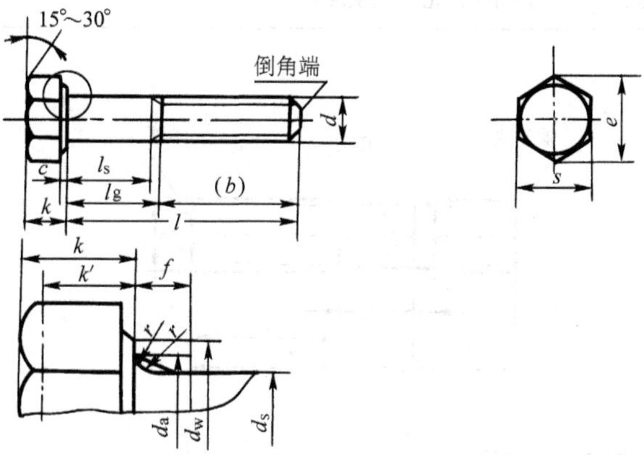

标记示例

螺纹规格 d = M12、公称长度 l = 80mm、性能等级为 8.8 级、表面氧化、A 级的六角头螺栓：

螺栓　GB/T 5782—2000 - M12 × 80

$l_{gmax} = l_{公称} - b_{参考}$

$l_{smin} = l_{gmax} - 5P$

P—螺距

（单位：mm）

螺纹规格 d				M3	M4	M5	M6	M8	M10	M12	M16	M20	M24	M30	M36
$b_{参考}$	$l \leq 125$			12	14	16	18	22	26	30	38	46	54	66	78
	$125 < l \leq 200$			—	—	—	—	28	32	36	44	52	60	72	84
	$l > 200$			—	—	—	—	—	—	—	57	65	73	85	97
C	min			0.15	0.15	0.15	0.15	0.15	0.15	0.15	0.2	0.2	0.2	0.2	0.2
	max			0.4	0.4	0.5	0.5	0.6	0.6	0.6	0.8	0.8	0.8	0.8	0.8
d_a max				3.6	4.7	5.7	6.8	9.2	11.2	13.7	17.7	22.4	26.4	33.4	39.4
d_s	Max			3	4	5	6	8	10	12	16	20	24	30	36
	min	产品等级	A	2.86	3.82	4.82	5.82	7.78	9.78	11.73	15.73	19.67	23.67	—	—
			B	—	—	4.70	5.70	7.64	9.64	11.57	15.57	19.48	23.48	29.48	35.38
d_w	min	产品等级	A	4.6	5.9	6.9	8.9	11.6	14.6	16.6	22.5	28.2	33.6	—	—
			B	—	—	6.7	8.7	11.4	14.4	16.4	22	27.7	33.2	42.7	51.1
e	min	产品等级	A	6.07	7.66	8.79	11.05	14.38	17.77	20.03	26.75	33.53	39.98	—	—
			B	—	—	8.63	10.89	14.20	17.59	19.85	26.17	32.95	39.55	50.85	60.79
f max				1	1.2	1.2	1.4	2	2	3	3	4	4	6	6
k	公称			2	2.8	3.5	4	5.3	6.4	7.5	10	12.5	15	18.7	22.5
	产品等级	A	min	1.88	2.68	3.35	3.85	5.15	6.22	7.32	9.82	12.28	14.78	—	—
			max	2.12	2.92	3.65	4.15	5.45	6.58	7.68	10.18	12.72	15.22	—	—
		B	min	—	—	3.26	3.76	5.06	6.11	7.21	9.71	12.15	14.65	18.28	22.08
			max	—	—	3.74	4.24	5.54	6.69	7.79	10.29	12.85	15.35	19.12	22.92
k'	min	产品等级	A	1.3	1.9	2.3	2.7	3.6	4.4	5.1	6.9	8.6	10.3	—	—
			B	—	—	2.3	2.6	3.5	4.3	5	6.8	8.5	10.2	12.8	15.5
r min				0.1	0.2	0.2	0.25	0.4	0.4	0.6	0.6	0.8	0.8	1	1
s	max = 公称			5.5	7	8	10	13	16	18	24	30	36	46	55
	min	产品等级	A	5.32	6.78	7.78	9.78	12.73	15.73	17.73	23.67	29.67	35.38	—	—
			B	—	—	7.64	9.64	12.57	15.57	17.57	23.16	29.16	35	45	53.8
l（商品规格范围及通用规格）				20 ~ 30	25 ~ 40	25 ~ 50	30 ~ 60	35 ~ 80	40 ~ 100	45 ~ 120	55 ~ 160	65 ~ 200	80 ~ 240	90 ~ 300	110 ~ 360
l 系列				20，25，30，35，40，45，50，（55），60，（65），70，80，90，100，110，120，130，140，150，160，180，200，220，240，260，280，300，320，340，360，380，400											

注：A 和 B 为产品等级。A 级用于 $d \leq 24$mm 和 $l \leq 10d$ 或 ≤ 150mm（按较小值）的螺栓，B 级用于 $d < 24$ 或 $l > 10d$ 或 > 150mm（按较小值）的螺栓。尽可能不采用括号内的规格。

附表 C 双头螺柱（$b_m=1d$ GB/T 897—1988，$b_m=1.25d$ GB/T 898—1988，$b_m=1.5d$ GB/T 899—1988，$b_m=2d$ GB/T 900—1988）

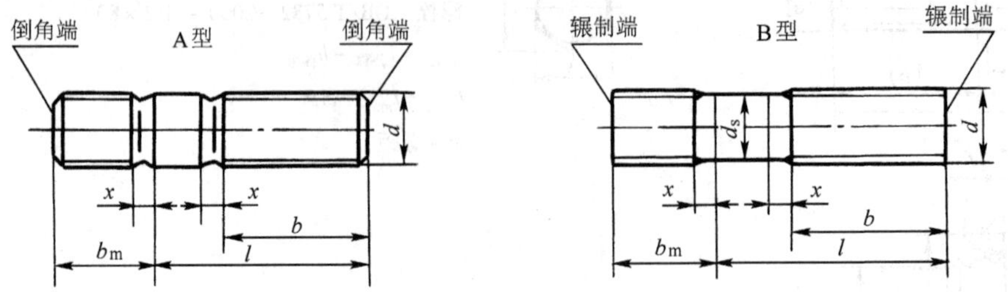

末端按 GB2—1985 规定　$d_s\approx$螺纹中径

标 记 示 例

两端均为粗牙普通螺纹，$d=10$mm，$l=50$mm，性能等级为4.8级，不经表面处理，B 型，$b_m=1d$ 的双头螺柱：

螺柱 GB/T 897—1988 - M10×50

旋入机体一端为粗牙普通螺纹，旋螺母一端为螺距 $P=1$mm 的细牙普通螺纹，$d=10$mm，$l=50$mm，性能等级为4.8级，不经表面处理，A 型，$b_m=1.25d$ 的双头螺柱：

螺柱 GB/T 898—1988 - AM10 - M10×1×50

（单位：mm）

螺纹规格 d		M5	M6	M8	M10	M12	M16	M20	M24	M30	M36
b_m（公称）	$=1d$	5	6	8	10	12	16	20	24	30	36
	$=1.25d$	6	8	10	12	15	20	25	30	28	45

x		1.5P（粗牙螺距）									
情况（一）	l	16~22	20~22	20~22	25~28	25~30	30~38	35~40	45~50	60~65	65~75
	b	10	10	12	14	16	20	25	30	40	45
情况（二）	l	26~50	25~30	25~30	30~38	32~40	40~55	45~65	55~75	70~90	80~11
	b	16	14	16	16	20	30	35	45	50	60
情况（三）	l		32~75	32~90	40~120	45~120	60~120	70~120	80~120	90~120	120
	b		18	22	26	30	38	46	54	66	78
情况（四）	l				130	130~180	130~200	130~200	130~200	130~200	130~200
	b				32	36	44	52	60	72	84

注：1. 长度 l 的系列为：16、（18）、20、（22）、25、（28）、30、（32）、36、（38）、40、45、60~100（5 进位、尾数为 5 的尽可能不采用）、110~200（10 进位），尽可能不采用括号内的规格。

2. 当 $b-b_m\leqslant5$mm 时，旋螺母一端应制成倒圆端。

3. 尽可能不采用 M24、M30 的 $b_m=1d$ 双头螺栓。

附表 D　1 型六角螺母－A 和 B 级（GB/T 6170—2000）

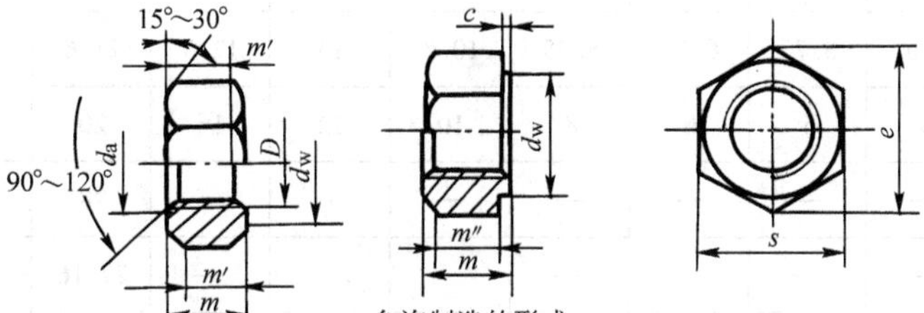

允许制造的形式

标 记 示 例

螺纹规格 D = M12、性能等级为 10 级、不经表面处理、A 级的 1 型六角螺母：螺母 GB/T 6170—2000 - M12

（单位：mm）

螺纹规格 D		M4	M5	M6	M8	M10	M12	M16	M20	M24	M30	M36
c max		0.4	0.5	0.5	0.6	0.6	0.6	0.8	0.8	0.8	0.8	0.8
d_a	max	4.6	5.75	6.75	8.75	10.8	13	17.3	21.6	25.9	32.4	38.9
	min	4	5	6	8	10	12	16	20	24	30	36
d_w min		5.9	6.9	8.9	11.6	14.6	16.6	22.5	27.7	33.2	42.7	51.1
e min		7.66	8.79	11.05	14.38	17.77	20.03	26.75	32.95	39.55	50.85	60.79
m	max	3.2	4.7	5.2	6.8	8.4	10.8	14.8	18	21.5	25.6	31
	min	2.9	4.4	4.9	6.44	8.04	10.37	14.1	16.9	20.2	24.3	29.4
m' min		2.3	3.5	3.9	5.1	6.4	8.3	11.3	13.5	16.2	19.4	23.5
m'' min		2	3.1	3.4	4.5	5.6	7.3	9.9	11.8	14.1	17	20.6
s	max	7	8	10	13	16	18	24	30	36	46	55
	min	6.78	7.78	9.78	12.73	15.73	17.73	23.67	29.16	35	45	53.8

注：1. A 级用于 D≤16mm 的螺母；B 级用于 D＞16mm 的螺母。本表仅按商品规格和通用规格列出。

2. 螺纹规格为 M8 ~ M64、细牙、A 级和 B 级的 1 型六角螺母，请查阅 GB/T 6171—1986。

附表 E　1 型六角开槽螺母—A 和 B 级（GB/T 6178—1986）

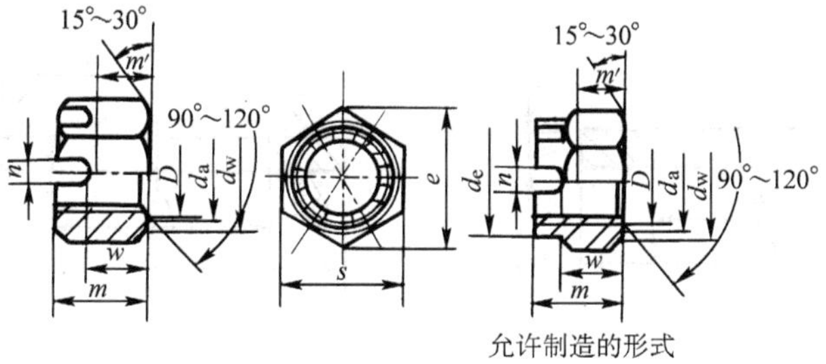

允许制造的形式

标 记 示 例

螺纹规格 D = M5、性能等级为 8 级、不经表面处理、A 级的 1 型六角开槽螺母：螺母 GB/T 6178—1986 - M5

（单位：mm）

（续）

螺纹规格 *D*		M4	M5	M6	M8	M10	M12	M16	M20	M24	M30	M36
d_a	max	4.6	5.75	6.75	8.75	10.8	13	17.3	21.6	25.9	32.4	38.9
	min	4	5	6	8	10	12	16	20	24	30	36
d_e	max	—	—	—	—	—	—	—	28	34	42	50
	min	—	—	—	—	—	—	—	27.16	33	41	49
d_w	min	5.9	6.9	8.9	11.6	14.6	16.6	22.5	27.7	33.2	42.7	51.1
e	min	7.66	8.79	11.05	14.38	17.77	20.03	26.75	32.95	39.55	50.85	60.79
m	max	5	6.7	7.7	9.8	12.4	15.8	20.8	24	29.5	34.6	40
	min	4.7	6.4	7.34	9.44	11.97	15.37	20.28	23.16	28.66	33.6	39
m'	min	2.32	3.52	3.92	5.15	6.43	8.3	11.28	13.52	16.16	19.44	23.52
n	min	1.2	1.4	2	2.5	2.8	3.5	4.5	4.5	5.5	7	7
	max	1.8	2	2.6	3.1	3.4	4.25	5.7	5.7	6.7	8.5	8.5
s	max	7	8	10	13	16	18	24	30	36	46	55
	min	6.78	7.78	9.78	12.73	15.73	17.73	23.67	29.16	35	45	53.8
w	max	3.2	4.7	5.2	6.8	8.4	10.8	14.8	18	21.5	25.6	31
	min	2.9	4.4	4.9	6.44	8.04	10.37	14.37	17.37	20.88	24.98	30.38
开口销		1×10	1.2×12	1.6×14	2×16	2.5×20	3.2×22	4×28	4×36	5×40	6.3×50	6.3×63

注：A 级用于 $D \leqslant 16$mm 的螺母；B 级用于 $D > 16$mm 的螺母。螺纹规格 $D = 14$mm 的螺母尽可能不采用，本表未列入。

附表 F　平垫圈

小垫圈（GB/T 848—2002）　平垫圈 - 倒角型（GB/T 97.2—2002）　平垫圈（GB/T 97.1—2002）

大垫圈（A 级产品）（GB/T 96—2002）

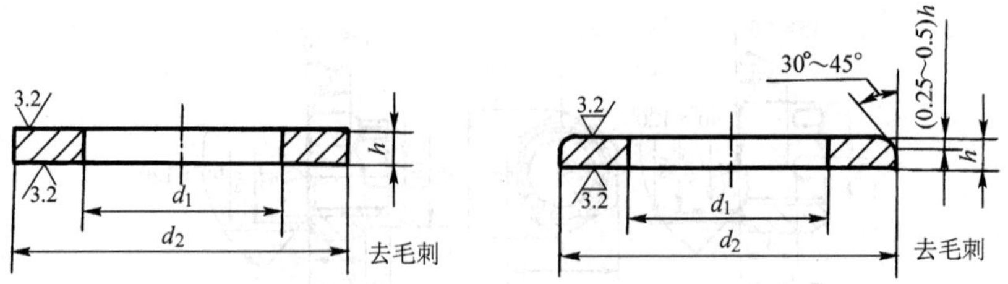

标 记 示 例

标准系列、公称尺寸 $d = 8$mm、性能等级为 140HV 级、不经表面处理的平垫圈：

垫圈 GB/T 97.1—2002 - 8 - 140HV

（单位：mm）

（续）

公称尺寸（螺纹规格）d			2	2.5	3	4	5	6	8	10	12	14	16	20	24	30	36
d_1 内径	max	GB/T 848—2002	2.34	2.84	3.38	4.48	5.48	6.62	8.62	10.77	13.27	15.27	17.27	21.33	25.33	31.33	37.62
		GB/T 97.1—2002														31.39	
		GB/T 97.2—2002	—	—	—	—											
		GB/T 96—2002	—	—	3.38	3.48								22.52	26.84	34	40
	公称（min）	GB/T 848—2002	2.2	2.7	3.2	4.3	5.3	6.4	8.4	10.5	13	15	17	21	25	31	37
		GB/T 97.1—2002															
		GB/T 97.2—2002	—	—	—	—											
		GB/T 96—2002	—	—	3.2	4.3								22	26	33	39
d_2 内径	公称（max）	GB/T 848—2002	4.5	5	6	8	9	11	15	18	20	24	28	34	39	50	60
		GB/T 97.1—2002	5	6	7	9	10	12	16	20	24	28	30	37	44	56	66
		GB/T 97.2—2002	—	—	—	—											
		GB/T 96—2002	—	—	9	12	15	18	24	30	37	44	50	60	72	92	110
	min	GB/T 848—2002	4.2	4.7	5.7	7.64	8.64	10.57	14.57	17.57	19.48	23.48	27.48	33.38	38.38	49.38	58.8
		GB/T 97.1—2002	4.7	5.7	6.64	8.64	9.64	11.57	15.57	19.48	23.48	27.48	29.48	36.38	43.38	55.26	64.8
		GB/T 97.2—2002	—	—	—	—											
		GB/T 96—2002	—	—	8.64	11.57	14.57	17.57	23.48	29.48	36.38	43.38	49.38	58.1	70.1	89.8	107.8
h 厚度	公称	GB/T 848—2002	0.3	0.5	0.5	0.5	1	1.6	1.6	1.6	2	2.5	2.5	3	4	4	5
		GB/T 97.1—2002				0.8				2	2.5		3				
		GB/T 97.2—2002	—	—	—	—											
		GB/T 96—2002	—	—	0.8	1	1.2	1.6	2	2.5	3	3	3	4	5	6	8
	max	GB/T 848—2002	0.35	0.55	0.55	0.55	1.1	1.8	1.8	1.8	2.2	2.7	2.7	3.3	4.3	4.3	5.6
		GB/T 97.1—2002				0.9				2.2	2.7		3.3				
		GB/T 97.2—2002	—	—	—	—											
		GB/T 96—2002	—	—	0.9	1.1	1.4	18	2	2.7	3.3	3.3	3.3	4.6	6	7	9.2
	min	GB/T 848—2002	0.25	0.45	0.45	0.45	0.9	1.4	1.4	1.4	1.8	2.3	2.3	2.7	3.7	3.7	4.4
		GB/T 97.1—2002				0.7				1.8	2.3		2.7				
		GB/T 97.2—2002	—	—	—	—											
		GB/T 96—2002	—	—	0.7	0.9	1.0	1.4	1.8	2.3	2.7	2.7	2.7	3.4	4	5	6.8

附表 G　标准型弹簧垫圈（GB/T 93—1987）

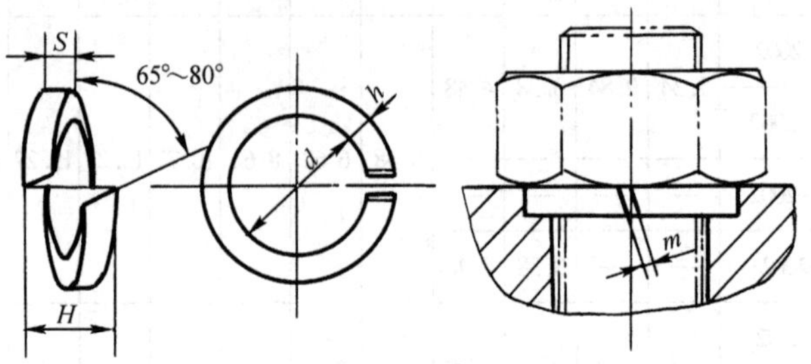

标 记 示 例

规格 16mm、材料 65Mn、表面氧化的标准型弹簧垫圈

垫圈 GB/T 93—1987 - 16

（单位：mm）

规格（螺纹大径）		4	5	6	8	10	12	16	20	24	30
d	min	4.1	5.1	6.1	8.1	10.2	12.2	16.2	20.2	24.5	30.5
	max	4.4	5.4	6.68	8.68	10.9	12.9	16.9	21.04	25.5	31.5
S（b）	公称	1.1	1.3	1.6	2.1	2.6	3.1	4.1	5	6	7.5
	min	1	1.2	1.5	2	2.45	2.95	3.9	4.8	5.8	7.2
	max	1.2	1.4	1.7	2.2	2.75	3.25	4.3	5.2	6.2	7.8
H	min	2.2	2.6	3.2	4.2	5.2	6.2	8.2	10	12	15
	max	2.75	3.25	4	5.25	6.5	7.75	10.25	12.5	15	18.75
$m \leqslant$		0.55	0.65	0.8	1.05	1.3	1.55	2.5	2.5	3	3.75

附表 H　螺钉

开槽圆柱头螺钉 GB/T 65—2000　　开槽盘头螺钉 GB/T 67—2000　　开槽沉头螺钉 GB/T 68—2000

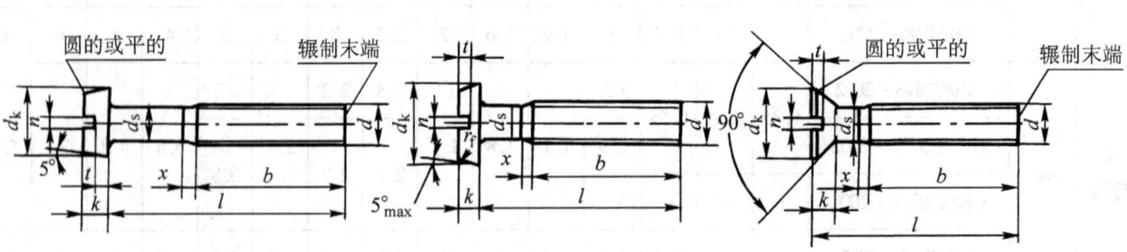

d_s 等于螺纹中径或等于螺纹大径

标 记 示 例

螺纹规格 d = M5、公称长度 l = 20mm、性能等级为 4.8 级、不经表面处理的开槽圆柱头螺钉：

螺钉 GB/T 65—2000 - M5 × 20

条件和上述完全相同的开槽盘头螺钉及开槽沉头螺钉：

螺钉 GB/T67 - 2000 - M5 × 20　　　螺钉 GB/T68 - 2000 - M5 × 20

（单位：mm）

（续）

螺纹规格 d			M3	M4	M5	M6	M8	M10
d_k（max）	GB/T65—2000		—	7	8.5	10	13	16
	GB/T67—2000		5.6	8	9.5	12	16	20
	GB/T68—2000		6.3	9.4	10.4	12.6	17.3	20
k（max）	GB/T65—2000		—	2.6	3.3	3.9	5	6
	GB/T67—2000		1.8	2.4	3	3.6	4.8	6
	GB/T68—2000		1.65	2.7	2.7	3.3	4.65	5
n（公称）			0.8	1.2	1.2	1.6	2	2.5
t（max）	GB/T65—2000		—	1.1	1.3	1.6	2	2.4
	GB/T67—2000		0.7	1	1.2	1.4	1.0	2.4
	GB/T68—2000		0.6	1	1.1	1.2	1.8	2
r_f（参考）GB/T67—2000			0.0	1.2	1.5	1.8	2.4	3
x（max）			1.25	1.75	2	2.5	3.2	3.8
l（公称）	GB/T65—2000		—	5~40	6~50	8~60	10~80	12~80
	GB/T67—2000		4~30	5~40	6~50	8~60	10~80	12~80
	GB/T68—2000		5~30	6~40	8~50	8~60	10~80	12~80
b（min）	GB/T65—2000 GB/T67—2000	l≤40	全　螺　纹					
		l>40	25	38				
	GB/T68—2000	l≤45	全　螺　纹					
		l>45	25	38				

注：长度 l 的系列为：4、5、6、8、10、12、(14)、16、20~50（5进位）、55~80（5进位、数为5尽可能不采用）。

附表 I　内六角圆柱头螺钉（GB/T 70.1—2000）

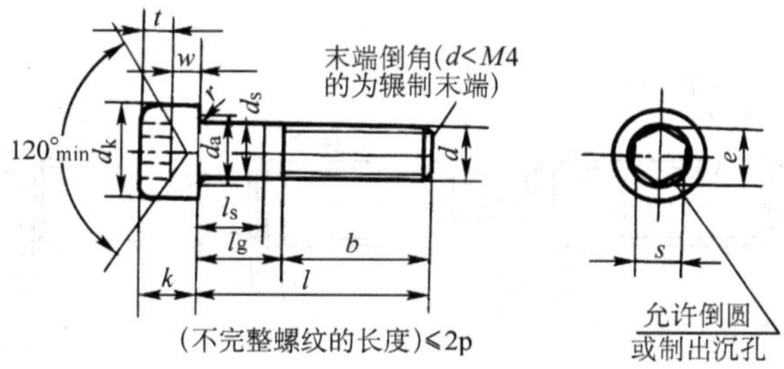

标 记 示 例

螺纹规格 d = M5、公称长度 l = 20mm、性能等级为 12.9 级、表面氧化的内六角圆柱头螺钉：

螺钉 GB/T 70.1—2000 - M5 × 20 - 12.9

（单位：mm）

（续）

螺纹规格 d		M4	M5	M6	M8	M10	M12	M16	M20
P		0.7	0.8	1	1.25	1.5	1.75	2	2.5
$b_{参考}$		20	22	24	28	32	36	44	52
d_K	max	7	8.5	10	13	16	18	24	30
	min	6.78	8.28	9.78	12.73	15.73	17.73	23.67	29.67
d_a max		4.7	5.7	6.8	9.2	11.2	13.7	17.7	22.4
d_s	max	4	5	6	8	10	12	16	20
	min	3.82	4.82	5.82	7.78	9.78	11.73	15.73	19.67
e min		3.44	4.58	5.72	6.86	9.15	11.43	16.00	19.44
k	max	4	5	6	8	10	12	16	20
	min	3.82	4.82	5.70	7.64	9.64	11.57	15.57	19.48
r min		0.2	0.2	0.25	0.4	0.4	0.6	0.6	0.8
s	公称	3	4	5	6	8	10	14	17
	min	3.02	4.02	5.02	6.02	8.025	10.025	14.032	17.05
	max	3.08	4.095	5.095	6.095	8.115	10.115	14.142	17.23
t min		2	2.5	3	4	5	6	8	10
w min		1.4	1.9	2.3	3.3	4	4.8	6.8	8.6
l（商品规格范围公称长度）		6~40	8~50	10~60	12~80	16~100	20~120	25~160	30~200
l≤表中数值时，制出全螺纹		25	25	30	35	40	45	55	65
l（系列）		5，6，8，10，12，（14），16，20，25，30，35，40，45，50，（55），60，70，80，90，100，110，120，130，140，150，160，180，200							

注：1. P——螺距。

2. l_{gmax}（夹紧长度）$=l_{公称}-b_{参考}$；l_{smin}（无螺纹杆部长）$=l_{gmax}-5P$。

3. 尽可能不采用括号内的规格。GB/T 70.1—2000 包括 d = M1.6 ~ M36，本表只摘录其中一部分。

附表 J　开槽锥端紧定螺钉（GB/T 71—1985）、开槽平端紧定螺钉（GB/T 73—1985）

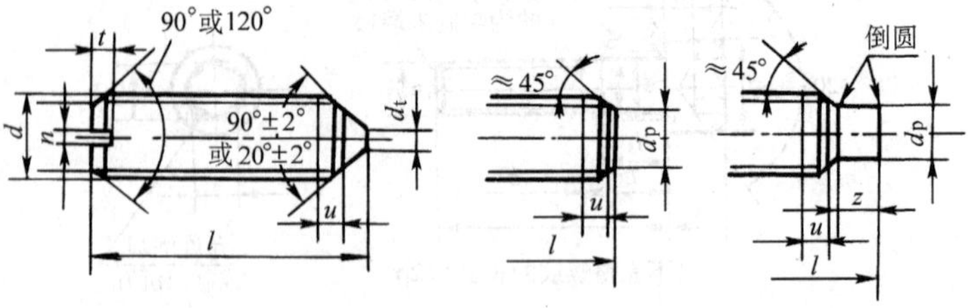

公称长度为短螺钉时，应制成120°。不完整螺纹的长度 $u \leq 2P$

标 记 示 例

螺纹规格 d = M5、公称长度 l = 12mm、性能等级为 14H、表面氧化的开槽平端紧定螺钉：

螺钉 GB/T73—1985 - M5 × 12 - 14H

（单位：mm）

（续）

螺纹规格		M3	M4	M5	M6	M8	M10	M12
P		0.5	0.7	0.8	1	1.25	1.5	1.75
d_t	min	—	—	—	—	—	—	—
	max	0.3	0.4	0.5	1.5	2	2.5	3
d_p	min	1.75	2.25	3.2	3.7	5.2	6.64	8.14
	max	2	2.5	3.5	4	5.5	7	8.5
n	公称	0.4	0.6	0.8	1	1.2	1.6	2
	min	0.46	0.66	0.86	1.06	1.26	1.66	2.06
	max	0.6	0.8	1	1.2	1.51	1.91	2.31
t	min	0.8	1.12	1.28	1.6	2	2.4	2.8
	max	1.05	1.42	1.63	2	2.5	3	3.6
z	min	1.5	2	2.5	3	4	5	6
	max	1.75	2.25	2.75	3.25	4.3	5.3	6.3
GB/T71—1985	l（公称长度）	4~16	6~20	8~25	8~30	10~40	12~50	14~60
	l（短螺钉）	2~3	2~4	2~5	2~6	2~8	2~10	2~12
GB/T73—1985	l（公称长度）	3~16	4~20	5~25	6~30	8~4	10~50	12~60
	l（短螺钉）	2~3	2~4	2~5	2~6	2~8	2~8	2~10
l系列		2，2.5，3，4，5，6，8，10，12，(14)，16，20，25，30，35，40，45，50，(55)，60						

注：1. 公称长度为商品规格尺寸。

2. 尽可能不采用括号内的规格。

附表 K　平键：键和键槽的剖面尺寸（GB/T 1095—1979）

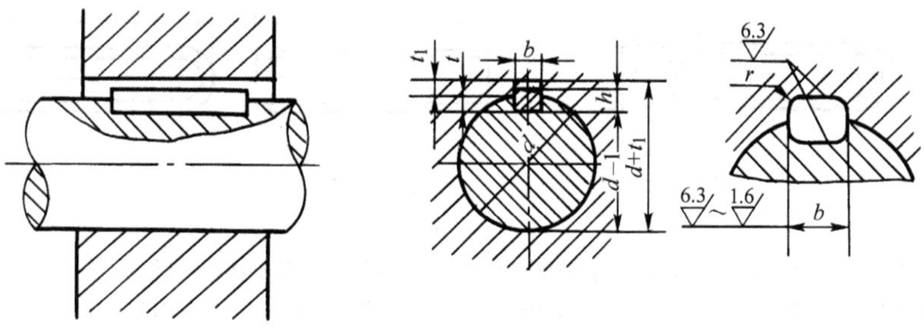

（单位：mm）

（续）

轴	键	键槽											
		宽度 b						深度				半径 r	
			偏差					轴 t		毂 t_1			
公称直径 d	公称尺寸 $b \times h$	公称尺寸 b	较松键联接		一般键联接		较紧键联接						
			轴 H9	毂 D10	轴 N9	毂 JS9	轴和毂 P9	公称	偏差	公称	偏差	最小	最大
自 6～8	2×2	2	+0.025	+0.060	−0.004	±0.0125	−0.006	1.2		1			
>8～10	3×3	3	0	+0.020	−0.029		−0.031	1.8		1.4		0.08	0.16
>10～12	4×4	4						2.5	+0.1 0	1.8	+0.1 0		
>12～17	5×5	5	+0.030 0	+0.078 +0.030	0 −0.030	±0.015	−0.012 −0.042	3.0		2.3			
>17～22	6×6	6						3.5		2.8		0.16	0.25
>22～30	8×7	8	+0.036	+0.098	0	±0.018	−0.015	4.0		3.3			
>30～38	10×8	10	0	+0.040	−0.036		−0.051	5.0		3.3			
>38～44	12×8	12						5.0		3.3			
>44～50	14×9	14	+0.043	+0.120	0		−0.018	5.5		3.8		0.25	0.40
>50～58	16×10	16	0	+0.050	−0.043	±0.0215	−0.061	6.0	+0.2	4.3	+0.2		
>58～65	18×11	18						7.0	0	4.4	0		
>65～75	20×12	20						7.5		4.9			
>75～85	22×14	22	+0.052	+0.149	0		−0.022	9.0		5.4			
>85～95	25×14	25	0	+0.065	−0.052	±0.026	−0.074	9.0		5.4		0.40	0.60
>95～110	28×16	28						10.0		6.4			

注：在工作图中，轴槽深用 t（或 $d-t$）、轮毂槽深用（$d+t_1$）标注。平键轴槽的长度公差用 H14。

附表 L　普通平键的型式尺寸（GB/T 1096—1979）

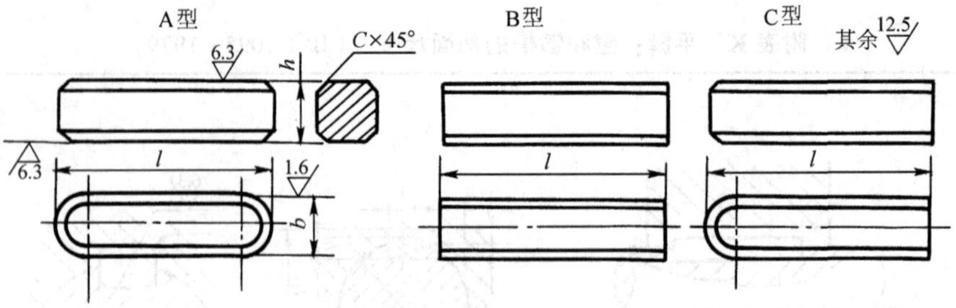

标 记 示 例

圆头普通平键（A 型）$b=16$mm、$h=10$mm、$l=100$mm　　键 GB/T 1096—1979 - 16×100

平头普通平键（B 型）$b=16$mm、$h=10$mm、$l=100$mm　　键 GB/T 1096—1979 - B16×100

单圆头普通平键（C 型）$b=16$mm、$h=10$mm、$l=100$mm　　键 GB/T 1096—1979 - C16×100

（单位：mm）

（续）

轴	键									
公称直径 d	b		h			C 或 r	公称尺寸	键长 l 的极限偏差	
	公称尺寸	极限偏差 h9	公称尺寸	极限偏差 h11				公称尺寸	极限偏差 h14
自 6 ~ 8	2	0 -0.025	2	0 -0.06	(0 -0.025)	0.16 ~ 0.25	6 ~ 20	6 ~ 10	0 -0.36
>8 ~ 10	3		3				6 ~ 36		
>10 ~ 12	4	0 -0.030	4	0 -0.075	(0 -0.030)		8 ~ 45	12 ~ 18	0 -0.43
>12 ~ 17	5		5			0.025 ~ 0.40	10 ~ 56		
>17 ~ 22	6		6				14 ~ 70	20 ~ 28	0 -0.52
>22 ~ 30	8	0 -0.036	7	0 -0.090			18 ~ 90		
>30 ~ 38	10		8			0.40 ~ 0.60	22 ~ 110	32 ~ 50	0 -0.62
>38 ~ 44	12	0 -0.043	8				28 ~ 140		
>44 ~ 50	14		9				36 ~ 160	56 ~ 80	0 -0.74
>50 ~ 58	16		10				45 ~ 180		
>58 ~ 65	18		11	0 -0.110			50 ~ 200	90 ~ 110	0 -0.87
>65 ~ 75	20	0 -0.052	12			0.60 ~ 0.80	56 ~ 220		
>75 ~ 85	22		14				63 ~ 250	125 ~ 180	0 -1.0
>85 ~ 95	25		14				70 ~ 280		
>95 ~ 110	28		16				80 ~ 320	200 ~ 250	0 -1.15
>110 ~ 130	32	0 -0.062	18				90 ~ 360		
>130 ~ 150	36		20	0 -0.130		1.0 ~ 1.2	100 ~ 400	280	0 -1.30
>150 ~ 170	40		22				100 ~ 400		
>170 ~ 200	45		25				110 ~ 450	320 ~ 400	0 -1.40

注：1. $(d-t)$ 和 $(d+t_1)$ 两组组合尺寸的极限偏差按相应的 t 和 t_1 的极限偏差选取，但 $(d-t)$ 极限偏差应取负号（-）。

2. l 系列：6、8、10、12、14、16、18、20、22、25、28、32、36、40、45、50、56、63、70、80、90、100、110、125、140、160、180、200、220、250、280、320、360、400、450。

3. 括号内的数值为 h9，适用于 B 型键。

附表 M　半圆键：键和键槽的剖面尺寸（GB/T 1098—1979）、**半圆键的型式尺寸**（GB/T 1099—1979）

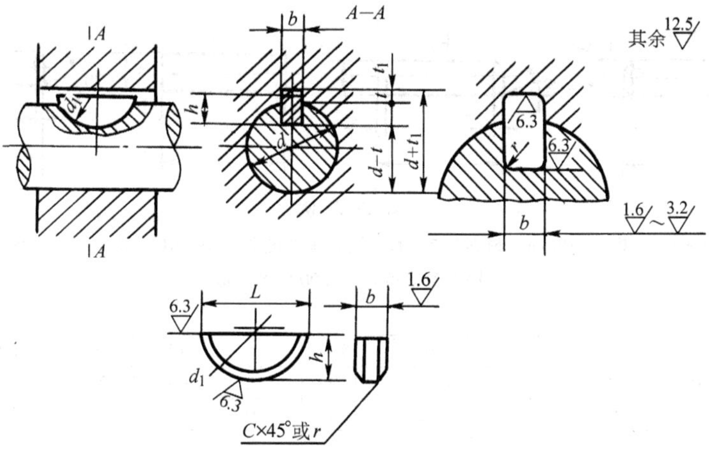

标 记 示 例

半圆键 $b=6$mm、$h=10$mm、$d_1=25$mm：键 6 × 25GB/T1099—1979

（单位：mm）

（续）

轴径 *d*		键			键槽							
					槽宽 *b*（同键宽 *b*）			轴 *t*		毂 t_1		半径 *r*
					一般键联结		较紧键联结					
键传递转矩用	键定位用	公称尺寸 $b\times h\times d_1$	长度 $L\approx$	倒角 *C*	轴 N9	毂 JS9	轴和毂 P9	公称	偏差	公称	偏差	
自3~4	自3~4	1.0×1.4×4	3.9	0.16~0.25	−0.004 −0.029	±0.012	−0.006 −0.031	1.0	+0.1 0	0.6	+0.1 0	0.08~0.16
>4~5	>4~6	1.5×2.6×7	6.8					2.0		0.8		
>5~6	>6~8	2.0×2.6×7	6.8					1.8		1.0		
>6~7	>8~10	2.0×3.7×10	9.7					2.9		1.0		
>7~8	>10~12	2.5×3.7×10	9.7					2.7		1.2		
>8~10	>12~15	3.0×5.0×13	12.7					3.8	+0.2 0	1.4		
>10~12	>15~18	3.0×6.5×16	15.7					5.3		1.4		0.16~0.25
>12~14	>18~20	4.0×6.5×16	15.7	0.25~0.40	0 −0.030	±0.015	−0.012 −0.042	5.0		1.8		
>14~16	>20~22	4.0×7.5×19	18.6					6.0		1.8		
>16~18	>22~25	5.0×6.5×16	15.7					4.5		2.3		
>18~20	>25~28	5.0×7.5×19	18.6					5.5		2.3		
>20~22	>28~32	5.0×9.0×22	21.6					7.0		2.3		
>22~25	>32~36	6.0×9.0×22	21.6					6.5	+0.3 0	2.8		
>25~28	>36~40	6.0×10.0×25	24.5					7.5		2.8		
>28~32	40	8.00×11.0×28	27.4	0.40~0.60	0 −0.036	±0.018	−0.015 −0.051	8.0		3.3	+0.2 0	0.25~0.40
>32~38		10.0×13.0×32	31.4					10.0		3.3		

注：$(d-t)$ 和 $(d+t_1)$ 两组组合尺寸的极限偏差按相应的 t 和 t_1 的极限偏差选取，但 $(d-t)$ 的极限偏差值应取负号（−）。

附表 N　圆柱销（GB/T 119.1—2000）

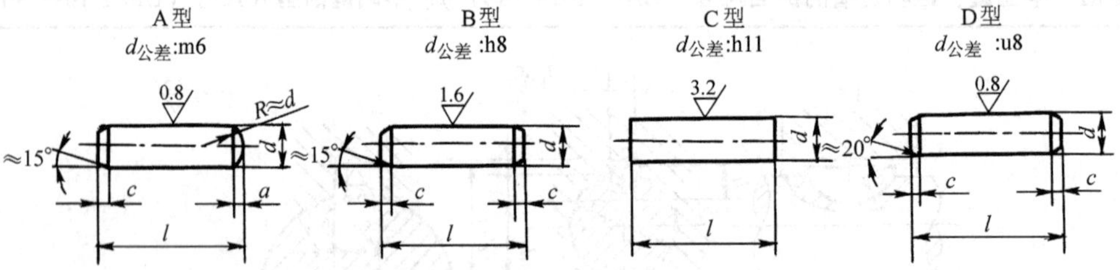

标 记 示 例

公称直径 $d=8$mm、长度 $l=30$mm、材料为 35 钢、热处理硬度 28~38HRC、表面氧化处理的 A 型圆柱销：

销 GB/T 119.1—2000　8×30

（单位：mm）

d（公称）	3	4	5	6	8	10	12	16	20	25	30
$a\approx$	0.40	0.50	0.63	0.80	1.0	1.2	1.6	2.0	2.5	3.0	4.0
$c=$	0.50	0.63	0.80	1.2	1.6	2.0	2.5	3.0	3.5	4.0	5.0
l（商品规格范围公称长度）	8~30	8~40	10~50	12~60	14~80	18~95	22~140	26~180	35~200	50~200	60~200
l（系列）	2，3，4，5，6，8，10，12，14，16，18，20，22，24，26，28，30，32，35，40，45，50，55，60，65，70，75，80，85，90，95，100，120，140，160，180，200										

附表 O　圆锥销（GB/T 117—2000）

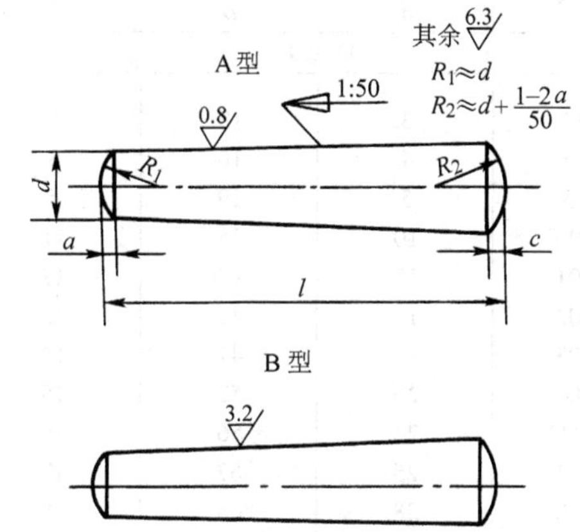

标 记 示 例

公称直径 $d=10$mm、长度 $l=60$mm、材料为 35 钢、热处理硬度 28～38HRC、表面氧化处理的 A 型圆锥销：

销 GB/T117—2000　10×60

（单位：mm）

d（公称）	3	4	5	6	8	10	12	16	20	25	30
a≈	0.4	0.5	0.63	0.80	1	1.2	1.6	2	2.5	3	4
l（商品规格范围公称长度）	12～45	14～55	18～60	22～90	22～120	26～160	32～180	40～200	45～200	50～200	55～200
l（系列）	2，3，4，5，6，8，10，12，14，16，18，20，22，24，26，28，30，32，35，40，45，50，55，60，65，70，75，80，85，90，95，100，120，140，160，180，200										

附表 P　开口销（GB/T 91—2000）

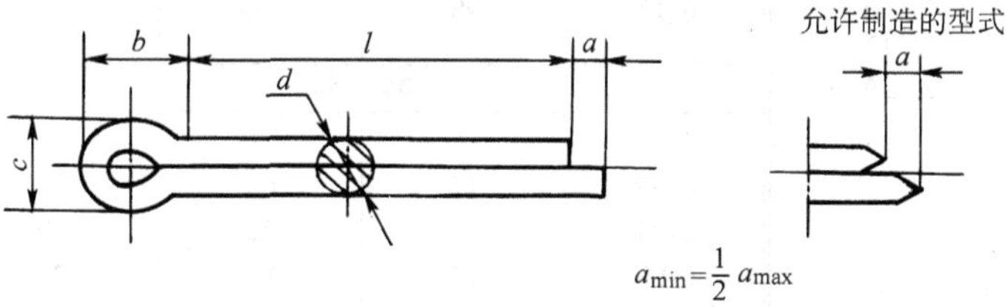

$a_{min}=\frac{1}{2}a_{max}$

标 记 示 例

公称直径 $d=5$mm、长度 $l=50$mm、材料为低碳钢、不经表面处理的开口销：

销 GB/T 91—2000　5×50

（单位：mm）

d（公称）		2	2.5	3.2	4	5	6.3	8	10	12
c	max	3.6	4.6	5.8	7.4	9.2	11.8	15	19	24.8
	min	3.2	4	5.1	6.5	8	10.3	13.1	16.6	21.7
b≈		4	5	6.4	8	10	12.6	16	20	26
a_{max}		2.5	2.5	3.2	4	4	4	4	6.3	6.3
l（商品规格范围公称长度）		10～40	12～50	14～65	18～80	22～100	30～120	40～160	45～200	70～200
l（系列）		4，5，6，8，10，12，14，16，18，20，22，24，26，28，30，32，36，40，45，50，55，60，65，70，75，80，85，90，95，100，120，140，160，180，200								

注：销孔的公称直径等于 $d_{公称}$；d_{max}、d_{min} 可查阅 GB/T 91—1986，都小于 $d_{公称}$。

附表 Q 深沟球轴承（GB/T 276—1994）

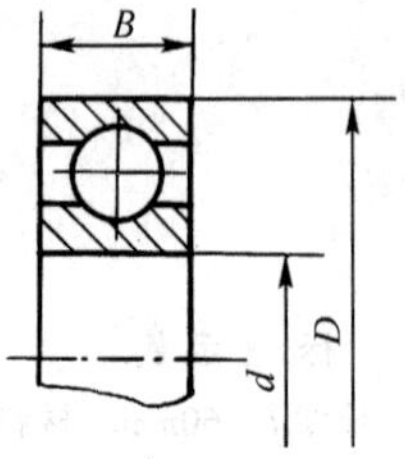

6000 型

轴承代号	尺寸/mm		
	d	D	B
01 系列			
606	6	17	6
607	7	19	6
608	8	22	7
609	9	24	7
6000	10	26	8
6001	12	28	8
6002	15	32	9
6003	17	35	10
6004	20	42	12
60/22	22	44	12
6005	25	47	12
60/28	28	52	12
6006	30	55	13
60/32	32	58	13
6007	35	62	14
6008	40	68	15
6009	45	75	16
6010	50	80	16
6011	55	90	18
6012	60	95	18
02 系列			
623	3	10	4
624	4	13	5
625	5	16	5
626	6	19	6
627	7	22	7
628	8	24	8
629	9	26	8
6200	10	30	9
6201	12	32	10
6202	15	35	11
6203	17	40	12
6204	20	47	14
62/22	22	50	14
6205	25	52	15
62/28	28	58	16
6206	30	62	16
62/32	32	65	17
6207	35	72	17
6208	40	80	18
6209	45	85	19
6210	50	90	20
6211	55	100	21
6212	60	110	22

轴承代号	尺寸/mm		
	d	D	B
03 系列			
633	3	13	5
634	4	16	5
635	5	19	6
6300	10	35	11
6301	12	37	12
6302	15	42	13
6303	17	47	14
6304	20	52	15
63/22	22	56	16
6305	25	62	17
63/28	28	68	18
6306	30	72	19
63/32	32	75	20
6307	35	80	21
6308	40	90	23
6309	45	100	25
6310	50	110	27
6311	55	120	29
6312	60	130	31
6313	65	140	33
6314	70	150	35
6315	75	160	37
6316	80	170	39
6317	85	180	41
6318	90	190	43
04 系列			
6403	17	62	17
6404	20	72	19
6405	25	80	21
6406	30	90	23
6407	35	100	25
6408	40	110	27
6409	45	120	29
6410	50	130	31
6411	55	140	33
6412	60	150	35
6413	65	160	37
6414	70	180	42
6415	75	190	45
6416	80	200	48
6417	85	210	52
6418	90	225	54
6419	95	240	55
6420	100	250	58
6422	110	280	65

附表 R 圆锥滚子轴承（GB/T 277－1994）

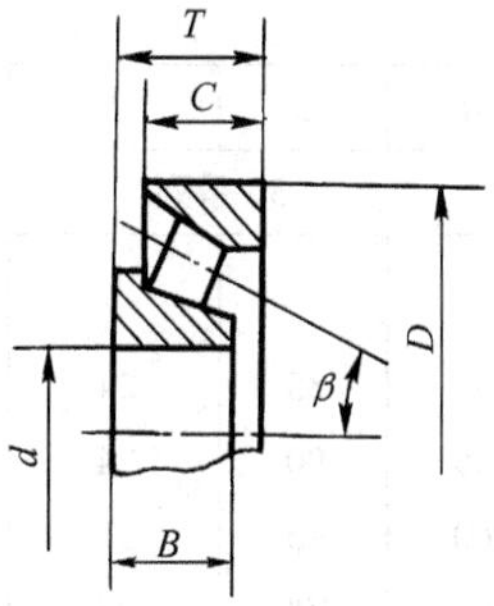

3000 型

轴承代号	尺寸/mm				
	d	D	T	B	C
02 系列					
30202	15	35	11.75	11	10
30203	17	40	13.25	12	11
30204	20	47	15.25	14	12
30205	25	52	16.25	15	13
30206	30	62	17.25	16	14
302/32	32	65	18.25	17	15
30207	35	72	18.25	17	15
30208	40	80	19.75	18	16
30209	45	85	20.75	19	16
30210	50	90	21.75	30	17
30211	55	100	22.75	21	18
30212	60	110	23.75	22	19
30213	65	120	24.75	23	20
30214	70	125	26.25	24	21
30215	75	130	27.25	25	22
03 系列					
30302	15	42	14.25	13	11
30303	17	47	15.25	14	12
30304	20	52	16.25	15	13
30305	25	62	18.25	17	15
30306	30	72	20.75	19	16
30307	35	80	22.75	21	18
30308	40	90	25.75	23	20
30309	45	100	27.25	25	22
30310	50	110	29.25	27	23
30311	55	120	31.5	29	25
30312	60	130	33.5	31	26
30313	65	140	36	33	28
30314	70	150	38	35	30
30315	75	160	40	37	31

轴承代号	尺寸/mm				
	d	D	T	B	C
13 系列					
31305	25	62	18.25	17	13
31306	30	72	20.75	19	14
31307	35	80	22.75	21	15
31308	40	90	25.25	23	17
31309	45	100	27.25	25	18
31310	50	110	29.25	27	19
31311	55	120	31.5	29	21
31312	60	130	33.5	31	22
31313	65	140	36	33	23
31314	70	150	38	35	25
31315	75	160	40	37	26
20 系列					
32004	20	42	15	15	12
320/22	22	44	15	15	11.5
32005	25	47	15	15	11.5
320/28	28	52	16	16	12
32006	30	55	17	17	13
320/32	32	58	17	17	13
32007	35	62	18	18	14
32008	40	68	19	19	14.5
32009	45	75	20	20	15.5
32010	50	80	20	20	15.5
32011	55	90	23	23	17.5
32012	60	95	23	23	17.5
32013	65	100	23	23	17.5
32014	70	110	25	25	19
32015	75	115	25	25	19
22 系列					
32203	17	40	17.25	16	14
32204	20	47	19.25	16	15
32205	25	52	19.25	18	16
32206	30	62	21.25	20	17
32207	35	72	24.25	23	19
32208	40	80	24.75	23	19
32209	45	85	24.75	23	19
32210	50	90	24.75	23	19
32211	55	100	26.75	25	21
32212	60	110	26.75	28	24
32213	65	120	29.75	31	27
32214	70	125	33.25	31	27
32215	75	130	33.25	31	27

（续）

轴承代号	尺寸/mm				
	d	*D*	*T*	*B*	*C*
23 系列					
32303	17	47	20.25	19	16
32304	20	52	22.25	21	18
32305	25	62	25.25	24	20
32306	30	72	28.75	27	23
32307	35	80	32.75	31	25
32308	40	90	35.25	33	27
32309	45	100	38.25	36	30
32310	50	110	42.25	40	33
32311	55	120	45.5	43	35
32312	60	130	48.5	46	37
32313	65	140	51	48	39
32314	70	150	54	51	42
32315	75	160	58	55	45
29 系列					
32904	20	37	12	12	9
329/22	22	40	12	12	9
32905	25	42	12	12	9
329/28	28	45	12	12	9
32906	30	47	12	12	9
7329/32	32	52	14	14	10
32907	35	55	14	14	11.5
32908	40	62	15	15	12
32909	45	68	15	15	12
32910	50	72	15	15	12
32911	55	80	17	17	14
32912	60	85	17	17	14
32913	65	90	17	17	14
32914	70	100	20	20	16
32915	75	105	20	20	16
30 系列					
33005	25	47	17	17	14
33006	30	55	20	20	16
33007	35	62	21	21	17
33008	40	68	22	22	18
33009	45	75	24	24	19

轴承代号	尺寸/mm				
	d	*D*	*T*	*B*	*C*
30 系列					
33010	50	85	24	24	19
33011	55	90	24	24	21
33012	60	95	27	27	21
33013	65	100	27	27	21
33014	70	110	31	31	25.5
33015	75	115	31	31	25.5
31 系列					
33108	40	75	26	26	20.5
33109	45	80	26	26	20.5
33110	50	85	26	26	20
33111	55	95	30	30	23
33112	60	100	30	30	23
33113	65	110	34	34	26.5
33114	70	120	37	37	29
33115	75	125	37	37	29
32 系列					
33205	25	52	22	22	18
332/28	28	58	24	24	19
33206	30	62	25	25	19.5
332/32	32	65	26	26	20.5
33207	35	72	28	28	22
33208	40	80	32	32	25
33209	45	85	32	32	25
33210	50	90	32	32	24.5
33211	55	100	35	35	27
33212	60	110	38	38	29
33213	65	120	41	41	32
33214	70	125	41	41	32
33215	75	130	41	41	31

附表 S 单向平底推力球轴承（GB/T 301—1995）

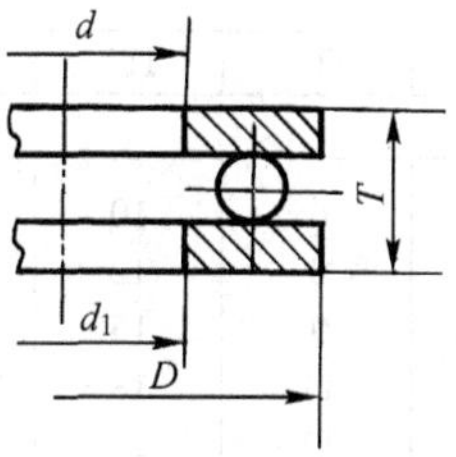

51000 型

轴承代号	尺寸/mm			
	d	$d_{1\min}$	D	T
11 系列				
51100	10	11	24	9
51101	12	13	26	9
51102	15	16	28	9
51103	17	18	30	9
51104	20	21	35	10
51105	25	26	42	11
51106	30	32	47	11
51107	35	37	52	12
51108	40	42	60	13
51109	45	47	65	14
51110	50	52	70	14
51111	55	57	78	16
51112	60	62	85	17
51113	65	67	90	18
51114	70	72	95	18
51115	75	77	100	19
51116	80	82	105	19
51117	85	87	110	19
51118	90	92	120	22
51120	100	102	135	25
12 系列				
51200	10	12	26	11
51201	12	14	28	11
51202	15	17	32	12
51203	17	19	35	12
51204	20	22	40	14
51205	25	27	47	15
51206	30	32	52	16
51207	35	37	62	18
51208	40	42	68	19
51209	45	47	73	20
51210	50	52	78	22
51211	55	57	90	25
51212	60	62	95	26
51213	65	67	100	27

轴承代号	尺寸/mm			
	d	$d_{1\min}$	D	T
12 系列				
51214	70	72	105	27
51215	75	77	110	27
51216	80	82	115	28
51217	85	88	125	31
51218	90	93	135	35
51220	100	103	150	38
13 系列				
51304	20	22	47	18
51305	25	27	52	18
51306	30	32	60	21
51307	35	37	68	24
51308	40	42	78	26
51309	45	47	85	28
51310	50	52	95	31
51311	55	57	105	35
51312	60	62	110	35
51313	65	67	115	36
51314	70	72	125	40
51315	75	77	135	44
51316	80	82	140	44
51317	85	88	150	49
51318	90	93	155	50
51320	100	103	170	55
14 系列				
51405	25	27	60	24
51406	30	32	70	28
51407	35	37	80	32
51408	40	42	90	36
51409	45	47	100	39
51410	50	52	110	43
51411	55	57	120	48
51412	60	62	130	51
51413	65	67	140	56
51414	70	72	150	60
51415	75	77	160	65
51416	80	82	170	68
51417	85	88	180	72
51418	90	93	190	77
51420	100	103	210	85

附表 T　基本尺寸 3～500mm 的标准

基本尺寸/mm		公差								
		IT1	IT2	IT3	IT4	IT5	IT6	IT7	IT8	IT9
大于	至									
	3	0.8	1.2	2	3	4	6	10	14	25
3	6	1	1.5	2.5	4	5	8	12	18	30
6	10	1	1.5	2.5	4	6	9	15	22	36
10	18	1.2	2	3	5	8	11	18	27	43
18	30	1.5	2.5	4	6	9	13	21	33	52
30	50	1.5	2.5	4	7	11	16	25	39	62
50	80	2	3	5	8	13	19	30	46	74
80	120	2.5	4	6	10	15	22	35	54	87
120	180	3.5	5	8	12	18	25	40	63	100
180	250	4.5	7	10	14	20	29	46	72	115
250	315	6	8	12	16	23	32	52	81	130
315	400	7	9	13	18	25	36	57	89	140
400	500	8	10	15	20	27	40	63	97	155

注：IT01 和 IT0 的标准公差未列入。

附表 U　轴的基本偏差

基本偏差		上偏差（es）														
		a	b	c	cd	d	e	ef	f	fg	g	h	js	j		
基本尺寸/mm														公差		
大于	至	所有等级												5、6	7	8
	3	-270	-140	-60	-34	-20	-14	-10	-6	-4	-2	0	偏差 $= \pm \frac{IT}{2}$	-2	-4	-6
3	6	-270	-140	-70	-46	-30	-20	-14	-10	-6	-4	0		-2	-4	—
6	10	-280	-150	-80	-56	-40	-25	-18	-13	-8	-5	0		-2	-5	—
10	14	-290	-150	-95	—	-50	-32	—	-16	—	-6	0		-3	-6	—
14	18															
18	24	-300	-160	-110	—	-65	-40	—	-20	—	-7	0		-4	-8	—
24	30															
30	40	-310	-170	-120	—	-80	-50	—	-25	—	-9	0		-5	-10	—
40	50	-320	-180	-130												
50	65	-340	-190	-140	—	-100	-60	—	-30	—	-10	0		-7	-12	—
65	80	-360	-200	-150												
80	100	-380	-220	-170	—	-120	-72	—	-36	—	-12	0		-9	-15	—
100	120	-410	-240	-180												
120	140	-460	-260	-200	—	-145	-85	—	-43	—	-14	0		-11	-18	—
140	160	-520	-280	-210												
160	180	-580	-310	-230												
180	200	-660	-340	-240	—	-170	-100	—	-50	—	-15	0		-13	-21	—
200	225	-740	-380	-260												
225	250	-820	-420	-280												
250	280	-920	-480	-300	—	-190	-110	—	-56	—	-17	0		-16	-26	—
280	315	-1050	-540	-330												
315	355	-1200	-600	-360	—	-210	-125	—	-62	—	-18	0		-18	-28	—
355	400	-1350	-680	-400												
400	450	-1500	-760	-440	—	-230	-135	—	-68	—	20	0		-20	-32	—
450	500	-1650	840	-480												

注：基本尺寸 <1mm 时，各级的 a 和 b 均不采用。

公差（GB/T 1800.3—1998） （单位：μm）

等级								
IT10	IT11	IT12	IT13	IT14	IT15	IT16	IT17	IT18
40	60	100	140	250	400	600	1000	1400
48	75	120	180	300	480	750	1200	1800
58	90	150	220	360	580	900	1500	2200
70	110	180	270	430	700	1100	1800	2700
84	130	210	330	520	840	1300	2100	3300
100	160	250	390	620	1000	1600	2500	3900
120	190	300	460	740	1200	1900	3000	4600
140	220	350	540	870	1400	2200	3500	5400
160	250	400	630	1000	1600	2500	4000	6300
185	290	460	720	1150	1850	2900	4600	7200
210	320	520	810	1300	2100	3200	5200	8100
230	360	570	890	1400	2300	3600	5700	8900
250	400	630	970	1550	2500	4000	6300	9700

数值（GB/T 1800.3—1998） （单位：μm）

下偏差（ei）															
k		m	n	p	r	s	T	u	v	x	y	z	za	zb	ze
等级															
4至7	≤3 >7	所有等级													
0	0	+2	+4	+6	+10	+14	—	+18	—	+20	—	+26	+32	+40	+60
+1	0	+4	+8	+12	+15	+19	—	+23	—	+28	—	+35	+42	+50	+80
+1	0	+6	+10	+15	+19	+23	—	+28	—	+34	—	+42	+52	+67	+97
+1	0	+7	+12	+18	+23	+28	—	+33	—	+40	—	+50	+64	+90	+130
									+39	+45	—	+60	+77	+108	+150
+2	0	+8	+15	+22	+28	+35	—	+41	+47	+54	+63	+73	+98	+136	+180
							+41	+48	+55	+64	+75	+88	+118	+160	+218
+2	0	+9	+17	+26	+34	+43	+48	+60	+68	+80	+94	+112	+148	+200	+274
							+54	+70	+81	+97	+114	+136	+180	+242	+325
+2	0	+11	+20	+32	+41	+53	+66	+87	+102	+122	+144	+172	+226	+300	+405
					+43	+59	+75	+102	+120	+146	+174	+210	+274	+360	+480
+3	0	+13	+23	+37	+51	+71	+91	+124	+146	+178	+214	+258	+335	+445	+585
					+54	+79	+104	+144	+172	+210	+254	+310	+400	+525	+690
+3	0	+15	+27	+43	+63	+92	+122	+170	+202	+248	+300	+365	+470	+620	+800
					+65	+100	+134	+190	+228	+280	+340	+415	+535	+700	+900
					+68	+108	+146	+210	+252	+310	+380	+465	+600	+780	+1000
+4	0	+17	+31	+50	+77	+122	+166	+236	+284	+350	+425	+520	+670	+880	+1150
					+80	+130	+180	+258	+310	+385	+470	+575	+740	+960	+1250
					+84	+140	+196	+284	+340	+425	+520	+640	+820	+1050	+1350
+4	0	+20	+34	+56	+94	+158	+218	+315	+385	+475	+580	+710	+920	+1200	+1550
					+98	+170	+240	+350	+425	+525	+650	+790	+1000	+1300	+1700
+4	0	+21	+37	+62	+108	+190	+268	+390	+475	+590	+700	+900	+1150	+1500	+1900
					+114	+208	+294	+435	+530	+660	+820	+1000	+1300	+1650	+2100
+5	0	+23	+40	+68	+126	+232	+330	+490	+595	+740	+920	+1100	+1450	+1850	+2400
					+132	+252	+360	+540	+660	+820	+1000	+1250	+1600	+2100	+2600

附表V 孔的基本偏差

基本偏差		下偏差（EI）												上								
		A	B	C	CD	D	E	EF	F	FG	G	H	JS	J			K		M		N	
基本尺寸/mm														公差								
大于	至	所有等级												6	7	8	≤8	>8	≤8	>8	≤8	>8
—	3	+270	+140	+60	+34	+20	+14	+10	+6	+4	+2	0	偏差 = $\pm\frac{IT}{2}$	+2	+4	+6	0	0	-2	-2	-4	4
3	6	+270	+140	+70	+46	+30	+20	+14	+10	+6	+4	0		+5	+6	+10	$-1+\Delta$	—	$-4+\Delta$	-4	$-8+\Delta$	0
6	10	+280	+150	+80	+56	+40	+25	+18	+13	+8	+5	0		+5	+8	+12	$-1+\Delta$	—	$-6+\Delta$	-6	$-10+\Delta$	0
10	14	+290	+150	+95	—	+50	+32	—	+16	—	+6	0		+6	+10	+15	$-1+\Delta$	—	$-7+\Delta$	-7	$-12+\Delta$	0
14	18																					
18	24	+300	+160	+110	—	+65	+40	—	+20	—	+7	0		+8	+12	+20	$-2+\Delta$	—	$-8+\Delta$	-8	$-15+\Delta$	0
24	30																					
30	40	+310	+170	+120	—	+80	+50	—	+25	—	+9	0		+10	+14	+24	$-2+\Delta$	—	$-9+\Delta$	-9	$-17+\Delta$	0
40	50	+320	+180	+130																		
50	65	+340	+190	+140	—	+100	+60	—	+30	—	+10	0		+13	+18	+28	$-2+\Delta$	—	$-11+\Delta$	-11	$-20+\Delta$	0
65	80	+360	+200	+150																		
80	100	+380	+220	+170	—	+120	+72	—	+36	—	+12	0		+16	+22	+34	$-3+\Delta$	—	$-13+\Delta$	-13	$-23+\Delta$	0
100	120	+410	+240	+180																		
120	140	+460	+260	+200	—	+145	+85	—	+43	—	+14	0		+18	+26	+41	$-3+\Delta$	—	$-15+\Delta$	-15	$-27+\Delta$	0
140	160	+520	+280	+210																		
160	180	+580	+310	+230																		
180	200	+660	+340	+240	—	+170	+100	—	+50	—	+15	0		+22	+30	+47	$-4+\Delta$	—	$-17+\Delta$	-17	$-31+\Delta$	0
200	225	+740	+380	+260																		
225	250	+820	+420	+280																		
250	280	+920	+480	+300	—	+190	+110	—	+56	—	+17	0		+25	+36	+55	$-4+\Delta$	—	$-20+\Delta$	-20	$-34+\Delta$	0
280	315	+1050	+540	+330																		
315	355	+1200	+600	+360	—	+210	+125	—	+62	—	+18	0		+29	+39	+60	$-4+\Delta$	—	$-21+\Delta$	-21	$-37+\Delta$	0
355	400	+1350	+680	+400																		
400	450	+1500	+760	+440	—	+230	+135	—	+68	—	+20	0		+33	+43	+66	$-5+\Delta$	—	$-23+\Delta$	-23	$-40+\Delta$	0
450	500	+1650	+840	+480																		

注：1. 基本尺寸 < 1mm 时，各级的 A 和 B 及 > 8 级的 N 均不采用。

2. 一个特殊情况：当基本尺寸 > （250 ~ 315） mm 时，M6 的 ES = -9（不等于 -11）。

数值（GB/T1800.3—1998）　　　　（单位：μm）

偏差（ES）													Δ					
P～ZC	P	R	S	T	U	V	X	Y	Z	ZA	ZB	ZC						
等级																		
≤7	>7												3	4	5	6	7	8
在>7级的相应数值上增加一个Δ值	-6	-10	-14	—	-18	—	-20	—	-26	-32	-40	-60	0					
	-12	-15	-19	—	-23	—	-28	—	-35	-42	-50	-80	1	1.5	1	3	4	6
	-15	-19	-23	—	-28	—	-34	—	-42	-52	-67	-97	1	1.5	2	3	6	7
	-18	-23	-28	—	-33	—	-40	—	-50	-64	-90	-130	1	2	3	3	7	9
						-39	-45	—	-60	-77	-108	-150						
	-22	-28	-35	—	-41	-47	-54	-63	-73	-98	-136	-188	1.5	2	3	4	8	12
				-41	-48	-55	-64	-75	-88	-118	-160	-218						
	-26	-34	-43	-48	-60	-68	-80	-94	-112	-148	-200	-274	1.5	3	4	5	9	14
				-54	-70	-81	-97	-114	-136	-180	-242	-325						
	-32	-41	-53	-66	-87	-102	-122	-144	-172	-226	-300	-405	2	3	5	6	11	16
		-43	-59	-75	-102	-120	-146	-174	-210	-274	-360	-480						
	-37	-51	-71	-91	-124	-146	-178	-214	-258	-335	-445	-585	2	4	5	7	13	19
		-54	-79	-104	-144	-172	-210	-254	-310	-400	-525	-690						
	-43	-63	-92	-122	-170	-202	-248	-300	-365	-470	-620	-800	3	4	6	7	15	23
		-65	-100	-134	-190	-228	-280	-340	-415	-535	-700	-900						
		-68	-108	-146	-210	-252	-310	-380	-465	-600	-780	-1000						
	-50	-77	-122	-166	-236	-284	-350	-425	-520	-670	-880	-1150	3	4	6	9	17	26
		-80	-130	-180	-258	-310	-385	-470	-575	-740	-960	-1250						
		-84	-140	-196	-284	-340	-425	-520	-640	-820	-1050	-1350						
	-56	-94	-158	-218	-315	-385	-475	-580	-710	-920	-1200	-1550	4	4	7	9	20	29
		-98	-170	-240	-350	-425	-525	-650	-790	-1000	-1300	-1700						
	-62	-108	-190	-268	-390	-475	-590	-730	-900	-1150	-1500	-1900	4	5	7	11	21	32
		-114	-208	-294	-435	-530	-660	-820	-1000	-1300	-1650	-2100						
	-68	-126	-232	-330	-490	-595	-740	-920	-1100	-1450	-1850	-2400	5	5	7	13	23	34
		-132	-252	-360	-540	-660	-820	-1000	-1250	-1600	-2100	-2600						

附表 W　基孔制优先、常用配合（摘自 GB/T 1801—1999）

基准孔	轴																				
	a	b	c	d	e	f	g	h	js	k	m	n	p	R	s	t	u	v	x	y	z
	间隙配合								过渡配合			过盈配合									
H6						$\frac{H6}{f5}$	$\frac{H6}{g5}$	$\frac{H6}{h5}$	$\frac{H6}{js5}$	$\frac{H6}{k5}$	$\frac{H6}{m5}$	$\frac{H6}{n5}$	$\frac{H6}{p5}$	$\frac{H6}{r5}$	$\frac{H6}{s5}$	$\frac{H6}{t5}$					
H7						$\frac{H7}{f6}$	* $\frac{H7}{g6}$	* $\frac{H7}{h6}$	$\frac{H7}{js6}$	* $\frac{H7}{k6}$	$\frac{H7}{m6}$	* $\frac{H7}{n6}$	* $\frac{H7}{p6}$	$\frac{H7}{r6}$	* $\frac{H7}{s6}$	$\frac{H7}{t6}$	* $\frac{H7}{u6}$	$\frac{H7}{v6}$	$\frac{H7}{x6}$	$\frac{H7}{y6}$	$\frac{H7}{z6}$
H8					$\frac{H8}{e7}$	* $\frac{H8}{f7}$	$\frac{H8}{g7}$	* $\frac{H8}{h7}$	$\frac{H8}{js7}$	$\frac{H8}{k7}$	$\frac{H8}{m7}$	$\frac{H8}{n7}$	$\frac{H8}{p7}$	$\frac{H8}{r7}$	$\frac{H8}{s7}$	$\frac{H8}{t7}$	$\frac{H8}{u7}$				
				$\frac{H8}{d8}$	$\frac{H8}{e8}$	$\frac{H8}{f8}$		$\frac{H8}{h8}$													
H9			$\frac{H9}{c9}$	* $\frac{H9}{d9}$	$\frac{H9}{e9}$	$\frac{H9}{f9}$		* $\frac{H9}{h9}$													
H10			$\frac{H10}{c10}$	$\frac{H10}{d10}$				$\frac{H10}{h10}$													
H11	$\frac{H11}{a11}$	$\frac{H11}{b11}$	* $\frac{H11}{c11}$	$\frac{H11}{d11}$				* $\frac{H11}{h11}$													
H12		$\frac{H12}{b12}$						$\frac{H12}{h12}$													

注：1. $\frac{H6}{n5}$、$\frac{H7}{p6}$在基本尺寸小于或等于 3mm 和$\frac{H8}{r7}$在小于或等于 100mm 时，为过渡配合。

2. 标注 * 配合为优先配合。

附表 X　基轴制优先、常用配合（摘自 GB/T 1801—1999）

基准轴	孔																				
	A	B	C	D	E	F	G	H	JS	K	M	N	P	R	S	T	U	v	x	y	z
	间隙配合								过渡配合			过盈配合									
h5						$\frac{F6}{h5}$	$\frac{G6}{h5}$	$\frac{H6}{h5}$	$\frac{Js6}{h5}$	$\frac{K6}{h5}$	$\frac{M6}{h5}$	$\frac{N6}{h5}$	$\frac{P6}{h5}$	$\frac{R6}{h5}$	$\frac{S6}{h5}$	$\frac{T6}{h5}$					
h6						$\frac{F7}{h6}$	* $\frac{G7}{h6}$	* $\frac{H7}{h6}$	$\frac{Js7}{h6}$	* $\frac{K7}{h6}$	$\frac{M7}{h6}$	* $\frac{N7}{h6}$	* $\frac{P7}{h6}$	$\frac{R7}{h6}$	* $\frac{S7}{h6}$	$\frac{T7}{h6}$	* $\frac{U7}{h6}$				
h7					$\frac{E8}{h7}$	* $\frac{F8}{h7}$		* $\frac{H8}{h7}$	$\frac{Js8}{h7}$	$\frac{K8}{h7}$	$\frac{M8}{h7}$	$\frac{N8}{h7}$									
h8				$\frac{D8}{h8}$	$\frac{E8}{h8}$	$\frac{F8}{h8}$		$\frac{H8}{h8}$													
h9				* $\frac{D9}{h9}$	$\frac{E9}{h9}$	$\frac{F9}{h9}$		* $\frac{H9}{h9}$													
h10				$\frac{D10}{h10}$				$\frac{H10}{h10}$													
h11	$\frac{A11}{h11}$	$\frac{B11}{h11}$	* $\frac{C11}{h11}$	$\frac{D11}{h11}$				* $\frac{H11}{h11}$													
h12		$\frac{B12}{h12}$						$\frac{H12}{h12}$													

注：标注 * 的配合为优先配合。

附表 Y　优先配合中轴的极限偏差（摘自 GB/T 1801—1999）　　（单位：μm）

基本尺寸/mm		公差带												
		c	d	f	g	h				k	n	p	s	u
大于	至	11	9	7	6	6	7	9	11	6	6	6	6	6
—	3	-60 -120	-20 -45	-6 -16	-2 -8	0 -6	0 -10	0 -25	0 -60	+6 0	+10 +4	+12 +6	+20 +14	+24 +18
3	6	-70 -145	-30 -60	-10 -22	-4 -12	0 -8	0 -12	0 -30	0 -75	+9 +1	+16 +8	+20 +12	+27 +19	+31 +23
6	10	-80 -170	-40 -76	-13 -28	-5 -14	0 -9	0 -15	0 -36	0 -90	+10 +1	+19 +10	+24 +15	+32 +23	+37 +28
10	14	-95 -205	-50 -93	-16 -34	-6 -17	0 -11	0 -18	0 -43	0 -110	+12 +1	+23 +12	+29 +18	+39 +28	+44 +33
14	18													
18	24	-110 -240	-65 -117	-20 -41	-7 -20	0 -13	0 -21	0 -52	0 -130	+15 +2	+28 +15	+35 +22	+48 +35	+54 +41
24	30													+61 +48
30	40	-120 -280	-80 -142	-25 -50	-9 -25	0 -16	0 -25	0 -62	0 -160	+18 +2	+33 +17	+42 +26	+59 +43	+76 +60
40	50	-130 -290												+86 +70
50	65	-140 -330	-100 -174	-30 -60	-10 -29	0 -19	0 -30	0 -74	0 -190	+21 +2	+39 +20	+51 +32	+72 +53	+106 +87
65	80	-150 -340											+78 +59	+121 +102
80	100	-170 -390	-120 -207	-36 -71	-12 -34	0 -22	0 -35	0 -87	0 -220	+25 +3	+45 +23	+59 +37	+93 +71	+146 +124
100	120	-180 -400											101 +79	+166 +144
120	140	-200 -450	-145 -245	-43 -83	-14 -39	0 -25	0 -40	0 -100	0 -250	+28 +3	+52 +27	+68 +43	+117 +92	+195 +170
140	160	-210 -460											+125 +100	+215 +190
160	180	-230 -480											+133 +108	+235 +210
180	200	-240 -530	-170 -285	-50 -96	-15 -44	0 -29	0 -46	0 -115	0 -290	+33 +4	+60 +31	+79 +50	+151 +122	+265 +236
200	225	-260 -550											+159 +130	+287 +258
225	250	-280 -570											+169 +140	+313 +284
250	280	-300 -620	-190 -320	-56 -108	-17 -49	0 -32	0 -52	0 -130	0 -320	+36 +4	+66 +34	+88 +56	+190 +158	+347 +315
280	315	-330 -650											+202 +170	+382 +350
315	355	-360 -720	-210 -350	-62 -119	-18 -54	0 -36	0 -57	0 -140	0 -360	+40 +4	+73 +37	+98 +62	+226 +190	+426 +390
355	400	-400 -760											+244 +208	+471 +435
400	450	-440 -840	-230 -385	-68 -131	-20 -60	0 -40	0 -63	0 -155	0 -400	+45 +5	+80 +40	+108 +68	+272 +232	+530 +490
450	500	-480 -880											+292 +252	+580 +540

附表 Z　优先配合中孔的极限偏差（GB/T 1801—1999）　　（单位：μm）

基本尺寸/mm		公差带												
		C	D	F	G	H				K	N	P	S	U
大于	至	11	9	8	7	7	8	9	11	7	7	7	7	7
—	3	+120 +60	+45 +20	+20 +6	+12 +2	+10 0	+14 0	+25 0	+60 0	0 -10	-4 -14	-6 -16	-14 -24	-18 -28
3	6	+145 +70	+60 +30	+28 +10	+16 +4	+12 0	+18 0	+30 0	+75 0	+3 9	-4 -16	-8 -20	-15 -27	-19 -31
6	10	+170 +80	+76 +40	+35 +13	+20 +5	+15 0	+22 0	+36 0	+90 0	+5 -10	-4 -19	-9 -24	-17 -32	-22 -37
10	14	+205 +95	+93 +50	+43 +16	+24 +6	+18 0	+27 0	+43 0	+110 0	+6 -12	-5 -23	-11 -29	-21 -39	-26 -44
14	18													
18	24	+240 +110	+117 +65	+53 +20	+28 +7	+21 0	+33 0	+52 0	+130 0	+6 -15	-7 -28	-14 -35	-27 -48	-33 -54
24	30													-40 -61
30	40	+280 +120	+142 +80	+64 +25	+34 +9	+25 0	+39 0	+62 0	+160 0	+7 -18	-8 -33	-17 -42	-34 -59	-51 -76
40	50	+290 +130												-61 -86
50	65	+330 140	+174 +100	+76 +30	+40 +10	+30 0	+46 0	+74 0	+190 0	+9 -21	-9 -39	-21 -51	-42 -72	-76 -106
65	80	+340 +150											-48 -78	-91 -121
80	100	+390 +170	+207 +120	+90 +36	+47 +12	+35 0	+54 0	+87 0	+220 0	+10 -25	-10 -45	-24 -59	-58 -93	-111 -146
100	120	+400 +180											-66 -101	-131 -166
120	140	+450 +200	+245 +145	+106 +43	+54 +14	+40 0	+63 0	+100 0	+250 0	+12 -28	-12 -52	-28 -68	-77 -117	-155 -195
140	160	+460 +210											-85 -125	-175 -215
160	180	+480 +230											-93 -133	-195 -235
180	200	+530 +240	+285 +170	+122 +50	+61 +15	+46 0	+72 0	+115 0	+290 0	+13 -33	-14 -60	-33 -79	-105 -151	-219 -265
200	225	+550 +260											-113 -159	-241 -287
225	250	+570 +280											-123 -169	-267 -313
250	280	+620 +300	+320 +190	+137 +56	+69 +17	+52 0	+81 0	+130 0	+320 0	+16 -36	-14 -66	-36 -88	-138 -190	-295 -347
280	315	+650 +330											-150 -202	-330 -382
315	355	+720 +360	+350 +210	+151 +62	+75 +18	+57 0	+89 0	+140 0	+360 0	+17 -40	-16 -73	-41 -98	-169 -226	-369 -426
355	400	+760 +400											-187 -244	-414 -471
400	450	+840 +440	+385 +230	+165 +68	+83 +20	+63 0	+97 0	+155 0	+400 0	+18 -45	-17 -80	-45 -108	-209 -272	-467 -530
450	500	+880 +480											-229 -292	-517 -580

参 考 文 献

1 齐玉来主编．机械制图．天津：天津大学出版社，2000
2 王巍主编．机械工程图学．北京：机械工业出版社，2000
3 左晓明主编．AutoCAD2000 基础教程．上海：浦东电子出版社，2000
4 王宗荣主编．工程图学．北京：机械工业出版社，2001
5 左晓明主编．机械制图．北京：高等教育出版社，2002
6 罗良武等主编．工程图学及计算机绘图．北京：机械工业出版社，2003
7 刘小年等主编．工程制图．北京：高等教育出版社，2004
8 罗爱玲等主编．工程制图．西安：西安交通大学出版社，2003
9 胡宜鸣等主编．机械制图．北京：高等教育出版社，2001
10 杨裕根主编．现代工程图学．北京：北京邮电大学出版社，2003
11 谭建荣等主编．图学基础教程．北京：高等教育出版社，1999
12 刘力主编．机械制图．北京：高等教育出版社，2000
13 王成刚等主编．工程图学简明教程．武汉：武汉理工大学出版社，2002
14 左晓明主编．机械制图及公差．南京：河海大学出版社，1999